曾青华　冯大强　邹利民 编著

燃气涡轮燃烧室基础

Gasturbine Combustor Foundation

清华大学出版社

北京

内 容 简 介

本书共 14 章,系统阐述了航空燃气涡轮发动机燃烧室的相关理论、关键技术和部件的原理、功用、工作机制、试验测试和故障分析。第 1 章和第 2 章主要阐述了燃烧及燃烧学的基础理论;第 3 章论述了航空燃气涡轮发动机的基本知识,从整机视角认识燃烧室;第 4 章和第 5 章从总体角度阐述了主燃烧室的功用、特点、类型、结构、参数、性能要求、设计要求和工作机制;第 6 章至第 11 章从部件结构和性能角度进行阐述,包括喷油嘴及其喷雾、点火器和燃烧室点火、扩压器及其内流特性、两股空气动力学特性、火焰筒冷却和燃烧室排放等;第 12 章阐述了加力燃烧室的功用、特点、参数、性能要求和构成,讨论了振荡燃烧问题;第 13 章阐述了工程燃烧室试验的相关概念、试验器、试验方法、测试技术和试验数据的处理;第 14 章阐述主燃烧室和加力燃烧室的主要故障类型和常见故障处理方法,从更深层次理解燃烧室理论和燃烧室设计。

本书既可作为高等学校航空宇航科学与技术、动力机械和工程热物理等学科的研究生专业课程教材,也可作为从事与航空燃气涡轮发动机燃烧相关工作的科研人员和工程技术人员的参考用书。

图书在版编目(CIP)数据

燃气涡轮燃烧室基础/曾青华,冯大强,邹利民编著. —北京:清华大学出版社,2023.10
ISBN 978-7-302-63233-7

Ⅰ. ①燃…　Ⅱ. ①曾… ②冯… ③邹…　Ⅲ. ①航空发动机-燃气轮机-燃烧室-高等学校-教材　Ⅳ. ①V235.1

中国国家版本馆 CIP 数据核字(2023)第 056660 号

责任编辑:戚　亚
封面设计:常雪影
责任校对:薄军霞
责任印制:曹婉颖

出版发行:清华大学出版社
　　　　网　　址:http://www.tup.com.cn,http://www.wqbook.com
　　　　地　　址:北京清华大学学研大厦 A 座　　　　邮　　编:100084
　　　　社 总 机:010-83470000　　　　　　　　　　邮　　购:010-62786544
　　　　投稿与读者服务:010-62776969,c-service@tup.tsinghua.edu.cn
　　　　质量反馈:010-62772015,zhiliang@tup.tsinghua.edu.cn
印 装 者:天津鑫丰华印务有限公司
经　　销:全国新华书店
开　　本:170mm×240mm　　印　　张:27　　　字　　数:559 千字
版　　次:2023 年 10 月第 1 版　　　　　　　　印　　次:2023 年 10 月第 1 次印刷
定　　价:99.00 元

产品编号:099330-01

序 一

FOREWORD

本书出版之时，本人已是米寿之年。承蒙邀请为此书写序，虽已老矣，仍奋战在航空燃烧室前线。

曾青华教授说本书是理论派和工程派需求的结合，的确如此。我们搞的是航空燃烧室，因而要常讲"燃烧室里一定有燃烧，但燃烧不等于燃烧室"。什么意思？航空燃烧室是航空发动机的重要部件，是要上天飞的，是实打实的，所以严格地讲所有航空发动机的研发单位，其中的燃烧室应该叫"燃烧室部"（或"燃烧室组"，或"燃烧室室"）。就是说它是搞实际工程的，不是为了写文章的。最恰当的说法是理论结合实际是一派，不要分出理论派或工程派，更确切地说是"基础知识指导下的航空燃烧室研发派"。在什么点上结合？在航空燃烧室的技术研发上结合。在此特别强调，航空燃烧室如果没有技术研发，就成了无根之木，无源之水。现在有些人公开宣称的要建造一座由预先研究直通型号研发的"桥梁"，意思就是不搞技术研发。1971 年，罗尔斯·罗伊斯公司就是因碳-碳复合材料风扇叶片的技术研发没有搞好，导致公司破产。50 多年后，竟然还有人提出可以不必搞技术研发，实在令人吃惊！要搞燃烧室的技术研发，就应首先想到研发（或研究）的成果能不能真正用在燃烧室上？不要一听到"燃烧"（请注意没有"室"这个字）就想用到高油气比燃烧室上来，那样的话，搞燃烧室也太简单了！所以再次强调："燃烧室中必定有燃烧，但燃烧不等于燃烧室。"而我们搞的是航空燃烧室。

本书内容翔实、实用性强，系统阐述了航空燃烧室工程的理论、技术、试验和故障维护。很高兴能够向从事航空燃烧室研究的科研人员、工程设计人员和高校师生推荐这本著作。

金如山（J. S. Chin）

美国航空航天学会副会士，美国国家航空航天局 TGIR 奖获得者

书于南加州，拉古纳伍兹

2022 年 9 月

序 二

FOREWORD

  航空发动机被誉为工业皇冠上的明珠,是工程科技领域的高精尖产品。燃烧室是航空发动机的核心部件之一,其研究与发展需要有深广的工程科技知识的指导。

  本书以燃烧室的研发为主线,较为系统地介绍了相关的基础理论、设计方法、试验测试和故障处理等知识,是运用工程科技思维总结燃烧室工程理论和实践的一次尝试。

  本书的三位作者分别来自航空发动机专业的高校、设计所和维修单位。他们在各自领域从事一线科研工作,曾青华先生从事航空发动机燃烧室研发工作,冯大强先生从事航空发动机燃烧室的试验研究工作,邹利民先生从事航空发动机维修工作。他们有着较为深厚的理论功底和工程经验,这使得他们的著作具有明显的航空发动机燃烧室工程知识的系统性和工程实用特色。

  我很高兴向从事航空发动机燃烧室的研发人员、使用维护人员、高校师生和相关技术管理人员推荐本书。

甘晓华

中国工程院院士

2022 年 9 月

前 言

PREFACE

航空燃气涡轮发动机被誉为"工业皇冠上的明珠",其发展水平是一个国家工业基础、科技水平和综合国力的集中体现,也是国家安全和大国地位的重要战略保障。目前,世界上能够独立研制高性能军用航空燃气涡轮发动机的只有美、俄、英、中等少数几个国家,民用领域则由美、英两国垄断,技术门槛极高。

燃烧室是航空燃气涡轮发动机的核心部件之一,其组织空气流动、雾化和混合燃油,通过燃烧过程把燃油中的化学能释放并转化为热能,用于提高发动机工作介质(燃气)的温度。高温的燃气工作介质是驱动涡轮使发动机输出推力或者功率的源泉,因而它常常被称作航空燃气涡轮发动机的"心脏"。加力燃烧室在涡轮排气(或混合了外涵纯空气)中再次喷入燃油进行燃烧,目标是再次提高燃气的温度和排气速度,以大幅提升发动机的推力,被认为是航空燃气涡轮发动机的"接力站"。

随着"十三五"期间我国航空发动机和燃气轮机重大专项的全面启动实施,出现了很多关于航空燃气涡轮发动机燃烧方面的优秀图书。这些图书侧重点不同,优势各异。本书立足清华大学航空发动机研究院燃烧传热专业组的现状,为加强专业组队伍建设,特组织编写本书用作科研参考。本书集基础性、专业性、先进性和工程性于一身,形成了以下特点:

(1) 内容全面系统,脉络清晰分明。本书内容涉及航空燃气涡轮发动机燃烧室的理论、关键技术和部件的原理、功用、工作机制、试验测试和故障分析,篇章内容全面、系统,章节脉络清晰。

(2) 理论深刻透彻,示例生动实用。本书的理论论述部分深刻、透彻,示例说明部分生动、实用。例如,对总压损失系数与温升比和马赫数间的理论关系,扩压器等压梯度型面计算理论、喷油嘴性能计算理论等都提供了详细的理论推导过程;火焰筒的非冷却壁温计算、气膜冷却壁温计算,以及 TBC 壁温计算等示例紧扣应用,生动再现了不同应用场景中的壁温计算流程,实用性极强。

(3) 突出工程思维,注重应用实践。本书无论是燃烧基础理论还是燃烧室专业理论都聚焦航空燃气涡轮发动机燃烧室工程。在编排上也是基于工程思维以燃烧室零组件作为全书的大纲。燃烧室试验和故障分析的章节更是从工程规模燃烧室出发,阐述工程燃烧室的性能试验和故障处理,直接瞄准应用实践。

全书共 14 章,其中 1~12 章和附录由清华大学教授曾青华编写,第 13 章由中国航发四川燃气涡轮研究院专项总师冯大强研究员编写,第 14 章由空军 5719 型号总师邹利民研究员编写。全书由曾青华统稿。

本书在编著过程中,原北京航空航天大学金如山(J. S. Chin)教授给予了大量指导。在此向金老先生致以最诚挚的感谢和最崇高的敬意!

衷心感谢中国工程院院士甘晓华教授!甘院士治学严谨、为人和蔼,给予了本书关键性的指导。在此向甘院士致以最美好的祝福!

此外,很多业内专家和同事提供了大量有价值的素材和有益的建议,在此深表感谢。尤其感谢西北工业大学张群教授,中国航发四川燃气涡轮研究院谢建光和郑明新研究员,沈阳航空航天大学刘爱虢教授,5719 厂欧秀萍和高明高级工程师,航空工业江西洪都航空工业集团有限责任公司李子昂部长,北京动力机械研究所王云雷研究员和何悟高级工程级,西南交通大学郑东副教授等,也特别感谢清华大学航空发动机研究院老师们的支持和帮助。

本书涉及面较广,引用了大量文字、图、表、数据等,对这些内容的原作者表示衷心的感谢!此外,有的图、表和数据等内容难以溯源,未能注明出处,敬请谅解!囿于作者水平有限,书中缺点和错误在所难免,敬请读者批评指正。

作 者

2023 年 9 月

目录

<u>CONTENTS</u>

第 1 章

绪　论

1.1　燃烧的定义

按照《韦氏词典》的定义,燃烧是"产生热或同时产生光和热的快速氧化反应;也包括只伴随少量热、没有光的慢速氧化反应"。也就是说,燃烧的本质是一种产生热的氧化反应。在燃烧过程中,可能伴随发光,也可能没有发光;可能是剧烈快速的氧化反应,也可能是柔和缓慢的氧化反应。燃烧的这一定义强调了燃烧是"氧化反应",不过其间还涉及流动、传热和传质等,因而是一个极其复杂的物理化学过程。在运用燃烧原理进行生产的绝大部分燃烧工业设备中,发生的都是发光、发热的剧烈氧化反应。本书所述的燃烧在没有特指的情况下都是指发光、发热的快速氧化反应这一范畴。

燃烧之所以发生,必须同时满足三个条件,即可燃物、氧化剂、温度高于可燃物着火点的引火源。只有在上述三个条件同时具备的情况下,燃烧才会发生,因而上述三个条件也被称为"燃烧的三要素"。

燃烧最明显的外在表现形式即人们所观察到的火焰。火焰是燃烧过程中出现的一种物理现象,有三方面的物理特征:

(1) 火焰发热发光,具有热和辐射特征。火焰的辐射主要来源于热辐射、化学发光辐射、炽热固态烟粒和碳粒。热辐射来自火焰中一些化学性质稳定的燃烧产物发射的光谱带,例如 H_2O、CO_2、CO 和各种碳氢化合物等发射的光谱带。这类辐射的波长在 $0.75\mu m \sim 0.1mm$。其中,辐射最强的光谱带是红外区,由燃烧的主要产物 CO_2 和 H_2O 形成。化学发光辐射是一种由化学反应产生的光辐射,是不连续辐射光谱带发射的结果,被认为是火焰辐射的主要部分。化学发光辐射来自电子激发态的各种组分,例如 CH、OH、CC、NH 和 CN 等自由基。这些自由基存在于火焰中,是在化学反应瞬时产生的。此外,普遍认为火焰中还存在炽热固态烟粒和碳粒发射出的连续光谱,它使火焰的辐射能力得到增强。理论研究认为,火焰辐射与火焰厚度、烟粒浓度、碳粒和烟粒大小等参数存在函数关系。需要强调的是,气体、液体或固体燃料在燃烧过程中,火焰和完全燃烧产物的辐射主要来自CO_2、H_2O、烟粒和飞灰颗粒。

（2）火焰具有电离特性。在碳氢化合物与空气的燃烧火焰中,特别是在层流火焰中的气体具有较高的电离度。目前广泛接受的化学电离理论认为,燃料在火焰中由于高温裂解而形成碳氢自由基,如CH、CH_2和CH_3等,这些自由基在火焰中与激发态氧发生反应,从而形成正离子和电子。一些实验研究已证实,在电场的作用下火焰会发生弯曲、变长或变短,着火和熄火条件也会发生变化。

（3）火焰具有自行传播的特征。火焰一旦产生,就会不断地向周围传播,在没有外界阻燃的情况下,火焰会蔓延到整个反应系统直到反应终止。

1.2 燃烧的分类

1. 按照是否有火焰分类

按是否有火焰,燃烧可以分为有焰燃烧和无焰燃烧。有焰燃烧是指日常生活中普遍能观察到的燃烧现象,例如蜡烛燃烧、燃气灶天然气燃烧等。无焰燃烧是指看不到火焰而有热释放的氧化反应。其中有因混合均匀而快速发生的无焰燃烧,也有缓慢发生的无焰燃烧(阴燃),香烟的燃烧方式即阴燃。

2. 按照火焰的自行传播特征分类

按火焰的自行传播特征,燃烧可以分为缓燃和爆震燃烧。

缓燃又称"正常燃烧",是通过导热使未燃混合气的温度升高而引起的反应加速,或者是由于扩散作用使得自由原子、自由基传递到未燃混合气中而产生链式反应,从而使火焰前沿不断向未燃混合气体中推进。在通常情况下,缓燃火焰的传播速度较低,在几米/秒至十几米/秒。目前,大部分燃烧系统均采用缓燃方式。

爆震燃烧依靠激波的压缩作用使未燃混合气温度升高,产生剧烈的化学反应,从而使火焰前沿不断推向未燃混合气。其火焰以激波形式高速传播,高达超声速(几千米/秒)。爆震燃烧威力巨大,有巨大破坏作用,在内燃机、工业灾害中,应力求避免爆震燃烧的产生。

3. 按照火焰状态不同分类

按照火焰状态的不同,燃烧可以分为移动火焰燃烧和驻定火焰燃烧。移动火焰燃烧即火焰位置在空间是移动的;驻定火焰燃烧即火焰位置在空间是固定不变的。

4. 按照燃料与氧化剂在进入反应区以前是否预先混合及流动状态分类

如果燃料和氧化剂在进入反应区以前预先混合然后燃烧则称为"预混燃烧";如果混合和燃烧是同时发生的则称为"非预混燃烧"或"扩散燃烧"。以上每一种燃烧类型还可根据流体流动状态是层流还是湍流来进一步分类,如表 1-1 所示。工业燃烧装置中的燃烧绝大部分属于湍流扩散燃烧。

表 1-1　燃烧类型及其应用实例

燃料/氧化剂混合状态	流体流动状态	燃烧类型	应用实例
预混	湍流	湍流预混燃烧	火花点火汽油机
	层流	层流预混燃烧	平面火焰、本生灯火焰
扩散	湍流	湍流扩散燃烧	燃气轮机、柴油机
	层流	层流扩散燃烧	木材火焰、辐射加热炉、蜡烛

5. 按照燃料的相态分类

按照燃料相态的不同,燃烧可分为气体燃料燃烧、液体燃料燃烧和固体燃料燃烧。气体燃料有天然气体和人造气体,天然气属于天然气体燃料,煤气属于人造气体燃料。液体燃料也有天然和人造两种,前者主要是石油,后者主要是石油加工产品,如汽油、煤油和柴油等。自然界中存在的固体燃料包括煤炭和木材等,以及由此加工获得的焦炭、木炭等,还有一些金属如钾、钛和钠等。在工业生产中,煤是最常用的固体燃料。

对于固体燃料燃烧,以煤为例,其燃烧过程由预热、干燥、挥发分析出和焦炭生成、挥发分燃烧与焦炭燃烧等一系列阶段构成,是复杂的多相燃烧过程。对于液体燃料燃烧,其中存在燃料雾化、蒸发、混合等燃烧前的物理过程。相对来说,气体燃料的燃烧比较简单,同时也是液体燃烧和固体燃烧的基础。如果燃料和氧化剂均为气相,则把这类燃料的燃烧称为"均相燃烧"或"同相燃烧",否则称为"异相燃烧"。异相燃烧的燃烧过程和火焰传播发生在多相介质中,其燃烧机制较为复杂。

1.3　燃烧的应用

燃烧不仅是日常生活中最常见的一种现象,也是工业生产中一种最基本的能量转换方式。随着现代工业的发展,人类越来越倚重能源,而对能源的利用大多通过燃烧的方式实现。虽然核能将逐渐成为工业国家的一种重要能源,太阳能、风能和潮汐能等也正在被人们积极地开发利用,但是,在今后相当长的一段时间里,燃料燃烧仍然是动力生产的主要能源。今天,大约 90% 的世界能量供应都是由燃烧生成的。

燃烧与人们的生活和生产密切相关。在生活方面,人们的衣食住行均离不开火。保障舒适的生活环境所需的能源若不是直接来自燃烧(燃气或燃油的炉子或锅炉),就是间接来自矿物燃料燃烧;各种交通工具(如汽车、电车、船舶)发动机所需的能源一般是固体、液体或气体燃料的燃烧;人类的衣食更是依赖不同燃料的燃烧。在生产方面,钢、铁、有色金属、玻璃、陶瓷、水泥等材料的生产过程,石油炼制、化肥生产、炼焦生产等原料的加工过程,都伴有燃烧现象;国防军事领域中的航空、航天和航海动力装置的设计、操作与燃料燃烧密切相关,燃烧不但提供了飞机、导弹、舰艇等作战工具行进的动力,而且会造成战争中的火灾等二次破坏,对敌军产生更严重的威胁。

燃烧的应用在给人类带来文明进步的同时,也带来了危害甚至灾难。例如,燃料的不完全燃烧引起的大气污染是对人类赖以生存的环境的直接威胁。燃烧过程中的产物:SO、NO、CO、残余烟类、重金属、有毒物质和烟尘粒子等有害物质,以及燃烧噪声,严重危害着人类健康。如何精心组织和控制燃烧过程、减少污染,已成为近年来燃烧研究的重要课题。

除此之外,世界上每年都要发生各种各样的火灾,例如,森林火灾、建筑火灾、各种工业火灾和爆炸等,造成了无法估量的生命和财产损失,给人们带来巨大的灾难。如何预防和减少火灾,也是燃烧学研究者所面临的新挑战。

由此可见,燃烧与国民经济和人民生活有着紧密的关系。现代工业技术的高度发展和环境保护、火灾防治的严格要求对燃烧学及其应用提出了新的要求。

1.4　燃烧学简史

燃烧学是一门古老的学科,其发展史就是一部人类文明的发展史。人类在用火的过程中,一直在探索火的本质,并试图给燃烧以更加科学和合理的解释,从而促进人类文明不断发展。燃烧学的发展大概经历火的初识、火的燃素学说、燃烧的氧化学说和现代燃烧理论4个阶段。

1. 火的初识阶段

人类对火及燃烧现象的实践经验至今最少也有50万年的历史。50万年前,北京人用火就很普遍。摩擦生火是人类在生产实践中发明的。火是人类首先掌握的自然力,并逐渐成为人类改造自然的强大手段。人类利用火制造了陶器(约距今15000年)、青铜器(约公元前4000年),以及铁器(约公元前2500年)。

古代人在用火的同时,也产生过不少有关火的学说。如我国"五行说"的"金、木、水、土、火"中有火;古希腊"四元素说"的"水、土、火、气"中有火;古印度"四大说"的"地、水、火、风"中也有火。这些学说都认为火是构成万物的原物质之一。

2. 火的燃素学说阶段

虽然中国发现和应用燃烧现象远早于欧洲,但近代以来,特别是自十字军东征以来,欧洲将火广泛应用到化铁、炼焦、烧石灰、制陶、制玻璃和蒸酒精等工业中,极大地促进了工业发展。

17世纪以后,工业的发展,特别是冶金和化工工业的发展,使火的使用范围和规模扩大了,人们更迫切地要想了解火及其燃烧现象的本质。1702年,德国化学家格奥尔格·恩斯特·施塔尔(G. E. Georg Ernst Stahl,1659—1734)提出了燃素的概念,其在《化学基础》一书中阐述:火是由无数细小而活泼的微粒构成的物质实体。这种火的微粒既能同其他元素结合而形成化合物,也能以游离的形式存在,弥散于大气之中,给人以热的感觉。由这种火的微粒构成的元素即"燃素"。按照燃素说,物质燃烧释放燃素,有些物质不能燃烧是因为缺少燃素,一切与燃烧有关的化学变化都可以归结为物质吸收燃素与释放燃素的过程。例如煅烧金属,燃素从中逸出,便生成了煅灰;而将煅灰与木炭一起焙烧时,煅灰又从木炭中吸收了燃素,金属便重生了出来。另外,物体的燃素越多,燃烧越旺。根据这个解释,煅烧金属的过程可以写成:金属－燃素＝煅灰。

到1740年,燃素学说在法国被普遍接受;到1750年以后,这种观点成为燃烧学界的公认理论。虽然施塔尔的燃素学说后来被证明是完全错误的,但当时对科学的发展起到了一定的积极作用,体现了一代科学家注意观察和理论总结的研究方法,这种精神值得后代科学家借鉴。

3. 燃烧的氧化学说阶段

1756年俄罗斯科学家罗蒙诺索夫(M. B. Lomonosov,1711—1765)用实验证明金属在密闭容器内加热,质量不会增加,而放在空气里加热,质量会增加。该实验证明了燃素说的错误性,但当时并没有得到广泛承认。

1772年11月1日,法国科学家拉瓦锡发表了其关于燃烧的第一篇论文,阐述燃烧会引起质量增加的论点。这一结论并不局限于铝、锡、铁等金属,对于硫、磷的燃烧也同样有质量增加的现象。这种"质量的增加"是由于可燃物与空气中的一部分物质化合的结果,说明燃烧是一种化合现象,但是拉瓦锡当时尚未完全弄清楚空气中的这一部分是什么物质。

1773年和1774年,瑞典化学家舍勒(Carl Wilhelm Scheele,1742—1786)与英国化学家普列斯特利(J. Joseph Priestley,1733—1804)分别在实验室中发现了氧,并且普列斯特利还与拉瓦锡有了接触,结果拉瓦锡很快就在实验中证明,这种物质在空气中的比例为1/5,并将之命名为"氧"(原意为酸之源)。

拉瓦锡随后开展了金属煅烧实验,认为可燃物质燃烧或金属变为煅灰并不是分解反应,而是与氧化合的反应,即金属＋氧＝煅灰(氧化物)。

1777年,拉瓦锡向巴黎科学院提交了一篇名为"燃烧理论"的研究报告,阐述了燃烧的氧化学说:①燃烧时放出热和光;②只有存在氧时,物质才能燃烧;③空气由两种成分组成,物质燃烧吸收了空气中的氧,其增加的质量即所吸收的氧;④一般的可燃物燃烧后通常变为酸,氧是酸的基本组成元素,而金属燃烧后形成了金属的氧化物。

拉瓦锡的氧化学说彻底地推翻了燃素学说。氧化学说的建立是燃烧学发展史上的一个里程碑,它清晰揭示了火的本质。至此,人类对燃烧有了真正的认识。

安托万-洛朗·德·拉瓦锡（Antoine-Laurent de Lavoisier，1743—1794），法国著名化学家、生物学家，定义"元素"概念，发表第一个现代化学元素列表，创立氧化学说，被后世尊称为"现代化学之父"。

图片引自：材料星故事（四）——安托万-洛朗·德·拉瓦锡（上），DOI：10.19599/j. issn.1008-892x.2020.04.018。

图 1-1　拉瓦锡

4. 现代燃烧理论

18 世纪末到 19 世纪末的 100 多年，工业革命推动了化学科学的快速发展，随着原子、分子学说的建立，热化学、热力学、化学热力学和化学动力学的发现和发展，燃烧学的发展被推向了新的阶段。

19 世纪，随着热力学与热化学的发展，人们也把燃烧过程作为热力学平衡体系来研究，考察反应的初态和终态。这是燃烧理论的静态特性研究，阐明了燃烧过程的热力学特性，其中包括燃烧反应热、绝热火焰温度、燃烧产物平衡成分等概念和计算方法，建立了燃烧热力学。

20 世纪初，美国化学家路易斯（B. Lewis）和俄国科学家谢苗诺夫（H. H. Semionov）等研究了燃烧化学反应动力学机制，发展了燃烧反应动力学的链式机制。

20 世纪初 30 年代前后，燃烧动态过程的理论被建立，发展了燃烧反应动力学的链式机制，提出了火焰物理的一些基本概念，例如最小点火能、火焰传播等。

20 世纪 30 年代到 50 年代，研究者们逐步从反应动力学和传热、传质相互作用的观点总结了着火、火焰传播和湍流燃烧的规律。人们逐渐认识到，限制和控制燃烧过程的因素往往不是反应动力学因素，而是传热、传质等物理因素。

20 世纪 50 年代到 60 年代，冯·卡门首先提出用连续介质力学来研究燃烧基本现象，逐渐发展成反应流体力学。

随着大型计算机的发展，20 世纪 70 年代初，布莱恩·斯波尔丁（Brain Spalding）等比较系统地将计算流体力学方法用于燃烧研究，建立了燃烧的数学模型方法和数值计算方法，可以定量地预测燃烧过程和燃烧设备的性能，开辟了燃烧理论及其应用的新途径。

20 世纪 70 年代中期以后，随着现代先进激光诊断技术和气体分析技术的出现，人们开始用光学技术直接测量燃烧过程中气体和颗粒的速度、温度、组分浓度等参数，这些技术改进了燃烧实验方法，提高了测试精度，为深入研究燃烧现象及其规律提供了重要手段和精确可靠的实验数据。从此，燃烧学的研究进入从定性到定量、从宏观到微观的新阶段。

西奥多·冯·卡门(Theodore von Kármán,原名 Szol-loskislaki Kármán Tódor,1881—1963),匈牙利犹太人,1936 年入美国籍,提出"卡门涡街"理论,定义"湍流"概念,提出用连续介质力学研究燃烧基本现象,开创了数学和基础科学在航空航天和其他技术领域的应用,是 20 世纪伟大的航天工程学家,被誉为"航空航天时代的科学奇才"。

图片引自:科学奇才的自画像-读《西奥多·冯·卡门——航空航天时代的科学奇才》,DOI:10.3969/j.issn.1005-9172.2020.11.009。

图 1-2 冯·卡门

1.5　燃烧学研究对象和方法

燃烧学是由热力学、化学动力学、流体力学、传热传质学,以及一定程度的数学有机组成的一门科学。其研究重点在于燃料和氧化剂进行激烈化学反应的发热发光的物理化学过程及其高效精细化的组织与控制。

燃烧学的研究内容主要有两方面:一方面是燃烧理论的研究,主要研究燃烧过程涉及的各种基本现象,包括研究燃烧反应的热力学和动力学基础;着火、熄火、火焰传播、火焰稳定、扩散火焰、液滴、碳粒着火、燃烧产物生成和污染物控制等燃烧机制。另一方面是燃烧技术的研究,主要应用燃烧理论解决工程技术中的各种实际燃烧问题,包括对现有燃烧方法的分析和改进,对新的燃烧方法的探索和实践,提高燃料利用范围和利用率,实现对燃烧过程污染物的形成与排放的控制等。

由于燃烧过程的复杂性,无论是燃烧的理论研究还是技术研究,实验方法仍然是很重要的手段。另外,燃烧研究需要分析和总结,因此理论方法也是重要的研究手段。近十年来,计算机技术的迅猛发展,使得在一般条件下求解理论数学模型方程组的数值方法成为可能,因此数值方法成为燃烧学第三种非常重要的研究手段。上述三种研究方法的结合使用,可为揭示错综复杂的燃烧现象和创建更为完善的燃烧理论提供有力的保障,使燃烧学的研究上升到系统理论研究的高度。

1.6　本书的内容要点

本书在内容编排上聚焦航空燃气涡轮发动机燃烧室工程,力求讲透相关燃烧理论和阐清燃烧室相关技术。各章内容具体如下:

第 1 章　绪论。阐述燃烧的定义、分类和应用,论述燃烧学的简史、研究对象和方法。

第 2 章　燃烧基础理论。阐述燃烧的热力学、动力学和流体力学,阐述气相燃烧和液相燃烧相关的基础理论,阐释燃烧中的重要现象——着火、熄火和火焰稳定。

第3章　航空燃气涡轮发动机概述。阐述航空燃气涡轮发动机的类型、循环和性能要求,从发动机整机视角了解燃烧室。

第4章　主燃烧室概述。阐述主燃烧室的功用、特点、类型、结构、参数和性能要求,讨论主燃烧室的设计界面要求。

第5章　主燃烧室工作机制。阐述主燃烧室的火焰筒分区、空气流量分配、空气流动组织和油雾分布组织,阐释燃烧区燃烧机制、掺混区掺混机制和火焰筒冷却机制。

第6章　喷油嘴及其喷雾。阐述喷油嘴的工作机制、性能要求、流量方程和类型,论述喷油嘴性能的理论计算和影响因素,阐述喷油嘴积炭和防护。

第7章　点火器和燃烧室点火。阐述物态概念和气体放电,论述点火器的类型、应用场景,燃烧室点火方式、点火过程和点火影响因素。

第8章　扩压器及其内流特性。阐述扩压器的功用、流态、性能要求、类型、结构和设计,讨论进口流动条件对扩压器性能的影响。

第9章　两股空气动力学特性。介绍旋流器的功用、类型和性能,阐述旋流器空气动力学和环道空气动力学。

第10章　火焰筒冷却。介绍火焰筒冷却方法和热障涂层技术,讨论火焰筒的材料和温度计算。

第11章　燃烧室排放。阐述排放污染物的危害、生成机制和控制方法,论述低污染燃烧室技术。

第12章　加力燃烧室。阐述加力燃烧室的功用、特点、参数、性能要求和构成,讨论加力燃烧室的振荡燃烧。

第13章　燃烧室试验。阐述燃烧室工程试验的相关概念、试验器、试验方法和测试技术,讨论试验数据的处理。

第14章　燃烧室故障分析。阐述主燃烧室和加力燃烧室的主要故障类型和常见故障的处理方法。

第 ② 章

燃烧基础理论

2.1 引言

2.1.1 内容概述

本章主要阐述燃烧的基础理论,包括燃烧热力学、燃烧动力学和燃烧流体力学。

燃烧热力学:将燃烧作为热力学系统,考察其初始和最终的热力学状态,研究燃烧的静态特性。主要研究内容包括①根据热力学第一定律,分析燃烧过程中化学能转化为热能的能量变化,这里主要确定化学反应的热效应;②根据热力学第二定律,分析化学平衡条件和平衡时的系统状态,如燃烧产物的平衡温度和平衡组分。

燃烧动力学:研究燃烧系统中化学反应快慢和反应路径的基本理论,是化学学科的一个重要组成部分;研究燃烧的动态特性,定量研究化学反应速度及其影响因素,并用反应机制来解释由实验得出的动力学定律。主要研究内容包括①确定各种化学反应速度及其影响因素(浓度、温度等)对反应速度的影响,从而提供合适的反应条件,使反应按人们所希望的速度进行;②研究各种化学反应机制,即研究从反应物过渡到生成物所经历的途径。大量的实验表明,反应速度的快慢主要取决于化学反应的内在机制,其外在因素(压力、温度等)都是通过影响或改变反应机制起作用的。因此,研究反应机制,揭示化学反应速度的本质,能使人们更有效地控制化学反应速度。

燃烧流体力学:运用流体力学的连续介质力学观点和方法来研究燃烧问题。燃烧是全部或者部分地在气相中进行,涉及流体流动、传热、传质和化学反应,且它们之间相互作用。在燃烧过程中,气体是多组分的,有可燃气、氧化剂、燃烧产物、惰性气体和各种自由基等。因此,燃烧流体力学主要研究燃烧系统中带有化学反应的多组分流体力学问题。这里讲的多组分反应流体主要是指多组分反应气体，其问题比经典的流体力学问题复杂得多。因为多组分的存在，所以在守恒方程中必须增加各个组分的扩散方程。另外，由于有化学反应，在扩散方程和能量方程中还必须增加物质源项和热源项。当然，气体的热力学性质、输运性质等也都依赖于构成系统的组分。本章对多组分气体的基本概念、基本定律、守恒方程和一些研究问题的方法进行简单的阐述。

2.1.2　燃烧系统

从 2.1.1 节的介绍中可知，燃烧的研究都是围绕燃烧系统展开的。本节对燃烧系统的相关概念进行论述。

燃烧系统是指发生燃烧化学反应的热力系统。燃烧系统同样存在热与功的转换，可以是开口的，也可以是闭口的，其性质与仅有物理过程的热力系统相同，只是有燃烧化学反应的热力系统通常由数种不同物质的混合物组成，且在化学反应过程中系统的成分可以变化，这种变化可以根据化学反应方程式、组成物质各元素的原子数守恒原理来确定。

分析燃烧热力过程首先要列出燃料燃烧的化学反应方程式。以天然气（主要成分是 CH_4）完全燃烧为例，其化学反应方程式为

$$CH_4 + 2O_2 \longrightarrow CO_2 + 2H_2O \tag{2-1}$$

式(2-1)表示 $1mol\ CH_4$ 和 $2mol\ O_2$ 完全燃烧生成 $1mol\ CO_2$ 和 $2mol\ H_2O$，箭头"$\longrightarrow$"一般用在有机物的化学反应方程式中，而无机物的化学反应方程式中一般用等号"$=$"。在上述化学反应方程式中，反应物各组分的原子化学键断裂，原子和电子重新组合，形成生成物，且反应前后的碳、氢、氧原子数守恒。为使化学反应方程式左右的原子数相等，各化学组分前需乘以相应的系数，这些系数称为"化学计量数"。对一般的化学完全反应可表示为

$$aA + bB \longrightarrow cC + dD \tag{2-2}$$

式中，A、B 和 C、D 分别为反应物与生成物；而 a、b 和 c、d 则分别是反应物与生成物的化学计量数。

对于燃烧化学反应，反应物之一通常是空气。$1mol$ 空气大约有 $0.21mol$ 的 O_2 和 $0.79mol$ 的 N_2，即

$$0.21mol\ O_2 + 0.79mol\ N_2 = 1mol\ 空气$$

或

$$1mol\ O_2 + 3.76mol\ N_2 = 4.76mol\ 空气$$

按照上述空气成分关系，CH_4 完全燃烧的反应方程式(2-1)可以写为

$$CH_4 + 2O_2 + 2 \times 3.76N_2 \longrightarrow CO_2 + 2H_2O + 2 \times 3.76N_2$$

即完全燃烧 $1mol\ CH_4$(16g)，需要 $2mol\ O_2$(64g)，相当于需要 $9.52mol$ 空气(275.12g)，产生 $1mol\ CO_2$(44g)、$2mol\ H_2O$(36g)和 $7.52mol\ N_2$(210.56g)。

在上述反应中，CH_4 进行了完全燃烧，此时所需的最小空气消耗量为"理论空气量"，其一般性定义是：1kg 燃料完全燃烧在理论上所需要的空气量，用 L_0 表示，单位为 kg(空气)/kg(燃料)。在实际燃烧过程中，为保证燃料的充分燃烧，通常向燃料提供的实际空气量比理论空气量多得多。燃烧 1kg 燃料实际提供的空气量称为"实际空气量"，用 L 表示，单位为 kg(空气)/kg(燃料)。

实际空气量与理论空气量的比值称为"过量空气系数"（或称"余气系数"），用 α 表示，$\alpha = L/L_0$。对 $\alpha = L/L_0$ 进行推导有：$\alpha = L/L_0 = (m_f L)/(m_f L_0) = m_a/m_{a0}$。式中，$m_f$ 为燃料质量流量，m_a 为实际空气质量流量，m_{a0} 为燃料燃烧理论空气质量流量。则过量空气系数更一般性的定义为燃烧系统中实际空气质量流量与燃料燃烧理论空气质量流量的比值。

理论空气量的倒数称为"化学恰当油气比"（或"化学恰当燃空比"），用 f_0 表示，单位为 kg(燃料)/kg(空气)，即 $f_0 = 1/L_0$，对其进行推导有：$f_0 = 1/L_0 = m_f/(L_0 m_f) = m_f/m_{a0} = (m_f/m_a)_0$，式中下角标 0 表示在化学恰当比状态。上式表明，化学恰当油气比是燃油质量流量与燃油燃烧理论空气质量流量的比值，也即在化学恰当比状态燃烧时燃油质量流量和空气质量流量的比值。上式提供了油气比（或燃空比）$f = m_f/m_a$ 的一般性定义，即油气比是指燃油的质量流量与实际空气质量流量的比值。

过量空气系数的倒数称为"当量比"，用符号 Φ 表示，即 $\Phi = 1/\alpha$。对 $\Phi = 1/\alpha$ 进行变形推导有

$$\Phi = \frac{1}{\alpha} = \frac{1}{L/L_0} = \frac{1/L}{1/L_0} = \frac{m_f/(m_f L)}{m_f/(m_f L_0)} = \frac{m_f/m_a}{m_f/m_{a0}} = \frac{f}{f_0} \tag{2-3}$$

式(2-3)提供了当量比的一般性定义，即当量比是指燃烧系统中的油气比与其化学恰当油气比的比值。当 $\Phi = 1$ 时，系统为化学恰当比燃烧；当 $\Phi < 1$ 时，系统为贫当量比燃烧；当 $\Phi > 1$ 时，系统为富当量比燃烧。

式(2-3)可以变形推导为以下公式，经常在计算中使用：

$$\Phi = \frac{m_f/m_a}{m_f/m_{a0}} = \frac{(m_f/M_F)/(m_a/M_A)}{(m_f/M_F)/(m_{a0}/M_A)} = \frac{n_f/n_a}{n_f/n_{a0}} = \frac{n_f/(n_a/4.76)}{n_f/(n_{a0}/4.76)} = \frac{n_f/n_o}{n_f/n_{o0}}$$

$$\tag{2-4}$$

式中，M_F、M_A、n_f、n_a、n_o 分别表示燃料摩尔质量、空气摩尔质量、燃料摩尔数、空气摩尔数、氧气摩尔数。该式表明当量比还可以表示为 n_f/n_a（燃油摩尔流量与实际空气摩尔流量之比）与 n_f/n_{a0}（燃油摩尔流量与燃油燃烧理论空气摩尔流量之比）的比值，也可以表示为 n_f/n_a（燃油摩尔流量与实际氧气摩尔流量之比）与 n_f/n_{o0}（燃油摩尔流量与燃油燃烧理论所需氧气的摩尔流量之比）的比值。

式(2-1)和式(2-2)的燃烧发生在燃料完全燃烧的情况。若燃料发生不完全燃烧，则燃料中的碳(C)不是全部变成 CO_2，而是可能产生 CO，其燃烧反应方程为

$$C + \frac{1}{2}O_2 \longrightarrow CO \tag{2-5}$$

当燃料发生不完全燃烧时,由于燃料未能将可以释放的化学能全部释放,不仅造成了燃料的浪费,还会污染环境(如 CO 有毒等),因而燃烧装置应尽量避免不完全燃烧。导致不完全燃烧的原因很多,燃料与空气配合不当(过量空气系数太小或太大)、燃料品种与燃烧装置不匹配、燃料与空气混合不均匀、液体燃料常因雾化质量欠佳而使燃烧温度过低或过高、燃料在燃烧装置内停留的时间过于短暂等,都会造成燃料发生不完全燃烧。

在高温燃烧过程中,部分燃烧产物还会发生离解反应,例如,对于一个 C—H—O—N 系统的富氧情况来说,其主要产物是 CO_2、H_2O、O_2 和 N_2,随火焰温度的提高,离解开始出现,从而可能产生 CO、H_2、OH、H、O、O_3、C、CH_4、N、NO 和 NH_3 等组分。在不同的温度、压力下,它们离解的产物也是不同的。

如果 $T>2200K$、$p=1atm$(1 atm$=101\ 325Pa$)或 $T>2500K$、$p=20atm$,将至少产生 1% 的 CO_2 和 HO 的离解:

$$CO_2 \rightleftharpoons CO + \frac{1}{2}O_2$$

$$H_2O \rightleftharpoons H_2 + \frac{1}{2}O_2$$

$$H_2O \rightleftharpoons \frac{1}{2}H_2 + OH$$

这时产物中包括 CO、H_2 和 OH。

如果 $T>2400K$、$p=1atm$ 或 $T>2800K$、$p=20atm$,则有 O_2 和 H_2 离解(在富氧情况下):

$$H_2 \rightleftharpoons 2H$$

$$O_2 \rightleftharpoons 2O$$

上述反应中的产物是 H 和 O,实际上,O 更可能来自高温下水的离解:

$$H_2O \rightleftharpoons H_2 + O$$

由此,在富氧的火焰里,水可离解成 H_2、O_2、OH、H 和 O 等各种成分。

在更高温度下,N_2 开始参加反应。当 $T>3000K$ 时,发生

$$\frac{1}{2}N_2 + \frac{1}{2}O_2 \rightleftharpoons NO$$

当 $T>3000K$、$p=1atm$ 或 $T>3600K$、$p=20atm$ 时,N_2 开始离解:

$$N_2 \rightleftharpoons 2N$$

同时,燃烧系统的平衡条件除了满足热力学平衡外,还要达到化学平衡。当燃烧系统达到化学平衡时,燃烧产物的组成和含量是温度和压力的函数。在此,回顾一下工程热力学上广泛讨论的简单可压缩系统的定义和平衡条件,以加深理解。简单可压缩系统是指由可压缩流体构成,没有电、磁、重力、运动和表面张力等外力场作用,没有化学反应,系统和外界交换的功只有容积变化功的一种热力学系统。因而,简单可压缩系统的平衡只需满足热力学平衡即可,不涉及化学平衡。

需要补充说明的是,简单可压缩系统的状态由两个独立参数决定,因此,只能有一个状态参数可以在过程中保持不变,要实现有两个独立参数保持不变的过程是不可能的。而对于燃烧热力系统而言,系统的组分是可以变化的,所以决定系统的状态要有两个以上的独立参数。因此,燃烧反应过程可以是一个参数保持不变的过程,如 T=常数或 p=常数等,也可以是两个独立参数保持不变的过程,如定温定压过程、定温定容过程、定容绝热过程和定压绝热过程等。实际的燃烧反应过程以定温定压和定温定容过程最为常见。可以通过热力学第一定律和第二定律分析,确定燃烧系统的能量转换关系、过程进行的方向和限度。

2.2 燃烧热力学

2.2.1 燃烧系统的热力学第一定律分析

热力学第一定律是普遍定律,对燃烧系统的反应过程也是适用的。本节主要应用热力学第一定律分析燃烧系统,并阐述有关概念和定律,包括反应热、反应热效应、燃烧热、燃料热值、生成热、分解热、拉瓦锡-拉普拉斯定律、盖斯定律等。

1. 反应热和反应热效应

热力学第一定律的表达式为

$$Q = \Delta U + W_{tot} = \Delta U + W_u + W \tag{2-6}$$

式中,Q 是热力系统与外界交换的热量;U 是热力学能,它包含有内热能 U 和化学能 U;W_{tot} 是热力系统与外界交换的总功,由有用功 W_u 和体积变化功 W 构成。

对式(2-6)微分有

$$\delta Q = dU + \delta W_u + \delta W \tag{2-7}$$

对于化学反应系统,式(2-6)和式(2-7)中的 Q 即反应热,其一般性定义为所有的化学反应都伴随热量的吸收或释放,吸收或释放的热量即反应热,数值以符号 ΔH_R 表示,单位为 kJ。习惯上选定 1atm 和 298.15K 为热化学标准态(而热力学标准状况,即标况,是指压力 1atm 和温度 273.15K)。定义在热化学标准态下的反应热为标准反应热,数值以 $\Delta H_{R,298}^0$ 表示,单位为 kJ。大量的实际化学反应过程通常是在温度和体积或温度和压力近似保持不变的条件下进行的。

对于定温定容化学反应,因物系的体积不变,所以 $W=0$,这时式(2-7)有

$$\delta Q_V = dU + \delta W_{u,V} \tag{2-8}$$

式中,$W_{u,V}$ 表示定温定容化学反应时的有用功。

对于定温定压化学反应,若设反应前后物系的体积为 V_1 和 V_2,则物系所做的体积变化功为 $W = p(V_1 - V_2)$,又设 $W_{u,p}$ 表示定温定压化学反应时的有用功,则式(2-7)可写为

$$\delta Q_p = dU + \delta W_{u,p} + p\,dV = dH + \delta W_{u,p} \tag{2-9}$$

式(2-8)和式(2-9)是根据热力学第一定律得出的,不论化学反应是否可逆均适用。若化学反应在定温定容或定温定压下不可逆地进行,且没有有用功(此时反应的不可逆程度最大),则

$$\delta Q_V = dU \tag{2-10}$$

$$\delta Q_p = dH \tag{2-11}$$

此时的反应热称为反应的"热效应",式中的 Q_V、Q_p 分别称为"定容热效应"和"定压热效应"。

反应热效应的一般性定义为当化学反应发生在等温条件下,除膨胀功外,不做其他功,此时吸收或释放的热量即反应热效应,简称"热效应"。根据定义,热效应特指等温过程的反应热。定容热效应和定压热效应分别是定温定容和定温定压条件下进行化学反应的热效应。对于已知的某化学反应来说,如不特别注明,通常是指定温定压热效应。

显然,反应热效应与反应热不同,反应热是过程量,与反应过程有关;而反应热效应是状态量,在给定反应前后的物质种类时,仅与反应前后物质所处的状态有关,与中间经历的反应途径无关(此即后文提到的盖斯定律)。

2. 燃烧热和燃料热值

燃料的燃烧反应通常在定温定压下进行,且是不做有用功的反应。在定温定压条件下,1mol 燃料进行完全燃烧反应释放的热量称为"燃烧热",用 Δh_C 表示,单位为 kJ/mol。标准态时的燃烧热称为"标准燃烧热",以 $\Delta h_{C,298}^0$ 表示,单位为 kJ/mol。燃烧热是燃料在等温等压过程的反应热,是反应热的特殊情况。燃料燃烧为放热反应,因而燃烧热为负值。

燃料燃烧时的燃烧热的绝对值称为燃料的"发热量"或"热值"。含氢燃料的燃烧产物中都有 H_2O,由于反应条件不同,它可能以蒸汽,也可能以液态存在于反应产物中。例如,当反应温度低于水蒸气分压力对应的饱和温度时,蒸汽会凝结成水,以液态形式出现。由于凝结过程中要放出热量,此时系统向外的放热量高于以蒸汽形态存在于产物中的放热量。为区别两种不同情况,引入高位热值与低位热值的概念,若燃烧生成物 H_2O 为蒸汽态,则此时热值为燃料的低位热值,以符号 Q_{DW} 表示;若燃烧生成物 H_2O 为液态,则此时热值为燃料的高位热值,以符号 Q_{GW} 表示。两者之差等于生成物 H_2O 由气态凝结成液态时所放出的潜热。一些常见物质的热值如表 2-1 所示。

表 2-1　一些常见物质的热值(1atm,298.15K)

名　称	分 子 式	分 子 量	高位热值/(kJ/mol)	低位热值/(kJ/mol)
甲烷(气)	CH_4	16.043	890.32	802.31
乙烷(气)	C_2H_6	30.070	1559.88	1427.84

续表

名　　称	分　子　式	分　子　量	高位热值/(kJ/mol)	低位热值/(kJ/mol)
乙烯(气)	C_2H_4	28.054	1411.26	—
丙烷(气)	C_3H_8	44.094	2219.82	2043.85
丙烷(液)	C_3H_8	44.094	2203.51	2027.53
丁烷(气)	C_4H_{10}	58.124	2848.72	2635.98
丁烷(液)	C_4H_{10}	58.124	2855.63	2635.57
正庚烷	C_7H_{16}	114.232	4811.18	—
辛烷(气)	C_8H_{18}	114.232	5512.38	5116.22
辛烷(液)	C_8H_{18}	78.114	5470.91	5074.76
苯(气)	C_6H_6	78.114	3301.57	3169.55
苯(液)	C_6H_6	58.124	3267.59	3135.57
甲醇(气)	CH_3OH	32.042	763.88	675.86
乙醇(气)	C_2H_5OH	46.069	1409.53	1277.54
柴油(液)	$C_{14.4}H_{24.9}$	198.06	9051.34	8503.51
碳(石墨)	C	12.011	392.88	392.88
一氧化碳	CO	28.011	282.84	282.84
氢	H_2	2.016	285.77	241.50

量热实验测得的热值往往都是高位热值,而实际燃烧过程都发生在较高温度下,比如炉膛内、燃气轮机装置燃烧室的温度都高达数百摄氏度以上,甚至高于1000℃,H_2O 均以气态存在,故燃烧计算都采用低位热值。

3. 生成热和分解热

由最稳定的单质化合成 1mol 化合物时的热效应称为该化合物的"生成热",用 Δh_f 表示,单位为 kJ/mol。若生成热过程是在标准态下进行的,则称为该化合物的"标准生成热",以 $\Delta h_{f,298}^0$ 表示,单位为 kJ/mol。为方便热力计算,规定任何稳定单质的标准生成热都等于零。一些常见物质的标准生成热如表 2-2 所示。

表 2-2　一些常见物质的标准生成热(1atm,298.15K)

名　　称	分　子　式	状　　态	生成热/(kJ/mol)
碳(石墨)	C	晶体	0
一氧化碳	CO	气	−110.54
二氧化碳	CO_2	气	−393.51
甲烷	CH_4	气	−74.85
乙烷	C_2H_6	气	−84.68
乙炔	C_2H_5	气	226.00
乙烯	C_2H_4	气	52.55
丙烷	C_3H_8	气	−103.85

续表

名　　称	分　子　式	状　　态	生成热/(kJ/mol)
丙烯	C_3H_6	气	20.42
苯	C_6H_6	气	82.93
苯	C_6H_6	液	48.04
正庚烷	C_7H_{16}	气	-187.82
氧	O_2	气	0
氮	N_2	气	0
水	H_2O	气	-241.84
水	H_2O	液	-285.85
甲醇	CH_3OH	液	-238.57
乙醇	C_2H_5OH	液	-277.65

相反地,1mol 化合物分解成单质时的热效应称为该化合物的"分解热"。显然,生成热与分解热的绝对值相等,符号相反。

定义了标准生成热的概念后,某化学反应的标准反应热 $\Delta H^0_{R,298}$ 就可以用生成物的标准生成热总和减去反应物的标准生成热总和,即

$$\Delta H^0_{R,298} = \sum_{i=1}^{P} n_i \Delta h^0_{f,298,i} - \sum_{j=1}^{R} n_j \Delta h^0_{f,298,j} \tag{2-12}$$

式中,n_i 和 n_j 分别表示生成物和反应物的摩尔数。

4. 热效应计算有关定律

在工程实际中,常常会遇到难以控制和测量其热效应的反应,那么可以采用总结出来的定律,使用间接方法把它计算出来,不必每个反应都通过实验测量。

(1) 拉瓦锡-拉普拉斯定律

该定律指出:化合物的分解热与生成热的绝对值相等,符号相反。若已知某化合物的生成热,而其分解热很难通过实验测量,那么运用该定律则可以确定其分解热。

(2) 盖斯定律

该定律指出:在给定反应前后的物质种类时,反应热效应只与反应前后物质的状态有关,而与反应途径无关。该定律是能量守恒定律的必然推论,说明不管化学反应是一步完成的,还是几步完成的,其反应的热效应相同。运用该定律,借助某些辅助反应,可以计算某些化合物的生成热。例如,有机化合物的生成热通常不是直接测定的,而是通过计算得来的。

2.2.2　燃烧系统的热力学第二定律分析

将热力学第一定律应用于化学反应,已在 2.2.1 节建立了计算反应热和反应热效应的能量平衡关系式。热力学第二定律则指出了热力过程进行的方向、条件

和限度,这对于化学反应过程也是适用的。本节将介绍吉布斯函数、化学反应最大有用功等概念,然后分析化学平衡条件和平衡时的系统状态(如燃烧产物的平衡温度、平衡组分、绝热火焰温度等)。

1. 吉布斯函数

吉布斯函数是一个热力学状态量,用符号 g 表示,为压力和温度的函数。

习惯上规定热化学标准态下单质的吉布斯函数为零。稳定单质在标准态下生成 1mol 化合物的吉布斯函数称为该化合物的"标准生成吉布斯函数",以符号 $\Delta g_{f,298}^0$ 表示,单位为 kJ/mol。

从工程热力学角度可知,理想气体在某温度下的标准生成吉布斯函数与压力的关系如下:

$$\Delta g_{f,T}^p - \Delta g_{f,T}^0 = RT \int_{p_0}^{p} \frac{\mathrm{d}p}{p} = RT \ln \frac{p}{p_0} \tag{2-13}$$

该公式在吉布斯函数计算中经常使用。

对于某一反应系统来说,还经常使用标准反应吉布斯函数,以符号 $\Delta G_{R,298}^0$ 表示,单位为 kJ。与式(2-12)相似,某化学反应的标准反应吉布斯函数 $\Delta G_{R,298}^0$ 可以用生成物的标准生成吉布斯函数总和减去反应物的标准生成吉布斯函数总和,即

$$\Delta G_{R,298}^0 = \sum_{i=1}^{P} n_i \Delta g_{f,298,i}^0 - \sum_{j=1}^{R} n_j \Delta g_{f,298,j}^0 \tag{2-14}$$

式中,n_i 和 n_j 分别表示生成物和反应物的摩尔数。

2. 燃烧最大有用功

有用功是指热力系统与外界环境交换的总功量 W 与反抗环境压力所做的膨胀功 W_V 之差,用符号 W_u 表示,单位为 J。$W_u = W - W_V = W - p_0(V_0 - V)$。

由 2.2.1 节可知,燃烧反应通常为定温定压的化学反应,满足式(2-9),即 $\delta Q_p = \mathrm{d}H + \delta W_{u,p}$。若该化学反应过程可逆,则此时燃烧系统的有用功最大,即

$$Q_{p,\text{rev}} = \Delta H + W_{u,p,\max} \tag{2-15}$$

从热力学第二定律可知可逆定温反应系统的熵平衡方程式:

$$\Delta S = Q_{\text{rev}}/T \tag{2-16}$$

将式(2-16)代入式(2-15),有

$$W_{u,p,\max} = -(\Delta H - T\Delta S) = -\Delta(H - TS) = -\Delta G \tag{2-17}$$

式中,ΔG 为此可逆定温燃烧反应过程系统吉布斯函数的变化。式(2-17)说明,在可逆定温定压的燃烧反应过程中,燃烧系统对外做的最大有用功等于燃烧系统吉布斯函数的减少。

3. 燃烧系统的化学平衡

当燃烧系统的最大有用功为正值时,系统能自发进行,并在过程中向周围环境做静功。当最大有用功为零,即吉布斯函数变化为零时,燃烧系统处于化学平衡状

态,判据为$(dg)_{T,p}=0$。

化学平衡状态从宏观上表现为静态,但实际上是一种动态平衡。考虑一个任意的平衡反应

$$a\mathrm{A}+b\mathrm{B}\underset{k_{b}}{\overset{k_{r}}{\rightleftharpoons}}c\mathrm{C}+d\mathrm{D}$$

式中,k_r为正向反应速度常数,k_b为逆向反应速度常数,反应速度常数将在2.2.3节介绍。上式的标准反应吉布斯函数可以写为

$$\Delta G^0_{\mathrm{R},298}=c\Delta g^0_{\mathrm{f},298,\mathrm{C}}+d\Delta g^0_{\mathrm{f},298,\mathrm{D}}-a\Delta g^0_{\mathrm{f},298,\mathrm{A}}-b\Delta g^0_{\mathrm{f},298,\mathrm{B}}$$

当总压力为p时,则有

$$\Delta G^p_{\mathrm{R},298}=c\Delta g^p_{\mathrm{f},298,\mathrm{C}}+d\Delta g^p_{\mathrm{f},298,\mathrm{D}}-a\Delta g^p_{\mathrm{f},298,\mathrm{A}}-b\Delta g^p_{\mathrm{f},298,\mathrm{B}}$$

由于压力变化,反应吉布斯函数的变化如下:

$$\Delta G^p_{\mathrm{R},298}-\Delta G^0_{\mathrm{R},298}=c(\Delta g^p_{\mathrm{f},298,\mathrm{C}}-\Delta g^0_{\mathrm{f},298,\mathrm{C}})+d(\Delta g^p_{\mathrm{f},298,\mathrm{D}}-\Delta g^0_{\mathrm{f},298,\mathrm{D}})-$$
$$a(\Delta g^p_{\mathrm{f},298,\mathrm{A}}-\Delta g^0_{\mathrm{f},298,\mathrm{A}})-b(\Delta g^p_{\mathrm{f},298,\mathrm{B}}-\Delta g^0_{\mathrm{f},298,\mathrm{B}})$$

利用式(2-13),上式可以写为

$$\Delta G^p_{\mathrm{R},298}-\Delta G^0_{\mathrm{R},298}=RT(c\ln p_{\mathrm{C}}+d\ln p_{\mathrm{D}}-a\ln p_{\mathrm{A}}-b\ln p_{\mathrm{B}})=RT\ln\left(\frac{p_{\mathrm{C}}^c p_{\mathrm{D}}^d}{p_{\mathrm{A}}^a p_{\mathrm{B}}^b}\right)$$

$$(2\text{-}18)$$

式中,p_{A}、p_{B}、p_{C}、p_{D}为对应物质的分压力。

当化学反应平衡时,有$\Delta G^p_{\mathrm{R},298}=0$,即

$$\ln\left(\frac{p_{\mathrm{C}}^c p_{\mathrm{D}}^d}{p_{\mathrm{A}}^a p_{\mathrm{B}}^b}\right)=-\frac{\Delta G^0_{\mathrm{R},298}}{RT} \tag{2-19}$$

其中,

$$K_p=\frac{p_{\mathrm{C}}^c p_{\mathrm{D}}^d}{p_{\mathrm{A}}^a p_{\mathrm{B}}^b} \tag{2-20}$$

为以分压力表示的平衡常数,代入式(2-19)有

$$\ln K_p=-\frac{\Delta G^0_{\mathrm{R},298}}{RT} \tag{2-21}$$

或

$$K_p=\exp\left(-\frac{\Delta G^0_{\mathrm{R},298}}{RT}\right) \tag{2-22}$$

这样平衡常数K_p就可以根据标准反应吉布斯函数求得。对某一确定的反应物质,$\Delta G^0_{\mathrm{R},298}$是定值,由式(2-22)可知,平衡常数仅仅是温度的函数,与压力无关。

4. 绝热火焰温度

绝热火焰温度是燃烧反应在特殊条件下的平衡温度。其定义是燃烧系统在定

压、绝热条件下,反应释放的全部热量完全用于提高燃烧产物的温度,这个温度称为"绝热火焰温度",用符号 T_f 表示。通常,绝热火焰温度用标准反应热进行计算,应用式(2-12),由于燃料燃烧时空气中氧气和氮气为稳定单质,其生成热为零,则

$$|\Delta H_{R,298}^0| = -\left(\sum_{i=1}^{P} n_i \Delta h_{f,298,i}^0 - \sum_{j=1}^{R} n_j \Delta h_{f,298,j}^0\right)$$

$$= -\sum_{i=1}^{P} n_i \Delta h_{f,298,i}^0 = -\sum_{i=1}^{P} \int_{298}^{T_f} n_i c_{ps} \mathrm{d}T \qquad (2-23)$$

式中,n_i 表示生成物的摩尔数,属于已知参数,则求解式(2-23)便可获得绝热火焰温度 T_f。

对于燃烧产物温度低于 1250K 的反应系统,由于燃烧产物 CO_2、H_2O、N_2 和 O_2 等是正常的稳定物质,其摩尔数可以根据简单的质量平衡计算出来。然而,大多数燃烧系统所达到的温度明显高于 1250K,由 2.1 节可知,这时可能会出现燃烧产物的离解,式(2-23)中的 n_i 和 T_f 都是未知数而让方程求解变得复杂。另外,由于离解反应吸热很多,少量的离解将会显著降低火焰温度。因此,求解绝热火焰温度的复杂性在于燃烧产物组成的确定。如果知道了系统的大概温度范围,就可以应用上述对应的离解反应,确定产物的组成,求解绝热火焰温度。

研究发现,混合物的绝热火焰温度与其初始当量比存在定性关系,如图 2-1 所示。

由图 2-1 可知,当初始混合物按化学恰当比燃烧时,绝热火焰温度最高,在富燃料($\Phi>1$)或贫燃料($\Phi<1$)区域,稀释效应会使绝热火焰温度降低。

实际上,火焰温度的最大值出现在 Φ 稍大于 1 的一侧。因为一旦系统中的氧化剂不足,产物的比热将会降低,绝热火焰温度上升。表 2-3 给出了一些燃料的最高绝热火焰温度。

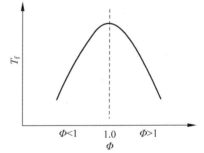

图 2-1 绝热火焰温度与混合物初始当量比的关系

表 2-3 一些燃料的最高绝热火焰温度

燃　　料	氧　化　剂	压力/atm	最高绝热火焰温度/K
乙炔	空气	1	2600*
	氧气	1	3410**
一氧化碳	空气	1	2400
	氧气	1	3220
正庚烷	空气	1	2290
	氧气	1	3100

续表

燃　　料	氧　化　剂	压力/atm	最高绝热火焰温度/K
氢气	空气	1	2400
	氧气	1	3080
甲烷	空气	1	2210
	空气	20	2270
	氧气	1	3030
	氧气	20	3460

* 当 $\Phi=1.3$ 时；

** 当 $\Phi=1.7$ 时。

2.3　燃烧动力学

2.3.1　化学反应有关概念

在化学反应过程中，反应物一般经过若干个反应步骤，才最后转化为生成物。我们把从反应物转化为生成物的宏观化学反应称为"总包反应"，而把总包反应中的每一个反应步骤称为"基元反应"，并将描述该化学反应所包含的全部基元反应称为"反应机制"。

基元反应是组成一切化学反应的基本单元。基元反应按反应分子数(反应分子数是指基元反应方程式中各反应物分子个数之和)可划分为三类：单分子反应、双分子反应和三分子反应。绝大多数的基元反应为双分子反应；在分解反应或异构化反应中，可能出现单分子反应；三分子反应的数量更少，一般只出现在原子复合或自由基复合反应中。四个分子同时碰撞在一起的机会则极少，目前还没有发现多于三个分子的基元反应。

依据反应机制的复杂程度，化学反应通常可以分成两大类：①简单反应，由反应物经一步反应直接生成产物的反应。②复杂反应，反应不是经过简单的一步就完成，而是要通过生成中间产物的许多基元反应步骤来完成。常见的复杂反应有可逆反应、平行反应、串联反应和链反应等。

实际上，通常所写的化学反应式的绝大多数并不代表反应的历程。例如，H_2 与 I_2 的反应通常写为

$$H_2 + I_2 \longrightarrow 2HI$$

这个反应即总包反应，只代表了反应的总结果，并不代表反应进行的实际途径。它们的真实反应为

$$I_2 \Longleftrightarrow 2I$$

$$H_2 + 2I \longrightarrow 2HI$$

式中，第一步基元反应为可逆反应，第二步基元反应为串联反应。

再如 H_2 和 Cl_2 的总包反应为

$$H_2 + Cl_2 \longrightarrow 2HCl$$

它们真实的反应历程是

$$Cl_2 \longrightarrow 2Cl \tag{Ⅰ}$$

$$Cl + H_2 \longrightarrow HCl + H \tag{Ⅱ}$$

$$H + Cl_2 \longrightarrow HCl + Cl \tag{Ⅲ}$$

$$Cl + Cl \longrightarrow Cl_2 \tag{Ⅳ}$$

基元反应（Ⅰ）一经发生，则基元反应（Ⅱ）、（Ⅲ）就不断地交替发生，如同链锁一样，一环扣一环，直到反应物中的 H_2 和 Cl_2 全部转化为 HCl，这种反应称为"链反应"。基元反应（Ⅰ）是链的引发，基元反应（Ⅱ）、（Ⅲ）是链的传递，基元反应（Ⅳ）是链的终止。很多重要的工艺过程如石油的热裂解、碳氢化合物的氧化燃烧等都与链反应有关，后文将进行简单介绍。

2.3.2　化学反应速度

1. 反应速度表示法

在化学反应过程中，反应物浓度不断降低，而生成物浓度不断提高。因而，化学反应速度可由单位时间内反应物浓度的减少（或生成物浓度的增加）来表示，符号为 w_i，单位为 $mol/(cm^3 \cdot s)$ 或 $kg/(m^3 \cdot s)$，下标 i 表示某反应物或生成物 i。

对于简单反应来说，化学反应式为 $aA + bB \longrightarrow cC + dD$，其中 A、B 和 C、D 分别表示反应物和生成物；a、b 和 c、d 分别表示对应于上述物质的摩尔数。则反应速度可以表示为

$$w_A = -\frac{dC_A}{dt}$$

$$w_B = -\frac{dC_B}{dt}$$

$$w_C = \frac{dC_C}{dt}$$

$$w_D = \frac{dC_D}{dt}$$

式中，C_A、C_B、C_C、C_D 分别是对应反应物和生成物的摩尔浓度。

对于同一个化学反应，由于反应过程中各种物质的浓度变化不一样，各物质的反应速度是不同的，即

$$w_A \neq w_B \neq w_C \neq w_D$$

但是，它们之间有如下关系：

$$\frac{1}{a}w_A = \frac{1}{b}w_B = \frac{1}{c}w_C = \frac{1}{d}w_D = w$$

化学反应速度可以根据参与反应的任意一种物质的浓度变化来表示,其中 w 称为该化学反应的"反应速度"。

2. 反应速度方程式

反应速度方程式是表示反应速度与浓度等参数之间关系的方程式,又称为"动力学方程式"。对于简单反应(或基元反应),实验结果表明:在温度不变的情况下,反应速度和参与反应的各反应物浓度的乘积成正比,此即质量作用定律。

例如,对于简单反应 $a\mathrm{A}+b\mathrm{B}\longrightarrow c\mathrm{C}+d\mathrm{D}$,有

$$w = k_{\mathrm{rb}}C_{\mathrm{A}}^{a}C_{\mathrm{B}}^{b} \tag{2-24}$$

式中,k_{rb} 为反应速度常数;各反应物浓度项的方次数等于化学反应中相应物质的摩尔数,$n=a+b$ 称为该化学反应的"反应级数"。当各反应物浓度均为 1 时,$k_{\mathrm{rb}}=w$,即反应速度常数值等于反应速度值,所以 k_{rb} 也称为"比反应速度"。不同的反应有不同的反应速度常数,它的大小直接反映了反应速度的快慢和反应发生的难易,与反应物浓度无关,仅取决于反应温度和反应物的物理化学性质。对于正逆化学反应:$a\mathrm{A}+b\mathrm{B}\underset{k_{\mathrm{b}}}{\overset{k_{\mathrm{r}}}{\rightleftharpoons}}c\mathrm{C}+d\mathrm{D}$,有

正向反应速度

$$w_{\mathrm{r}} = k_{\mathrm{r}}C_{\mathrm{A}}^{a}C_{\mathrm{B}}^{b} \tag{2-25}$$

逆向反应速度:

$$w_{\mathrm{b}} = k_{\mathrm{b}}C_{\mathrm{C}}^{c}C_{\mathrm{D}}^{d} \tag{2-26}$$

式中,k_{r} 为正向反应速度常数,k_{b} 为逆向反应速度常数。

当正逆反应达到平衡时,$w_{\mathrm{r}}=w_{\mathrm{b}}$,并定义化学反应中正向反应速度与逆向反应速度的比值为平衡常数,即 $K_{\mathrm{c}}=\dfrac{k_{\mathrm{r}}}{k_{\mathrm{b}}}$,则

$$K_{\mathrm{c}} = \frac{k_{\mathrm{r}}}{k_{\mathrm{b}}} = \frac{C_{\mathrm{C}}^{c}C_{\mathrm{D}}^{d}}{C_{\mathrm{A}}^{a}C_{\mathrm{B}}^{b}} \tag{2-27}$$

若系统的物系都是理想气体,则气体的浓度 C_i 与气体的分压力 p_i 成正比,式(2-27)可以写为

$$\frac{k_{\mathrm{r}}}{k_{\mathrm{b}}} = \frac{p_{\mathrm{C}}^{c}p_{\mathrm{D}}^{d}}{p_{\mathrm{A}}^{a}p_{\mathrm{B}}^{b}}$$

结合式(2-20)有

$$K_{\mathrm{c}} = \frac{k_{\mathrm{r}}}{k_{\mathrm{b}}} = \frac{C_{\mathrm{C}}^{c}C_{\mathrm{D}}^{d}}{C_{\mathrm{A}}^{a}C_{\mathrm{B}}^{b}} = \frac{p_{\mathrm{C}}^{c}p_{\mathrm{D}}^{d}}{p_{\mathrm{A}}^{a}p_{\mathrm{B}}^{b}} = K_{p} \tag{2-28}$$

即反应平衡常数在系统为理想气体的情况下可以采用分压力形式表示。

对于复杂反应来说,由于反应历程比较复杂,动力学方程式也比较复杂。一般来说,对于给定的复杂反应,仅仅知道它的化学反应方程式并不能预言其反应速度方程式,必须通过实验来决定。例如下面两个复杂反应:

$$H_2 + Br_2 \longrightarrow 2HBr$$

$$H_2 + I_2 \longrightarrow 2HI$$

虽然具有相似的化学反应式,但它们的反应速度方程式却十分不同。对于 H_2 和 Br_2 的反应,有

$$w_{HBr} = \frac{k'_r C_{H_2} C_{Br_2}^{1/2}}{1 + k''_r C_{HBr}/C_{Br_2}}$$

而对 H_2 和 I_2 的反应,则有

$$w_{HI} = k_r C_{H_2} C_{I_2}$$

这是它们的反应机制不同的缘故。简言之,对于简单反应(或基元反应),可以从化学反应方程式直接写出其反应速度方程式;而对于复杂反应,必须通过实验来求得其反应速度方程式。

2.3.3　反应速度影响因素

影响反应速度的因素有压力、浓度、温度、活化能等。

1. 压力影响

对于理想气体,从式(2-24)及理想气体的浓度 C_i 与气体的分压力 p_i 成正比的关系可知, $w \propto C_A^a C_B^b \propto p_A^a p_B^b \propto x_A^a x_B^b p^a p^b \propto p^{a+b} \propto p^n$,反应速度与系统总压力的 n 次方成正比, n 为化学反应的级数,即

$$w \propto p^n \tag{2-29}$$

式(2-29)对于理想气体基元反应或一步简单反应成立。但对于链反应,由于反应速度与总压力的关系比较复杂,受所有基元反应的影响,上述正比关系就不一定成立了。

2. 浓度影响

化学动力学理论认为,反应速度的最大值出现在各反应物浓度之比遵守其化学反应计量系数之比时;某反应物浓度若偏离最佳值,将使反应速度下降。当反应物质中混有惰性物质时,会降低反应物浓度,使反应速度下降。

3. 温度影响

温度是影响反应速度的重要因素之一。它主要影响反应速度常数。根据范特-霍夫规则:反应温度每升高 $10^\circ C$,反应速度增加 $2 \sim 4$ 倍,这是一个近似经验规则,对于不需要精度的数据或当缺少完整数据时,该规则不失为一种可粗略估计温度对反应速度常数影响的方法。若 k_t 表示 $t^\circ C$ 时的反应速度常数, $k_{t+n\times10}$ 表示 $(t+n\times10)^\circ C$ 时的反应速度常数,则

$$\frac{k_{t+n\times10}}{k_t} = \gamma^n$$

式中，γ 为反应速度的温度系数，一般为 $2\sim4$。多数反应大体符合上述规律。后来阿伦尼乌斯通过大量实验与理论的论证，揭示了反应速度常数与温度的关系式：

$$\frac{\mathrm{d}(\ln k_{rb})}{\mathrm{d}T} = \frac{E}{RT^2} \qquad (2\text{-}30)$$

式中，E 为活化能，单位为 J/mol；$R = 8.314\mathrm{J/(mol \cdot K)}$ 为通用气体常数。假设 E 是与温度无关的常数，将上式积分，得到

$$k_{rb} = k_0 \mathrm{e}^{-E/RT} \qquad (2\text{-}31)$$

式中，$\mathrm{e}^{-E/RT}$ 为玻尔兹曼因子（Boltzmann factor）。k_0 为频率因子，又称"指前因子"，与温度无关。式(2-30)和式(2-31)即阿伦尼乌斯公式（Arrenius equation）。

对于复杂反应，E 与温度是有关的，因而在较大的温度变化范围内，为了更好地符合实验，通常采用修正的阿伦尼乌斯公式，即

$$k_{rb} = A_i T^{B_i} \mathrm{e}^{-E_i/RT} \qquad (2\text{-}32)$$

式中，A_i、B_i、E_i 均由实验确定。A_i 和 E_i 的单位分别为 $\mathrm{m \cdot mol \cdot s \cdot K}$ 和 J/mol。对式(2-30)和式(2-31)两边取对数变换有

$$E = E_i + B_i RT \qquad (2\text{-}33)$$

该式表明了活化能 E 与温度的定量关系。

4. 活化能影响

在阿伦尼乌斯公式中，活化能 E 对反应速度的影响很大，E 越小，反应速度越大，E 的大小反映反应进行的难易程度。按照阿伦尼乌斯的解释，活化能是指使普通分子（具有平均能量的分子）变为活化分子（能量超出一定值的分子）所需的最小能量。该概念解释用图 2-2 示意，设反应 $A \Longleftrightarrow C$，图中 E_A 表示反应物分子 A 的平均能量，E_C 表示反应物分子 C 的平均能量。在 $A \longrightarrow C$ 的正向反应中，分子 A 需要越过的能量峰值为 E_1，而在逆向反应 $C \longrightarrow A$ 中，分子 B 需要越过的能量峰值为 E_2。这表明，在反应系统中，并非所有的 A 分子都可以变为生成物 B 分子，只有反应物分子的能量比平均能量 E_A 高出 E_1 以上时，才能越过这个能峰而变成生成物分子。从分子能量的分布规律可知，只有一部分分子才具有这样高的能量。这种能量较高的分子就叫作活化分子。E_1 为正向反应 $A \longrightarrow C$ 的活化能、E_2 为逆向反应 $C \longrightarrow A$ 的活化能，$E_2 - E_1$ 为燃烧反应的净放热量，也就是燃料的热值。

一般化学反应的活化能在 $42\sim$ $420\mathrm{kJ/mol}$，而其中大多数又在 $62\sim$

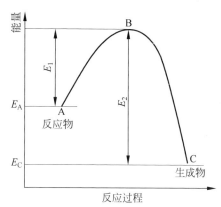

图 2-2   活化能示意图

$250kJ/mol$。当活化能小于 $42kJ/mol$ 时,由于反应速度很快,一般实验方法已难以测定;当活化能大于 $420kJ/mol$ 时,由于反应速度极慢,可以认为化学反应没有发生。另外,从阿伦尼乌斯公式不难看出,对于两个活化能不同的反应,当温度增加时,活化能较高的反应速度增加的倍数比活化能较低的反应速度增加的倍数大,即温度升高有利于活化能较大的反应。

上述阿伦尼乌斯对活化能的解释只有对基元反应才有明确的物理意义,而对于绝大多数的复杂反应,阿伦尼乌斯公式中的活化能和频率因子都是通过实验拟合得到的,只是表观数据,不再具有上述物理意义。实际上,复杂反应的表观活化能是组成该复杂反应的各基元反应活化能的代数和。

例如,对于复杂反应:$H_2 + I_2 \longrightarrow 2HI$,其反应速度由式(2-24)有

$$w_{HI} = k_r C_{H_2} C_{I_2} \tag{2-34}$$

$$k_r = k_0 e^{-E/RT} \tag{2-35}$$

它的反应历程是

$$I_2 + M \underset{k_2}{\overset{k_1}{\rightleftharpoons}} 2I + M \tag{2-36}$$

$$H_2 + 2I \overset{k_3}{\longrightarrow} 2HI \tag{2-37}$$

$$k_1 = k_{01} e^{-E_1/RT}, \quad k_2 = k_{02} e^{-E_2/RT}, \quad k_3 = k_{03} e^{-E_3/RT} \tag{2-38}$$

第一个可逆反应按照式(2-27)有:$\dfrac{k_1}{k_2} = \dfrac{C_I^2}{C_{I_2}}$,即

$$C_I^2 = \frac{k_1}{k_2} C_{I_2} \tag{2-39}$$

第二个反应的反应速度是:$w_{HI} = k_3 C_{H_2} C_I^2$,将式(2-39)代入有

$$w_{HI} = k_3 C_{H_2} C_I^2 = k_3 \frac{k_1}{k_2} C_{H_2} C_{I_2} \tag{2-40}$$

对比式(2-34)和式(2-40)有

$$k_r = k_3 \frac{k_1}{k_2} \tag{2-41}$$

将式(2-38)代入式(2-41)有

$$k_r = k_3 \frac{k_1}{k_2} = k_{03} e^{-E_3/RT} \cdot k_{01} e^{-E_1/RT} \cdot k_{02}^{-1} e^{E_2/RT} = k_{03} \frac{k_{01}}{k_{02}} e^{-(E_3 + E_1 - E_2)/RT}$$

对比式(2-35)和式(2-42)有

$$k_0 = k_{03} \frac{k_{01}}{k_{02}} \tag{2-42}$$

$$E = E_3 + E_1 - E_2 \tag{2-43}$$

由式(2-42)和式(2-43)可见,复杂反应的阿伦尼乌斯公式中的活化能和频率因子

只是表观数据,不再具有直接的物理意义。

2.3.4 链反应

链反应也称"连锁反应",是一种常见复杂反应。链反应由以下三个基本步骤组成:①链的引发;②链的传递;③链的终止。链反应可以分为两大类型:直链反应和支链反应。

1. 直链反应

直链反应是指在链的传递步骤中,消耗一个自由基的同时只产生一个新的自由基的链反应。现以 H_2 和 Br_2 的反应为例说明直链反应的机制,这一机制是被广泛接受的反应机制:

$$Br_2 + M \xrightarrow{k_1} 2Br + M \tag{2-44}$$

$$Br + H_2 \xrightarrow{k_2} H + HBr \tag{2-45}$$

$$H + Br_2 \xrightarrow{k_3} Br + HBr \tag{2-46}$$

$$H + HBr \xrightarrow{k_4} H_2 + Br \tag{2-47}$$

$$Br + Br + M \longrightarrow Br_2 + M \tag{2-48}$$

(1) 链的引发:由反应物分子生成最初的链载体的过程称为"链的引发",即反应(2-44)。这是一个比较困难的过程,因为分子中键的断裂需要一定的能量。通常可以用地热、光照射、加入引发剂等方法使之形成自由基或自由原子。这里,Br_2 分子是通过与惰性分子 M 相撞而获得足够的振动而离解,这种方式被称为"热离解"。

(2) 链的传递(或增长):自由基或自由原子与分子相互作用的交替过程称为"链的增长",即反应(2-45)、反应(2-46)和反应(2-45)的逆过程反应(2-47)。由此可见,Br 和 H 两个自由原子交替地进行着生成 HBr 的反应,这里的自由原子和自由基即链的载体,起着传递作用,犹如链条上的各个链环,周期性地重复着。

(3) 链的终止:自由原子或自由基如果与器壁碰撞而形成稳定的分子,或者两个自由基与第三个惰性分子相撞后失去能量而成为定分子,则链中断,该过程被称为"链的终止"(反应(2-48))。在本例中,反应(2-48)是反应(2-44)的逆过程。

总体来说,本例的链反应在条件适宜时可以形成很长的链。但由于在反应中链载体的数目始终没有增加,故称为"不分支链反应"或者"直链反应"。

2. 支链反应

支链反应是指在链的传递步骤中,消耗一个自由基的同时,再生成两个或更多自由基的链反应。碳氢燃料的燃烧过程大都属于支链反应,现以 H_2 的燃烧反应为例进行说明。

H_2 和 O_2 的反应机制包括

$$H_2 + O_2 \longrightarrow 2OH \tag{2-49}$$

$$H_2 + M \longrightarrow 2H + M \tag{2-50}$$

$$OH + H_2 \longrightarrow H_2O + H \tag{2-51}$$

$$H + O_2 \longrightarrow OH + O \tag{2-52}$$

$$O + H_2 \longrightarrow OH + H \tag{2-53}$$

$$H \xrightarrow[\text{器壁}]{} \frac{1}{2} H_2 \tag{2-54}$$

$$OH \xrightarrow[\text{器壁}]{} \frac{1}{2} (H_2O_2) \tag{2-55}$$

$$O \xrightarrow[\text{器壁}]{} \frac{1}{2} O_2 \tag{2-56}$$

$$H + O_2 + M \longrightarrow HO_2 + M \tag{2-57}$$

$$O + O_2 + M \longrightarrow O_3 + M \tag{2-58}$$

$$O + H_2 + M \longrightarrow H_2O + M \tag{2-59}$$

反应(2-49)和反应(2-50)为链的引发；反应(2-51)、反应(2-52)和反应(2-53)为链的传递；反应(2-54)～反应(2-59)为链的终止。其中,反应(2-52)和反应(2-53)为分支反应,每消耗一个链载体（H 或 O）可以产生两个链载体,因而 H_2 的燃烧反应为支链反应。

　　碳氢化合物的燃烧比 H_2 的燃烧复杂得多。与 H_2 的燃烧反应相比,多数碳氢化合物的燃烧反应进行得比较缓慢,因为碳氢化合物的燃烧是一种退化的支链反应,即新的链环要依据中间生成物分子的分解才能发生,其动力学机制尚在研究中。

2.4　燃烧流体力学

　　本节将对多组分气体性质、输运定律、守恒方程和一些研究方法进行简单的论述。

2.4.1　多组分气体性质

　　燃料燃烧生成的烟气一般由二氧化碳、水蒸气、一氧化碳、氧气、氮气等组成。这些混合气体中各组成气体之间不发生化学反应,是一种均匀混合物。混合气体的性质取决于混合气体中各组成气体的成分及其热力学性质。从工程热力学可知,由理想气体组成的混合气体仍然具有理想气体的特性,服从理想气体的各种定律。

1. 分压力和道尔顿分压定律

分压力是假设混合气体中组成气体单独存在,并且具有与混合气体相同的温度和体积时的压力,如图 2-3 所示。

道尔顿分压定律(Dalton's law of partial pressures)指出：混合气体的总压力 p 等于各组成气体分压力 p_i 之和,即

$$p = p_1 + p_2 + p_3 + \cdots + p_n = \left[\sum_{i=1}^{n} p_i \right]_{T,V} \tag{2-60}$$

2. 分体积和阿马加分体积定律

分体积是假设混合气体中组成气体单独存在,并且具有与混合气体相同的温度和压力时所占有的体积,如图 2-4 所示。

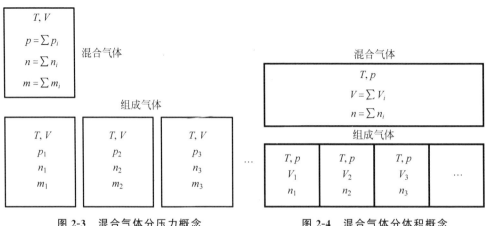

图 2-3 混合气体分压力概念   图 2-4 混合气体分体积概念

阿马加分体积定律(Amagat's law of partial volume)指出：混合气体的总体积 V 等于各组成气体分体积 V_i 之和,即

$$V = V_1 + V_2 + V_3 + \cdots + V_n = \left[\sum_{i=1}^{n} V_i \right]_{T,p} \tag{2-61}$$

3. 混合气体的成分表示方法及换算

混合气体中各组成气体的含量与混合气体总量之比,称为混合气体的"成分"。按物理单位的不同,混合气体成分有质量成分、容积成分和摩尔成分。

(1) 质量成分：混合气体中某组成气体的质量 m_i 与混合气体总质量 m 的比值,称为该组成气体的"质量成分"(Y_i),即

$$Y_i = \frac{m_i}{m} \tag{2-62}$$

(2) 容积成分：混合气体中某组成气体的分容积 V_i 与混合气总容积 V 的比值,称为该组成气体的"容积成分"(φ_i),即

$$\varphi_i = \frac{V_i}{V} \tag{2-63}$$

（3）摩尔成分：混合气体中某组成气体的摩尔数 n_i 与混合气体总摩尔数 n 的比值，称为该组成气体的"摩尔成分"（x_i），即

$$x_i = \frac{n_i}{n} \tag{2-64}$$

混合气体不同组成气体 i 的成分表示法之间的换算如下：

$$\varphi_i = \frac{V_i}{V} = \frac{n_i V_{i,\mathrm{m}}}{n V_{\mathrm{m}}} = \frac{n_i}{n} = x_i \tag{2-65}$$

式中，$V_{i,\mathrm{m}}$ 和 V_{m} 分别表示某组成气体与混合气体的摩尔体积。根据阿伏伽德罗定律，同温同压下，各种气体的摩尔体积相等，所以有式（2-65）混合气体的体积成分与摩尔成分相等的结论。质量成分与体积成分（或摩尔成分）的关系推导如下：

$$Y_i = \frac{m_i}{m} = \frac{n_i M_i}{m M} = x_i \, \frac{M_i}{M} = \varphi_i \, \frac{M_i}{M} \tag{2-66}$$

式中，M_i 和 M 分别表示某组成气体与混合气体的摩尔质量（分子量）。

4. 混合气体的折合摩尔质量和折合气体常数

假设混合气体是单一气体，其分子数和总质量与混合气体相同，那么这种假设的单一气体的摩尔质量和气体常数分别被定义为混合气体的折合摩尔质量（平均摩尔质量）M_{eq} 和折合气体常数（平均气体常数）$R_{\mathrm{g,eq}}$。折合摩尔质量和折合气体常数取决于组成气体的种类与成分：

$$M_{\mathrm{eq}} = \frac{m}{n} = \frac{\sum n_i M_i}{n} = \sum x_i M_i \tag{2-67}$$

$$R_{\mathrm{g,eq}} = \frac{R}{M_{\mathrm{eq}}} = \frac{8.3145\,\mathrm{J/(mol \cdot K)}}{M_{\mathrm{eq}}} \tag{2-68}$$

5. 混合气体的热容

混合气体的热容与它的组成气体有关。对于质量热容，即比热容，定义为 1kg 混合气体的温度升高 1K 所需热量。1kg 混合气体中有 Y_i kg 的第 i 种组分，因而混合气体的质量热容为

$$c_{\mathrm{eq}} = \sum Y_i c_i \tag{2-69}$$

同理可得混合气体的摩尔热容和体积热容分别为

$$c_{\mathrm{m,eq}} = \sum x_i c_{\mathrm{m},i} \tag{2-70}$$

$$c'_{\mathrm{eq}} = \sum \varphi_i c'_i \tag{2-71}$$

式中，c_{eq}、$c_{\mathrm{m,eq}}$、c'_{eq} 分别是混合气体的质量热容、摩尔热容和体积热容；c_i、$c_{\mathrm{m},i}$、c'_i 分别是第 i 种组成气体的质量热容、摩尔热容和体积热容。质量热容、摩尔热容和体积热容的单位分别是：$\mathrm{J/(kg \cdot K)}$、$\mathrm{J/(mol \cdot K)}$、$\mathrm{J/(Nm^3 \cdot K)}$。

从工程热力学的角度可知,质量热容在热力过程计算中经常使用,而在热力过程中,定压过程和定容过程最为常见,因此定压质量热容 c_p 和定容质量热容 c_V 也最为常用。对于理想气体,两者遵循①迈耶公式: $c_p - c_V = R_g$;② $c_p / c_V = k$ 。其中 R_g 为气体常数,单位为 J/(kg・K), $R_g = \dfrac{R}{M}$, $R = 8.3145$ J/(mol・K)为摩尔气体常数, M 为摩尔质量。对于空气, $M = 0.02897$ kg/mol, $R_g = \dfrac{R}{M} = 287$ J/(kg・K); k 为定熵指数,对于空气 $k = 1.4$ 。结合①和②有 $c_V = \dfrac{1}{k-1} R_g$, $c_p = \dfrac{k}{k-1} R_g$ 。混合气体的定压质量热容和定容质量热容同样遵循上述理论。

6. 混合气体的密度

混合气体的密度是混合气体中各组分气体密度的总和。

$$\rho_{eq} = \frac{m}{V} = \frac{\sum m_i}{V} = \sum \rho_i \tag{2-72}$$

2.4.2　输运定律

燃烧过程中动量、热量和质量三者之间的交换起着十分重要的作用。若不考虑交叉输运现象,仅考虑由于速度梯度引起的动量交换输运规律即形成了牛顿黏性定律(Newton's law of viscosity);若不考虑交叉输运现象,仅考虑由于温度梯度引起的热量交换输运规律即形成了傅里叶定律(Fourier's law);若不考虑交叉输运现象,仅考虑由于密度梯度引起的质量交换输运规律即形成了菲克定律(Fick's law)。

1. 牛顿黏性定律

两个平行的无限宽和无限长的不可渗透的平板相距 δ ,中间充满等温的流体,相关坐标和位置如图 2-5 所示。

如果下平板固定不动,上平板以定常速度 u_∞ 运动,就会发现流体的速度由上平板处的 u_∞ 变到下平板处的零。这表明流速快的一层和流速慢的一层之间有剪切力。流速慢的一层对流速快的一层有阻力。单位面积上剪切力的大小和速度梯度 $\partial u / \partial y$ 成正比。即牛顿黏性定律:

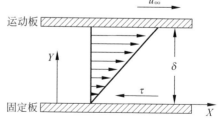

图 2-5　牛顿黏性定律示意图

$$\tau = -\mu \frac{\partial u}{\partial y} \tag{2-73}$$

式中, τ 是单位面积上的剪切力,单位为 N/m ^{2} ; μ 是动力黏性系数(也称"动力黏度"),国际单位为 Pa・s,工业上常用泊(P)或厘泊(cP)作为单位,1Pa・s =

$10P = 1000cP$。$\mu = \rho\nu$，ρ 为流体的密度，ν 为运动黏性系数（也称"运动黏度"），国际单位为 m^2/s，工业上常用斯（St）或厘斯（cSt）作为单位，$1m^2/s = 10^4 St = 10^6 cSt$。当 ρ 为常数时，式（2-73）变成常用形式：

$$\tau = -\nu \frac{\partial(\rho u)}{\partial y} \tag{2-74}$$

2. 傅里叶定律

两个平行的无限宽和无限长的不可渗透的平板相距 δ，中间充满静止流体，上板的温度为 T_∞，下板的温度为 T_W，且 $T_\infty > T_W$，相关坐标和位置如图 2-6 所示。

由于沿 y 方向的各层之间存在温差，产生了热量交换。热量将从温度高的一层流向温度低的一层。单位时间内，单位面积上的热流量与温度梯度成正比，即傅里叶定律：

$$q = -\lambda \frac{\partial T}{\partial y} \tag{2-75}$$

式中，q 是单位时间单位面积上的热流量，单位为 $J/(m^2 \cdot s)$；λ 是导热系数，单位为 $W/(m \cdot K)$。$\lambda = D_T \rho c_p$，ρ 为流体的密度；c_p 为流体的定压质量热容；D_T 为流体的热扩散系数（也称"热扩散率"），单位为 m^2/s。当 ρ 和 c_p 为常数时，式（2-75）变成常用形式：

$$q = -D_T \frac{\partial(\rho c_p T)}{\partial y} \tag{2-76}$$

3. 菲克定律

两个平行的无限宽和无限长的多孔平板相距 δ，中间充满静止流体 B，另一种流体 A 与流体 B 的温度相同，从一边渗入（渗入侧密度为 $\rho_{A,\infty}$），从另一边渗出（渗出侧密度 $\rho_{A,W}$），且 $\rho_{A,\infty} > \rho_{A,W}$，相关坐标和位置如图 2-7 所示。

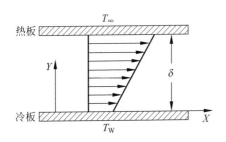

图 2-6 傅里叶定律示意图

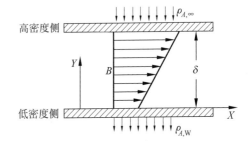

图 2-7 菲克定律示意图

这样在流体 B 的不同层上，流体 A 的密度不同。由于密度差，各层之间产生了质量交换。单位时间内，单位面积上的某组分扩散而产生的扩散通量与其密度梯度成正比，即菲克定律：

$$J_A = -D_m \frac{\partial \rho_A}{\partial y} \tag{2-77}$$

式中，J_A 是单位时间单位面积上流体 A 扩散造成的扩散通量，单位为 kg/(m²·s)；D_m 为某流体对混合物的其他流体的扩散系数，这里是指流体 A 在 B 中的扩散系数，单位为 m²/s；ρ_A 为流体 A 的密度。

若流体可以当作理想气体，则式(2-77)可以表示为

$$J_A = -\rho D_m \frac{\partial Y_A}{\partial y} \tag{2-78}$$

式中，ρ 是流体 A 和流体 B 的混合气体的密度 $\rho = \dfrac{m}{V} = \dfrac{m_A + m_B}{V} = \rho_A + \rho_B$，$Y_A$ 是流体 A 的质量成分。

4. 输运系数间的关系

式(2-74)、式(2-76)和式(2-77)在形式上完全一样。而且 ν、D_T 和 D_m 在量纲上也完全一样，因此，有时为了简便，常将它们写成一种通用形式：

$$\Gamma = -\xi \frac{\partial \varphi}{\partial y} \tag{2-79}$$

只不过在不同的物理量的输运中，Γ、ξ、φ 所代表的物理意义不同。

在燃烧现象中，动量输运、热量输运和质量输运往往是同时发生的。因此，需要讨论各输运系数之间的关系，这些关系组成了一系列无量纲数：

普朗特数 Pr(Prandt number)：

$$Pr = \frac{\nu}{D_T} = \frac{\mu c_p}{\lambda} = \frac{动量输运速率}{热量输运速率} \tag{2-80}$$

施密特数 Sc(Schmidt number)：

$$Sc = \frac{\nu}{D_m} = \frac{\mu}{\rho D_{AB}} = \frac{动量输运速率}{质量输运速率} \tag{2-81}$$

刘易斯数 Le(Lewis number)：

$$Le = \frac{D_T}{D_m} = \frac{Sc}{Pr} = \frac{热量输运速率}{质量输运速率} \tag{2-82}$$

上述输运关系表明，动量、热量和质量输运之间存在相似性。尽管输运系数与混合气体的组成和特性有关，但事实表明，大多数气体的 Pr、Sc 和 Le 都是在 1 附近变化。在许多情况下可以假设它们等于 1，这将使问题大为简化，但在某些情况下，它们并不等于 1。表 2-4 提供了某些情况下的输运系数数据。

表 2-4　某些情况下输运系数的计算值与实验值

参　数	理论计算值		实验值	
	单原子分子	双原子分子	单原子分子	双原子分子
Pr	0.760	0.735	0.532	0.560
Sc	0.666		0.660~0.729	
Le	0.876	0.906	0.993	1.170

2.4.3 守恒方程

在燃烧流体力学中,基本守恒方程是指质量守恒方程、动量守恒方程、能量守恒方程和组分守恒方程。这些方程在流体力学中有详细推导,本节不再推导,仅给出一般表达式。

基本方程的数学表达形式是多种多样的,经常需要用到的是积分形式和微分形式。它们互有联系而又各有用途,对于那些只要求流体的总体特性量,例如流体与固体间的总作用力、总作用力矩,总体的能量交换等,采用积分形式的方程就比较简单;如果要求流场细节,例如速度和压力等物理量的分布,则必须用到微分形式的方程。

1. 质量守恒方程

质量守恒方程即连续性方程。积分形式连续性方程的一般表达式为

$$\frac{\partial}{\partial t}\int_V \rho \mathrm{d}V + \oint_A \rho(\boldsymbol{U} \cdot \boldsymbol{n})\mathrm{d}A = 0 \tag{2-83}$$

式中,V 为控制体在 t 时刻的体积,A 为控制体在 t 时刻的表面积,$\mathrm{d}V$ 为控制体中的微元体积,$\mathrm{d}A$ 为控制体中的微元表面积,$\boldsymbol{U}$ 为微元的速度矢量,$\boldsymbol{n}$ 为垂直于微元表面的法向矢量,ρ 为微元的密度。式(2-83)表明,控制体 V 内的流体质量随时间的变化率与通过其表面 A 的质量流量之和等于零。

微分形式连续性方程的一般表达式为

$$\frac{\partial \rho}{\partial t} + \frac{\partial(\rho u)}{\partial x} + \frac{\partial(\rho v)}{\partial y} + \frac{\partial(\rho w)}{\partial z} = 0 \tag{2-84}$$

式中,ρ 为微元在 t 时刻的密度,u、v、w 分别是微元速度矢量 $\boldsymbol{U}$ 在三坐标上的分量,$\boldsymbol{U} = (u, v, w)$。

需要指出的是,对于多组分气体,密度 ρ 是多组分气体中各组分气体密度的总和。

2. 动量守恒方程

动量守恒方程也就是运动方程或纳维-斯托克斯方程(Navier-Stokes equations, N-S equations)。积分形式运动方程的一般表达式为

$$\frac{\mathrm{D}}{\mathrm{D}t}\int_V \rho \boldsymbol{U} \mathrm{d}V = \int_V \rho \boldsymbol{f} \mathrm{d}V + \oint_A \boldsymbol{\tau}_n \mathrm{d}A \tag{2-85}$$

式中,$\boldsymbol{f}$ 为控制体中微元所受的体积力,$\boldsymbol{\tau}_n = \boldsymbol{n} \cdot \boldsymbol{\tau}$ 为控制体中微元表面法向上所受应力,其中 $\boldsymbol{\tau}$ 为控制体中微元表面所受应力,$\boldsymbol{n}$ 为微元表面的外法向方向单位矢量。等式左边表示控制体 V 内流体总动量随时间的变化率,等式右边表示控制体所受体积力和表面力之和。此外,值得指出的是,$\dfrac{\mathrm{D}}{\mathrm{D}t} = \dfrac{\partial}{\partial t} + u\dfrac{\partial}{\partial x} + v\dfrac{\partial}{\partial y} + w\dfrac{\partial}{\partial z}$ 称

为"全导数"或"随体导数"；$\dfrac{\partial}{\partial t}$ 为当地导数或局部导数，表示流场的非定常性，若定

常流动，则有 $\dfrac{\partial}{\partial t}=0$；$u\dfrac{\partial}{\partial x}+v\dfrac{\partial}{\partial y}+w\dfrac{\partial}{\partial z}$ 为迁移导数或位变导数，表示流场的非均

匀性，若 $u\dfrac{\partial}{\partial x}+v\dfrac{\partial}{\partial y}+w\dfrac{\partial}{\partial z}=0$，则流场是均匀的。对于体积分的全导数，有如下

关系式，亦称作"雷诺输运方程"：$\dfrac{\mathrm{D}}{\mathrm{D}t}\left(\displaystyle\int_V \varPhi \mathrm{d}V\right)=\dfrac{\partial}{\partial t}\displaystyle\int_V \varPhi \mathrm{d}V+\oint_A \varPhi(\boldsymbol{U}\cdot\boldsymbol{n})\mathrm{d}A$，其物

理意义是控制体 V 内流体某物理量 $\varPhi$ 的全导数由两部分组成，一部分是因流场非
定常性所引起的 $\varPhi$ 随时间的局部变化率，另一部分是因流场不均匀性引起的单位
时间通过控制体表面的 $\varPhi$ 迁移量，即 $\varPhi$ 通量。应用全导数定义，$\dfrac{\mathrm{D}}{\mathrm{D}t}\displaystyle\int_V \rho\boldsymbol{U}\mathrm{d}V=$

$\dfrac{\partial}{\partial t}\displaystyle\int_V \rho\boldsymbol{U}\mathrm{d}V+\oint_A \rho\boldsymbol{U}(\boldsymbol{U}\cdot\boldsymbol{n})\mathrm{d}A$，即控制体 V 内流体总动量随时间的变化率等于总动

量随时间的局部变化率加上单位时间通过控制体表面 A 的动量通量之和。

微分形式运动方程的一般表达式为

$$\begin{cases} \rho\dfrac{\mathrm{D}u}{\mathrm{D}t}=\rho f_x+\dfrac{\partial \tau_{xx}}{\partial x}+\dfrac{\partial \tau_{yx}}{\partial y}+\dfrac{\partial \tau_{zx}}{\partial z}\\[2mm] \rho\dfrac{\mathrm{D}v}{\mathrm{D}t}=\rho f_y+\dfrac{\partial \tau_{xy}}{\partial x}+\dfrac{\partial \tau_{yy}}{\partial y}+\dfrac{\partial \tau_{zy}}{\partial z}\\[2mm] \rho\dfrac{\mathrm{D}w}{\mathrm{D}t}=\rho f_z+\dfrac{\partial \tau_{xz}}{\partial x}+\dfrac{\partial \tau_{yz}}{\partial y}+\dfrac{\partial \tau_{zz}}{\partial z} \end{cases} \tag{2-86}$$

式中，f_x、f_y、f_z 分别是微元所受的体积力 $\boldsymbol{f}$ 在三坐标上的分量，$\boldsymbol{f}=(f_x,f_y,$
$f_z)$。τ_{xx}、τ_{xy}、τ_{xz} 等分别是微元表面力 $\boldsymbol{\tau}$ 在坐标系中的分量，$\boldsymbol{\tau}=(\boldsymbol{\tau}_x,\boldsymbol{\tau}_y,\boldsymbol{\tau}_z)$，
$\boldsymbol{\tau}_x=(\tau_{xx},\tau_{xy},\tau_{xz})$，$\boldsymbol{\tau}_y=(\tau_{yx},\tau_{yy},\tau_{yz})$，$\boldsymbol{\tau}_z=(\tau_{zx},\tau_{zy},\tau_{zz})$。

对于牛顿流体，存在本构方程：

$$\begin{cases} \tau_{xx}=-p+2\mu\dfrac{\partial u}{\partial x}-\dfrac{2}{3}\mu\left(\dfrac{\partial u}{\partial x}+\dfrac{\partial v}{\partial y}+\dfrac{\partial w}{\partial z}\right)\\[3mm] \tau_{yy}=-p+2\mu\dfrac{\partial v}{\partial y}-\dfrac{2}{3}\mu\left(\dfrac{\partial u}{\partial x}+\dfrac{\partial v}{\partial y}+\dfrac{\partial w}{\partial z}\right)\\[3mm] \tau_{zz}=-p+2\mu\dfrac{\partial w}{\partial z}-\dfrac{2}{3}\mu\left(\dfrac{\partial u}{\partial x}+\dfrac{\partial v}{\partial y}+\dfrac{\partial w}{\partial z}\right)\\[3mm] \tau_{xy}=T_{yx}=\mu\left(\dfrac{\partial u}{\partial y}+\dfrac{\partial v}{\partial x}\right)\\[3mm] \tau_{xz}=T_{zx}=\mu\left(\dfrac{\partial u}{\partial z}+\dfrac{\partial w}{\partial x}\right)\\[3mm] \tau_{yz}=T_{zy}=\mu\left(\dfrac{\partial v}{\partial z}+\dfrac{\partial w}{\partial y}\right) \end{cases} \tag{2-87}$$

式中，p 为微元所受的静压强，μ 为流体的动力黏度。

3. 能量守恒方程

积分形式能量方程的一般表达式为

$$\frac{\mathrm{D}}{\mathrm{D}t}\int_V \rho\left(e + \frac{|\boldsymbol{U}|^2}{2}\right)\mathrm{d}V = \int_V \rho q\,\mathrm{d}V + \oint_A \lambda\,\nabla T \cdot \boldsymbol{n}\,\mathrm{d}A + \int_V \rho\boldsymbol{f}\cdot\boldsymbol{U}\,\mathrm{d}V + \oint_A \boldsymbol{\tau}_n \cdot \boldsymbol{U}\,\mathrm{d}A$$

$$(2\text{-}88)$$

式中，e 为控制体中微元的热力学内能；$|\boldsymbol{U}|$ 为控制体中微元的速度大小，$\dfrac{|\boldsymbol{U}|^2}{2}$ 为控制体中微元的动能；q 是热辐射或流动伴随的燃烧、化学反应等在单位时间内传递至控制体 V 内单位质量流体的热量；λ 为流体的导热系数；T 为流体温度；$\nabla = \boldsymbol{i}\dfrac{\partial}{\partial x} + \boldsymbol{j}\dfrac{\partial}{\partial y} + \boldsymbol{k}\dfrac{\partial}{\partial z}$ 为哈密顿算子。在式（2-88）中，第 1 项表示控制体 V 内流体总能量随时间的变化率；第 2 项表示热源项；第 3 项表示通过控制体表面 A 热传导给控制体 V 内流体的热量；第 4 项表示体积力 $\boldsymbol{f}$ 所做的功；第 5 项表示表面力 $\boldsymbol{\tau}_n$ 所做的功。综上，式（2-88）表示控制体 V 内流体的总能量随时间的变化率等于单位时间内外力对它所做的功和传递给它的热量之和。

微分形式能量方程的一般表达式为

$$\rho\,\frac{\mathrm{D}}{\mathrm{D}t}\left(e + \frac{|\boldsymbol{U}|^2}{2}\right) = \rho q + \nabla\cdot(\lambda\,\nabla T) + \rho\boldsymbol{f}\cdot\boldsymbol{U} + \nabla\cdot(\boldsymbol{\tau}\cdot\boldsymbol{U}) \qquad (2\text{-}89)$$

4. 组分守恒方程

组分守恒方程即多组分气体中某一组分的守恒方程。组分 i 的组分守恒方程为

$$\rho\,\frac{\partial Y_i}{\partial t} + \rho u\,\frac{\partial Y_i}{\partial x} + \rho v\,\frac{\partial Y_i}{\partial y} + \rho w\,\frac{\partial Y_i}{\partial z}$$

$$= \frac{\partial}{\partial x}\left(\rho D_{m,i}\,\frac{\partial Y_i}{\partial x}\right) + \frac{\partial}{\partial y}\left(\rho D_{m,i}\,\frac{\partial Y_i}{\partial y}\right) + \frac{\partial}{\partial z}\left(\rho D_{m,i}\,\frac{\partial Y_i}{\partial z}\right) - \omega_i \qquad (2\text{-}90)$$

式中，ρ 为混合物密度，在无化学反应的系统中为常数；Y_i 表示组分 i 的质量成分；$D_{m,i}$ 为组分 i 对混合物的其他流体的扩散系数。当混合物流过控制容积时，若发生化学反应，将引起组分 i 的产生（或消失），w_i 表示单位容积混合物中组分 i 的生成率或消耗率，单位为 $\mathrm{kg}/(\mathrm{m}^3\cdot\mathrm{s})$。$\omega_i = w_i\boldsymbol{M}_i$，其中，$w_i$ 是组分 i 的反应速度，$\boldsymbol{M}_i$ 是组分 i 的摩尔质量。

此处请读者注意，组分方程的个数与组分数相同。

2.4.4　一维流方程

燃烧室是开口流动系统，在扩压器、喷嘴等零组件的设计过程中，通常的做法是在开展三维流动设计前，开展一维流动设计，即将其内部气流流动看作一维流动过程。一维流的守恒方程及由此导出的气体动力学函数会经常在研究中应用，为

此将它重点列出。为方便分析,通常做以下假设:

(1) 气体是无黏的;

(2) 与外界不发生热量交换;

(3) 流动中不发生化学反应;

(4) 忽略重力影响;

(5) 一维定常流动;

(6) 气体近似为完全气体。

1. 连续性方程

在一维流动条件下,$\mathrm{d}V = A\mathrm{d}s$,$\mathrm{d}s$ 为流动方向上微元长度,$\boldsymbol{U} \cdot \boldsymbol{n} = u$,则式(2-83)可变形为

$$\frac{\partial}{\partial t}\int_s \rho A \mathrm{d}s + \oint_A \rho u \mathrm{d}A = 0 \tag{2-91}$$

在定常流动条件下,$\dfrac{\partial}{\partial t} = 0$,所以上式变形为

$$\oint_A \rho u \mathrm{d}A = 0 \tag{2-92}$$

而

$$\oint_A \rho u \mathrm{d}A = (\rho u A)_2 - (\rho u A)_1 = \frac{\partial}{\partial s}(\rho u A) \tag{2-93}$$

于是

$$\frac{\partial}{\partial s}(\rho u A) = 0 \tag{2-94}$$

因此

$$\rho u A = 常数 \tag{2-95}$$

或

$$\frac{\mathrm{d}\rho}{\rho} + \frac{\mathrm{d}u}{u} + \frac{\mathrm{d}A}{A} = 0 \tag{2-96}$$

从流体力学角度可知,式(2-95)中的常数为质量流量,即 $W = \rho u A$。

式(2-95)和式(2-96)即常用的一维流的连续性方程,其成立只要满足"一维定常流动"即可。

2. 动量方程

在一维定常流动条件下,$\dfrac{\partial}{\partial t} = 0$,且

$$\oint_A \rho \boldsymbol{U}(\boldsymbol{U} \cdot \boldsymbol{n}) \mathrm{d}A = (\rho u^2 A)_2 - (\rho u^2 A)_1 = \frac{\partial}{\partial s}(\rho u^2 A)\mathrm{d}s \tag{2-97}$$

所以动量方程式(2-85)变形为

$$\frac{\partial}{\partial s}(\rho u^2 A)\mathrm{d}s = \int_V \rho \boldsymbol{f}\,\mathrm{d}V + \oint_A \boldsymbol{\tau}_n\,\mathrm{d}A \tag{2-98}$$

由于所受体积力仅有重力,在忽略重力的条件下,$\int_V \rho \boldsymbol{f}\,\mathrm{d}V = 0$,所以式(2-98)变为

$$\frac{\partial}{\partial s}(\rho u^2 A)\mathrm{d}s = \oint_A \boldsymbol{\tau}_n\,\mathrm{d}A \tag{2-99}$$

在忽略黏性的条件下,表面力仅有压强,所以

$$\oint_A \boldsymbol{\tau}_n\,\mathrm{d}A = \oint_A \boldsymbol{p}_n\,\mathrm{d}A = \oint_A (-p)\,\mathrm{d}A = -A\frac{\partial p}{\partial s}\mathrm{d}s \tag{2-100}$$

另外,由连续性方程可知,$\rho u A = $ 常数,动量方程(2-99)可进一步变形为

$$\rho u A \frac{\partial u}{\partial s}\mathrm{d}s = -A\frac{\partial p}{\partial s}\mathrm{d}s \tag{2-101}$$

因此

$$u\,\mathrm{d}u + \frac{\mathrm{d}p}{\rho} = 0 \tag{2-102}$$

式(2-102)即常用的一维流的动量方程,其成立需要同时满足"流体是无黏的""忽略重力影响""一维定常流动"。

3. 能量方程

在与外界不发生热量交换的条件下,$\int_V \rho q\,\mathrm{d}V + \oint_A \lambda\,\nabla T \cdot \boldsymbol{n}\,\mathrm{d}A = 0$。体积力仅有重力,忽略重力,即 $\int_V \rho \boldsymbol{f}\cdot\boldsymbol{U}\,\mathrm{d}V = 0$。在忽略黏性的条件下,表面力仅有压强,即

$$\oint_A \boldsymbol{\tau}_n\cdot\boldsymbol{U}\,\mathrm{d}A = \oint_A \boldsymbol{p}_n\cdot\boldsymbol{U}\,\mathrm{d}A = \oint_A -p\boldsymbol{n}\cdot\boldsymbol{U}\,\mathrm{d}A = -\frac{\partial}{\partial s}(puA)\mathrm{d}s \tag{2-103}$$

在一维定常流动条件下,$\dfrac{\partial}{\partial t}=0$,且

$$\oint_A \left[\rho\left(e+\frac{|\boldsymbol{U}|^2}{2}\right)\right](\boldsymbol{U}\cdot\boldsymbol{n})\,\mathrm{d}A = \oint_A \rho u\left(e+\frac{|\boldsymbol{U}|^2}{2}\right)\mathrm{d}A = \frac{\partial}{\partial s}\left[\rho u A\left(e+\frac{u^2}{2}\right)\right]\mathrm{d}s \tag{2-104}$$

所以能量方程(2-88)可变形为

$$\frac{\partial}{\partial s}\left[\rho u A\left(e+\frac{u^2}{2}\right)\right]\mathrm{d}s = -\frac{\partial}{\partial s}(puA)\mathrm{d}s \tag{2-105}$$

于是

$$\rho u A\left(e+\frac{u^2}{2}\right) = -puA + 常数 \tag{2-106}$$

$$e + \frac{p}{\rho} + \frac{u^2}{2} = 常数 \tag{2-107}$$

由于 $e + \dfrac{p}{\rho} = h$，所以

$$h + \frac{u^2}{2} = 常数 \tag{2-108}$$

或者

$$\mathrm{d}h + u\,\mathrm{d}u = 0 \tag{2-109}$$

式(2-108)和式(2-109)即常用的一维流的能量方程,也常称作"可压缩流动的伯努利方程"。该方程的成立需要同时满足"流体是无黏的""与外界不发生热量交换""流动中不发生化学反应""忽略重力影响""一维定常流动"。

4. 状态方程

假设一维流的气体是完全气体,所谓完全气体是指满足克拉伯龙方程(Clapeyron equation)且比热容为常数的气体。值得注意的是,在热力学中,完全气体又称为"理想气体",而在流体力学中,理想气体是指无黏的气体,这不同于热力学中的概念,也即不同于完全气体。克拉伯龙方程即气体的状态方程为

$$p = \rho R_g T \tag{2-110}$$

式中,$R_g = \dfrac{R}{M}$ 为气体常数,单位为 J/(kg·K);$R = 8.3145\text{J}/(\text{mol·K})$ 为通用气体常数;M 为气体摩尔质量,单位为 kg/mol。对于空气,$M = 0.028\,96\text{kg/mol}$,$R_g = 287\text{J}/(\text{kg·K})$。

状态方程的微分形式为

$$\frac{\mathrm{d}p}{p} = \frac{\mathrm{d}\rho}{\rho} + \frac{\mathrm{d}T}{T} \tag{2-111}$$

在常温常压下,如果压强不大于 20MPa,温度不低于 253K,一般气体如空气、蒸汽、燃气及各种工业气体,都可以近似认为是完全气体。

完全气体的热力学量之间的关系(热力学关系式)经常在计算中使用。

内能:

$$e = c_V T \tag{2-112}$$

焓:

$$h = e + \frac{p}{\rho} = c_p T \tag{2-113}$$

熵:

$$s = c_V \ln\left(\frac{p}{\rho^k}\right) + 常数 \tag{2-114}$$

$$c_V = \frac{1}{k-1} R_g, \quad c_p = \frac{k}{k-1} R_g, \quad c_p - c_V = R_g, k = c_p/c_V \tag{2-115}$$

式中,k 为定熵指数,c_V 和 c_p 分别为定容质量热容和定压质量热容,单位均为 J/(kg·K)。

5．参考状态

在一维流定常流动时，沿流动方向各截面上气流的状态是不同的，即流体的压力、密度、温度、流速等参数沿流动方向都会发生变化。为便于计算任意截面上的流动参数，介绍流动过程中可以作为基准的三种参考状态，即滞止状态、临界状态和极限速度状态。

1）滞止状态

滞止状态是指流体从某一状态经历一个等熵减速过程，使其最终流动速度为零时所达到的状态。很显然，对于静止流体，它所处的状态即滞止状态；对于流动的流体，滞止状态可以看作有这样一种假想的无限大容器中流体的"静止状态"，从这一"静止状态"等熵加速，最后流体恰好能达到该流动状态。

按滞止状态的定义，每个流动状态的滞止状态是唯一被确定的，因而，每个流动状态都具有唯一确定的滞止焓（h_t，又称"总焓"）、滞止压力（p_t，又称"总压"）、滞止温度（T_t，又称"总温"）、滞止密度（ρ_t，又称"总密度"）等滞止参数。

作为一种参考状态，滞止状态的概念与流体实际流动中所发生的过程无关，在实际流动过程中，沿流动路径存在热量交换或摩擦力等，但沿实际流动方向的每一个截面上，都存在上面定义的滞止状态。这样，滞止状态就是每一截面上流动状态的函数。一般而言，滞止参数是沿流动方向变化的量。只有在流体做等熵流动时，滞止参数才是沿整个流动路径都不变的量。

2）临界状态

在流动过程中，流体的压力、密度、温度和流速等参数都会沿流动方向发生变化。若在某一截面上，流体的流速与该截面上流体介质中的当地声速相等，则称该截面为"临界截面"，该截面上流体所处的状态称为"临界状态"。临界状态的参数称为"临界参数"，用下标"cr"表示，如临界压力 p_{cr}、临界温度 T_{cr}、临界密度 ρ_{cr} 等。

显然，对于临界状态的完全气体，$M_{cr}=1，c_{cr}=c_m=\sqrt{\dfrac{2k}{k+1}R_gT_t}，p_{cr}=\left(\dfrac{2}{k+1}\right)^{\frac{k}{k-1}}p_t$。

3）极限速度状态

在流体做绝热流动时，如果存在一个截面，当流体到达该截面处时，它的比焓值降至 $h=0$，则流体的速度可达到最大极限值。此时的流速称为"极限速度"，用 c_{max} 表示。流体所处的状态称作"极限速度状态"。

由定义可知，流体在获得极限速度时，$h=c_VT+\dfrac{p}{\rho}=0$。但只有当 $T=0$ 和 $p=0$ 时才能达到，而这在实际流动中是不可能实现的。因而，极限速度只是流体理论上的最大速度，但作为一个参考状态，在绝热流动中它是一个确定的状态。极限速度与滞止焓之间有以下关系：

$$\frac{1}{2}c_{max}^{\ 2}=h_t \tag{2-116}$$

或

$$c_{\max} = \sqrt{2h_t} = \sqrt{\frac{2}{k-1}kR_gT_t} \tag{2-117}$$

极限速度与临界速度存在以下关系：$\dfrac{k-1}{k+1}c_{\max}^2 = c_{cr}^2$。

6. 声速、马赫数和速度系数

声速是指微弱扰动产生的压力波在可压缩介质（如空气）中的传播速度，用 c_m 表示。微弱扰动的传播过程是定熵过程，满足定熵过程方程式 $\dfrac{p}{\rho^k}=$ 常数，那么

$$c_m = \sqrt{\left(\frac{\partial p}{\partial \rho}\right)s} \tag{2-118}$$

若介质为完全气体，则

$$c_m = \sqrt{\left(\frac{\partial p}{\partial \rho}\right)s} = \sqrt{k\frac{p}{\rho}} = \sqrt{kR_gT} \tag{2-119}$$

式中，T 为气流所在位置的静温。若 T 取值 T_t，则对应该流动过程中声速的最大值 $c_{mt} = \sqrt{kR_gT_t}$。

马赫数 Ma 是指气流流速 c 与当地声速 c_m 的比值，即

$$Ma = \frac{c}{c_m} \tag{2-120}$$

由于在流动过程中，c 和 T 同时在变，即 c 和 c_m 同时在变，所以 Ma 随流动位置的改变也可能发生变化。此外，若已知某位置的 Ma，要计算该位置 c 则需要先计算该位置的静温和当地声速，这样显然很不方便。为此，定义了另一个重要的无量纲速度，即速度系数：

$$\lambda = \frac{c}{c_{cr}} \tag{2-121}$$

由前文可知，完全气体 $c_{cr} = \sqrt{\dfrac{2k}{k+1}R_gT_t}$，取决于流动过程的总温 T_t，它不随流动位置改变而发生变化，因此，只要有了某位置的 λ，就可以直接确定该位置的 c。λ 与马赫数的关系为

$$Ma^2 = \frac{c^2}{c_m^2} = \frac{c^2}{c_{cr}^2}\frac{c_{cr}^2}{c_{mt}^2}\frac{c_{mt}^2}{c_m^2} = \lambda^2\frac{2}{k+1}\frac{T_t}{T} = \lambda^2\frac{2}{k+1}\left(1+\frac{k-1}{2}Ma^2\right) \tag{2-122}$$

$$\lambda^2 = \frac{k+1}{2}Ma^2 \bigg/ \left(1+\frac{k-1}{2}Ma^2\right) \tag{2-123}$$

$$Ma^2 = \left(\frac{2}{k+1}\lambda^2\right) \bigg/ \left(1-\frac{k-1}{k+1}\lambda^2\right) \tag{2-124}$$

在 $Ma=0$ 和 $Ma=1$ 两点上，λ 与 Ma 相等。在亚声速范围内，λ 略大于 Ma；在超声速范围内，λ 较 Ma 上升得慢，Ma 越大，λ 上升得越慢，最后当 $Ma \to \infty$ 时，$\lambda \to$

$\sqrt{\dfrac{k+1}{k-1}}$，是一个有限值。

7. 总静参数关系和气体动力学函数

由伯努利方程 $h_t = c_p T_t = c_p T + \dfrac{c^2}{2}$ 有

$$T_t = T + \frac{c^2}{2c_p} \tag{2-125}$$

式中，T_t 为气流的总温；T 为气流的静温；$\dfrac{c^2}{2c_p}$ 称作"动温"，c 为气流流速，c_p 为气体定压质量热容。通常用温度计测量的结果为总温，因为测量时气流都会在温度计附近滞止，当然由于散热，实测的温度比总温低一些。由式(2-125)有总静温比：

$$\frac{T_t}{T} = 1 + \frac{c^2}{2c_p T} = 1 + \frac{Ma^2 c_m^2}{2T} \frac{k-1}{kR_g} = 1 + \frac{Ma^2 kR_g T}{2T} \frac{k-1}{kR_g} = 1 + \frac{k-1}{2}Ma^2 \tag{2-126}$$

同理，总静压比和总静密度比为

$$\frac{p_t}{p} = \left(1 + \frac{k-1}{2}Ma^2\right)^{\frac{k}{k-1}} \tag{2-127}$$

$$\frac{\rho_t}{\rho} = \left(1 + \frac{k-1}{2}Ma^2\right)^{\frac{1}{k-1}} \tag{2-128}$$

上述总静参数比的倒数即静总参数比，用 λ 表示

$$\frac{T}{T_t} = 1 - \frac{k-1}{k+1}\lambda^2 \tag{2-129}$$

$$\frac{p}{p_t} = \left(1 - \frac{k-1}{k+1}\lambda^2\right)^{\frac{k}{k-1}} \tag{2-130}$$

$$\frac{\rho}{\rho_t} = \left(1 - \frac{k-1}{k+1}\lambda^2\right)^{\frac{1}{k-1}} \tag{2-131}$$

式中，空气的 $k=1.4$，燃气涡轮发动机燃气的 $k=1.3$，火箭发动机燃气的 $k=1.2$。进一步，把上述方程表示为以 λ 为自变量的函数形式并制作成数值表，使用时可查表，简便且不易出错；反之，根据函数值去查与之对应的 λ 也方便。将气流的参数表示为以 λ 为自变量的这些函数，称作"气体动力学函数"。气体动力学函数共三组。

1) 静总参数比函数

$$\tau(\lambda) = \frac{T}{T_t} = 1 - \frac{k-1}{k+1}\lambda^2 \tag{2-132}$$

$$\pi(\lambda) = \frac{p}{p_t} = \left(1 - \frac{k-1}{k+1}\lambda^2\right)^{\frac{k}{k-1}} \tag{2-133}$$

$$\varepsilon(\lambda) = \frac{\rho}{\rho_t} = \left(1 - \frac{k-1}{k+1}\lambda^2\right)^{\frac{1}{k-1}} \tag{2-134}$$

上述三个函数都是随 λ 上升而单调下降的,在 $\lambda = \sqrt{\dfrac{k+1}{k-1}}$ 时均降为零。三个函数的数值表请自行参考相关文献。

2)流量函数

由前文可知,质量流量 $W = \rho u A$,而

$$\rho = \rho_t \varepsilon(\lambda) = \frac{p_t}{R_g T_0}\varepsilon(\lambda) \tag{2-135}$$

$$c = \lambda c_{cr} = \lambda\sqrt{\frac{2k}{k+1}R_g T_t} \tag{2-136}$$

于是

$$W = \frac{p_t}{R_g T_t}\varepsilon(\lambda)\lambda\sqrt{\frac{2k}{k+1}R_g T_t}A = \lambda\varepsilon(\lambda)\sqrt{\frac{2k}{k+1}}\frac{p_t A}{\sqrt{R_g T_t}} \tag{2-137}$$

当 $\lambda = 1$ 时,$\lambda\varepsilon(\lambda) = \lambda\left(1 - \dfrac{k-1}{k+1}\lambda^2\right)^{\frac{1}{k-1}} = \left(\dfrac{2}{k+1}\right)^{\frac{1}{k-1}}$,于是定义函数

$$q(\lambda) = \left(\frac{k+1}{2}\right)^{\frac{1}{k-1}}\lambda\varepsilon(\lambda) \tag{2-138}$$

这样当 $\lambda = 1$ 时,$q(\lambda) = 1$。使用 $q(\lambda)$ 函数表示流量:

$$W = \lambda\varepsilon(\lambda)\sqrt{\frac{2k}{k+1}}\frac{p_t A}{\sqrt{R_g T_t}} = \lambda\varepsilon(\lambda)\left(\frac{k+1}{2}\right)^{\frac{1}{k-1}}\frac{1}{\left(\dfrac{k+1}{2}\right)^{\frac{1}{k-1}}}\sqrt{\frac{2k}{k+1}}\frac{p_t A}{\sqrt{R_g T_t}}$$

$$= q(\lambda)\left(\frac{k+1}{2}\right)^{\frac{-1}{k-1}}\left(\frac{k+1}{2k}\right)^{-\frac{1}{2}}\frac{p_t A}{\sqrt{R_g T_t}} = q(\lambda)\left(\frac{k+1}{2}\right)^{\frac{-1}{k-1}-\frac{1}{2}}(k)^{\frac{1}{2}}\frac{p_t A}{\sqrt{R_g T_t}}$$

$$= \left(\frac{2}{k+1}\right)^{\frac{k+1}{2(k-1)}}\left(\frac{k}{R_g}\right)^{\frac{1}{2}}\frac{p_t}{\sqrt{T_t}}Aq(\lambda) \tag{2-139}$$

令常数 $C = \left(\dfrac{2}{k+1}\right)^{\frac{k+1}{2(k-1)}}\left(\dfrac{k}{R_g}\right)^{\frac{1}{2}}$,于是

$$W = C\frac{p_t}{\sqrt{T_t}}Aq(\lambda) \tag{2-140}$$

对于空气,$k = 1.4$,$R_g = 287\text{J}/(\text{kg}\cdot\text{K})$,$C = 0.040\,418$。

流量公式中的 p_t 也可以用静压表示:$p_t = p/\pi(\lambda)$,于是 $W = C\dfrac{p}{\sqrt{T_t}}A\dfrac{q(\lambda)}{\pi(\lambda)}$。

定义

$$y(\lambda) = \frac{q(\lambda)}{\pi(\lambda)} = \left(\frac{k+1}{2}\right)^{\frac{1}{k-1}} \lambda \varepsilon(\lambda) \Big/ \left(1 - \frac{k-1}{k+1}\lambda^2\right)^{\frac{k}{k-1}} \tag{2-141}$$

于是

$$W = C\frac{p}{\sqrt{T_t}}A\frac{q(\lambda)}{\pi(\lambda)} = C\frac{p}{\sqrt{T_t}}Ay(\lambda) \tag{2-142}$$

3）冲量函数

当用积分形式的动量方程处理管道流动时，必然会遇到 $(p+\rho c^2)A$ 这样的式子，这是在同一截面上，压力在单位时间的冲量 pA 和动量的通量 $\rho c^2 A$ 的和。这个式子可以表为下列三种形式：

$$
\begin{aligned}
(p+\rho c^2)A &= \left(\frac{p}{\rho c}+c\right)\rho cA = \left(\frac{R_g T}{c}+c\right)W = \left[\frac{R_g T_t \tau(\lambda)}{c}+c\right]W \\
&= \left[\frac{k+1}{2k}c_{cr}^2\frac{\tau(\lambda)}{c}+c\right]W = \left[\frac{k+1}{2k}\frac{\tau(\lambda)c_{cr}}{\lambda}+c\right]W \\
&= \frac{k+1}{2k}\left[\frac{\tau(\lambda)}{\lambda}+\frac{2k}{k+1}\lambda\right]c_{cr}W = \frac{k+1}{2k}\left(\frac{1}{\lambda}-\frac{k-1}{k+1}\lambda+\frac{2k}{k+1}\lambda\right)c_{cr}W \\
&= \frac{k+1}{2k}\left(\lambda+\frac{1}{\lambda}\right)c_{cr}W = \frac{k+1}{2k}c_{cr}W\left(\lambda+\frac{1}{\lambda}\right) \tag{2-143}
\end{aligned}
$$

$$
\begin{aligned}
(p+\rho c^2)A &= \frac{k+1}{2k}c_{cr}W\left(\lambda+\frac{1}{\lambda}\right) = \frac{k+1}{2k}c_{cr}C\frac{p_t}{\sqrt{T_t}}Aq(\lambda)\left(\lambda+\frac{1}{\lambda}\right) \\
&= p_t A\frac{k+1}{2k}c_{cr}\left(\frac{2}{k+1}\right)^{\frac{k+1}{2(k-1)}}\left(\frac{k}{R_g}\right)^{\frac{1}{2}}\frac{1}{\sqrt{T_t}}q(\lambda)\left(\lambda+\frac{1}{\lambda}\right) \\
&= p_t A\frac{k+1}{2k}c_{cr}\left(\frac{2}{k+1}\right)^{\frac{k+1}{2(k-1)}}\frac{k}{\sqrt{kR_g T_t}}q(\lambda)\left(\lambda+\frac{1}{\lambda}\right) \\
&= p_t A\frac{k+1}{2k}\sqrt{\frac{2k}{k+1}R_g T_t}\left(\frac{2}{k+1}\right)^{\frac{k+1}{2(k-1)}}\frac{k}{\sqrt{kR_g T_t}}q(\lambda)\left(\lambda+\frac{1}{\lambda}\right) \\
&= p_t A\sqrt{\frac{k+1}{2}}\left(\frac{2}{k+1}\right)^{\frac{k+1}{2(k-1)}}q(\lambda)\left(\lambda+\frac{1}{\lambda}\right) \\
&= p_t A\left(\frac{2}{k+1}\right)^{\frac{k+1}{2(k-1)}-\frac{1}{2}}q(\lambda)\left(\lambda+\frac{1}{\lambda}\right) \\
&= p_t A\left(\frac{2}{k+1}\right)^{\frac{1}{k-1}}q(\lambda)\left(\lambda+\frac{1}{\lambda}\right) \tag{2-144}
\end{aligned}
$$

$$
\begin{aligned}
(p+\rho c^2)A &= p_t A\left(\frac{2}{k+1}\right)^{\frac{1}{k-1}}q(\lambda)\left(\lambda+\frac{1}{\lambda}\right) = \frac{p}{\pi(\lambda)}A\left(\frac{2}{k+1}\right)^{\frac{1}{k-1}}q(\lambda)\left(\lambda+\frac{1}{\lambda}\right) \\
&= \frac{pA}{\pi(\lambda)}\left(\frac{2}{k+1}\right)^{\frac{1}{k-1}}q(\lambda)\left(\lambda+\frac{1}{\lambda}\right) \tag{2-145}
\end{aligned}
$$

定义冲量函数 1：

$$z(\lambda) = \lambda + \frac{1}{\lambda} \tag{2-146}$$

定义冲量函数 2：

$$f(\lambda) = \left(\frac{2}{k+1}\right)^{\frac{1}{k-1}} q(\lambda) z(\lambda) \tag{2-147}$$

定义冲量函数 3：

$$r(\lambda) = \pi(\lambda)/f(\lambda) \tag{2-148}$$

于是式(2-143)～式(2-145)可以表示为

$$(p + \rho c^2)A = \frac{k+1}{2k} c_{cr} W z(\lambda) \tag{2-149}$$

$$(p + \rho c^2)A = p_t A f(\lambda) \tag{2-150}$$

$$(p + \rho c^2)A = pA/r(\lambda) \tag{2-151}$$

2.4.5　多组分反应系统相似准则

2.4.4 节得到了守恒方程组，原则上可以用它来求解燃烧问题。但由于它是一组非线性偏微分方程，除了极少数情况外，很难进行解析求解。几十年来，随着计算机技术和计算流体动力学的发展，采用数值仿真方法实现了很多燃烧问题的守恒方程组的求解，但是当前的数值仿真方法仍存在精度不足的问题，因而与试验相配合的研究方法成为求解燃烧问题的主要方法。但要进行试验，就涉及相似问题，例如在地面实验室中模拟高空飞行器中的一个燃烧室的工作情况，如果要使模型的条件和实物一样，往往是做不到的。那么如何根据实际工作条件来选择实验室中模型的尺寸和试验参数呢？这就要靠相似定律。

相似定律告诉我们，如果两个物理现象要相似，则描述它们的无量纲方程组及其边界条件、初始条件要完全相同。从无量纲方程组中可以得到一系列无量纲数，这些无量纲数是判别有关现象是否彼此相似的重要判据和准则，即无量纲准则。

若取物体的某特征尺寸 L，流体流经 L 所需的时间 $t_L = L/u_\infty$，压降 Δp，以及无穷远处的物理量，如 u_∞、ρ_∞、$c_{p,\infty}$、μ_∞、$D_{T,\infty}$、$D_{m,\infty}$、λ_∞，以及绝热火焰温度 T_f、重力加速度 g、热交换量 Q 作为特征标尺，则：

$$\bar{x} = x/L; \qquad \bar{y} = y/L; \qquad \bar{z} = z/L;$$

$$\bar{u} = u/u_\infty; \qquad \bar{v} = v/u_\infty; \qquad \bar{w} = w/u_\infty;$$

$$\bar{\mu} = \mu/\mu_\infty; \qquad \bar{T} = T/T_f; \qquad \bar{\rho} = \rho/\rho_\infty;$$

$$\bar{\lambda} = \lambda/\lambda_\infty; \qquad \bar{t} = t/t_L; \qquad \bar{p} = p/\Delta p;$$

$$\bar{F} = F/g; \qquad \bar{D}_T = D_T/D_{T,\infty}; \qquad \bar{D}_m = D_m/D_{m,\infty};$$

$$\bar{c}_p = c_p/c_{p,\infty}$$

将这些无量纲量代入连续方程、组分守恒方程、动量守恒方程、能量守恒方程,就得到下列各无量纲准则(无量纲数)。

传热与流动相似准则:

$$St = \frac{L}{u_\infty t_L} \qquad \text{斯特劳哈尔准则(Strouhal number)}$$

$$Fr = \frac{u_\infty^2}{gL} \qquad \text{弗劳德准则(Froude number)}$$

$$Eu = \frac{\Delta p}{\rho_\infty u_\infty^2} \qquad \text{欧拉准则(Euler number)}$$

$$Re = \frac{u_\infty L \rho_\infty}{\mu_\infty} \qquad \text{雷诺准则(Reynolds number)}$$

$$Pe_r = \frac{u_\infty L}{D_{T,\infty}} \qquad \text{贝克莱准则(传热)(heat transfer Peclet number)}$$

$$Pe_D = \frac{u_\infty L}{D_{m,\infty}} \qquad \text{贝克莱准则(传质)(mass transfer Peclet number)}$$

$$Ma = \frac{u_\infty}{\sqrt{kR_g T_\infty}} \qquad \text{马赫准则(Mach number)}$$

化学反应或燃烧相似准则:

$$Ar = \frac{E}{RT_f} \qquad \text{阿伦尼乌斯准则(Arrehenius formula)}$$

$$D_\mathrm{I} = \frac{t_L}{(\rho_\infty / W_{if})} = \frac{t_L}{t_c} \qquad \text{达姆科勒第一特征数(Damköhler number Ⅰ)}$$

$$D_\mathrm{II} = \frac{L^2 / D_{m,\infty}}{(\rho_\infty / W_{if})} = \frac{t_D}{t_c} \qquad \text{达姆科勒第二特征数(Damköhler number Ⅱ)}$$

$$\Theta = \frac{Q}{(c_{p,\infty} T_\infty)} \qquad \text{热释放准则}$$

式中,$\sqrt{kR_g T_\infty}$ 为声速,R_g 为气体常数,k 为定熵指数,对于理想气体,$k = c_p / c_V$ 为比热容比;$W_{if} = k_{0i} \rho_\infty^2 Y_0 Y_j \mathrm{e}^{-E/(RT_f)}$ 为特征反应速率,E 为活化能,$R = 8.314\mathrm{J/(mol \cdot K)}$ 为通用气体常数;$t_c = \rho_\infty / W_{if}$ 为特征反应时间;$t_D = L^2 / D_{m,\infty}$ 为特征扩散时间;$D_\mathrm{I} = Pe_D^{-1} D_\mathrm{II}$。

无量纲准则不仅在模拟中十分有用,而且每一个都有其物理意义。反应流体较无反应流体增加了 Ar、D_I、D_II、Θ 四个准则。下面将对这些准则进行讨论,这对今后的燃烧现象分析很有帮助。

(1) $D_\mathrm{I} \ll 1$ 的情况:

这时 $t_L \ll t_c$,为冻结流动。

(2) $D_I \rightarrow \infty$ 的情况：

现在将 D_I 改写如下：

$$D_I = \frac{L/u_\infty}{(\rho_\infty/W_{if})} = \frac{L}{l_c} \cdot \frac{1}{\frac{1}{l_c w_{if}}(\rho_\infty u_\infty)} \tag{2-152}$$

式中，l_c 是反应区的宽度。通过火焰传播理论可知，在稳定燃烧过程中，有 $\rho_\infty u_\infty = l_c w_{if}$，所以式(2-152)变为

$$D_I = \frac{L}{l_c} \tag{2-153}$$

因此，若 $D_I \rightarrow \infty$，则由式(2-153)可知，$l_c \rightarrow 0$。也就是说，对于 D_I 很大的反应气体，其反应区的宽度与系统的特征尺度相比是很小的。对于大多数气体燃料来说，在压力不太低的情况下，D_I 都是很大的，因此有理由将火焰面假设成一无限薄的反应面，它仅仅是热能产生的源或组分消耗的汇，而在该反应面上反应物的浓度为零。今后在处理有关燃烧问题时会经常采用这一近似，其前提就是 $D_I \rightarrow \infty$。

(3) $D_{II} \ll 1$ 的情况：

这时 $t_D \ll t_c$，为动力控制的反应性流动。

(4) $D_{II} \gg 1$ 的情况：

这时 $t_D \gg t_c$，为扩散控制的反应性流动。

(5) $D_{II} = 1 \sim 20$ 的情况：

这时动力和扩散均起作用，称为"动力-扩散控制反应性流动"。

(6) Ar 准则：

Ar 是衡量活化能大小的一个无量纲量。当 Ar 很大时，由于反应速率与温度成指数关系，反应主要发生在高温侧附近。Ar 越大，反应区就越小。因此在预混气的燃烧中，有理由把反应区看作有限宽但很薄的区域，这样就有可能简化反应指数项，使这一项的积分成为可能。同时，这时 RT/E 是一个很小的量，因此有可能用小参数级数分析法来求解有关燃烧问题。对于大多数燃料而言，Ar 均较大，一般在 $5 \sim 10$，因而在数学处理上带来很大方便。

(7) Θ 准则：

Θ 准则是衡量燃料热值的一个无量纲参数。这个无量纲量越大，燃料越易着火，着火后的燃烧速率也越大。

2.5　气相燃烧基础理论

可燃物质的燃烧一般在气相状态下进行，气相燃烧研究是研究燃烧现象的基础。根据气相燃料与氧化剂在进入反应区前是否预先混合和流场的形态，可分为四类基本燃烧方式，即层流预混燃烧、湍流预混燃烧、层流扩散燃烧和湍流扩散燃

烧。本节就上述四类基本燃烧方式的基本理论进行阐述。

2.5.1 层流预混燃烧

1. 层流预混火焰结构

在层流预混火焰中,一维层流预混火焰是最简单的。层流预混可燃气在绝热管内稳定燃烧,其火焰前锋(或者称为"火焰前沿""火焰锋面")为平面形状,如果忽略黏性力则其表面与管轴线垂直,此时火焰可近似看作一维层流预混火焰。实验表明,层流预混燃烧的火焰前锋为一薄层,一般情况下其厚度只有十分之几毫米甚至百分之几毫米。图 2-8 展示了一维层流预混火焰结构,它的边界由"$R-R$"到"$P-P$"。这一薄层有以下特点。

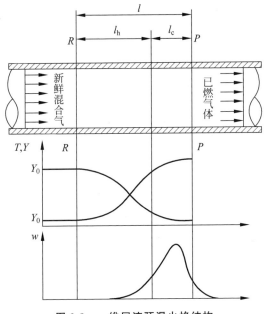

图 2-8 一维层流预混火焰结构

(1)根据化学反应速率可将这一薄层分成两个区域:预热区和反应区。预热区靠近未燃混气侧,其厚度占火焰厚度很大一部分,但化学反应速率很小;反应区靠近已燃混气侧,其厚度占火焰厚度的一小部分,但化学反应速率很大,反应释放出大量的热。图 2-8 中,预热区的厚度为 l_h,反应区的厚度为 l_c,火焰的厚度为 l。该特点是由 Ar 较大决定的。由 2.4.4 节可知,对于一般燃料,$Ar=5\sim10$,在 Ar 较大的情况下,化学反应主要集中于高温区,而在温度较低的区域化学反应不明显。

(2)由于火焰厚度很小,但温度和浓度的变化却很大,在火焰前锋中存在很大的浓度梯度和温度梯度。这就引起了火焰中强烈的热传导和物质扩散。由此可见,在火焰中分子的迁徙不仅有强迫对流的作用,而且还有扩散的作用。热量的迁徙不仅靠对流,也靠导热。因此,预混可燃气的燃烧不仅受化学动力控制,还受扩散作用的控制。

对于烃类火焰,层流预混火焰的另一个特征是可见的辐射。在空气过量时,反应区呈蓝色。蓝色的辐射来源于在高温区域被激活的 CH 自由基;当空气减少到小于化学恰当比时,反应区呈蓝绿色,这是由于被激活的 C_2 产生了辐射。在这两种火焰中,OH 都会发出可见光;另外,反应 $CO + O \longrightarrow CO_2 + h\nu$ 会发出化学荧光,只是程度要弱一些。如果燃烧更加缺氧的话,就会生成碳黑,形成黑体辐射。尽管碳黑的辐射强度的最大值处于光谱的红外区(不可见),但由于人眼的感光性,将可以看到是从亮黄(近白)到暗橘色的发射光,具体的颜色取决于火焰的温度。

2. 层流预混火焰传播理论

苏联科学家泽尔多维奇及其同事弗兰克·卡门涅茨基、谢苗诺夫等在补充前人研究成果的基础上,提出了层流预混火焰传播的热理论。热理论被认为是目前较为完善的层流火焰传播理论。

热理论认为,层流预混火焰中的化学反应主要是由热量的导入使分子热活化而引起的,因而火焰前锋在预混气中的移动主要取决于从反应区放出的热量不断向新鲜混合气中传递的热导率。热理论并不否认火焰中有链载体的存在和扩散,但该理论认为决定化学反应快慢的主要因素是热量的传递。

依据热理论,可以对层流预混火焰传播做这样的解释,即火焰前锋在预混气中的移动主要是从反应区放出的热量不断向新鲜混合气中传递和新鲜混合气不断向反应区中扩散的共同作用的结果。

层流预混火焰传播目前还有一种理论,即扩散理论。该理论认为:自反应区的链载体向新鲜预混气体的扩散是控制层流火焰传播的主要因素。目前扩散理论的被认同度较低。

3. 层流预混火焰传播速度

首先给出火焰位移速度的概念。火焰位移速度是火焰前沿在静止坐标系下的前进速度,其法向指向新鲜混合气。火焰传播速度又称"火焰法向传播速度",不同于火焰位移速度,是指火焰前沿相对于新鲜混合气在其法线方向上的速度。若火焰位移速度为 u,新鲜混合气流速为 w(其法向火焰前沿法向上的分速度为 w_n),那么火焰传播速度为:$S_L = u \pm w_n$。当火焰位移速度与新鲜混合气流速的方向一致时,取负号,反之则取正号。当 $w = 0$ 时,$S_L = u$,即这时所观察到的火焰位移速度就是火焰传播速度。若将坐标建立在火焰位移面上,则随火焰移动的观察者感受的火焰位移速度 $u = 0$,那么火焰传播速度 S_L 与随火焰移动的观察者感受到新鲜混合气向其流动的速度相等。另外,由于生成物被加热,生成物的密度小于反应物的密度。因而,从连续性方程可知,已燃气体的速度大于新鲜混合气的速度:

$$\rho_u S_L A = \rho_u v_u A = \rho_b v_b A \tag{2-154}$$

式中,下标 u 和 b 分别表示新鲜混合气和已燃气体,v_u 和 v_b 分别为新鲜混合气和已燃气体的速度,ρ_u 和 ρ_b 分别为新鲜混合气和已燃气体的密度。对于典型的常压烃-氧火焰,燃烧前后的气体密度比大约为 7,因而气流在有火焰后有明显的加速。

许多研究者数十年来一直致力于层流预混火焰传播速度的研究。一般地,层流预混火焰传播速度严格定义为一维、平面、绝热、定常、层流、预混火焰的自由传播速度。早在 1883 年,马拉德(Mallard)和勒夏特列(Le Chatelier)就开展了对层流预混火焰传播速度的研究。本节介绍的是斯波尔丁的简化分析方法。这一理论只陈述其物理过程而不涉及复杂的数学推导。该分析方法与传热、传质、化学动力学和热力学的原理相结合来理解影响火焰传播速度和火焰厚度的因素,目标是找到一个火焰传播速度的简单解析表达式。

假设:

(1) 一维,等面积,稳态流;

(2) 忽略动能、势能,忽略黏性力做功,忽略热辐射;

(3) 忽略火焰前后的很小的压力变化,即压力是常数;

(4) 热扩散和质量扩散分别服从傅里叶定律和菲克定律,并假设是二元扩散;

(5) 假设刘易斯数等于 1,即 $Le = \dfrac{D_T}{D_m} = \dfrac{\lambda/(\rho c_p)}{D_m} = \dfrac{\lambda}{\rho c_p D_m} = 1$,则 $\lambda = \rho c_p D_m$,这将大大简化能量方程;

(6) 混合物的比热与温度及其组成无关,即假设各种组分的比热都相等,且是和温度无关的常数;

(7) 燃料和氧化剂通过一步放热反应生成产物;

(8) 氧化剂等于化学恰当计算量或者过量,即燃料在火焰中完全被消耗。

前文的质量守恒方程的微分形式可以简化为

$$\frac{\partial(\rho u)}{\partial x} = 0 \tag{2-155}$$

前文的动量守恒方程的微分形式可以简化为

$$\rho u \frac{\partial u}{\partial x} = \frac{\partial}{\partial x}\left(\frac{4}{3}\mu \frac{\partial u}{\partial x}\right) \tag{2-156}$$

由式(2-155)可知,式(2-156)自动满足。

前文的组分守恒方程可以简化为

$$\rho u \frac{\partial Y_i}{\partial x} = \frac{\partial}{\partial x}\left(\rho D_{m,i} \frac{\partial Y_i}{\partial x}\right) - \omega_i \tag{2-157}$$

根据假设,燃料与氧化剂为一步总包反应,设方程式为

$$1\text{kg 燃料} + v\text{kg 氧化剂} \longrightarrow (1+v)\text{kg 产物} \tag{2-158}$$

因而,

$$\omega_F = \frac{1}{v}\omega_O = -\frac{1}{1+v}\omega_{Pr} \tag{2-159}$$

对于每一种组分,应用式(2-157)有

$$\rho u \frac{\partial Y_F}{\partial x} = \frac{\partial}{\partial x}\left(\rho D_{m,F} \frac{\partial Y_F}{\partial x}\right) - \omega_F \quad \text{(燃料)} \tag{2-160}$$

$$\rho u \frac{\partial Y_O}{\partial x} = \frac{\partial}{\partial x}\left(\rho D_{m,O} \frac{\partial Y_O}{\partial x}\right) - v\omega_F \quad \text{(氧化剂)} \tag{2-161}$$

$$\rho u \frac{\partial Y_{Pr}}{\partial x} = \frac{\partial}{\partial x}\left(\rho D_{m,Pr} \frac{\partial Y_{Pr}}{\partial x}\right) + (v+1)\omega_F \quad \text{(产物)} \tag{2-162}$$

式中,ω_F 是燃烧反应引起的燃料生成或消耗率,单位为 $kg/(m^3 \cdot s)$,依据组分生成率或消耗率的含义可知,$\omega_F = w_F M_F$,w_F 是燃料的反应速度,M_F 是燃料的摩尔质量。在本节分析中,由于假设质量扩散是由菲克定律控制的二元扩散,并且刘易斯数等于1,这样就不需要求解组分方程,而只需将组分守恒方程式(2-160)～式(2-162)代入能量方程用于简化。

则前文的能量守恒方程可简化为

$$\rho u c_p \frac{\partial T}{\partial x} = \frac{\partial}{\partial x}\left(\lambda \frac{\partial T}{\partial x}\right) + \Phi + Q \tag{2-163}$$

式中,Φ 为

$$\Phi = \frac{4}{3}\mu\left(\frac{\partial u}{\partial x}\right)^2 \tag{2-164}$$

结合式(2-155)可知,$\Phi = 0$。Q 为系统与外界交换的热量：$Q = \sum h_{f,i}^0 \omega_i$。依据式(2-158)所表达的总包反应化学恰当关系,Q 可以表达为

$$\begin{aligned} Q &= \sum h_{f,i}^0 \omega_i = \omega_{Pr} h_{f,Pr}^0 - \omega_F h_{f,F}^0 - \omega_O h_{f,O}^0 \\ &= (1+v)\omega_F h_{f,Pr}^0 - \omega_F h_{f,F}^0 - v\omega_F h_{f,O}^0 \\ &= \omega_F\left[(1+v)h_{f,Pr}^0 - h_{f,F}^0 - vh_{f,O}^0\right] \end{aligned}$$

从燃烧热的定义可知,燃烧热 $\Delta h_C = (1+v)h_{f,Pr}^0 - h_{f,F}^0 - vh_{f,O}^0$,所以 $Q = \omega_F \Delta h_C$,则式(2-163)可进一步简化为

$$\rho u \frac{\partial T}{\partial x} = \frac{1}{c_p}\frac{\partial}{\partial x}\left(\lambda \frac{\partial T}{\partial x}\right) + \frac{\omega_F \Delta h_C}{c_p} \tag{2-165}$$

我们的目标是找到层流预混火焰传播速度的一个有用的表达式,从式(2-98)定义可知：

$$S_L = u \tag{2-166}$$

所以联立式(2-155)、式(2-165)和式(2-166)并在已知边界条件下求解 S_L。火焰上游无穷远处的边界条件为

$$T(x \to -\infty) = T_u \tag{2-167}$$

$$\frac{dT}{dx}(x \to -\infty) = 0 \tag{2-168}$$

火焰下游无穷远处的边界条件为

$$T(x \to +\infty) = T_b \tag{2-169}$$

$$\frac{\mathrm{d}T}{\mathrm{d}x}(x \to +\infty) = 0 \tag{2-170}$$

简便起见,假设火焰厚度 l 范围内,温度从 T_u 变化到 T_b,且满足简单的线性关系。通过计算获得的最终结果为

$$S_L = \left[-2D_T(1+v)\frac{\omega_F}{\rho_u} \right]^{\frac{1}{2}} = \left[-2D_T(1+v)\frac{w_F M_F}{\rho_u} \right]^{\frac{1}{2}} \tag{2-171}$$

$$l = 2D_T/S_L \tag{2-172}$$

4. 层流预混火焰传播速度影响因素

1) 混合气的初温

理论与实验都表明,当混合气初温升高时,火焰传播速度也迅速增加,这是由于混合气初温的增加使得燃烧反应温度增加,从式(2-24)反应速度公式 $w = k_{rb}C_A^a C_B^b$ 和式(2-32)修正的阿伦尼乌斯公式 $k_{rb} = A_i T^{B_i} \mathrm{e}^{-E_i/RT}$ 可知,燃烧反应温度增加将使反应速度迅速增大。由式(2-171)可知:

$$S_L \propto w_F^{\frac{1}{2}} \tag{2-173}$$

所以,当混合气初温增加时,燃料燃烧的反应速度增加,层流预混火焰传播速度增大,有经验公式如下:

$$S_L \propto T_0^{1.5 \sim 2} \tag{2-174}$$

式中,T_0 为混合气初温。

2) 混合气的初压

从式(2-29)可知,对于理想气体的基元反应和一步简单反应,反应速度与系统总压力的 n 次方成正比,n 为化学反应的级数,即 $w \propto p^n$。而燃烧通常发生在定压条件下,所以系统反应时的总压力与混合气初压 p_0 相等,那么 $w \propto p_0^n$。结合理想气体状态方程 $p_0 = \rho_u R_{eq} T_0$,式(2-171)可以变形为

$$S_L = \left[-2\frac{\lambda}{\left(\dfrac{p_0}{R_{eq}T_0}\right)c_p}(1+v)\frac{w_F M_F}{\left(\dfrac{p_0}{R_{eq}T_0}\right)} \right]^{\frac{1}{2}} \propto \left[\frac{p_0^n}{p_0^2} \right]^{\frac{1}{2}} = p_0^{\frac{n-2}{2}} \tag{2-175}$$

显然,层流火焰传播速度与压力的关系取决于化学反应级数 n。反应级数不同,层流火焰传播速度受压力的影响不同。对于一级反应,火焰传播速度随压力的增加而下降;对于二级反应,火焰传播速度则与压力无关。实验表明,一般碳氢燃料燃烧过程的反应级数在 1.5～2,因此它们的火焰传播速度随压力的下降而略有增加。

但是,在压力很低时,随着压力继续下降,层流预混火焰传播速度也随之下降。这种情况是泽尔多维奇理论所不能解释的。其原因在于泽尔多维奇理论中假设了过程是绝热的。然而,在压力很低的情况下,该假设偏离实际情况太远。这是因为

火焰宽度随压力降低而增加,因此散热损失增加,从而可能使火焰传播速度下降。

3)混合气的当量比

理论与实验结果都表明,混合气中的燃料与氧化剂的不同组成(当量比)对火焰传播速度有显著影响,这是由于不同当量比对燃烧温度的影响很大,影响了火焰传播速度。对于碳氢化合物燃料,理论上当混合气处于化学恰当比时,火焰传播速度最大。但实际上,碳氢化合物火焰传播速度的最大值一般发生在当量比 $\Phi \approx 1.05 \sim 1.1$(但 H_2 与 CO 除外,S_L 的最大值出现在当量比为 2 左右时),且该值不随压力和温度而改变。一般认为,火焰温度高的混合气其火焰传播速度也最大。在很贫或很富的混合气中,由于燃料或氧化剂较少,反应热较少,而实际燃烧装置不可能是绝热的,故难以维持火焰传播必需的热量积累,所以火焰不能在其中传播。也就是说,火焰传播有浓度的上下限。图 2-9 给出了甲烷-空气层流预混火焰传播速度与当量比的关系。

4)混合气的输运性质

当其他条件相同时,混合气的输运性质不同则火焰传播速度不同,由式(2-171)可知:

$$S_L \propto D_T^{\frac{1}{2}} \tag{2-176}$$

当热扩散率增加时,层流预混火焰传播速度增大。

5)混合气中的燃料种类

混合气中的燃料种类对层流预混火焰传播速度有十分显著的影响。在烃类物质中,当其他条件相同时,一般地,炔的层流预混火焰传播速度比烯高,烯的层流预混火焰传播速度比烷高。烯烃和炔烃的含碳量越高(碳原子数增多),其层流预混火焰传播速度越小;而烷烃的层流预混火焰传播速度几乎与分子中的碳原子数无关,如图 2-10 所示。

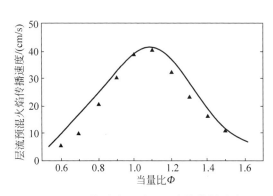

图 2-9 甲烷-空气层流预混火焰传播速度
与当量比的关系

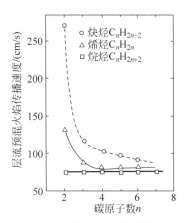

图 2-10 层流预混火焰传播速度
与碳原子数的关系

需要指出的是,由于大多数燃料的理论燃烧温度均在 2000K 左右,燃烧反应的活化能也均在 167kJ/mol 左右,燃料中的碳原子数 n 对层流火焰传播速度的影响并不是由火焰温度的差异引起的,而是燃料热扩散系数的不同导致的。

6)混合气中的添加剂

如果在可燃混合气中添加惰性物质,如 CO_2、N_2、He、Ar 等,则会降低火焰的传播速度。一方面,因为添加可燃混合气中的惰性物质不参与燃烧,只稀释了可燃混合气,使单位时间内在同样大小的火焰面上燃烧的可燃混合气减少,直接影响燃烧温度,从而影响火焰传播速度;另一方面,惰性物质通过影响可燃混合气的物理性质(热扩散系数)来明显影响火焰传播速度。大量实验证明,惰性物质的加入将使火焰传播速度降低,可燃极限缩小。

若可燃混合气中添加的不是惰性气体而是另一种燃料或反应物,如氢气或氧气时,那么火焰的传播速度不仅不会减小反而会增大。当氧化剂中氧的摩尔分数增加时,反应速率通过氧的密度和反应温度的提升而增加,因而火焰传播速度增大。同样,向混合气中添加氢气也会使火焰的传播速度增加,原因是氢的链反应促进了火焰的传播。

5. 层流预混火焰传播速度的测量方法

测量层流预混火焰传播速度的主要困难之一是不容易获得一个稳定的平面火焰。火焰常常是运动的并呈弯曲形,其传播速度不仅会随时间变化,也会沿火焰前锋变化。为此,获得的只能是瞬时火焰传播速度,这与之前定义的一维绝热火焰传播速度有所区别。对于一无限小的火焰面,可用一个理想火焰面来求得瞬时火焰传播速度 S_L,其中假设未燃气在接近火焰面的过程中温度没有变化,其运动速度 u_1 和角度 α_1 保持不变,如图 2-11 所示。

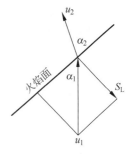

图 2-11 理想火焰面

假设火焰面是一个几何面。经过火焰面后,流动发生折射,已燃混合气以速度 u_2 和角度 α_2 离开火焰面。因此若假设在越过火焰面时,在垂直于火焰面方向上质量流保持连续,以及在火焰面切线方向上的速度保持连续,那么此时 u_1 的法线方向的分量就是火焰传播速度,其方向指向新鲜混合气体。此即米海尔松定律:

$$S_L = u_1 \sin\alpha_1 \tag{2-177}$$

测定层流预混火焰传播速度的另一个困难是如何确定火焰前锋。前文已经讨论过,火焰本身是由预热区和反应区组成的有限厚度的火焰,那么对于一个弯曲的火焰,相对于火焰的来流流动方向就不好确定。而且照相方法测定的火焰厚度和结构取决于不同的光学方法(如阴影、纹影和干涉方法等),使火焰传播速度的精确测定较为困难,关于这些讨论可以进一步参考有关文献。一般地,约定以火焰前锋预热区左边界面来确定火焰传播速度。

层流预混火焰传播速度的测量方法主要有本生灯法、标准管法、对冲火焰法、定容弹法等。下面重点介绍有实用价值的几种测试方法。

1）本生灯法

所谓"本生灯"，就是指德国人本生（Bunsen）最初推荐使用的一种燃烧器。它的原理是让一定量的可燃混合气体在管内做层流流动，若在灯口点燃，则产生一稳定的本生火焰，该火焰呈现较为清晰的内锥面和外锥面特征，内锥面是可燃混合气的层流预混燃烧的火焰前锋，外锥面是未燃尽混合气向空气中扩散发生层流扩散燃烧的火焰前锋。在一般的情况下，内锥面和外锥面的顶部都呈圆形，这是由于管内流速分布不均匀和高温火焰对新鲜混合气体加热影响的结果。如果管口速度分布均匀，则火焰内锥面将近似为正锥形，如图 2-12 所示。通过测量火焰内锥面的表面积 A_F 和混合气体体积流量 Q_V，即可以计算平均的层流预混火焰传播速度 S_L：

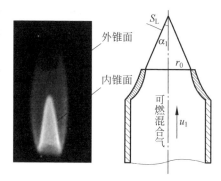

图 2-12　本生灯层流火焰

$$A_F = \pi r_0 l = \pi r_0 \sqrt{r_0^2 + h_0^2} \tag{2-178}$$

$$S_L = \frac{Q_V}{A_F} = \frac{Q_V}{\pi r_0 \sqrt{r_0^2 + h_0^2}} \tag{2-179}$$

式中，r_0 为本生灯出口半径，h_0 为本生火焰内锥面高度，l 为本生火焰内锥面母线长度。通过测量 r_0、h_0 和 Q_V 即可以计算 S_L。

上述计算中并未计入温度的影响。实际上，当混合气体进入火焰前锋前，其已经受到锥形火焰面的加热，但不同位置的火焰面前的混合气受温度影响的程度不同。在靠近管壁处，混合气不仅没有受到火焰面的加热，反而因为管壁散热冷却的影响，受火焰加热作用最小，因此其火焰传播速度最小。相反，在管中心处的混合气流受到火焰面加热的作用最强，其火焰传播速度最大。可以通过在气流中加入某些强发光的粒子，用照相的方法测出其轨迹，从而求得各条流线与火焰面的交角，并用激光多普勒仪测出各点的流速。同时还必须测出温度分布，找出预热区的外边界。这样才能确定各条流线与火焰面（预热区的外边界或称左边界）的交角，从而准确地算出瞬时火焰传播速度 S_L。由此可见，用本生灯法测量火焰传播速度的平均值很简便。但要测得比较准确，此法并不简便。另外，本生灯法只限于测量传播速度适中的可燃气，不适宜测量 S_L 较大的可燃气体。

需要说明的是，当燃料和空气调节到化学恰当比混合时，本生火焰的内锥预混火焰为蓝绿色，外锥扩散火焰为淡黄色。改变可燃混合气的当量比可以观察到火焰颜色的变化。当混合气为富当量比时，扩散火焰占主要部分，反应不完全的碳颗粒被析出，火焰呈黄色；当混合气为贫当量比时，燃料完全燃烧，火焰呈蓝色。富燃料的本生火焰可以用史密斯厄尔(Smithell)火焰分离法进行火焰的内外锥分离。

2) 标准管法

如图 2-13 所示,将调节好的混合气经过混合管,输入一根长为 1.5m、直径为 25mm 的石英玻璃管的一个端口,经过约 70s 管内充足混合气体后,将混合管移至窗外。石英玻璃管的另一端口有一点火器装置会将混合气体点燃,此时在玻璃管内可观察到燃烧的火球传播。玻璃管外放置了两个相距 1.4m、用于感知火焰的周围光源传感器,并配以相应的数据采集系统。实验中将记录火焰面先后通过这两个传感器的时间差 Δt,然后采用 $S_L = \dfrac{1.4}{\Delta t}$ 计算平均火焰传播速度。目前该方法的影响因素还不太清楚,例如管径改变时,同一混合气的 S_L 将会不同,因此很少被采用。但作为定性的示教方法,该方法非常直观。

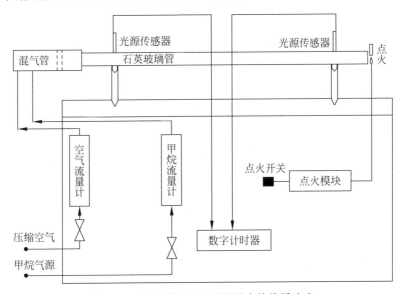

图 2-13 标准管法测层流预混火焰传播速度

3) 对冲火焰法

吴承康、罗忠敬等采用了一种新的测量火焰传播速度的方法,即对冲火焰法,也称作"驻定火焰法",其原理如图 2-14 所示。在两个相距一定距离的喷嘴中供以相同的混合气,混合气在喷嘴出口处径向方向的速度是均匀的。两股混合气流出喷口后就以射流的形式互相对撞。若此时将混合气点燃,则会形成两个驻定的、近似平面的火焰。由于对中滞止效应,该方法更有效地解决了火焰边缘散热损失的问题,近似满足一维、平面、绝热、定常、层流、预混、自由传播等层流预混火焰传播速度的定义。但由于对冲射流的气流速度沿轴向下降,并产生横向(径向)分量,使火焰在带有速度梯度的流场中传播,产生径向展宽拉伸,称这种火焰为"拉伸火焰"(streched flame)。利用拉伸火焰测得的火焰传播速度不是过去定义的一维绝热平面火焰的传播速度。但若消除速度梯度的影响,就能获得其层流火焰传播速度。

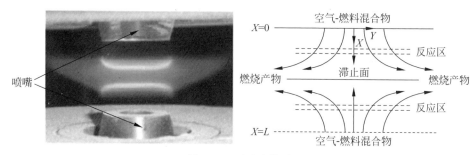

图 2-14 对冲火焰法

4)定容弹法

定容弹内可燃预混气的燃烧为球形火焰传播过程。由于定容弹的设计要求之一是可测量的最大球形火焰体积占定容弹内总体积的比例很小,所以在火焰传播过程中定容燃烧弹内的压力变化很小,可近似认为其是定压燃烧过程,并且已燃气为静止状态。那么已燃气球形面的传播速度 S_b 即可由下式计算:

$$S_b = \frac{dR_f}{dt}$$（2-180）

式中,R_f 为 t 时刻球形火焰面的半径。

理想层流火焰为无拉伸的平面火焰,球形火焰是一个典型的拉伸火焰。由前文所述,层流火焰拉伸率的定义为火焰面关于时间的相对变化率,因此已燃气的球形面的拉伸率可由下式计算:

$$K = \frac{1}{A}\frac{dA}{dt} = \frac{2}{R_f}\frac{dR_f}{dt} = \frac{2}{R_f}S_b$$（2-181）

依据马克斯坦长度理论,采用火焰面传播速度与拉伸率的线性模型(式(2-182)),可以得到无拉伸的已燃气球形面的传播速度 S_b^0:

$$S_b^0 = L_b K + S_b$$（2-182）

式中,L_b 即马克斯坦长度,它是反映预混火焰传播稳定性的重要参数。当 L_b 为正值时,火焰面传播速度随拉伸率的增大而减慢,火焰稳定传播。当 L_b 为负值时,火焰面传播速度随拉伸率的增大而加快,火焰容易出现不稳定现象。

在得到 S_b^0 后,根据质量守恒定律有

$$S_u^0 = S_b^0 \frac{\rho_b}{\rho_u}$$（2-183）

式中,S_u^0 即层流火焰燃烧速度(又称"层流火焰传播速度")。ρ_b 和 ρ_u 分别代表已燃气体和未燃预混气体的密度,ρ_u 可以由可燃预混气体的初始状态计算获得,而 ρ_b 则可按照定压绝热过程,通过燃烧化学平衡计算得到。

按照上述理论,通过处理实验拍摄的火焰传播纹影图片即可得到燃料层流火焰传播速度和马克斯坦长度。

2.5.2　湍流预混燃烧

1. 湍流预混火焰结构

2.5.1节分析了层流预混火焰的结构。实际上,工程中各种燃烧装置的燃烧过程往往都是在湍流状态下进行的,因而掌握湍流状态下的火焰结构更有实际意义。常见的湍流预混火焰结构有两种:本生灯型的正锥火焰和管内钝体尾流的倒锥火焰。下面以本生灯型的正锥火焰结构为例进行讨论。

如图 2-15 所示,层流火焰锋面光滑,外形清晰,焰锋厚度很薄(毫米量级或更小),在标准状况下火焰传播速度较小(20 ～ 100cm/s)。湍流火焰长度短,锋面不断抖动并有明显噪声,轮廓模糊粗糙,焰锋较厚,火焰传播速度较层流大好几倍。由 2.5.1 节可知,层流火焰传播速度仅仅取决于预混可燃气的物理化学性质。而湍流火焰传播速度不仅与预混可燃气的物理化学性质有关,还与湍流性质有关,湍流强度增大,湍流火焰传播速度将增加,火焰更短。湍流火焰比层流火焰传播速度快的原因主要有:①湍流流动使火焰变形,火焰表面积增加,增大了反应区;②湍流加速了热量和活性中间产物

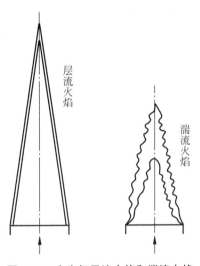

图 2-15　本生灯层流火焰和湍流火焰

的传输,使反应速率增加,即燃烧速率增加;③湍流加快了新鲜未燃混合气和已燃气之间的混合,缩短了混合时间,提高了燃烧速度。使用湍流火焰的燃烧设备,其尺寸更紧凑,加之向外界散热损失较小,经济性更高。

2. 湍流预混火焰传播理论

目前流行的湍流预混火焰传播理论主要有两种,一种是由达姆科勒和谢尔金开创的皱折表面燃烧理论;另一种是由萨默菲尔德和谢京科夫建立的容积燃烧理论。在介绍上述理论之前,先简要介绍均匀湍流场的相关概念。

1) 均匀湍流场的相关概念

对于一个均匀的、各向同性的湍流场来说,湍流特性可以用两个特征量来表示,即湍流强度和湍流尺度。湍流强度以按时间平均的均方根脉动速度 u_{RMS} 来表示:

$$u_{RMS} = \sqrt{\overline{u'^2}} = \sqrt{\overline{(u-\bar{u})^2}} = \sqrt{\overline{u^2}-\bar{u}^2} \tag{2-184}$$

式中，u 为瞬时速度，$\bar{u}$ 为时间平均速度，u' 为脉动速度。

有时也可用相对湍流强度表示，即

$$\frac{\sqrt{\overline{u'^2}}}{\bar{u}} = \frac{u_{\mathrm{RMS}}}{\bar{u}} \tag{2-185}$$

湍流尺度为湍流中微团在消失以至失去基本性能之前所经过的平均距离，又称"混合长度"。它与微团的尺寸有关，以相关系数 l 表示，有两种表示方法。

拉格朗日湍流尺度（Lagrange turbulent scales）：

$$l_{\mathrm{L}} = \sqrt{\overline{u'^2}} \int_0^\infty R_{\mathrm{t}} \mathrm{d}t = u_{\mathrm{RMS}} \int_0^\infty R_{\mathrm{t}} \mathrm{d}t \tag{2-186}$$

式中，R_{t} 为时间相关系数或拉格朗日相关系数，它表示同一质点（微团）在不同时间的相关性，即

$$R_{\mathrm{t}} = \frac{\overline{u'_0 u'_{\mathrm{t}}}}{\sqrt{\overline{u'^2_0}}\sqrt{\overline{u'^2_{\mathrm{t}}}}} = \frac{\overline{u'_0 u'_{\mathrm{t}}}}{u_{\mathrm{RMS}}^2} \tag{2-187}$$

式中，u'_0 为某一质点任意时刻的脉动速度，在时间 t 后的脉动速度为 u'_{t}。$\int_0^\infty R_{\mathrm{t}} \mathrm{d}t = t_0$，这里 t_0 为特征时间。

欧拉湍流尺度（Euler turbulent scales）：

$$l_{\mathrm{B}} = \int_0^\infty R_{\mathrm{r}} \mathrm{d}r \tag{2-188}$$

式中，R_{r} 为空间相关系数或欧拉相关系数，它表示同一瞬间主流内已知距离为 r 的两个不同点的脉动速度的相关性，即

$$R_{\mathrm{r}} = \frac{\overline{u'_0 u'_{\mathrm{r}}}}{u_{\mathrm{RMS}}^2} \tag{2-189}$$

l_{L} 和 l_{B} 存在什么关系，在理论上还不清楚。

根据普朗特假设，湍流强度为湍流尺度和平均速度梯度的函数，即

$$u_{\mathrm{RMS}} = l \left| \frac{\partial \bar{u}}{\partial y} \right| \tag{2-190}$$

湍流的另一个常用概念是湍流扩散系数，又称"涡黏性系数"，对比分子运动理论，湍流扩散系数 Γ 定义为湍流强度与湍流尺度的乘积：

$$\Gamma = l u_{\mathrm{RMS}} \tag{2-191}$$

则湍流扩散系数的普朗特表达式为

$$\Gamma = l^2 \left| \frac{\partial \bar{u}}{\partial y} \right| \tag{2-192}$$

2）皱折表面燃烧理论

一般认为湍流预混火焰的皱折表面燃烧理论是由达姆科勒和谢尔金开创的。他们认为湍流预混火焰中仍然存在微元层流火焰面的基本结构，湍流脉动的作用是在一定的空间内使火焰表面弯曲、皱折，乃至破裂成不连续的小岛状封闭小面

积,从而增大了燃烧表面积,提高了燃烧速度。

达姆科勒首先将湍流预混火焰的传播区分成小尺度强湍流火焰和大尺度弱湍流火焰。已知气体湍流运动是由大小不同的气体微团所进行的不规则运动,当这些不规则运动的气体微团的平均尺寸相对地小于混合气体的层流火焰前沿厚度时($l<\delta$),该湍流预混火焰被称为"小尺度湍流火焰",反之被称为"大尺度湍流火焰"。当湍流的脉动速度比层流火焰传播速度大得多时($u'>S_L$),该湍流被称为"强湍流",反之被称为"弱湍流"。工程上的湍流预混火焰大多属于大尺度弱湍流火焰。

对于大尺度弱湍流火焰,微团尺寸大于层流火焰前沿厚度,致使火焰前沿产生弯曲变形。但由于脉动速度小于正常火焰传播速度,前沿面没有被冲破,仍保持连续的皱折状,如图 2-16 所示。皱折火焰前沿的每一微元面,在其法向的传播仍以层流火焰传播速度向前推进。此时微团在一刻不停地做不规则运动,肉眼不能看到清晰、稳定的火焰前沿,看到的仅是模糊的发光区。达姆科勒认为湍流火焰传播速度之所以比层流大,是由于湍流脉动促使火焰前沿皱折变形而面积增大,因而有

$$\frac{S_T}{S_L}=\frac{F_T}{F_L} \tag{2-193}$$

式中,S_T 和 S_L 分别为湍流预混火焰传播速度和层流预混火焰传播速度;F_T 和 F_L 分别为火焰前沿皱折表面积和来流的几何横截面积。

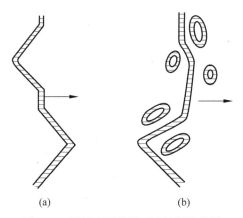

图 2-16　皱折表面燃烧理论的简化模型
(a) 大尺度弱湍流;(b) 大尺度强湍流

因此,在大尺度湍流情况下,湍流火焰传播速度的确定完全取决于如何计算皱折火焰的表面积。达姆科勒对此并没有定量的计算,仅进行了定性分析,即

$$S_T \propto Re \tag{2-194}$$

式(2-194)表示大尺度湍流火焰的传播速度仅与流动性质有关,与燃料的物理化学性质无关,但这个结论与实验结果不符。

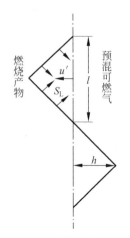

图 2-17　谢尔金假设的火焰前沿

谢尔金进一步发展了这一理论。他假设湍流火焰表面由无数锥形组成,如图 2-17 所示。因此湍流火焰传播速度与层流火焰传播速度之比等于微元锥体的侧表面与底表面之比。锥的高度 h 等于湍流强度与时间的乘积,这个时间取 $l/(2S_L)$,则圆锥的高度为

$$h = u_{RMS}t = \frac{u_{RMS}l}{2S_L} \tag{2-195}$$

根据火焰几何学,有

$$\frac{S_T}{S_L} = \sqrt{1 + \frac{h^2}{l^2}} \tag{2-196}$$

将式(2-195)代入式(2-196)得到谢尔金公式:

$$\frac{S_T}{S_L} = \sqrt{1 + \left(\frac{u_{RMS}}{S_L}\right)^2} \tag{2-197}$$

由式(2-197)可见,在大尺度弱湍流情况下,湍流预混火焰的 S_T 不仅与 u_{RMS} 有关,也与 S_L 有关。这一点和实验结果是相符的。但是,在强湍流时,若 $u' \gg S_L$,谢尔金公式又会变成 $S_T \propto u'$,这与实验结果是不相符的。

达姆科勒与谢尔金的模型不适用于大尺度强湍流火焰传播规律。因而,不少学者,如卡洛维兹(Karlovitz)及其同事根据实验结果对达姆科勒和谢尔金的湍流预混火焰传播理论做了补充和修正。卡洛维兹认为湍流预混火焰传播是湍流扩散和层流预混火焰传播相结合的结果,请读者自行阅读有关参考文献。

3) 容积燃烧理论

近年来一些达姆科勒和谢尔金的支持者们试图把皱折表面燃烧理论推广到强湍流,即火焰表面有撕裂的情况中去,并推导出更为复杂的公式。但是,实验测定并没有充分证实这种概念,不存在分散的层流火焰前沿面。

湍流火焰的皱折表面燃烧理论的主要缺点是只考虑了强烈脉动使反应表面得到增长的一面,而忽略了燃烧产物和可燃气体强烈混合的一面。实际上,燃烧反应并不像层流火焰传播那样集中在薄的火焰前沿内,而是弥散在一个宽广的区域,这个区域称为"反应区",其厚度通常为层流火焰前沿厚度的 $10 \sim 100$ 倍。

为了弥补皱折表面燃烧理论的不足,1950 年起,一些研究者开始引入空间放热速度的概念,出现了湍流预混火焰的容积燃烧理论。萨默菲尔德及其合作者根据反应区的概念和与层流、湍流火焰传播相似的观点,导出了湍流火焰传播速度。谢京科夫利用湍流预混火焰容积燃烧理论,使用简化数值计算的方法,估算了湍流火焰的一些特性:火焰位置、反应区厚度和传播速度。

(1) 萨默菲尔德理论

萨默菲尔德认为,在高强度湍流下,湍流预混火焰是一个弥散的反应区。与层流预混火焰传播速度类似,湍流预混火焰传播速度可以用热理论推导。预混可燃

气的层流火焰传播速度与预混可燃气的热扩散系数 D_T 的平方根成正比,与其平均化学反应时间 t_c 的平方根成反比,即

$$S_L = \sqrt{\frac{D_T}{t_c}} \qquad (2\text{-}198)$$

根据相似性假设,可以推导出湍流预混火焰传播速度为

$$S_T = \sqrt{\frac{\Gamma}{t_T}} \qquad (2\text{-}199)$$

式中,Γ 为湍流扩散系数,即涡黏性系数;t_T 为湍流预混火焰平均化学反应时间,$t_T = l_T/S_T$;l_T 为湍流预混火焰反应区厚度。将式(2-198)和式(2-199)相除有

$$\frac{S_T}{S_L} = \sqrt{\frac{\Gamma}{D_T}\frac{t_c}{t_T}} = \sqrt{\frac{\Gamma}{D_T}\frac{l_c/S_L}{l_T/S_T}} = \sqrt{\frac{\Gamma}{D_T}\frac{l_c}{l_T}\frac{S_T}{S_L}} \qquad (2\text{-}200)$$

$$\frac{S_T}{S_L} = \frac{\Gamma}{D_T}\frac{l_c}{l_T} \qquad (2\text{-}201)$$

$$\frac{S_T l_T}{\Gamma} = \frac{S_L l_c}{D_T} \qquad (2\text{-}202)$$

式(2-202)称为"相似性假设方程",它表示令湍流和层流两种火焰相似所需要的条件。

对于层流火焰,由实验测定给出:

$$\frac{S_L l_c}{D_T} \approx 10 \qquad (2\text{-}203)$$

那么对于湍流火焰也有

$$\frac{S_T l_T}{\Gamma} \approx 10 \qquad (2\text{-}204)$$

可以根据测定的反应区厚度 l_T 和涡黏性系数 Γ 求出湍流火焰传播速度 S_T。

(2) 谢京科夫容积燃烧理论

谢京科夫容积燃烧理论认为,在强湍流情况下,由于湍流扩散极其迅速,以致一个微团在生存时间内已经受了多次脉动,被撕裂成多个新微团,因而不可能维持微团的表面燃烧,见图 2-18。即使假设微团在生存时间内有均匀的浓度和温度分布,但不同的微团有不同的浓度和温度,导致不同的反应速度。有的达到着火条件就发生剧烈反应,有的未达到着火条件就不断地湍流扩散,直到原先的微团消失,新的微团形成。由于微团的湍流混合速度影响着燃烧速度,容积燃烧模型又称作"微扩散模型"。由此可见,湍流火焰传播速度不仅与湍流强度有关,而且与可燃气体的性质和着火条件有关。

谢京科夫根据上述燃烧模型用简化的数值计算方法估算了湍流火焰传播速度,具体的计算过程请读者自行阅读相关文献。

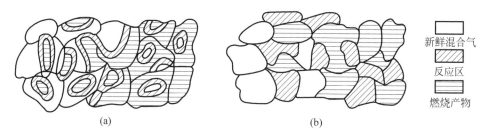

图 2-18　湍流火焰的两种燃烧理论模型

(a) 皱折表面燃烧理论模型；(b) 容积燃烧理论模型

3. 湍流预混火焰传播速度及影响因素

用与层流预混火焰传播速度类似的方法定义湍流预混火焰传播速度，即湍流火焰前沿法向相对于新鲜混合气运动的速度。

与层流预混火焰传播速度类似，对湍流预混火焰传播速度做理论解析还有许多困难。实际上，湍流预混火焰传播速度主要是以计算或测出层流预混火焰传播速度为基础，通过湍流预混火焰传播速度与层流预混火焰传播速度间的关系整理出经验公式来计算。塔兰托夫总结的煤油-空气混合气的湍流预混火焰传播速度的经验公式为

$$S_T = 5.3(u')^{0.6-0.7}(S_L)^{0.4-0.3} \tag{2-205}$$

式中，S_T 为煤油-空气混合气湍流预混火焰传播速度，u' 为煤油-空气混合气湍流脉动速度，S_L 为煤油-空气混合气的层流预混火焰传播速度。需要说明的是，由于湍流实验条件的差别，这个经验公式不如层流预混火焰传播速度那样通用，只适用于给定的混合气和湍流实验条件。

已有研究表明，新鲜混合气流动的雷诺数、脉动速度、层流预混火焰传播速度，以及混合气浓度是影响湍流预混火焰传播速度的主要因素。当然，影响层流预混火焰传播速度的因素（如混合气的初温、初压、当量比等）都会影响湍流预混火焰传播速度。与层流预混火焰传播速度类似，S_T 也在当量比为 1 的富燃料侧处于最大值；混合气初温增加，S_T 也增加，因为温度增加了层流预混火焰传播速度 S_L；混合气初压增大，S_T 也增加，因为压力增大使脉动速度 u' 增大了。因此，高温高压燃烧室的湍流预混火焰传播速度比低温低压下大。从已开展的实验结果可以大致总结以下结论：

(1) 湍流预混火焰传播速度与湍流强度有很大关系，湍流强度越大，火焰传播速度越快。

(2) 燃料种类和新鲜混合气成分对湍流预混火焰传播速度有较大影响。

(3) 压力增加将使湍流预混火焰传播速度增加，火焰厚度减小。初始温度越高，压力的影响越显著。

(4) 提高温度也可以提高湍流预混火焰传播速度、减小火焰厚度。初始压力越高，温度的影响越大。

（5）湍流尺度对湍流预混火焰传播速度影响不大，在强湍流下，湍流尺寸与湍流预混火焰传播速度无关。

在实际工程中，为了提高燃烧速度，改善燃烧性能，往往采用以下方法：

（1）设法提高湍流强度。

（2）采用 S_L 较大的新鲜混合气。

（3）提高新鲜混合气的初始压力和初始温度。

4. 湍流预混火焰传播速度的测量方法

测量湍流预混火焰传播速度的常见方法有两种，即定常开口火焰测量法和定常封闭火焰测量法。

1）定常开口火焰测量法

定常开口火焰测量法即本生灯法，它与测量层流预混火焰传播速度使用的方法基本相同，只是必须在进口处提供一个产生湍流的手段。达姆科勒、卡洛维兹等通过增加管径和增加流速来产生湍流。这种方法的优点是能比较准确地知道进口的湍流特性，缺点是湍流强度和尺度随离管道中心的径向距离的不同而变化。为了克服这个缺点，霍特尔（Hottel）、萨默菲尔德等采用短管并在收缩断面上游安装隔板或穿孔平板来产生湍流。采用这种方法后，尽管在紧接着隔板的下游区的湍流不是各向同性并难于描述，但在充分远的下游区域可以成为各向同性的湍流。该方法的缺点是产生的湍流强度总是很小。

湍流预混火焰传播速度的大小根据测量得到的流入的新鲜预混气流量除以湍流预混火焰表面积求得。这里，确定湍流预混火焰表面的面积是关键。在确定层流预混火焰传播速度时，曾将其规定为内锥面积。层流预混火焰前锋很薄，以至于用火焰内锥或外锥计算出来的火焰传播速度相差不大。因此，对于层流预混火焰传播速度来说，在一定范围内，它的大小与实验技术关系不大。但是，湍流预混火焰的情况就不一样，即使对于中等程度的湍流强度，其火焰前沿厚度也很大，如何恰当地选择湍流预混火焰表面就是一个困难的问题。各个研究者基于测试技术和假设的湍流预混火焰传播的概念不同，选取的湍流预混火焰表面位置也不同。例如达姆科勒套用了层流预混火焰的方法，采用了发光区的内边界作为湍流预混火焰表面，但这个方法没有被多数人接受。威廉姆斯（Williams）和博林格（Bollinger）强调将发光区内外面中间的假想基准火焰面作为湍流预混火焰表面，但缺乏足够依据。卡洛维兹等则选用光密度计分析确定照片的最亮位置作为预混火焰面积。因而湍流预混火焰传播速度不仅依赖于实验技术，而且还取决于研究者所假设的湍流概念。在分析湍流预混火焰传播速度和阐述火焰研究的现状时，应当注意这一点。

2）定常封闭火焰测量法

定常封闭火焰测量法即在冲压喷气封闭燃烧器中进行测量的方法。图 2-19 显示了管内稳定在钝体后的尾流火焰。新鲜预混气通过网格产生的湍流气流进入矩形横截面燃烧室,在钝体后形成倒锥形封闭火焰。这个方法遇到的困难也是如何确定湍流预混火焰面积。因为在强湍流时,火焰几乎充满了钝体后的整个楔形区域。沃尔(Wohl)采用发光区上游的可见边界代表湍流火焰面,得到的湍流预混火焰传播速度比本生灯法测量的大得多,也比理论预测的大,说明该测量方法有待改进。

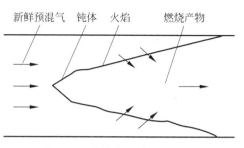

图 2-19　定常封闭火焰测量法

2.5.3　层流/湍流的扩散燃烧

在许多燃烧设备中,燃料与氧化剂在燃烧之前是分开的,燃烧过程主要是一边混合一边燃烧,受扩散混合过程控制,此即扩散燃烧。

扩散燃烧在工业炉窑、锅炉、燃气轮机等许多方面应用广泛,日常生活中常见的蜡烛火焰,也是扩散燃烧的典型范例之一。为了提高燃烧设备的热强度、扩大稳定运行的范围和提高燃烧效率等,人们对扩散燃烧的机制和技术进行了广泛的研究。在许多基本现象的基本规律方面取得了很好的结果。

在扩散燃烧中,燃料和氧化剂的混合依靠质量扩散进行,这种扩散与流动状态有关。在层流状态下,混合依靠分子扩散进行,层流扩散燃烧的速度取决于气体的扩散速度。在湍流状态下,由于大量气团的无规则运动,强化了质量扩散,使燃料和氧化剂之间的质量扩散大大增加,从而使燃烧所需的时间大大缩短。

气体燃料射流扩散燃烧是典型的扩散燃烧,大致包含三个过程:①气体燃料与氧化剂的混合;②混合物的加热、着火;③混合物的燃烧。气体燃料扩散燃烧的分类方法很多,按射流的环境条件可以分为:自由射流火焰和受限射流火焰。按射流的结构可以分为直喷射流火焰和旋转射流火焰,平行射流火焰和相交射流火焰,环形射流火焰和同轴射流火焰。按喷嘴的形状可以分为平面(狭缝式)射流火焰和圆柱形射流火焰。按射流的流动状态可以分为层流射流扩散火焰和湍流射流扩散火焰。不同的分类方法只是为了突出某一方面的特点,其实际过程可能是两种(甚至三种)分类的交叉,关键在于抓住问题的实质。

以层流自由射流扩散燃烧为例,简单阐述层流扩散燃烧的基本特征和规律。图 2-20 为层流自由射流和层流自由射流扩散火焰结构示意图。一股气体燃料喷入静止的空气环境中,假如未点燃,即自由射流,图 2-20(a)表示的就是这种自由射流任意横断面的速度、温度、燃料组分和氧气组分质量分数分布曲线。图 2-20(b)为点燃后的自由射流扩散火焰结构,图中同样绘制了任意断面的速度、温度和组分分布,扩散火焰呈圆锥形。由于达姆科勒第一特征数 D_1 很大,反应可视为发生于厚度为零的火焰前沿面。火焰前沿表面对氧化剂和燃料都是不可渗透的。因此,在燃料侧不存在氧气,在氧气侧不存在燃料。从图 2-20 可知,射流轴线上的燃料浓度最大,沿径向逐渐下降,至火焰前沿面处燃料浓度为零。环境处的氧化剂浓度最大,沿轴向逐渐下降,至火焰前沿处氧化剂浓度为零。火焰前沿面是反应中心,温度最高,为燃料的理论燃烧温度。

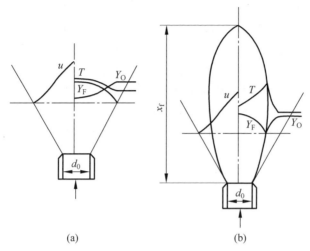

图 2-20 层流自由射流和层流自由射流扩散火焰结构示意图
(a) 层流自由射流;(b) 层流自由射流扩散火焰
u:速度分布;T:温度分布;Y_F 和 Y_O:燃料浓度和氧浓度分布;x_f:火焰高度

层流扩散火焰的前沿位置必定在化学恰当比处。因为在理想情况下,火焰前沿面上不可能有过剩的空气,也不可能有过剩的燃料,否则火焰前沿位置将不可能稳定。假如火焰前沿面有过剩的燃料,那么过剩燃料将扩散到火焰前沿外侧,遇到氧化剂将继续燃烧,消耗扩散进来的氧化剂,使进入火焰前沿面的氧化剂减少,从而使火焰前沿面上的燃料更加过剩。因此,火焰前沿位置势必不可能维持稳定,会向外移动。反之,假如火焰前沿面处空气过剩,火焰前沿面的位置要向内移动。由此看出,层流射流扩散火焰只有在燃料和氧化剂的组成在化学恰当比的位置上才可能稳定。

实际的层流射流扩散火焰并不像上面说的那样无限薄。因为燃料和氧化剂的反应速度也不是无限快,实际的火焰前沿有一定的厚度。如图 2-21 所示,A、B 面分别为火焰前沿的内、外表面。在火焰前沿内,燃料和氧化剂浓度分布曲线呈交叉状。由于反应是在有限空间内发生的,并有散热,因此燃烧达到的最高温度低于理论燃烧温度。由图可知,火焰前沿在靠近燃料侧,燃料浓度比氧化剂浓度高得多,在高温缺氧下燃料将产生热分解,生成固体碳,即碳黑。在火焰前沿内,这些固体碳呈明亮的淡黄色火焰,有较高的辐射强度。

由于射流扩散火焰出现在燃料和氧化剂的组成为化学恰当比的位置上,所以不可能产生回火。这一点与可燃气预混火焰有很大不同。但是射流扩散火焰有吹熄现象,因此射流扩散燃烧仍然存在火焰稳定问题。

对于自由射流扩散火焰,当燃料喷射速度增加时,层流自由射流扩散火焰向湍流自由射流扩散火焰过渡。图2-22形象地表示了随喷嘴速度增加,由层流自由射流扩散火焰过渡到湍流自由射流扩散火焰的情形。由图可知,在射流速度比较低时,火焰保持层流状态,火焰前沿面光滑、稳定、明亮;随流速度的增加,火焰高度增加,直到某最大值,此时火焰仍保持层状。如果再增大射流速度,在火焰顶部开始出现颤动、皱折、破裂。由于湍流的影响,湍流扩散混合加快,燃烧速度增加,火焰高度缩短。如果继续增加射流速度,开始颤动、皱折、破裂的点就向喷口方向移动,直到破裂点靠近喷口。此时火焰达到完全湍流状态。在湍流自由射流扩散燃烧的范围内,增加射流速度,破裂起始点位置不变,火焰高度趋于定值,但噪声增加。如果过分增加射流速度,火焰会脱离喷口直至吹熄。

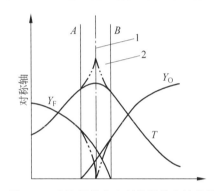

图 2-21　实际层流自由射流扩散火焰结构
1:理想火焰前沿;2:实际火焰前沿

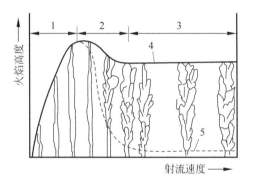

图 2-22　自由射流扩散火焰受射流速度的影响
1:层流火焰区;2:过渡火焰区;3:充分发展的湍流火焰区;4:火焰高度包络线;5:破裂点包络线

因此,对于层流自由射流扩散火焰,当喷口一定时,增加射流速度,火焰高度几乎呈线性增加。通过实验同样发现,当射流速度一定时,火焰高度随喷口直径增加而增加。因此,层流自由射流扩散火焰的高度与燃料的容积流量成正比。

与层流自由射流扩散火焰相比,湍流自由射流扩散火焰的特点有:

(1)湍流自由射流扩散的火焰前沿为颤动的、皱折的、破裂的,其火焰高度的测量很不容易。

(2)湍流自由射流扩散的火焰前沿厚度较宽,并处于激烈脉动中。如果用时间平均值绘制某横断面的温度、速度、浓度分布,其图形与图2-21很类似。

(3)湍流自由射流扩散火焰的高度与射流速度无关,仅与喷嘴直径成正比。因此,如果要设计一个短的燃烧室,根据此预测只能减小喷嘴直径。如果热负荷很大,为了获得短的火焰,只能用若干个小直径喷嘴。相反,有些工业窑炉为了沿炉长方向能均匀传热,常要求很长的火焰,为此燃料通常由单个喷嘴送入。

在燃气涡轮发动机、冲压发动机、锅炉和工业炉的燃烧室中,射流火焰大多被限制在有限容积的燃烧室内。受限的射流火焰通常为两类：①横向受限射流扩散火焰：燃料射流射入的方向和空气流的方向相垂直。②纵向受限射流扩散火焰：燃料射流射入的方向和空气流相平行。其中，工程上较为常见的是纵向受限射流扩散火焰。

工程上另外一种常见的湍流扩散火焰是旋转射流扩散火焰。与自由射流相比，旋转射流有以下基本特征：

（1）在旋转射流中，除了具有自由射流中存在的轴向分速度和径向分速度外，还有切向分速度，而且其径向分速度在喷嘴出口附近比自由射流的径向分速度大得多。

（2）由于旋转，在轴向和径向都建立了压力梯度，这两个压力梯度又反过来影响流场。不同的旋转的强度会产生不同的流动。

（3）旋转射流的扩展角一般都比自由射流的扩展角大，而且它也随旋转的强度而变化。

通常用旋流强度（又称"旋流数"）来表征流体旋转的强弱，用无量纲数 S_N 来表示。旋流强度定义为切向旋转动量矩 M 和轴向动量 I 与特征尺寸 r_0 乘积之比，即

$$S_N = \frac{M}{I r_0} \tag{2-206}$$

其中，切向旋转动量矩又称"切向旋转角动量"，由定义有

$$M = \int_0^R wrm \, \mathrm{d}r = \int_0^R wr\rho u \, 2\pi r \, \mathrm{d}r \tag{2-207}$$

轴向动量有

$$I = \int_0^R u\rho u \, 2\pi r \, \mathrm{d}r + \int_0^R p \, 2\pi r \, \mathrm{d}r \tag{2-208}$$

式中，r_0 取喷嘴出口半径，u 和 w 为任意横截面上气流的轴向速度和切向速度，r 为任意横截面上某微元到原点的距离，m 和 ρ 为任意横截面上某微元的质量和密度，R 为横截面的半径（若该半径为喷口截面半径，R 即 r_0），p 为横截面上微元处的压力。

由于精确测量旋转射流断面速度和静压力有一定困难，在工程上为了简便，往往用燃烧器的几何结构特征来表示旋流强度，这样式（2-207）和式（2-208）可以写为

$$M = \rho V \bar{w} R_s \tag{2-209}$$

$$I = \rho V \bar{u} \tag{2-210}$$

式中，V 为空气容积流量，$\bar{u}$ 和 $\bar{w}$ 分别为旋流器的平均轴向速度和平均切向速度，R_s 为旋转射流的旋转半径。工程中对于不同类型旋流器的结构，有不同旋流强度的计算公式。这些计算公式的形式不一，在各国之间也有细微的差别。

根据旋转射流流场的特征，旋转射流扩散火焰可以分成两类：弱旋转射流扩

散火焰和强旋转射流扩散火焰。

当旋流强度小于一定值时,轴向速度处处为正值,不会出现轴向逆流,这种不存在回流区的旋转射流称作"弱旋转射流",此时产生的火焰称为"弱旋转射流扩散火焰"。弱旋转射流扩散火焰由于不具备稳定火焰的特性,其应用范围并不广。

当旋转射流的旋流强度增加时,沿轴向的反向压力梯度大到足以发生反向流动,并建立内部回流区,这种旋转射流称为"强旋转射流",此时产生的火焰称为"强旋转射流扩散火焰"。这种具有回流区的旋转射流在稳定火焰方面起着重要作用,因而在工程燃烧技术中应用广泛。

总体来说,旋转射流扩散火焰大体上有三种形式:

(1)旋流强度很低的散火焰,其外形与自由射流扩散火焰类似。火焰在离喷口一定距离处稳定。由于气流旋转,射流膨胀,卷吸空气混合加强,燃烧速度加快。因此,与自由射流扩散火焰相比,旋转射流火焰更短一些、宽一些,火焰前沿面呈波动状。

(2)在中等或高的旋流强度下,由于产生了回流区,火焰的稳定性增加,使着火点靠近喷口,甚至在扩张段内就形成火焰。由于旋流强度增大,射流扩张相应大,卷吸量增加,混合更强烈,燃烧强度更高,从而形成更短、更宽的火焰。

(3)当旋流强度更高,并具有扩张段时,火焰将黏附在扩张段和炉壁上,呈平面火焰。此时喷口的几何形状对径向贴壁流动影响很大。如果采用喇叭形大张角短长度发散型喷嘴,甚至在中等的旋流强度水平下就能产生平面火焰。

2.6 液雾燃烧基础理论

液体燃料的燃烧方式大体分为预蒸发燃烧(将液体燃料加热,使其蒸发为气相燃料而进行燃烧)、液面燃烧和液雾燃烧,其中以液雾燃烧最为普遍。液雾燃烧的基本单元就是单个液体燃料滴的燃烧,尽管液雾燃烧并非单个液体燃料滴燃烧的简单叠加,但它是液雾燃烧的重要基础,因此单个液体燃料滴的燃烧在燃烧学中占有重要的地位。本节将阐述航空喷气燃料 RP-3 的特性及其油滴的蒸发、燃烧特性等基础理论。后面的章节将论述燃油的雾化、蒸发和燃烧理论。

2.6.1 航空喷气燃料 RP-3 的特性

航空喷气燃料 RP-3 即 3 号喷气燃料,是 20 世纪 70 年代我国为了适应国际通航和出口而研制的,是我国民航飞机、直升机、陆基战斗机、运输机的主要燃料。RP-3 的使用标准与美国 JET A 和国际航运协会标准(IATA)相同,其部分理化特性如表 2-5 所示(GB 6537—2018 3 号喷气燃料)。

表 2-5　航空喷气燃料 RP-3 部分理化特性

序　号	项　目	指　标
1	闪点(闭口)/℃	≥38
2	密度(20℃)/(kg/m³)	775~830
3	冰点/℃	≤−47
4	运动黏度(20℃)/(mm²/s)	≥1.25
5	运动黏度(−20℃)/(mm²/s)	≤8
6	净热值/(MJ/kg)	≥42.8
7	烟点/mm	≥25
8	电导率(pS/m)	50~600

2.6.2　高温静止环境下油滴的蒸发和燃烧

在高温静止环境下,由于油滴的温度特别是其表面温度低于环境温度,所以热量通过热传导向油滴传递。在表面处,这些热量中的一部分再传导至油滴内部,使油滴加热;其余部分用于使油滴蒸发,以致在油滴表面形成高浓度的燃料蒸气,通常为其饱和值。当环境的燃料蒸气浓度低于表面浓度时,燃料蒸气因浓度梯度的存在而向外输运(输运过程包括扩散与斯蒂芬流)。表面处燃料蒸气的消耗使油滴的进一步蒸发成为可能。通过上述机制,油滴不断地转变为蒸气,最终"消失"于环境中。这就是油滴蒸发的全部过程。油滴的蒸发速率取决于热量和质量的输运速率。在油滴燃烧时,可以简单地把火焰理解为油滴周围具有的高温环境,把燃烧问题转变成蒸发问题,使油滴燃烧与油滴蒸发之间具有相似性。高温静止环境下油滴蒸发和燃烧的物理模型如图 2-23 所示,假设:

（1）油滴与周围环境无相对速度,只有斯蒂芬流引起的球对称径向一维流动。

（2）油滴为单组分,忽略热辐射和离解(多组分的影响在后面考虑)。

（3）过程是准定常的,即不考虑液面的内移效应。

（4）油滴内部温度分布均匀。

（5）不考虑重力影响。

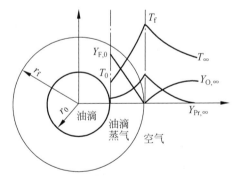

图 2-23　油滴蒸发和燃烧的物理模型

（6）由于一般燃料的达姆科勒第一特征数 D_1 较大,可将火焰面简化为几何面。油滴蒸气由油滴表面向火焰面扩散,但不能穿过火焰面;氧气由环境向火焰面扩散,但不能穿过火焰面;在火焰面上燃料浓度和氧气浓度均为 0。燃烧产物则由火焰面分别向油滴表面和环境扩散。

根据上述模型,可建立边界上有热量交换、质量交换的球对称的一维定常、有化学反应、层流流动的基本守恒方程。

连续方程:

$$4\pi r_0^2 \rho_0 v_0 = 4\pi r^2 \rho v = G = 常数 \tag{2-211}$$

动量方程:

$$p = 常数 \tag{2-212}$$

组分方程:

$$\rho v \frac{\mathrm{d}Y_i}{\mathrm{d}r} = \frac{1}{r^2} \frac{\mathrm{d}}{\mathrm{d}r}\left(r^2 \rho D_i \frac{\mathrm{d}Y_i}{\mathrm{d}r}\right) - w_i \tag{2-213}$$

能量方程:

$$\rho v c_p \frac{\mathrm{d}T}{\mathrm{d}r} = \frac{1}{r^2} \frac{\mathrm{d}}{\mathrm{d}r}\left(r^2 \lambda \frac{\mathrm{d}T}{\mathrm{d}r}\right) + w_i Q_i \tag{2-214}$$

边界条件:

$r = r_0$ 处:

$$\lambda_0 \left(\frac{\mathrm{d}T}{\mathrm{d}r}\right)_0 = \rho_0 v_0 q_e = \frac{G}{4\pi r_0^2} q_e \tag{2-215}$$

$$-\rho_0 D_{i,0}\left(\frac{\mathrm{d}Y_i}{\mathrm{d}r}\right)_0 + \rho_0 v_0 Y_{i,0} = a\rho_0 v_0 \tag{2-216}$$

$$p_{F,0} = c_1 e^{\frac{c_2}{T_0}} \tag{2-217}$$

式(2-215)中,q_e 为蒸发热;式(2-216)中,对于燃料,$a=1$,对于氧化剂、产物(下标为 Pr)和惰性成分(下标为 iner),$a=0$;式(2-217)为克劳修斯-克拉伯龙方程(Clausius-Clapeyron relation):一般在定常的情况下,假设在蒸发(或燃烧)的液体表面,液相与气相平衡的条件是满足的,即气相的饱和蒸气压 p_F 满足 $p_F = c_1 e^{\frac{c_2}{T_0}}$,其中 c_1 和 c_2 为给定液体的特性常数。

在 $r = \infty$ 处:

$$T = T_\infty、Y_F = 0、Y_{Pr} = 0、Y_O = Y_{O,\infty}、Y_{iner} = Y_{iner,\infty} \tag{2-218}$$

另外:

$$\sum Y_i = Y_F + Y_O + Y_{Pr} + Y_{iner} = 1 \tag{2-219}$$

1. 没有燃烧情况下的油滴蒸发

在没有燃烧的情况下,继续假设:①所有物性参数(如比定压热容、密度、导热系数等)均为常数;②刘易斯数 $Le = 1$,即 $D_T = D_m$;③不考虑燃烧反应。那么,油滴蒸发燃烧控制方程组在上述假设条件下可简化得到求解,具体求解过程请自行阅读参考文献,此处给出一些结论:

(1)油滴的液面温度 T_∞ 总是低于其沸点温度 T_b,这是一个非常重要的结论。

若 T_∞ 非常接近 T_b，那么油滴就呈现瞬间蒸发的现象。

（2）油滴的直径平方随时间线性递减，

$$d^2 = d_0^2 - k_v t \tag{2-220}$$

此即著名的适用于油滴蒸发的 D^2 定律，也称"直径平方定律"。其中，k_v 称为"蒸发常数"，表达式为

$$k_v = \frac{8\lambda}{c_p \rho_L} \ln(1 + B) \tag{2-221}$$

式中，λ、c_p、ρ_L 分别为油滴的热导率、比定压热容和液相油滴的密度；B 称为"斯波尔丁质量传递数"（spalding's mass transfer number），也称"输运数"。对于典型的在热态环境中（比如 1800K 温度环境）的航空煤油，其蒸发常数大约为 $1\text{mm}^2/\text{s}$。令式（2-220）中的 $d = 0$，可获得油滴的蒸发寿命：

$$t_v = \frac{d_0^2}{k_v} \tag{2-222}$$

值得指出的是，在实际油滴蒸发实验中，出现了一些有趣的现象：①在实验刚开始时，油滴的直径往往先增加，而不是减小；②某些燃料油滴蒸发时会出现突然炸裂的现象。究其原因，第一个现象的出现是油滴刚开始受热时会产生热胀冷缩现象，且热膨胀造成的直径增加大于蒸发引起的直径减小；而第二个现象的出现则主要是因为油滴内部挥发性成分的析出速度太快，油滴内部的环流流动速度无法跟上挥发性成分的析出速度，导致油滴炸裂。

有文献指出，为了采用式（2-222）来估算油滴的蒸发寿命，在计算蒸发常数时必须选取适当的热导率和比定压热容，并推荐采用罗（Law）与威廉姆斯针对燃烧油滴提出的简化公式：

$$c_p = c_{p,f}(\overline{T}) \tag{2-223}$$

$$\lambda = 0.4\lambda_f(\overline{T}) + 0.6\lambda_\infty(\overline{T}) \tag{2-224}$$

式中，$\overline{T} = \frac{1}{2}(T_b + T_\infty)$ 为油滴沸腾温度与环境温度的平均值。当然，还有其他更精确的估算方法，但使用起来并不方便。

2. 有燃烧情况下的油滴蒸发

如前文所述，当油滴燃烧时，可简单地把火焰理解为油滴周围具有的高温环境，把燃烧问题转变成蒸发问题。

按照与纯蒸发类似的方法，可得到燃烧情形下油滴直径随时间的变化规律，即

$$d^2 = d_0^2 - k_c t \tag{2-225}$$

式中，k_c 为燃烧常数，其表达式为

$$k_c = \frac{8\lambda}{c_p \rho_L \left(1 - \frac{r_0}{r_f}\right)} \ln\left(1 + \frac{c_p(T_f - T_0)}{q_e}\right) \tag{2-226}$$

另外,通过计算可以得到火焰面内区的温度分布,燃料气、氧气和产物的浓度分布,以及火焰面外区的温度分布,燃料气、氧气和产物的浓度分布。此处不再展开,读者可自行查阅相关文献阅读。

2.6.3 对流环境下的油滴蒸发和燃烧

在实际燃烧过程中,有些情况下油滴与气流的相对运动不能忽略。例如,当燃料刚由喷嘴喷射出来、气流湍流脉动较强时,气流与油滴之间存在较大的相对速度。相对速度将对油滴的蒸发与燃烧产生较大的影响。显然,此时油滴周围的斯蒂芬流不再是球对称的了。如果有包围油滴的火焰,则它一定不再呈球形,因此高温静止环境下的球对称物理模型也就不适用了。在工程上,简便起见,常采用"折合膜"方法进行处理。

"折合膜"方法的基本思想是,把实际对流环境下的油滴(一般可看作轴对称二维问题)的对流传热传质问题转化成一个假想的具有等效直径(所谓折合膜直径)的球对称的导热与扩散问题。可将问题分成两步:第一步暂不考虑蒸发和燃烧,把油滴看作一个只与气流有对流换热的固体球,并把这个对流换热转化为假想的具有等效直径固体球的导热问题;第二步不考虑对流的存在,只研究这个假想的有分子导热和扩散的球壳内的蒸发与燃烧,最后求得蒸发和燃烧速率。这样就可引用高温静止环境下油滴蒸发与燃烧的结论,只需用"折合膜"对对流的影响加以修正。该方法虽然比较粗糙,但是简单、明了,便于使用。

油滴对流换热量:

$$Q = 4\pi r_0^2 h (T_\infty - T_0) \tag{2-227}$$

式中,h 为油滴与环境的对流换热系数。

等效直径假想球的导热量:

$$Q = \pi d_1 d_0 \frac{\lambda (T_\infty - T_0)}{r_1 - r_0} \tag{2-228}$$

式中,d_1 为折合膜直径,r_1 为折合膜半径,λ 为液滴导热系数,$\pi d_1 d_0$ 为导热面积。所以结合式(2-227)和式(2-228)得到折合膜半径为

$$r_1 = \frac{r_0}{1 - \dfrac{2}{\dfrac{h d_0}{\lambda}}} = \frac{r_0}{1 - \dfrac{2}{Nu}} = \frac{r_0 Nu}{Nu - 2} \tag{2-229}$$

式中,$Nu = \dfrac{h d_0}{\lambda}$ 为无蒸发和无燃烧时油滴对流换热的努塞尔数。

2.6.4 热壁面上油滴的蒸发

在实际中经常会遇到油滴落在热壁面(如燃烧室壁)上的情形。显然,此时油

滴的蒸发和燃烧规律与空间中有相对速度的油滴不同。可以预料,此时影响液滴蒸发和燃烧的主要因素是热壁面的温度。

图 2-24 给出的是初始直径为 2.14mm 的苯液滴蒸发的实验结果。从图上看,液滴蒸发寿命随着热壁面温度的变化有个起伏,并非单调地变化,这个现象被称为"莱顿弗罗斯特现

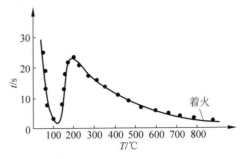

图 2-24 热壁面上液滴蒸发实验结果

象"(Leidenfrost phenomenon)。图中与该现象对应的温度为 195℃,对应的时间称为"莱顿弗罗斯特点"(图中约为 24s)。

莱顿弗罗斯特现象与环境压力有关,当环境压力升高时,莱顿弗罗斯特点将向高温方向移动。热壁面的温度高于某值就会着火燃烧,着火后液滴的蒸发仍满足直径平方定律。

莱顿弗罗斯特现象与液体种类也有关,表 2-6 列出了几种初始滴径为 2.5～3.0mm 液滴在热壁面上蒸发的实验数据。

表 2-6 常见液体的油滴在热壁面上蒸发的实验数据

可 燃 液 体	沸点/℃	最大蒸发速度时的温度/℃	莱顿弗罗斯特点对应的温度/℃	着火温度/℃
苯	80.2	118	195	840
庚烷	98.4	134	182	738
异辛烷	99.0	132	184	800
十六烷	288.0	327	380	720
α-甲基萘	243.0	310	420	852
乙醇	78.3	117	185	800
汽油	—	190	300	806
煤油	—	352	470	735
重油	—	570	845	750

2.6.5 油滴蒸发燃烧中的多组分因素

前文关于油滴蒸发与燃烧的研究假设油滴为单一组分。实际油滴为多组分的混合燃料,在蒸发和燃烧过程必须考虑多组分因素的影响。

(1) 液体组分的相对密度和相对挥发性。

(2) 液体组分的相溶性,它控制着相变特性。例如,当可溶性燃料混合物与少量水进行乳化而变为不溶性混合物时,其局部蒸气压可能大大改变。

(3) 液体内部的运动强度,它影响液体内部成分到达蒸发表面的速率。不管

液体组分的挥发性如何,除非它暴露在液滴表面,否则不可能蒸发。要暴露在表面既可通过表面的收缩被动地进行,又可通过液相扩散和内部环流主动地实现。然而,液相的质量扩散是一个相当缓慢的过程,通常它的速率比表面收缩慢一两个数量级。因此,输运若以这种液相扩散为主,则液滴内部所含挥发的和不挥发的液体成分在液滴生存的大部分时间内,都将被"封闭"。在这种情况下,各组分的相对挥发性显然不能成为影响蒸发的主要因素。相反,若液滴内部存在环流,液相的质量输运就变得容易了,可使相对挥发性对个别蒸发速率产生强烈的影响。

在多组分液滴燃烧时,一个有趣的现象是液滴常激烈地突然破碎。这一现象称为"微爆",它对燃料制备、燃烧器设计、燃料使用状况等许多问题产生了强烈影响,因此引起了各方面的重视。用扩散控制模型能够解释引起微爆的基本机制。蒸发开始后不久,液滴表面集中了较多不易挥发的高沸点组分。由于液滴温度由表面组分控制,所以能达到较高的温度。另外,液滴内核比较容易挥发的低沸点组分浓度较高。可以想象,液滴内部的易挥发性组分有可能加热到超过局部沸点,因而过热状态的组分开始大量积累,并导致均相成核的发生,它的极其迅速的蒸发速率形成很高的内压,最终使液滴爆碎。显然,这种情况在内部运动微弱的液滴内容易发生,说明分批蒸馏模型在这里是不适用的。由于不易挥发的组分可以升高液滴温度,易挥发组分可以促进均相成核,所以存在一个最易发生微爆的最佳混合物组成。由于微爆将使燃料滴再次粉碎,从而有利于燃烧的强化,应尽可能地使微爆最有效,均相成核最好在液滴生存的初期发生,并深入液滴内部。但是这两条要求不可能同时满足,因为在液滴生存的初期,只有表面区域被加热,当内部最终被加热时,液滴的大部分都已蒸发。要从理论上估计微爆发生的可能性,须研究液滴内的温度分布和组分分布。当均相成核开始的温度大于以质量浓度计算的局部过热极限温度时,就会发生微爆。而且适当提高系统压力可以增加微爆发生的可能性,因为压力提高之后燃料的沸点增高了,这样液滴的温度就提高了,而局部过热极限温度增加幅度较小,更容易满足微爆发生的条件。上述理论对于在高压环境下工作的内燃机特别有吸引力,在常压下不发生微爆的燃料混合物,在内燃机中可以有良好的微爆。当然,压力过分提高会使气泡膨胀的原动力变弱而使微爆减弱。关于微爆的强度,它应与过热成分和发生均相成核的液滴质量,以及为维持成核而从邻近组分传递来的热量的输送速率有关。所以可溶性多组分液滴的微爆不会很激烈。

乳化燃料液滴的蒸发燃烧也是常见的多组分问题。在通常不相溶的水和油中,加入少量的化学表面活性剂(一般加百分之几),可以制成稳定的乳状液。为了使燃烧过程平稳,水的添加量一般不超过 20%。在常见的 W-O 型乳状液中,水为乳状液的分散相,油为乳状液的连续相。按照表面活性剂的性质和用量,可以制成微观乳状液(水滴尺寸大约小于 $1\mu m$,外观呈半透明)或宏观乳状液(水滴尺寸为几微米,外观呈乳白色),要制成微观乳状液需要更多的表面活性剂。W-O 型乳状液已在多种燃烧设备上做过试验,试验结果表明积炭和 NO_x 的排放都有减少,而 CO 和未燃尽的碳氢成分略有增加,总的效率变化不大。当水-柴油乳状液从容器中泄漏并由明火点燃之后,开始着火的火球会自动熄灭,这是因为在平衡态的蒸发条件下,乳状液表面油的气相浓度比纯油表面油的气相浓度低,达不到火焰传播的浓度极限,所以水-柴油乳状液是防火安全燃料。乳状液是一种多组分不相溶的液体混合物,这种不相溶性在液滴表面的相变关系上表现特别强烈。与可溶性燃料混合物相比,形成了性质不同的蒸发和燃烧特性。乳状液的沸点受其组成中低沸点组分的限制,例如,水-十六烷乳状液的正常沸点应低于 100℃,而水-正己烷乳状液的沸点应低于 68℃。可见,高沸点燃料可以达到的温度和对应的蒸气压由于加入了少量水而受到极大的抑制。乳状液中添加的表面活性剂由于用量少(摩尔浓度低)且不易挥发,几乎不影响其蒸发特性。

2.6.6 油滴群的蒸发和燃烧

液滴群的蒸发和燃烧与单滴的情况有所不同,因为液滴之间会相互影响。主要考虑两方面的因素:其一,邻近液滴影响物质浓度分布(包括燃料和氧化剂等),从而影响扩散速率;其二,邻近液滴影响温度分布(特别是在燃烧情况),从而影响换热速率。这两方面因素都会最终影响液滴群的蒸发和燃烧速率。

显然,液滴群中各液滴间相互影响的程度与相互之间的距离有关。当液滴相距很远时,各液滴可以看作与单液滴的情形相同。卡内夫斯基(Kanevsky)用石英丝悬挂液滴方法进行了 9 个液滴的相互影响研究。9 个液滴均采用正庚烷燃料,且如图 2-25 所示均匀分布,通过改变距离 s 来考察各液滴间的相互影响。当同时点燃这 9 个液滴时,根据距离 s 的不同,所测得的各液滴的燃烧常数会发生变化。结果表明,每个液滴的燃烧时间虽然仍与其初始直径的平方成正比,但是燃烧常数会发生一

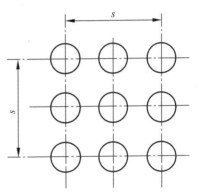

图 2-25 卡内夫斯基的悬滴实验布局

定变化,大致规律为随着液滴间距离的接近,液滴火焰的高温作用先是大于浓度扩散的影响,从而加速液滴蒸发,使燃烧常数逐步增加(最高达 40% 左右);当液滴间距接近某个临界值后,液滴火焰的高温作用不能抵消浓度扩散的影响,从而延缓液滴蒸发,使蒸发常数迅速下降。

与均匀可燃混气相比,液滴群的燃烧具有以下几个显著特点:

(1) 液滴群的燃烧,从本质上来说是扩散燃烧,因此其燃烧速度(实际上是火焰传播速度)就不像均匀预混可燃气那样强烈地受余气系数(或当量比)的影响。归根到底,影响其燃烧速度的因素也就是影响液滴蒸发快慢的因素。这些因素主

要包括液滴尺寸、液滴与空气的相对速度、液滴间距等。

（2）液滴群燃烧具有局部特性，即火焰锋面不是呈现总体曲面的形状，而是由各个孤立的液滴火焰组合而成，因此其稳定燃烧边界非常宽。

2.7　着火、熄火和火焰稳定

着火、熄火和火焰稳定都涉及燃烧速度随时间的变化，属于非定常燃烧问题。着火问题要解决燃烧反应速率从无到有的过程和机制；熄火问题要解决燃烧反应速率从有到无的过程和机制；稳定火焰则要研究高速气流中保持一定的燃烧反应速率的机制与措施。

2.7.1　着火理论

所谓着火，直观的理解即混合气自动的反应加速、升温，以致引起空间某部分或某时间出现火焰。若给着火条件下一个定义，即如果在一定的初始条件（闭口系统）或边界条件（开口系统）下，由于化学反应的剧烈加速，使反应系统在某个瞬间或空间的某部分达到高温反应态（燃烧态），那么，实现这个过渡的初始条件或边界条件便称为"着火条件"。着火条件不是一个简单的初温条件，而是化学动力参数和流体力学参数的综合函数。例如对于一定种类的可燃预混气而言，在闭口系统条件下，其着火条件可由下列函数关系表示：$f(p_0, T_0, h, d, u_\infty) = 0$，其中 p_0、T_0 表示混合气的初压和初温，h 为对流换热系数，d 为容器尺寸，u_∞ 为环境气流速度。对于开口系统，着火的临界条件常用着火距离 x_i 来表示，即 $f(x_i, p_0, T_0, h, d, u_\infty) = 0$。

燃烧反应是放热的氧化反应，反应放热的结果使预混气的温度升高，而它反过来又促进反应加速，因而化学反应放热的速率及其放热量是促进着火的有利因素。但是，也存在阻碍着火的不利因素，即散热。经验告诉我们，在寒冷而风大的露天环境中，不易点燃可燃物，而在风小的地方就容易点燃，这就是两种散热条件不同之故。着火（包括后文阐述的熄火）就是反应放热因素和散热因素相互作用的结果。如果在某一系统中反应放热占优势，则着火容易发生（或熄火不易发生）；反之，着火不易，熄火容易。这就是着火和熄火的本质。

在日常生活和工业应用中，燃料着火的方法很多，一般可分为下列三类：

（1）化学自燃：例如金属钠在空气中的自燃，烟煤因长期堆积通风不好而自燃等。这类着火通常不需由外界加热，在常温下依靠自身的化学反应就可发生。

（2）热自燃：如果将燃料和氧化剂的混合物迅速而均匀地加热，使混合物被加热到某一温度时着火，此时的着火是混合气在整个容积中发生的，称为"热自燃"，例如柴油机气缸中燃料的着火。

（3）点燃：例如用电火花、电弧、热板等高温源，使混合气局部受到加热而首先着火、燃烧。随后,这部分已燃的火焰将传播到整个反应体系的空间。

需要指出的是,上述三种着火的分类方式并不能十分恰当地反映其间的联系和差别。如第一种方式与第二种方式中都既有化学反应的作用,又有热的作用,只不过第二种方式所需的热较多,或只是反应活性不如第一种而已。而第二种方式与第三种方式的差别只是整体加热和局部加热的不同而已。因此,重要的是了解各种着火方式的实质,不必拘泥于各种名词。本书主要介绍热自燃理论和点燃理论。化学自燃的相关理论请读者自行阅读相关文献。

1. 热自燃理论

热自燃理论最先是范特霍夫提出的,他认为当反应系统与周围介质间的热平衡被破坏时就发生着火。勒夏特列对此进行了进一步研究,提出着火的临界条件为反应放热曲线与系统向环境散热的散热曲线相切。谢苗诺夫对上述理论从数学上进行了完整描述。

谢苗诺夫热自燃理论的简化模型如图 2-26 所示。假设:

(1) 有一个体积为 V、表面积为 S 的容器,内部充满了温度为 T_∞、密度为 ρ_∞ 的均匀可燃混合气;

(2) 开始时,混合气的温度与外界环境温度一样,在反应过程中,混合气的温度 T 随时间变化,但容器内的温度和浓度仍是均匀的(零维模型);

(3) 容器壁的初始温度也为 T_∞,在反应过程中始终与混合气的温度相同;

(4) 外界和容器壁之间有对流换热,对流换热系数为 h,它不随温度变化,是一个定值;

(5) 着火前由于反应速度很低而忽略反应物的浓度变化,即着火时浓度 $\rho_i = \rho_\infty$;

(6) 在化学反应中,只有热反应,没有链式反应,化学反应速率遵循阿伦尼乌斯定律,且可燃物的反应热为定值。

根据以上假设,能量守恒方程为

$$\rho_\infty c_p \frac{dT}{dt} = \dot{q}_r - \frac{hS(T - T_\infty)}{V} \tag{2-230}$$

式中,$\dot{q}_r$ 为单位体积混合气反应放出的热量,称为"放热速率",依阿伦尼乌斯定律,它与温度呈指数关系;$\dfrac{hS(T - T_\infty)}{V}$ 为单位体积混合气向外界散发的热量,称为"散热速率",与 T 呈线性关系;$\rho_\infty c_p \dfrac{dT}{dt}$ 为系统本身升温热焓的增加量。

根据热自燃理论,着火成败取决于放热速率与散热速率的相互关系及两者随温度而增长的性质。分析放热速率和散热速率随温度的变化,就可以得出系统的着火特点,并导出着火的临界条件。为直观分析着火条件,在同一图上绘制放热速率曲线和散热速率曲线随温度的变化关系,如图 2-27 所示,存在三种情况。

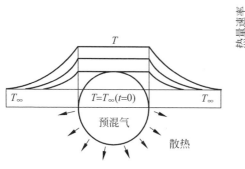

图 2-26　热自燃简化模型

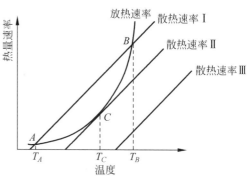

图 2-27　热自燃中的热量平衡关系

　　第 I 种情况：放热速率曲线与散热速率曲线有两个交点，即 A 点和 B 点。一开始，由于混合气的温度等于环境温度，没有散热损失。但由于有一定初温，此时的化学反应是在进行中的。随着化学反应的进行，少量热量被释放，混合气的温度上升，开始与环境温度产生温差，这样就有了热损失。但由于这时放热速率总是大于散热速率，混合气的温度不断升高，直至达到 A 点。A 点成为稳定点，放热速率等于散热速率，系统中任何微小的温度扰动都能使混合气的温度回到 T_A。因此，这时反应不会自动加速而着火。A 点实际是一个反应速率很小的缓慢的氧化工况。由此可见，放热速率与散热速率平衡的条件不是热自燃的充分条件。而 B 点的状况在热自燃的问题中是不可能直接出现的，因为 B 点的温度很高，从 A 点到 B 点的过程中散热速率一直是大于放热速率的，所以反应系统内的温度不可能自动增加，必须由外界向系统补充能量才能使 A 点过渡到 B 点，但现在外界并没有补充任何能量，因此 B 点是不可能出现的。即使出现（例如柴油机中靠绝热压缩使气缸中温度升高就能出现这种工况），也是不稳定的，不是进一步发展成着火，就是使工况返回 A 点。例如某些原因使系统的温度略大于 T_B，这时由于放热速率大于散热速率，系统的温度不断增加，从而反应会自动加速至着火。相反，若给系统一个温度略低于 T_B 的扰动，则系统工况会返回 A 点，因为此时散热速率总是大于放热速率，于是系统的温度将不断下降，直至 A 点。因此，真正的工况只有一个 A 点。但 A 点只是一个缓慢的氧化工况，不能使混合气着火。

　　第 II 种情况：放热速率曲线与散热速率曲线相切，只有一个交点，即 C 点。显然，C 点也达到了放热速率等于散热速率的平衡，但也是一个不稳定的工况，例如某些原因使系统的温度略大于 T_C，则过程将自动加速至热爆炸。但 C 点不同于 B 点，它是可以在不需要外界能量补充的条件下达到的，因为在 C 点之前放热速率总是大于散热速率，并不需要外界能量的补充，完全靠反应系统本身的能量积累自动达到 C 点。因此 C 点将标志着由低温缓慢的反应态到不可能维持这种状况的过渡。根据前文关于着火条件的定义，产生这种过渡过程的初始条件就是着火条件。我们称 C 点为"热自燃点"，T_C 为"热自燃温度"（或"着火温度"）。

第Ⅲ种情况：放热速率曲线与散热速率曲线不相交，没有交点。此时无论在什么温度下，放热速率都大于散热速率，系统内将不断累积热量，温度不断升高，化学反应不断加速，最后必然导致着火。

着火边界是着火理论的重要概念之一。所谓着火边界，是指燃烧系统初始参数相互组合，当系统达到着火临界条件时，这些参数所构成的曲线。图 2-28 给出了由温度和压力组成的着火边界曲线，图 2-29 给出了由温度和当量比组成的着火边界曲线，图 2-30 给出了由压力和当量比组成的着火边界曲线。

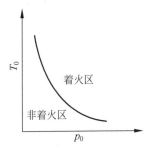

图 2-28　着火边界曲线（着火温度与压力）

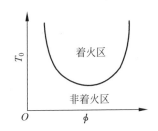

图 2-29　着火边界曲线（着火温度与当量比）

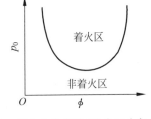

图 2-30　着火边界曲线（着火压力与当量比）

着火延迟是着火理论的另一个重要概念。即使燃烧系统的初始温度、压力等参数在 t_0 时刻满足临界着火条件，燃烧也未立即发生，而是直到 t_c 时刻，温度升至 T_C 才发生燃烧，这种现象被称为"着火延迟"。而系统从满足临界着火条件的初始温度 T_0 到燃烧发生初期点温度 T_C 所需要的时间称为"着火感应期"。对于实际的发动机燃烧室，如果着火感应期较长，则燃料在真正着火前将会形成大量堆积，一旦着火，必然产生突然燃烧甚至爆炸，严重破坏燃烧装置。

2. 点燃理论

在日常实践中，热自燃现象极少出现，绝大多数着火情况都属于强迫着火，即点燃。所谓点燃，是指系统均匀混合气中某一点出现局部高温区（也称"点火源"），造成局部的剧烈燃烧反应，且当移走点火源后，燃烧现象可以持续下去的着火形式。点燃与热自燃的最大区别在于着火时整个系统的温度并非处处均匀，而只是在点火源处的局部温度较高，火焰存在沿空间传播的过程。工业上常见的有热平板点燃、电火花点燃、热气流点燃（火焰点燃）三种形式。

点燃成功应满足临界条件：一是点火源的局部高温能诱发附近可燃介质燃烧；二是燃烧火焰能传遍整个燃烧系统。对于均匀混合的静止可燃介质，一旦点火源诱发局部介质燃烧，其火焰就能够传播到整个流场。因此，均匀混合静止可燃介质点火成功的关键问题变为点火源必须满足什么条件才能保证诱发局部燃烧？这就是所谓最小点火的能量问题。不过，对于非均匀混合运动的可燃介质来说,点火成功的关键极有可能不在于局部燃烧的发生,而在于局部火焰能否顺利传播。

刘易斯(Lewis)最早开展最小点火能量的研究,认为火花塞的全部能量都转化为热能,而火花塞所点燃的球形着火区域的大小决定了火焰能否传播。如果着火区域太小,则高温气体核心与外部未燃混气之间的温度梯度太大,甚至大于稳态火焰的温度梯度,使燃烧区的放热不足以弥补向外的热损失,从而导致燃烧区的温度下降,反应停止,火焰熄灭。

由于首次从理论上研究分析了最小点火能量问题,并成功地对部分实验结果规律进行了理论解释,刘易斯在 1958 年获得了首届伯纳德·刘易斯奖(Benard Lewis Award,燃烧学的三大奖之一)。不过现在看来,他的理论分析中还存在一些问题,与实验结果也不是完全相符。对于最小点火能量的分析,芬恩(Fenn)、泽尔多维奇(Zeldovich)、杨(Yang)、斯威特(Swett)、巴拉尔(Ballal)和列菲弗尔(Lefebvre)等也提出了一些模型。这些模型的主要差别在于,有的认为扩散在点火时起主要作用,有的则认为放热机制起主要作用。直到现在,关于各种条件下最小点火能量的理论和实验研究还在继续。

3. 可燃边界

在实际生产生活中,将燃料与助燃剂单独存放是安全的,因为太浓或太稀的燃料都不会导致燃烧。也就是说,对于特定的环境和燃料,存在某种浓度边界,当燃料的浓度小于该边界值时,燃料不能被点燃,该边界值就称为"贫可燃边界"。同样,对于特定的环境和燃料,也存在某种浓度边界,当燃料浓度大于该边界值时,燃料也不能被点燃,该边界值就称为"富可燃边界"。准确给出各种燃料在常温常压下的可燃边界,对于安全生产、燃烧装置的设计和可靠运行等,都是非常重要的。

科沃德(Coward)和琼斯(Jones)于 1951 年推荐采用下述方法来确定燃料在常温、常压下的可燃边界:在一根标准的石英玻璃管(直径为 2inch、长度为 4ft,1ft=12inch=30.48cm)中充满某种浓度的预混气体,然后在石英玻璃管端部用能量足够大的电火花点火,观察火焰能否传播,从而确定燃料的可燃边界。实验确定的常温、常压下各种燃料的可燃边界如附录 A 所示。值得指出的是,大多数燃料(特别是碳氢燃料)的贫可燃边界和富可燃边界的当量比分别在 0.5 和 3.0 左右。

温度、压力和流速都会对可燃边界产生影响。一般地,温度升高和压力增大,可燃边界拓宽;流速增大,可燃边界变窄。图 2-31、图 2-32、图 2-33 分别给出了温度、压力和流速对可燃边界的影响趋势。

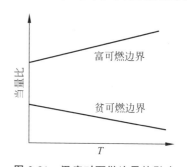

图 2-31　温度对可燃边界的影响

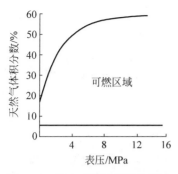

图 2-32 压力对可燃边界的影响

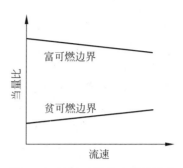

图 2-33 流速对可燃边界的影响

2.7.2 熄火理论

前文在分析可燃混合气的着火过程时,假设混合气浓度不变。而实际上,燃料一旦着火,其浓度必然下降,这时如果外界条件恶化,或者燃烧装置里的混合气流速增大,燃烧就可能无法进行,最终熄火。与 2.7.1 节分析的着火自燃条件相似,放热速率曲线与散热速率曲线的相互关系同样也有三种类型的趋势变化,如图 2-34 所示。

当初温为 T_0 时,散热速率曲线与放热速率曲线有 3 个交点(分别为 1 点、2 点、3 点),其中 2 点和 3 点代表的工况是稳定的;而 1 点的工况是不稳定的;当系统在 1 点工作时,如果受到干扰,温度降低,由于散热速率大于

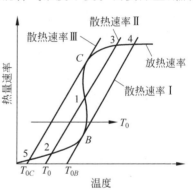

图 2-34 熄火中的热量平衡关系

放热速率,温度将继续降低,直到 2 点才能保持稳定;如果受到干扰使温度上升,则放热速率大于散热速率,这时温度继续上升,直到 3 点才能保持稳定。所以 2 点的温度较低,它只是缓慢的氧化,实际上没有燃烧。只有 3 点是稳定的燃烧。

如果初温增加,散热速率曲线右移,当初温增加到 T_{0B} 时,放热速率曲线与散热速率曲线有一个切点 B 和一个交点 4,切点 B 和以前的着火临界情况一样,若此时系统中受到干扰使温度上升一点,就会使工况转向燃烧工况 4,这就是由热自燃到稳定燃烧的转变过程。当系统已经稳定燃烧时,就算可燃混合气的初温降低,散热速率曲线左移,系统仍能稳定燃烧。

当初温减小到 T_{0C},放热速率曲线与散热速率曲线相切于 C 点时,若系统稍有扰动,使温度升高,则因散热速率大于放热速率,温度会下降至 C 点;如果扰动使温度下降,则因散热速率大于放热速率,系统温度不断下降,直到 5 点,此时系统的温度很低,混合气只能缓慢氧化而没有燃烧,亦即熄火。因此,C 点代表熄火的临

界工况,在这一点上,系统会由燃烧转变为熄火。

由以上分析可知,增加初温会使稳态放热速率增加,燃烧系统容易着火;反之,系统容易熄火。

同样,火焰在燃烧区域的停留时间和燃烧反应所需时间对熄火都有一定的影响。延长混合气在燃烧室的停留时间,或者缩短反应需要时间,会使放热速率增大,燃烧系统容易着火。相反,如果缩短混合气在燃烧室的停留时间或加长反应需要时间,会使放热速率减小,燃烧系统容易熄火。此外,散热系数也会对散热速率产生影响,当散热系数增加时,散热曲线的斜率增加,容易熄火。

由以上分析可知,燃烧系统的熄火相较着火要在更加不利的条件下才会发生,即熄火过程有滞后性。出现这种滞后性的原因是着火是在较低的温度下进行的,而熄火是在较高的温度下进行的。

熄火主要受系统状态参数和系统特征尺度的影响。燃烧系统状态参数包括燃料流量、系统压力、环境温度、流动速度等。最常见的熄火方式是减小燃料的流量。根据阿伦尼乌斯定律,减小燃料流量意味着燃料浓度降低,导致燃烧反应速率降低,使燃烧反应放热量下降。如果其他条件不变,减小燃料流量将最终导致熄火。系统压力的降低将同样导致燃烧反应的反应物浓度降低,因此也会导致燃烧反应放热量下降而出现熄火。类似地,当其他条件不变时,熄火时的压力小于着火时的压力。环境温度的降低将导致系统向环境的散热增大,最终会导致熄火。当其他条件不变时,熄火时的环境温度低于着火时的温度。系统流动速度的增加将导致换热系数增加,进而导致系统向环境的散热增大,最终也会导致熄火。当其他条件不变时,熄火时的流动速度大于着火时的速度。除了上述系统状态参数对熄火特性有影响之外,系统的几何结构参数也会对熄火特性有影响。减小系统的特征尺度会导致系统的面积与体积比增加,从而使系统向环境的散热量增加,最终也会导致熄火。我们称刚刚能够维持火焰传播的最小管道尺寸为"熄火距离",或称"熄火直径"。对于圆形管而言,其熄火距离是指刚刚能够维持火焰传播的最小管径。常见的燃料与静止空气恰当混合在标准状态下的熄火距离见附录 A。

对于预混可燃气而言,与可燃边界相对应,火焰存在"熄火边界",也称"火焰传播浓度界限"或简称"火焰传播界限",即不是在任何浓度下火焰都能传播,只有在一定的浓度范围内火焰才能传播,超过此浓度范围,火焰就会熄灭。含燃料多者为富限($\Phi > 1$),燃料含量少者为贫限($\Phi < 1$)。相应地,存在最小火焰传播速度,小于此值,火焰就会熄灭,这个最小火焰传播速度 $S_{L\min} = 2 \sim 10 \mathrm{cm/s}$,如图 2-35 所示。某些预混气的熄火边界见表 2-7。

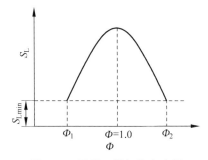

图 2-35 预混可燃气熄火边界

表 2-7 某些预混气的熄火边界(摩尔分数)

燃料名称	氧化剂	熄火边界	
		贫限	富限
氢气	空气	4.0	75.0
一氧化碳	空气	12.5	74.0
氨	空气	15.0	28.0
甲烷	空气	5.0	15.0
乙烷	空气	3.0	12.4
丙烷	空气	2.1	9.5
丁烷	空气	1.8	8.4
乙烯	空气	2.7	36.0
乙炔	空气	2.5	100.0
苯	空气	1.3	7.9
甲醇	空气	6.7	36.0
乙醇	空气	3.2	19.0
乙醚	空气	1.9	36.0
二硫化碳	空气	1.3	50.0
氢	氧	4.0	95.0

2.7.3 火焰稳定理论

燃烧过程中的一个重要课题是研究火焰的稳定性及其稳定方法。火焰的稳定性是指火焰在空间某位置驻定燃烧,而火焰的不稳定性则是指火焰在空间任何位置不能驻定,即不存在火焰。需要指出的是,火焰稳定性与燃烧不稳定性是两个有着本质差异的概念。燃烧不稳定性是指系统(包括火焰)由于燃烧而发生的流动不稳定性,其典型物理特征是脉动,特别是对应于特定频率的大幅脉动,其发生过程中火焰是存在的。火焰稳定性的概念主要用来区分火焰是否存在,而燃烧不稳定性的概念主要用来描述火焰的脉动程度(前提是火焰必须存在)。

对于一个工业燃烧装置来说,保证稳定、安全燃烧是极其重要的。要求一旦着火,在不同的工作条件下使火焰能维持稳定的传播。或者说,能使燃烧稳定地继续下去而不熄灭。这就不仅需要懂得在什么条件下能保证火焰的稳定,而且还要知道防止火焰不稳定的方法。通常遇到的火焰稳定问题可分为两种,一种是低速下的火焰稳定问题,包括回火、吹熄问题;另一种是高速气流下的火焰稳定问题。工程中燃烧装置的火焰稳定问题大多属于后者。

扩散火焰的稳定性和预混火焰的稳定性是有区别的。扩散火焰在稳定方法上有自己的特点,在工业燃烧装置中应用广泛。而预混火焰稳定性是研究火焰稳定的基础,后文首先讨论预混火焰的稳定性。

1. 预混火焰在低速气流中的稳定性

由前文可知，层流预混火焰传播速度的定义为 $S_L = u \pm w_n$，下面讨论一维平面预混火焰的稳定条件。假设：

（1）可燃混合气的燃料浓度在火焰传播界限范围之内；

（2）平面波的横断面直径比熄火直径大得多。

如果火焰传播速度和可燃混合气的流动速度相等，即 $S_L = w_n$，那么火焰前沿位移速度为零，即 $u = 0$，火焰稳定在管道内某一处，见图 2-36(a)。如果火焰传播速度大于可燃混合气的流动速度，即 $S_L > w_n$，那么火焰前沿就会一直向可燃混合气侧的方向移动。通常称为"回火"，见图 2-36(b)。反之，如果火焰传播速度小于可燃混合气的流动速度，即 $S_L < w_n$，则火焰前沿就会一直向燃烧产物侧方向移动，直至火焰前沿被可燃混合气吹走，这种情况被称为"吹熄"或"脱火"，见图 2-36(c)。

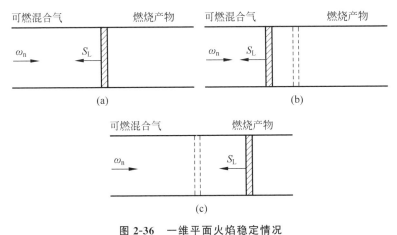

图 2-36　一维平面火焰稳定情况

(a) $S_L = w_n$；(b) $S_L > w_n$；(c) $S_L < w_n$

因此，为了保证一维平面预混火焰的稳定，既不回火，也不吹熄，就必须使火焰传播速度与可燃混合气的流动速度相等，即 $S_L = w_n$，该关系式即一维平面预混火焰的稳定条件。

实际上，这种平面预混火焰的前沿是不存在的。因为壁面处有散热损失，靠近壁面的一段距离（熄火距离）内的火焰将熄灭，由于壁面摩擦的关系，靠近轴线处的火焰速度比靠近壁面处快，因此，黏性力的作用会使火焰前沿呈抛物面形；又因为不可避免地存在浮力，抛物面前沿弯曲为如图 2-37 所示的非对称形。此时，火焰前沿各处的法向火焰传播速度并不是相同的。因此，火焰稳定的条件是必须保证火焰前沿各处的火焰传播速度等于可燃混合气在火焰前沿法向的分速度，

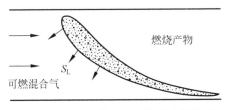

图 2-37　实际一维平面火焰稳定的情况

即 $S_L = w_n$ 仍适用。

同理,可以获得锥形火焰(例如本生灯火焰)的稳定条件:

(1) 可燃混合气的燃料浓度在火焰传播界限范围之内;

(2) 可燃混合气的法向速度大小与火焰传播速度大小相等,即 $w_n = S_L$;

(3) 有固定的点火源。

上述三个条件被称为可燃预混气火焰稳定所必须遵循的"三大原则性条件"。具体推导过程此处不作详细阐述。

2. 预混火焰在高速气流中的稳定性

在实际燃烧装置中,可燃混气的平均流速比火焰传播速度大得多,即 $w_n \gg S_L$。例如,在喷气发动机加力燃烧室中气流速度高达 $150 \sim 180 \mathrm{m/s}$,而烃类燃料在空气中的湍流火焰传播速度也只有几米每秒。因此,如不采取特殊的措施,火焰是无法稳定燃烧的。因为此时气流的雷诺数很高,一般不能用本生灯火焰边界层中的流速来分析火焰稳定问题。所以,要实现高速气流中火焰的稳定,就必须在气流中人为地创造条件来建立平衡点,以便气流法向分速度与湍流火焰传播速度相等。最常用的方法是在气流中设置稳焰器使气流产生回流区,如喷气发动机主燃烧室和工业锅炉中常用旋流器产生回流区使火焰稳定;在喷气发动机加力燃烧室中常用钝体稳焰器产生回流区使火焰稳定;在有些工业炉中采用突扩管道产生回流区稳定火焰。由于回流区的存在,它不断地将高温已燃气体带入回流区,形成一个强大的稳定点火源,然后不断地点燃新鲜混合气,在过渡区内造成低速流动区,使 $w_n = S_L$,从而使火焰保持稳定。高速气流中的火焰稳定是燃烧理论中的一个重要课题,并对燃烧室或燃烧装置的设计和运行具有重要的工程指导意义。采用钝体稳定火焰是最常用、最有效的方法之一。

1) 钝体尾迹的气流结构

当高速气流流经 V 形槽时,由于气体黏性力的作用,钝体后面遮蔽区中的气流将被带走,形成局部低压区,从而使钝体下游处部分气流在压力差的作用下,以与主气流相反的方向流向钝体后的遮蔽区,以保持流动的连续性。这样就在 V 形槽的尾迹中形成了回流区,如图 2-38 所示。由图可知,在尾迹中,气流方向与主流方向相反;而在尾迹之外,气流的轴向速度与原主流速度方向一致。在 1-1 截面上有两个点的轴向分速为零,如果把各截面上轴向速度为零的点连起来,就会得到"零速线"。在零速线以内就得到一轴向速度为负值的区域——回流区,在它以外的是顺流区,在零速至主流速度之间的区域是过渡区。此外,还可以根据 V 形槽后各点时均流速的方向画出环流区。环流区使气体从后面进入回流区,从前面流出回流区。

从图 2-39 可知,回流气体好像总在循环,但由于回流区边界上(过渡区)的速度变化很激烈,回流区内的湍流强度很大,所以回流气体与外界有强烈的湍流交换。实验结果分析表明,当 V 形槽后的混合气被点燃后,因为回流区里充满了高温燃气,且流向是逆向钝体的,所以新鲜混合气刚进入燃烧室就与回流区内流出的高温燃气接触,被点燃以后,沿环流区外侧流向下游。而高温燃气则从回流区下游进入补充回流区里的热量损失,周而复始,使新鲜混合气不断地被回流的高温燃气点燃,环流区外侧的火焰则不断地向回流区补充能量,并维持其高温,使燃烧火焰得以稳定。

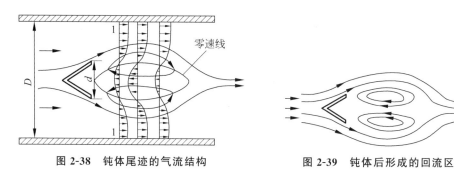

图 2-38　钝体尾迹的气流结构　　　　图 2-39　钝体后形成的回流区

2)钝体的稳焰界限

实验表明,钝体稳焰是有一定应用范围的,超过这个范围火焰将被吹熄。引起吹熄的临界气流速度称为"临界火焰吹熄速度",简称"吹熄速度"。给定的吹熄速度对应一个临界的浓度界限,处在浓度界限内的预混可燃气都能维持火焰稳定。影响火焰稳定界限的因素有燃料性质和可燃混合气成分,可燃混合气的温度、压力,可燃混合气的流速和湍流强度,钝体的形式和尺寸,燃烧室的形状和尺寸,钝体的温度等。

(1)燃料性质和可燃混合气成分的影响

对于给定的钝体,当可燃混合气成分接近化学恰当比时,吹熄速度最大。在远离化学恰当比时,吹熄速度很快下降。一般地,最大吹熄速度发生在化学恰当比附近的富燃料侧。

燃料性质对钝体后火焰稳定界限有明显影响。实验证实,层流火焰传播速度大的燃料,其火焰稳定性也好。

(2)可燃混合气温度、压力的影响

已知提高可燃混合气的温度,必将增大火焰传播速度。因此,提高可燃混合气的温度将增大吹熄速度,扩大火焰稳定界限。压力对火焰稳定性的影响有很大意义,对航空发动机燃烧室更是如此。一般认为吹熄速度与气流(或燃烧室)压力成正比。

(3)可燃混合气流速和湍流强度的影响

可燃混合气的速度增大将缩小火焰稳定界限。钝体前主流湍流强度的增大将减小火焰稳定性。虽然湍流强度增大固然可以增大火焰传播速度,但是也会使边界层内的速度变得不稳定,容易引发熄火。目前,湍流强度和湍流尺度对火焰稳定性的影响还不是很清楚。

（4）钝体形式和尺寸的影响

关于钝体形式的影响，巴雷尔（Barrere）与梅斯特里（Mestre）进行了实验。图 2-40 为 7 种不同形式的钝体，这些钝体的宽度相同，均为 5mm，从 1～6 钝体的非流线性程度增加。实验表明，钝体的非流线性程度越大，火焰稳定界限越宽，这可能是由于非流线性程度的增加，使回流区得以增大。

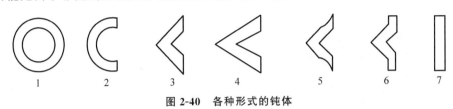

图 2-40 各种形式的钝体

钝体尺寸对火焰稳定性也有较大影响。实验发现，在阻塞比（如图 2-38 所示，阻塞比定义为流道中钝体宽度 d 与流道宽度 D 的比值的平方，即 $(d/D)^2$）相同的情况下，增大钝体宽度，回流区增大，火焰稳定界限变宽。

（5）燃烧室形状和尺寸的影响

实验表明，当阻塞比较小时，增加阻塞比可以增大火焰的稳定界限。这是因为阻塞比增加时，回流区的长度比边界层的速度增加得快。但过分增大阻塞比，稳定界限反而下降。这是由于阻塞比过大时，回流区的长度比边界层的速度增加得慢，火焰易被吹熄。实验还表明，加长燃烧室将会缩小火焰稳定界限。这可能是钝体后火焰前沿延伸过长产生干扰的结果。

（6）声学效应

实验表明，增大噪声强度对火焰稳定性有不利影响。当短通道形燃烧室中火焰长度减小时，钝体下游的噪声强度将降低，说明缩短火焰长度对火焰稳定性存在有利的影响。

3）钝体稳焰理论

由以上讨论可知，钝体在高速气流中之所以能稳定火焰，主要是①均匀高速气流流经钝体后速度分布发生了变化，截面气流从轴心处负值沿径向一直变化到主流速度，那么在钝体下游存在可燃混合气的法向速度大小等于火焰传播速度大小的条件；②钝体的尾迹中产生了回流区，利用回流的高温气体向预混气提供了一个连续的点火源，进而在钝体下游某个位置形成一个稳定着火环，使高速预混可燃气开始稳定着火、燃烧。这些是公认的看法。然而，回流区在火焰稳定中究竟起什么作用，研究者们有不同的看法，主要有两种理论。

一种是回流区点燃模型。该模型认为回流区中是高温且燃料浓度接近于零的燃烧产物，它起着点燃新鲜预混可燃气（主流）的作用。即当新鲜预混可燃气绕过钝体时，必然先在回流区边缘与高温燃气接触，然后再进入下游主流中。如果在这段接触时间之内，高温燃气能够点燃新鲜混合气，则表示钝体火焰能稳定存在，如果不能点燃新鲜混合气,则说明火焰将被吹熄。

另一种是回流区燃烧模型。该模型认为回流区如同均匀搅拌反应器,新鲜预混可燃气与燃烧产物在回流区内迅速混合均匀从而发生燃烧。该观点将高温低速的回流区看作值班火焰。当回流区下游的火焰熄灭后,只要回流区本身能维持燃烧,火焰就不会熄灭,只有当回流区燃烧终止,才会使火焰全部熄灭。因而把回流区本身的熄火看作钝体尾迹火焰稳定的极限条件。该理论的实验依据是在有的实验中曾观测到钝体下游熄灭后尚存的"残余火焰"现象。

4) 其他稳焰方法

除了钝体稳焰方法之外,高速气流中为防止火焰吹熄而采取的稳焰方法还有很多。常用的实现火焰稳定的方法有用值班火焰(引燃火焰)稳焰、用旋转射流(旋流器)稳焰、用反吹射流稳焰、用突扩管道稳焰等。

用值班火焰稳焰:在高速可燃混合气气流附近布置一稳定的值班火焰,使燃烧器喷口喷出的主气流得到不间断地点燃,从而稳定主火焰。该值班火焰必然是流速较低、燃烧量较小的分支火焰,其流速可为主火焰的 1/10,燃烧量可达主火焰的 $20\%\sim30\%$。可以认为,由于强烈的扩散和混合作用,在由值班火焰产生的炽热气流与点燃前的可燃混合气气流之间发生了强烈的热、质交换,冷的可燃混合气温度得以升高,反应速率增大,并进一步着火和燃烧。若这种值班火焰与冷的可燃混合气之间的作用一直不间断地进行下去,便可有效地保证主气流的燃烧稳定。图 2-41 为用值班火焰稳定主火焰的两种方法。

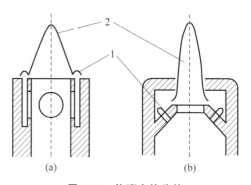

图 2-41　值班火焰稳焰
1:值班火焰;2:主火焰

用旋转射流稳焰:若燃料气流或空气在离开燃烧器喷口之前开始做旋转运动,那么在气流由喷口喷出后便会边旋转边向前运动,从而形成旋转射流。旋转射流是通过各种形式的旋流器产生的,气流在旋流器的作用下做螺旋运动,一旦离开旋流器喷射出去后,由于离心力的作用,不仅具有轴向速度,还有气流扩散的切向速度,如图 2-42 所示。

旋转射流稳焰在锅炉、燃气轮机及其他工业燃烧设备中得到了广泛的应用,不仅因为其具有较大的喷射扩张角,射程较短,可在较短的炉膛或燃烧室中完成燃烧过程,还因为其在强旋转射流内部形成一个回流区,因此,旋转射流不但可以从射流外侧卷吸周围介质,而且能从内回流中卷吸高温介质,具有较强的抽气能力,可使大量高温燃气回流至火焰根部,保证燃料及时、顺利地着火和稳定燃烧。

用反吹射流稳焰:反吹射流稳焰的示意图如图 2-43 所示。在逆向射流形成的环流区前缘,逆向射流和主流相撞,流速降低,形成前缘滞止区。当可燃混合气点

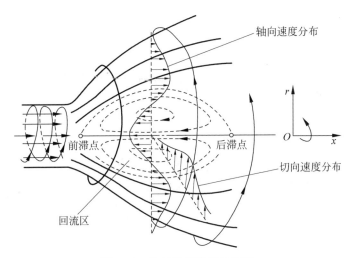

图 2-42　旋转射流稳焰示意图

燃后,可以形成稳定的火焰。环流区把高温燃气带到滞止区,使滞止区成为一个稳定的点火源。在滞止区里包含射流可燃混合气、新鲜空气和高温燃气,因此可以根据不同的主流速度,调整射流混合气的浓度和速度,保证创造火焰稳定的条件。这种稳焰方法可以用在航空发动机的加力燃烧室上,也有的工业锅炉使用这种稳定方法来起动火炬。

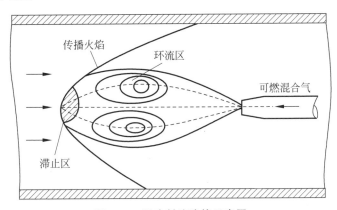

图 2-43　反吹射流稳焰示意图

用突扩管道稳焰:突扩管道也可以形成射流和管壁之间的环形回流区,如图 2-44 所示。由于回流区的尺寸较大,采用突扩管道的燃烧室可以实现高强度的预混气无焰燃烧,其缺点是有产生回火的危险。

3. 扩散火焰的稳定性

扩散火焰的稳定性和预混火焰有很大不同,主要表现在:

(1) 预混火焰存在回火和吹熄现象。由于射流扩散火焰前沿必须出现在燃料

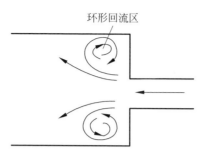

图 2-44　突扩管道稳焰示意图

和氧化剂按化学恰当比的位置上,因此不可能有回火现象,但是存在吹熄。

（2）预混火焰防止吹熄的基本条件是在火焰根部产生一个稳定的点火源。扩散火焰防止吹熄的条件除了在火焰根部产生一个稳定点火源外,还必须连续地保持可燃混合气存在着火所需要的浓度（符合化学恰当比）。扩散火焰相较预混火焰稳定机制更复杂。

高速气流中防止扩散火焰吹熄或保持火焰稳定的方法通常和高速气流中保持预混火焰稳定的方法相同,最普遍的是产生回流区来稳定火焰的方法。产生回流区的方法很多,例如,2.7.2 节提到的钝体、旋转射流、反吹射流、突扩管道等。另外,壁面凹腔、多级旋转射流等新方法正在研究和应用。对于航空发动机燃烧室,应用壁面凹腔稳焰的凹腔燃烧室和应用多级旋转射流稳焰的多级旋流燃烧室已成为当前研究的热门方向。

第 3 章

航空燃气涡轮发动机概述

3.1 航空燃气涡轮发动机类型

1903 年 12 月 17 日,美国莱特兄弟把一台 4 缸、水平直列式水冷活塞发动机改装之后用于"飞行者一号"飞机,实现了人类历史上首次有动力的载人飞行。自此至第二次世界大战结束,经过不断改进,活塞发动机在功率和经济性方面达到了很高的水平,成为当时航空动力的主要形式。然而,由于活塞发动机受制于螺旋桨推进效率低等因素,飞机飞行速度的提高不大,始终不能突破声速。1932 年,英国人弗兰克·惠特尔(Frank Whittle)的离心式航空燃气涡轮发动机专利成功授权;1937 年 7 月,世界首台离心式航空燃气涡轮发动机惠特尔试验机 W.U. 成功问世。同期,德国人汉斯·冯·奥海因(Has Von Ohain)的离心/轴流式航空燃气涡轮发动机专利于 1935 年成功授权;1937 年 9 月,其离心式航空燃气涡轮发动机 HeS2A 完成第一次性能测试,达到推力 176 磅;1939 年 8 月,经改进后的离心式航空燃气涡轮发动机(命名为"HeS3B")列装到世界第一架喷气式飞机 He 178 上并成功实现首飞。1940 年,德国容克公司的尤莫 004(Jumo004)发动机成功运行,成为世界首台轴流式航空燃气涡轮发动机。随后,美国和苏联相继从测试与仿真起步,逐步研制出各自的航空燃气涡轮发动机。到了 20 世纪 50 年代,航空燃气涡轮发动机技术逐渐成熟,较活塞发动机表现出两个突出优势:

(1) 热力过程并行推进,发动机更为强劲有力。活塞发动机的进气、压缩、燃烧、膨胀、排气等过程交替进行,比功率有限。航空燃气涡轮发动机的进气、压缩、燃烧、膨胀、排气等过程是并行连续的,具有更高的比功率,发动机也更加强劲有力。

(2) 发动机的推力具有正向速度特性,使飞机飞得更高、更快。随着飞行速度的增加,特别是接近声速时,飞机的阻力急剧增大,需要大幅地增大发动机的功率。

活塞发动机功率的增加主要依靠加大汽缸的尺寸和数目,相当于加大了发动机的质量和尺寸。此外,在飞机飞行速度达到 $800\sim850\mathrm{km/h}$ 时,螺旋桨的效率开始明显下降,使其产生的推力下降,无法满足进一步提高飞行速度的要求。这正是活塞式发动机不能突破"音障"的原因。与之相比,燃气涡轮发动机的质量显著减少,并且取消了螺旋桨,在很大的飞行速度范围内,燃气涡轮发动机的推力是随着飞行速度的增加而增加的,因而飞机的飞行速度可以突破"音障"。

鉴于此,航空燃气涡轮发动机开始取代活塞发动机,成为自 20 世纪 50 年代以来的主要航空动力形式。

航空燃气涡轮发动机主要由进气道、压气机、燃烧室、涡轮、尾喷管等部件构成,常称其为燃气涡轮发动机的"五大部件",其中压气机、燃烧室和涡轮(对于单转子发动机来说)被称为燃气涡轮发动机的"核心机"(对于多转子发动机来说,核心机通常指高压部分,即高压压气机、燃烧室和高压涡轮),如图 3-1 所示。新鲜空气吸入进气道后,首先由压气机加压成高压气体;接着由喷油嘴喷出燃油与空气混合后在燃烧室进行燃烧成为高温高压的燃气;然后推动涡轮转动,将燃气的焓和动能转换成机械能输出;最后燃气由喷管排出,产生反作用推力。若涡轮输出的

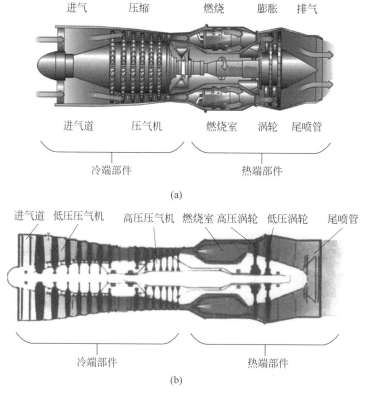

图 3-1 典型航空燃气涡轮喷气发动机示意图

(a) 单转子航空燃气涡轮发动机;(b) 双转子航空燃气涡轮发动机

机械能仅用作驱动压气机,那么发动机主要依靠喷管喷出的高温高压高速的燃气
做功,该航空燃气涡轮发动机即称作"涡轮喷气发动机"(简称"涡喷发动机",图 3-1);
若发动机不是主要依靠喷管高速排气来做功,而是主要利用涡轮输出的机械能做
功,那么在由涡轮输出的大量机械能中,除了其中一部分用来驱动压气机外,剩余
部分经传动轴输出。其中,用以驱动直升机旋翼或地面车辆、发电机、舰船等的发
动机为"涡轮轴发动机"(简称"涡轴发动机",图 3-2);用以驱动飞行器螺旋桨的发
动机为"涡轮螺旋桨发动机"(简称"涡桨发动机",图 3-3);用以驱动外涵压气机
(常称为"风扇")的发动机为"涡轮风扇发动机"(简称"涡扇发动机",图 3-4)。所以
说,航空燃气涡轮发动机主要有 4 种基本类型,即涡轮喷气发动机、涡轮轴发动机、
涡轮螺旋桨发动机和涡轮风扇发动机。涡轮轴发动机常用作直升机动力,涡轮螺
旋桨发动机常用作运输机动力,涡轮喷气发动机和涡轮风扇发动机常用作战斗机
动力。对于战斗机,推力是衡量其动力水平的重要指标。为了提高发动机推力,通
常在涡轮与喷管之间加设加力燃烧室,利用涡轮后燃气中的余氧进行再次燃烧,从
而提高发动机排气速度,实现发动机推力的增大。因为排气速度与排气温度的平
方根成正比,例如,若原来排气温度为 900K,再次燃烧(加力)后的排气温度达到
1800K,那么其推力将增加 41%。这一非常可观的推力增加量就可以克服音障时
的阻力增加量。加设加力燃烧室的航空燃气涡轮发动机称为"加力式航空燃气涡
轮发动机"(图 3-5)。一般地,在增设加力燃烧室时,喷管需应用可调喷管技术,以
保证开加力时主发动机的状态不变。为了表述更为清晰,通常将处于压气机与涡
轮之间的燃烧室称作"主燃烧室"。

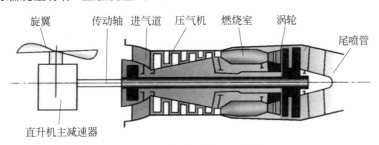

图 3-2　涡轮轴发动机示意图

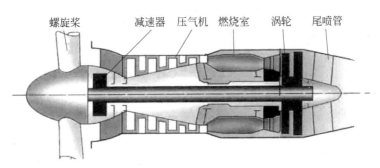

图 3-3　涡轮螺旋桨发动机示意图

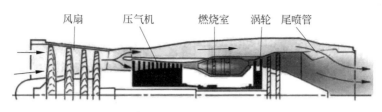

图 3-4　涡轮风扇发动机示意图

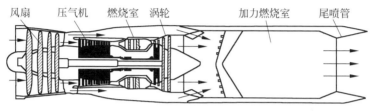

图 3-5　加力式航空燃气涡轮发动机示意图

3.2　航空燃气涡轮发动机循环

　　航空燃气涡轮发动机既是一种推进装置,又是一种热力机械,其基本构型即单转子涡轮喷气发动机(图 3-1(a))的工作原理如图 3-6 所示,压气机从外界吸入空气,压缩后送入燃烧室,同时油泵连续将燃油喷入燃烧室与高温压缩空气混合,在定压下燃烧,生成的高温、高压燃气进入涡轮膨胀做功,废气则排入大气。其理论热力循环如图 3-7 所示,图中 1→2 为工质(空气)在压气机中的定熵压缩过程,2→3 是在燃烧室内的定压加热过程,3→4 是工质(燃气)在涡轮中的定熵膨胀过程,4→1 为工质(燃气)的定压放热过程,该热力循环也称作"布雷顿循环"(Brayton cycle)。

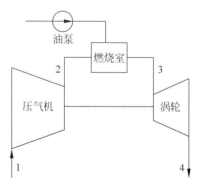

图 3-6　单转子涡轮喷气发动机
工作原理图

　　对于动力机械的热力循环来说,比功率和热效率是衡量热力循环的重要指标。比功率是单位工质经过工作循环所产生的功率,也称作"单位功率",单位为(W·s)/kg。循环比功率表征工质的对外做功能力。在做功量相同时,比功率大的循环所需工质的量少,反之则多。对于两台输出功率相同的燃气涡轮发动机来说,比功率大的工质流量少,发动机尺寸就可能较小,反之可能较大。热效率是工质经过工作循环,把加入循环中的热量转变为输出功的百分比。当热效率较高时,加入的热量利用率较高,反之则较低。为了清晰地表述热力

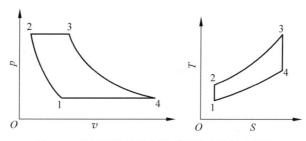

图 3-7　单转子涡轮喷气发动机的理论热力循环

循环过程,先厘清热力过程中涉及的热量、功率等相关物理量的符号、单位,如表 3-1 所示。

表 3-1　功热物理量的符号、单位

物理量名称	符　　号	单　　位
热量	Q	J
热流量	Φ	W
单位工质热流量	$\widetilde{\Phi}$	$(\text{W} \cdot \text{s})/\text{kg}$
功	W	J
功率	P	W
单位工质功率(单位功率,比功率)	$\widetilde{P}$	$(\text{W} \cdot \text{s})/\text{kg}$

因此,对于布雷顿循环,假设各热力过程中工质的定压比热容为定值 c_p,则有:

定熵压缩过程 1→2,压气机压缩单位工质的耗功功率 $\widetilde{P}_C$:

$$\widetilde{P}_C = h_2 - h_1 = c_p(T_{t2} - T_{t1}) = c_p T_{t1}\left(\frac{T_{t2}}{T_{t1}} - 1\right) = c_p T_{t1}(\pi^m - 1) \quad (3\text{-}1)$$

定压加热过程 2→3,燃烧室中单位工质吸热的热流量 $\widetilde{\Phi}_1$:

$$\widetilde{\Phi}_1 = h_3 - h_2 = c_p(T_{t3} - T_{t2}) \quad (3\text{-}2)$$

定熵膨胀过程 3→4,涡轮膨胀单位工质做功功率 $\widetilde{P}_T$:

$$\widetilde{P}_T = h_3 - h_2 = c_p(T_{t3} - T_{t4}) = c_p T_{t3}\left(1 - \frac{T_{t4}}{T_{t3}}\right) = c_p T_{t3}(1 - \pi^{-m}) \quad (3\text{-}3)$$

定压放热过程 4→1,发动机单位工质放热的热流量 $\widetilde{\Phi}_2$:

$$\widetilde{\Phi}_2 = h_4 - h_1 = c_p(T_{t4} - T_{t1}) \quad (3\text{-}4)$$

根据各热力过程特性可得:

$$\frac{T_{t2}}{T_{t1}} = \left(\frac{p_{t2}}{p_{t1}}\right)^m = \left(\frac{p_{t3}}{p_{t4}}\right)^m = \frac{T_{t3}}{T_{t4}} = \pi^m \quad (3\text{-}5)$$

式中,下标"t"表示某点状态的滞止参数; $m = \dfrac{k-1}{k}$, k 为等熵指数,理想气体的

$k = c_p/c_V$，为比热容比；$\pi = \dfrac{p_{t2}}{p_{t1}}$ 为循环最高压力与最低压力之比，称为"循环增压比"或者"压比"；$\tau = \dfrac{T_{t3}}{T_{t1}}$ 为循环最高温度与最低温度之比，即循环增温比或者温比。

布雷顿循环的比功率 $\widetilde{P}$ 为

$$\widetilde{P} = \widetilde{P}_T - \widetilde{P}_C \tag{3-6}$$

将式(3-1)和式(3-3)代入式(3-6)中有

$$\widetilde{P} = c_p T_{t3}(1 - \pi^{-m}) - c_p T_{t1}(\pi^m - 1) = c_p T_{t1}\left[\tau(1 - \pi^{-m}) + (1 - \pi^m)\right] \tag{3-7}$$

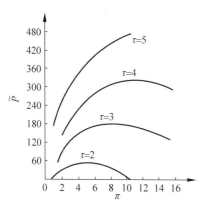

图 3-8　布雷顿循环比功率与压比和温比的关系

由式(3-7)可知，比功率随循环的温比和压比而改变，如图 3-8 所示。当压比不变时，比功率随 τ 的增加而增加，也就是说，在材料强度许可的前提下，应尽可能提高 T_{t3}，从而有利于提高发动机的比功率；当温比不变时，比功率随 π 的变化先增大后减小，即存在使比功率最大的最佳压比 π_{op}。将式(3-7)中的比功率对 π 求导，并令之为零，即可获得最佳压比

$$\pi_{op} = \tau^{\frac{1}{2}m} \tag{3-8}$$

将式(3-8)代入式(3-7)，获得最佳压比时的比功率即最大比功率 $\widetilde{P}_{max}$：

$$\widetilde{P}_{max} = c_p T_{t1}(\sqrt{\tau} - 1)^2 \tag{3-9}$$

布雷顿循环的热效率 η_t：

$$\eta_t = \frac{\widetilde{P}}{\widetilde{\Phi}_1} \tag{3-10}$$

将式(3-7)和式(3-2)代入式(3-10)有

$$\eta_t = 1 - \pi^{-m} \tag{3-11}$$

式(3-11)表明，布雷顿循环的热效率与温比无关，而只与压比和等熵指数有关，并随压比的增加而单调递增。但是热效率不会无限制地增加，因为任何循环的热效率都不可能高于卡诺循环的热效率$(1 - 1/\tau)$。将卡诺循环的热效率与式(3-11)对比，可以得到在 $\pi = \tau^{1/m}$ 时，布雷顿循环的热效率等于卡诺循环的热效率。但从式(3-7)可知，此时的循环比功率为零，即涡轮做功功率与压气机耗功功率相等，布雷顿循环此时对外不做功，因而毫无意义。这也说明当要求比功率大于零时，布雷顿循环的压比应小于 $\tau^{1/m}$，即 $\tau^{1/m}$ 是在一定温比下循环压比的极限值，它使热效率随压比增加而受到限制。

上述内容基于布雷顿循环的理想情况,然而在实际循环的各个过程都存在不可逆因素,尤其是压缩过程和膨胀过程。因为流经叶轮式的压气机和涡轮的工质通常在很高的流速下实现能量之间的转换,这时流体之间、流体与流道之间的摩擦不能再忽略不计。因此,尽管工质在流经压气机和涡轮时向外散热可忽略不计,但其压缩过程和膨胀过程都是不可逆的绝热过程,如图3-9所示。图中虚线1-2′即压气机中的不可逆绝热压缩过程,3-4′为涡轮中的不可逆绝热膨胀过程。压气机和涡轮的这种不可逆损失分别用压气机绝热效率和涡轮相对内效率来表示。

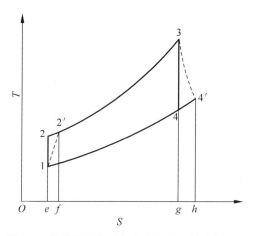

图 3-9 单转子涡轮喷气发动机实际热力循环图

压气机的绝热效率 $\eta_{C,s}$ 定义为压气机的理想耗功功率 $\widetilde{P}_C$ 与实际耗功功率 $\widetilde{P}'_C$ 的比值:

$$\eta_{C,s} = \frac{\widetilde{P}_C}{\widetilde{P}'_C} = \frac{h_2 - h_1}{h'_2 - h_1} \tag{3-12}$$

涡轮相对内效率 η_T 定义为涡轮膨胀单位工质的实际做功功率 $\widetilde{P}'_T$ 与涡轮膨胀单位工质的理想做功功率 $\widetilde{P}_T$ 的比值:

$$\eta_T = \frac{\widetilde{P}'_T}{\widetilde{P}_T} = \frac{h_3 - h'_4}{h_3 - h_4} \tag{3-13}$$

为此,布雷顿循环的实际比功率 $\widetilde{P}'$:

$$\widetilde{P}' = \widetilde{P}'_T - \widetilde{P}'_C = \eta_T(h_3 - h_4) - \frac{1}{\eta_{C,s}}(h_2 - h_1) \tag{3-14}$$

燃烧室中单位工质吸热的实际热流量 $\widetilde{\Phi}'_1$:

$$\widetilde{\Phi}'_1 = h_3 - h'_2 = h_3 - h_1 - \frac{1}{\eta_{C,s}}(h_2 - h_1) \tag{3-15}$$

因而,布雷顿循环的实际热效率 η'_t:

$$\eta'_t = \frac{\widetilde{P}'}{\widetilde{\Phi}'_1} = \frac{\eta_T(h_3 - h_4) - \dfrac{1}{\eta_{C,s}}(h_2 - h_1)}{h_3 - h_1 - \dfrac{1}{\eta_{C,s}}(h_2 - h_1)} \tag{3-16}$$

假设各热力过程中工质的定压比热容为定值 c_p，并注意到 $\dfrac{T_{t2}}{T_{t1}} = \dfrac{T_{t3}}{T_{t4}} = \pi^m$、$\tau = \dfrac{T_{t3}}{T_{t1}}$，那么式(3-16)可改写为

$$\eta'_t = \frac{\eta_T(T_{t3} - T_{t4}) - \dfrac{1}{\eta_{C,s}}(T_{t2} - T_{t1})}{T_{t3} - T_{t1} - \dfrac{1}{\eta_{C,s}}(T_{t2} - T_{t1})} = \frac{\dfrac{\tau}{\pi^m}\eta_T - \dfrac{1}{\eta_{C,s}}}{\dfrac{\tau - 1}{\pi^m - 1} - \dfrac{1}{\eta_{C,s}}} \tag{3-17}$$

图 3-10 给出了单转子涡轮喷气发动机实际热效率与压比和温比的关系。结合上述推导，可以得出如下结论。

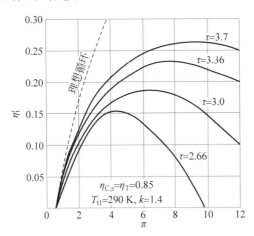

图 3-10　单转子涡轮喷气发动机实际热效率

(1) 温比 τ 越大，实际循环的热效率 η'_t 越高。因温度 T_{t1} 取决于大气环境，故只能通过提高 T_{t3} 以增大 τ。但 T_{t3} 受限于金属材料的耐热性能，目前正在研究用陶瓷复合材料部分甚至全部取代金属材料，以达到更大的温比。

(2) 保持温比 τ、压气机绝热效率 $\eta_{C,s}$ 和涡轮相对内效率 η_T 一定，实际热效率 η'_t 随压比的提高先增大后减小，即实际热效率存在极大值。当温比增大时，和实际热效率的极大值相对应的压比也提高，因而可进一步提高实际热效率。因此，从循环特性参数方面说，提高 T_{t3} 是提高热效率的主要方向。

(3) 提高压气机绝热效率和涡轮相对内效率，即减小压气机压缩过程和涡轮膨胀过程的不可逆性，实际热效率随之提高。目前压气机的绝热效率一般在 0.80～0.90，涡轮相对内效率为 0.85～0.92。

从热力学角度探讨提高布雷顿循环的热效率，除了通过改变循环特性参数的

方法外,还可以从改进循环着手,如采用回热、在回热基础上采用分级压缩中间冷却和在回热基础上采用分级膨胀中间再热等方法,此处不再叙述,请有需要的读者自行参考文献。

3.3 航空燃气涡轮发动机性能要求

3.3.1 涡喷和涡扇发动机的性能指标

涡喷发动机和涡扇发动机都是将核心机的可用功用于增加流过发动机气流的动能并产生反作用推力。因此,评定这两类发动机性能的指标都与推力有关。

1. 推力 F 和比推力 $\tilde{F}$

发动机推力 F 是涡喷发动机或涡扇发动机的一个主要性能参数,单位为 N。当飞机的空气动力特性相同时,发动机推力越大,飞机飞得越快、越高,机动性也越好。

但发动机推力的大小,不足以评定发动机循环性能的优劣,因为对于循环性能相同的发动机,推力的增大可能是加大发动机尺寸、增大空气质量流量的结果。因此,评定发动机循环性能的优劣应根据比推力的大小。比推力是指发动机推力与进入发动机的空气质量流量之比,即单位工质所产生的推力,也称作"单位推力",用 $\tilde{F}$ 表示,单位为 $(N \cdot s)/kg$:

$$\tilde{F} = \frac{F}{W_a} \tag{3-18}$$

式中,W_a 为发动机的空气质量流量,单位为 kg/s。

在给定发动机推力的条件下,比推力越大,空气质量流量越小,可以据此缩小发动机的外廓尺寸和减轻发动机的质量。目前,涡喷发动机地面台架最大状态的单位推力为 $600 \sim 750(N \cdot s)/kg$,加力状态下的单位推力可达 $1100(N \cdot s)/kg$ 以上。

2. 耗油率 sfc

发动机在单位时间内消耗的燃油质量称为"燃油流量",用 W_f 表示,单位为 kg/s。燃油流量与产生的推力的比值称作"耗油率",用 sfc 表示,国际单位为 $kg/(N \cdot s)$,常用单位为 $kg/(daN \cdot h)$,即

$$sfc = \frac{W_f}{F} \tag{3-19}$$

耗油率是决定飞机的航程和续航时间的重要参数,是评定发动机经济性的重要指标。在地面台架上,目前涡喷发动机最大工作状态的耗油率一般在 $0.8 \sim 1.0kg/(daN \cdot h)$,大涵道比涡扇发动机的耗油率在 $0.4kg/(daN \cdot h)$ 以下。

3. 推质比 F_m

发动机推力与发动机质量之比称为发动机的"推质比",用 F_m 表示,国际单位

为 N/kg:

$$F_m = \frac{F}{m} \tag{3-20}$$

式中,m 为发动机质量,单位为 kg。

当发动机推力一定时,推质比越大表示发动机质量越小。发动机的推质比对飞机的性能有直接的影响,特别是军用歼击机要求高机动性(飞机能够迅速地加速和转弯等能力),需要有尽可能高的发动机推质比。表 3-2 列出了推质比 10 等级的航空燃气涡轮发动机的性能参数。

表 3-2　推质比 10 等级的航空燃气涡轮发动机的性能参数

参　数	F119	F120	M88-2	EJ200	P2000
加力推力/kN	155.7	155.7	84.8	90.0	120.1
加力耗油/(kg/(daN·h))	2.305	2.305	1.840	—	—
不加力推力/kN	111.19	111.19	54.40	60.0	80.1
不加力耗油/(kg/(daN·h))	0.62	0.62	0.81	—	—
推质比/(N/kg)	10	10	9.6	10	
总压比	25	25	24.5	25	
涡轮前温度/K	1950	1950	1843	1803	1823
涵道比	0.2	0.2	0.5	0.4	0.6
装备飞机	ATF	ATF	阵风	EFA	MIG2000

如果发动机的质量增加 1kg,则亚声速飞机的整体质量将增加 4～5kg,超声速飞机的整体质量将增加 6～10kg。在推力不变的条件下,推质比直接影响飞机的最大平飞速度、升限、有效载荷和机动性等性能。可见,推质比对飞机来说是非常重要的参数。

在相同的空气质量流量条件下,低涵道比的涡扇发动机一般比涡喷发动机的质量小 20% 左右,因为通过涡扇发动机的高压压气机、燃烧室和涡轮的燃气流量较少,所以其尺寸和质量都相应减小了一些。但是涡扇发动机的喷气速度低,推力和单位推力小。如果推力相同,则涡扇发动机的空气质量流量大于涡喷发动机,即使如此,涡扇发动机的推质比相较涡喷发动机仍然更大。

4. 单位迎面推力 F_a

发动机推力与发动机迎风面积之比称为"单位迎面推力",用 F_a 表示,单位为 N/m^2:

$$F_a = \frac{F}{A} \tag{3-21}$$

式中,A 为发动机迎风面积。发动机单位迎面推力越大越好。当推力一定时,单位迎面推力越大,发动机迎风面积越小,利于设计外形好、阻力小的飞机。

3.3.2 涡桨和涡轴发动机的性能指标

涡轴发动机和涡桨发动机中核心机的大部分或绝大部分可用功由动力涡轮传递到直升机旋翼或螺旋桨上。因此,评定这类发动机性能的指标都与功率有关。

1. 功率 P 和比功率 $\widetilde{P}$

涡轴发动机几乎不产生喷气反作用推力,即循环有效功绝大部分由涡轮传至旋翼。涡轴发动机的功率(轴功率)表达式为

$$P_s = \widetilde{P}_s W_a \tag{3-22}$$

式中,P_s 为涡轴发动机功率,即轴功率,单位为 W;$\widetilde{P}_s$ 为涡轴发动机的涡轮输至旋翼的单位轴功率,即比轴功率,国际单位为 (W·s)/kg,常用单位为 (kW·s)/kg;对于单轴发动机,$\widetilde{P}_s = \widetilde{P}_{T,s} - \widetilde{P}_{C,s}$;对于具有自由涡轮(或称"动力涡轮")的发动机,$\widetilde{P}_s = \widetilde{P}_{TZ}$。其中,$\widetilde{P}_{T,s}$ 为涡轮做功的比功率,$\widetilde{P}_{C,s}$ 为压气机耗功的比功率,$\widetilde{P}_{TZ}$ 为自由涡轮做功的比功率。

对于涡桨发动机,一般采用当量功率 P_e 来衡量其动力性能。当量功率是在给定的飞行条件下,螺旋桨轴功率与发动机喷气推力的推进功率折合为螺旋桨轴功率之和,即

$$P_e = \widetilde{P}_e W_a = P_j + F_j c_0 / \eta_j \tag{3-23}$$

式中,P_e 为涡桨发动机当量功率,单位为 W;$\widetilde{P}_e$ 为涡桨发动机的单位当量功率(或称"比当量功率"),国际单位为 (W·s)/kg,常用单位为 (kW·s)/kg;P_j 为螺旋桨轴功率,单位为 W;F_j 为涡桨发动机喷气推力,c_0 为喷气速度,η_j 为折合效率。在地面台架条件下,飞行速度 $c_0 = 0$,$\eta_j = 0$,式(3-17)成为不定式,令

$$\beta = \lim_{c_0 \to 0} \frac{c_0}{\eta_j} \tag{3-24}$$

在一般地面条件下,$\beta = 60 \sim 80 \text{kW/kN}$,于是有

$$P_{e0} = P_{j0} + \beta F_{j0} \tag{3-25}$$

现代涡轴和涡桨发动机在地面台架的最大工作状态下的比轴功率或比当量功率为 $300 \sim 400 \text{(kW·s)/kg}$。

2. 耗油率 sfc

涡轴发动机的燃油流量与产生的轴功率的比值为涡轴发动机的耗油率;涡桨发动机的燃油流量与产生的当量功率的比值为涡桨发动机的耗油率。两者都用 sfc 表示,国际单位为 kg/(N·s),常用单位为 kg/(kW·h),即

$$\text{sfc} = \frac{W_f}{P_s} \tag{3-26}$$

$$\text{sfc} = \frac{W_f}{P_e} \qquad\qquad (3\text{-}27)$$

在地面台架上,目前涡轴发动机和涡桨发动机最大工作状态的耗油率在$0.22\sim$
0.35kg/(kW·h)。

3. 功质比 P_m

发动机功率与发动机质量之比称为发动机的"功率质量比",简称"功质比",用
P_m 表示,国际单位为 W/kg,即

$$P_{m,s} = \frac{P_s}{m} \qquad\qquad (3\text{-}28)$$

$$P_{m,e} = \frac{P_e}{m} \qquad\qquad (3\text{-}29)$$

式中,m 为发动机质量,单位为 kg;$P_{m,s}$ 为涡轴发动机的功质比,$P_{m,e}$ 为涡桨发
动机的功质比。

在地面台架上,目前涡轴发动机和涡桨发动机最大工作状态的功质比在$0.1\sim$
0.3kW/kg。

对于涡轴发动机和涡桨发动机,发动机迎风面积的大小往往不作为一个重要
的指标。其原因一方面是直升机和涡桨飞机的飞行速度较低;另一方面是流过发
动机的空气质量流量一般都较小,发动机的直径相较旋翼和螺旋桨直径小得多,发
动机的直径较小。

3.3.3　航空燃气涡轮发动机使用性能要求

航空燃气涡轮发动机除了上述各项主要性能指标外,还有下述使用性能方面
的要求。

1. 起动迅速可靠

发动机由停车状态起动达到慢车工作状态的过程应迅速可靠。在地面不同的
大气条件下起动,或在空中停车后重新起动,起动成功率应较高。

2. 加速性好

通常以从慢车转速加速到最大工作状态转速所需的时间来表示发动机加速性
的好坏。加速时间越短,加速性越好。现代航空燃气涡轮发动机的加速时间一般
为$5\sim18\text{s}$。

3. 工作安全可靠

发动机在各种飞行条件下都能按照驾驶员的操纵进行安全可靠的工作,不发
生压气机的喘振、燃烧室的熄火或机件损坏等故障。

4. 发动机寿命长

发动机从出厂到第一次大翻修的总工作时数或两次大翻修之间的工作时数都可以称为"发动机寿命"。发动机经数次翻修直至报废总积累的工作时数称为"发动机总寿命"。一般而言,民用发动机的寿命较长,军用发动机的寿命较短。

另外,对发动机还有噪声低、空气污染小、维护方便、加工制造便利和生产成本低等要求。

第 4 章

主燃烧室概述

4.1 主燃烧室的功用

在航空燃气涡轮发动机中,主燃烧室位于压气机和涡轮之间。主燃烧室中供入的燃油与来自压气机的高压空气相混合,形成可燃混合气并进行充分有效的燃烧。经过燃烧后,燃油中的化学能被释放并转变为热能,用于提高发动机的工作介质——燃气的温度,从而驱动涡轮使发动机输出推力或者功率。从工质流动和能量循环的角度来看,主燃烧室被认为是燃气涡轮发动机的"心脏"。人们常将发动机比喻为飞机的"心脏",因此主燃烧室可以说成是飞机"心脏"的"心脏"。

在航空燃气涡轮发动机运行时,压气机从大气中不断吸入新鲜空气,并将其压缩到一定的高压,以备在涡轮中膨胀做功。经过压气机压缩后的气体直接进入涡轮膨胀,在理想过程中,涡轮发出的功正好等于压气机吸收的功。如果把两者通过联轴器连接起来,整个转子就正好可以维持定速空转,没有多余的功输出。但实际上,压气机和涡轮中均有气动损失,涡轮实际的输出功小于压气机需要吸收的功,再加上机械摩擦,如果不另外加入能量发动机是运转不起来的。通俗地说,主燃烧室的作用就是通过化学反应把燃料中的化学能转化为工质的热能,具体表现为提高工质的温度,从而提高工质在涡轮中膨胀做功的能力。粗略估计,如果压力相同,则涡轮所做的膨胀功与涡轮前的工质温度(绝对温度)成正比。同时,涡轮的膨胀功又会随着涡轮前压力的下降而减小。因此,主燃烧室在燃气涡轮发动机中有两项最基本的作用:

(1) 从设计的角度来说,涡轮前温度越高,发动机的热效率和比功率就越高。在其他限制条件(涡轮叶片材料允许的工作温度等)范围内,主燃烧室必须保证提供工质所需的高温,同时不降低工质的压力。

(2) 从应用的角度来说,一台运行中的发动机要适应外部负荷需求的变化,最基本的调节手段就是改变主燃烧室的燃油供应量。因此,主燃烧室是发动机的主要调节部件,必须在负荷变动时(不论是主动还是被动),保证自身和整个发动机顺利而高效的运转。

燃气涡轮发动机燃烧室在设计和制造中的各种问题都是围绕这两项基本作用而产生的。

4.2　主燃烧室的特点

主燃烧室是通常用高温合金材料制作的燃烧设备,有以下特点:

(1) 主燃烧室内发生的是一个在连续的、高速气流中进行的燃烧过程。例如在某航空燃气涡轮发动机中,主燃烧室进出口处的气流速度可以达到 $120\sim170\text{m/s}$,燃烧区内高温燃气的平均速度可能高达 $20\sim60\text{m/s}$。在这样高速流动的气流中,燃烧火焰很容易被吹灭,即出现所谓的燃烧火焰不稳定现象;同时还会由于燃油在主燃烧室中的逗留时间短,出现燃烧不完全的现象。因而,在设计主燃烧室时,必须采取特殊的措施,以确保燃烧过程能够稳定而经济地进行。

(2) 主燃烧室内发生的是一个在近似等压的、总油气比明显偏离化学恰当油气比的条件下的燃烧过程。通常,由于涡轮前燃气初温的限制,主燃烧室火焰筒油气比一般在 $0.0125\sim0.034$(余气系数为 $2.0\sim5.4$)。这就是说,假如使燃油与流经主燃烧室的全部空气流量直接混合而燃烧,那么可能达到的燃烧区的平均温度——涡轮前的燃气初温是比较低的,这种温度不能为组织稳定而经济的燃烧过程提供条件。因而,在设计主燃烧室时,必须针对总余气系数过大的特点,采取与一般燃烧设备不同的特殊措施,为有效地组织燃烧过程创造必要条件。

(3) 主燃烧室内发生的是一个在高温的用金属材料制造的尺寸有限的燃烧空间中进行的燃烧过程。这就是说,主燃烧室的燃烧热强度很高,能够在单位时间内和单位体积的燃烧空间中完全消耗比一般燃烧设备多数十倍的燃料量。因而,在设计主燃烧室时,必须采取特殊的措施,提高燃烧速度、缩短燃烧火焰、加强掺混,严防燃烧火焰伸及涡轮,力求燃气的出口温度场符合要求。同时,还应加强高温元件的有效冷却,确保主燃烧室具有较长的工作寿命。

(4) 主燃烧室内发生的是一个在工质的运行参数变化范围相当宽的条件下进行的燃烧过程。通常,航空燃气涡轮发动机的主燃烧室稳定工作余气系数可以达 $2\sim50$。如此宽的范围会对燃烧火焰的稳定性和燃烧效率有所影响,致使主燃烧室的性能指标发生波动。因而,在设计主燃烧室时,必须采取特殊措施,确保在可能遇到的运行条件下,燃烧过程都能稳定而经济地进行,而且性能指标比较平稳。

(5) 主燃烧室内发生的是一个有时需要兼备燃用多种燃料能力的燃烧过程。在同一个主燃烧室中,希望能够兼备燃烧轻质或重质馏石油,甚至气体燃料的要求,是目前主燃烧室的发展方向之一。因而,在设计主燃烧室时,必须采取特殊措施,保证在主燃烧室的结构变动不大,燃烧性能又比较平稳的前提下,实现上述要求。

总之,主燃烧室的工作特点有①高温;②高速;③高燃烧热强度;④高余气系数;⑤运行参数变化剧烈;⑥多燃料适应性等。这些特点都影响着主燃烧室工作的稳定性、经济性和可靠性,同时也关系到在多大程度上满足对主燃烧室的要求的问题,因而,主燃烧室的设计和燃烧过程的组织都必须围绕这些特点和要求进行。

4.3　主燃烧室的类型

主燃烧室典型的类型主要有三种:单管燃烧室、环管燃烧室和环形燃烧室,其中环管燃烧室是介于单管燃烧室和环形燃烧室之间的一种过渡形式。主燃烧室类型的选择主要从航空燃气涡轮发动机的性能要求和可以利用的空间两方面考虑。

4.3.1　单管燃烧室

单管燃烧室用于离心压气机发动机和早期轴流压气机发动机中,如 Whittle W2B、Jumo004、RR Nene、Dart、Derwent、涡喷 5 甲发动机等。在单管燃烧室中,每一个管形火焰筒外侧都包有一个单独的燃烧室机匣,构成一个独立的燃烧室,如图 4-1 所示。环绕发动机轴线均匀地安装了多个(通常一台发动机装有 6~16 个)这样的单管燃烧室,彼此用"联焰管"连通。如此可以保证在起动时将火焰从带有点火器的火焰筒传递到其他火焰筒,并使各火焰筒的压力趋于均衡。

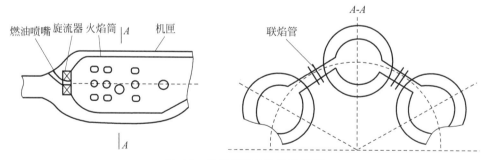

图 4-1　单管燃烧室结构示意图

单管燃烧室的应用年代较早,技术比较成熟,在早期航空发动机上广为采用。这类燃烧室有突出优点,但也因为独立的单管火焰筒和单管机匣,在应用中尚有不足。单管燃烧室的特点如表 4-1 所示。

表 4-1 各类燃烧室特点

燃烧室类型	优 点	缺 点
单管燃烧室	(1) 旋流进气与喷嘴油雾配合较好,便于组织燃烧 (2) 调试用气量少,只有发动机总流量的 $1/n$(n 为单管燃烧室个数),研发时间短、费用低 (3) 机械强度好 (4) 拆装维护方便	(1) 需要联焰管,起动性能差 (2) 流阻和压损大 (3) 出口温度分布均匀性差 (4) 所需冷却气量多 (5) 环形截面积的利用率低(仅 70%~80%),体积和质量大 (6) 迎风面积大,使飞行阻力增加
环管燃烧室	(1) 旋流进气与喷嘴油雾配合较好,便于组织燃烧 (2) 调试用气量少,只需包含 1~3 个火焰筒的用气量,研发时间和费用适中 (3) 机械强度好 (4) 较单管燃烧室压力损失低 (5) 较单管燃烧室短、轻	(1) 需要联焰管,起动性能差 (2) 流阻和压损较单管燃烧室小,较环形燃烧室大 (3) 出口温度分布均匀性较单管燃烧室好,较环形燃烧室差 (4) 所需冷却气量较单管燃烧室少,较环形燃烧室多 (5) 体积和质量较单管燃烧室小,较环形燃烧室大 (6) 迎风面积较单管燃烧室小,较环形燃烧室大 (7) 气动布局较差,扩压器设计较困难
环形燃烧室	(1) 气动布局与压气机出口气流容易匹配,压力损失最小 (2) 结构紧凑,空间利用率最高,总体长度、质量和直径最小 (3) 所需冷却气量最少 (4) 出口周向温度场均匀性好 (5) 不需要联焰管,起动性能好	(1) 调试困难,用气量大,研发时间长、费用高 (2) 气流与喷嘴油雾配合不够好 (3) 对进口流场敏感,易引起出口温度场变化 (4) 薄壁火焰筒易翘曲变形,刚度不好 (5) 拆装维护困难

随着轴流式压气机的发展,目前单管燃烧室在航空领域已基本不用了。但在工业燃气轮机上,从维护性的角度考虑,单管燃烧室仍在大量应用。

4.3.2 环管燃烧室

20 世纪 40 年代末期,随着发动机压比的提升,环管燃烧室逐渐受到欢迎。环管燃烧室的火焰筒与单管燃烧室一样,由多个圆筒构成,相互之间用联焰管连通,但其内机匣和外机匣各是一个圆筒,两者同心安置,构成一个环形腔道,如图 4-2 所示。

环管燃烧室兼有单管燃烧室易于维修调试的优点,同时将多个火焰筒放在一个共同的机匣内,相较于单管燃烧室更短、更轻。在 20 世纪 50 年代,这类燃烧室在大中型发动机中广为采用,如艾利逊(Allison)公司的 501-K、GE 公司的 J73 和

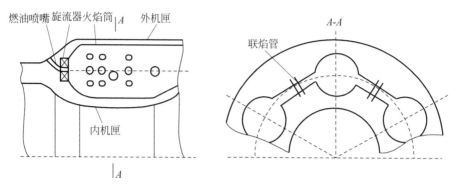

图 4-2　环管燃烧室结构示意图

J79、P&W 公司的 J57 和 J75、RR Avon、Conway、Olympus、Tyne、Spey,以及我国涡喷 6 和涡喷 7 发动机等。环管燃烧室在一些中等压比的发动机中仍有应用,其特点如表 4-1 所示。

4.3.3　环形燃烧室

20 世纪 60 年代以后,环形燃烧室的布局已经成为主流,几乎成为新研发的航空燃气涡轮发动机的必然选择。在环形燃烧室中,不仅内机匣和外机匣各采用一个圆筒,同心安置,而且火焰筒也采用内环和外环各一个圆筒并同心安置的形式,如图 4-3 所示。

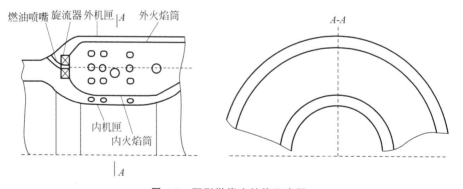

图 4-3　环形燃烧室结构示意图

环形燃烧室简洁的气动布局使其在相同的几何和气动条件下比其他类型具有更小的压力损失,因而在现代发动机上广为采用,如 GE 公司的 CF6、CFM56、GE90、F110 等,P&W 公司的 JT9D、F100、F119 等,RR 的 RB211、Trent 等,以及我国 2005 年年底定型的太行发动机。几乎所有现代的高压比航空燃气涡轮发动机都采用环形燃烧室。环形燃烧室的特点如表 4-1 所示。

在环形燃烧室中,空气在火焰筒内直流而过,从进口到出口流动方向基本不变,此类环形燃烧室被称作"直流环形燃烧室"。此外,对于一些小型发动机,其压气机为离心式,迎风面积较大,为了与压气机流出的空气相匹配,充分利用空间尺寸,缩短转子支点间的距离(例如直升机发动机、升力发动机和大推力发动机的起动机,它们的轴向长度受到严格限制),环形燃烧室被设计成非直流形式的空气流路,常见的有回流环形燃烧室和折流环形燃烧室。

图 4-4 给出了回流环形燃烧室的结构示意图。来自离心压气机的高压空气从燃烧室末端进入外火焰筒与外机匣之间的外环道,在流向火焰筒头部的同时,一部分空气经由外火焰筒上的进气孔和冷却孔进入火焰筒,而另一部分空气则绕过火焰筒头部,回转 180°后经由内火焰筒上的进气孔和冷却孔进入火焰筒。此外,燃烧产物在燃气导管内也需回转 180°才能最终进入涡轮。

通常,回流环形燃烧室的压力损失较大,火焰筒内外环上的进气明显不对称,燃气导管拐弯处受热冲击严重,并容易积炭或产生裂纹;同时,由于气流转弯导致火焰筒的表面积增加,冷却变得困难;扩压器出口的流动与火焰筒进气的流动匹配也较困难。另外,外环道的流动与火焰筒内的主流流动相反,而内环道的流动与主流流动相同,内环道压力也因气流从头部折转而比外环道低,因此,火焰筒内的流动控制应格外仔细。回流环形燃烧室通常采用单旋流器来稳定火焰。

折流环形燃烧室又称"离心甩油燃烧室",其结构如图 4-5 所示,火焰筒前段通道为径向,转折 90°过渡到轴向。进入燃烧室的空气被分为三路:第一路空气经由通道 A 后,从火焰筒前壁的进气孔流入主燃区;第二路空气则经由外火焰筒与外机匣之间的通道,转折 90°穿过涡轮空心导向叶片进入腔道 B(内火焰筒与内机匣之间的通道),再从火焰筒后壁的进气孔流入主燃区;第三路空气直接从进气斗流入火焰筒,用于掺混降温,并调整出口温度场。

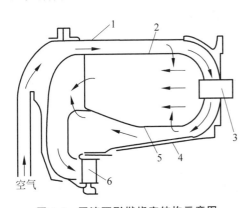

图 4-4 回流环形燃烧室结构示意图

1:外机匣;2:外火焰筒;3:燃油喷嘴;4:内机匣;5:内火焰筒;6:涡轮导向叶片

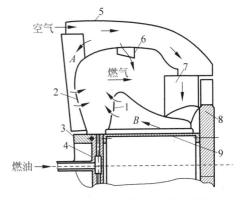

图 4-5 折流环形燃烧室结构示意图

1:火焰筒后壁;2:火焰筒前壁;3:压气机轴;4:甩油盘;5:外机匣;6:进气斗;7:空心导向叶片;8:涡轮;9:涡轮轴

此类燃烧室的显著特点是利用发动机转子的高速旋转实现燃油雾化。甩油盘与发动机主轴相连接,其上沿周向均匀布置若干径向孔,燃油通过转子轴心并进入甩油盘后,受高速旋转的巨大离心力作用,油压通常可上升到近 10.4MPa,因而经由径向孔进入火焰筒时可获得良好的雾化性能；另外，主燃孔射流与油雾之间近似直角相遇，可进一步击碎油滴，提高雾化质量，并使油气混合相当均匀。因此，此类燃烧室的火焰较短，燃烧效率较高。此外，离心甩油的雾化质量只受转速控制，不受供油量变化的影响，因而会有较好的高空性能。由于整个供油系统处于低油压状态，不需要高压油泵，系统大为简化。一些典型的机型，如中国航发湖南动力机械研究所的 WZ8、北京航空航天大学于 20 世纪 70 年代研制的 WP11、法国透博梅卡(Turbomeca)公司的阿赫耶(Arriel)、马基拉(Makila)等都采用甩油盘供油。

不过，折流环形燃烧室的壁面冷却条件较差，由于涡轮转子叶片与甩油盘上的喷油孔之间的相对位置固定不变，每一个喷油孔在转子叶片上都会出现一个相应的热点。此外，此类燃烧室的径向尺寸较大，往往只限于同离心式压气机组合使用，因此也只适用于小功率发动机。同时，在此类燃烧室中，向甩油盘供油存在密封问题。此外，如果甩油盘上的油孔油量不均匀(比如开孔偏大)，则在与之对应的涡轮叶片上会形成固定的高温热点。20 世纪 80 年代以后，新研制的小型发动机燃烧室也基本不采用这种供油方式。

4.4　主燃烧室的结构

以目前最广泛应用的环形燃烧室为例，航空燃气涡轮发动机主燃烧室的主要结构如图 4-6 所示，包括扩压器(diffuser)、机匣(case)、整流罩(cowl)、喷油嘴(fuel nozzle)、旋流器(swirler)、点火器(igniter)、火焰筒(liner)等组件。其中，机匣包括外机匣(outer case)和内机匣(inner case)，火焰筒包括头部圆顶(dome)、外火焰筒(outer liner)和内火焰筒(inner liner)。此外，为了实现需要的空气流量分配，火焰筒壁面上还开有各种进气孔和缝槽结构，如主燃孔(primary hole)、掺混孔(dilution hole)、冷却孔(colling hole)等。各主要组件的功能如下。

(1) 扩压器：降低压气机出口流速，提高气流静压，以利于组织燃烧过程。扩压器在扩压过程中必然会带来总压的损失，因此其设计难点之一就是尽可能地减小压力损失。此外，还必须限制因边界层分离引起的流场畸变，扩压器必须设计得短而轻。

(2) 机匣：主燃烧室内、外两侧的壳体，为承力组件，用于安装主燃烧室。外机匣与外火焰筒构成主燃烧室的外环道(如图 4-6 上的 A)，内机匣和内火焰筒构成主燃烧室的内环道(如图 4-6 上的 B)。外环道和内环道统称为"主燃烧室环道"。机匣不受其内部气流热载荷的影响，几乎不需要维护，但不得不承受主燃烧室的内外压差，因而机械载荷(而非热载荷)是其设计过程中需要考虑的关键因素。

(3) 整流罩：又称"帽罩"或"进气口"，是位于主燃烧室前部的气流流量分配器，使空气按照外环道、内环道和火焰筒所需流量进行分股，并且不发生流动分离，

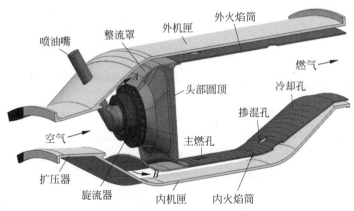

图 4-6　主燃烧室结构示意图

A：外环道；B：内环道

以减小流动损失。其中,与外火焰筒相连的整流罩称作"外整流罩",与内火焰筒相连的整流罩称作"内整流罩"。整流罩开孔面积由其流量与外环道和内环道流量的分配情况确定:若开孔面积过大,易产生溢流;若开孔面积过小,流动收缩,气流静压恢复减少,同时在其唇口处容易出现分离。也就是说,整流罩开孔面积过大或过小均将使损失增加。

（4）喷油嘴:向火焰筒内供入燃油,使燃油雾化,并与旋流器一起实现油气掺混和燃油的空间质量浓度分布。

（5）旋流器:使气流旋转,形成回流区,强化湍流,实现油气的快速掺混,并保证火焰稳定。

（6）头部圆顶:用于安装喷油嘴和旋流器,也是燃烧室头部的喷雾和旋流空气一开始掺混的区域,其形式要配合气流和喷雾的结构。

（7）点火器:用于火焰筒内油气混合物的点火。一旦燃烧开始并能自维持,点火器便不再工作。有些飞机为确保高空再点火成功,会向点火区域喷入氧气以辅助点火。

（8）火焰筒:主燃烧室的承温组件。火焰筒上开有各种孔或缝槽,用于实现油气高效燃烧,并可在下游与冷气掺混以满足出口温度分布,同时可使壁面冷却,防止烧坏。火焰筒由高温合金制成,如镍基合金等,有时还喷涂热障涂层以提高承温能力和延长使用寿命。

4.5　主燃烧室的参数

依据《HB 0-90-1990 航空涡轮发动机性能截面符号和术语标识符》,主燃烧室入口的截面符号为"3"和出口截面符号为"4",如图 4-7 所示。

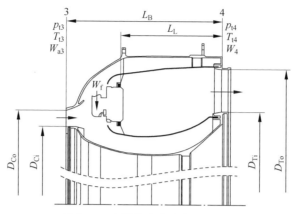

图 4-7 主燃烧室的参数示意图

为了方便研究,定义火焰筒的进气面符号为"3.1"。此处"3.1"面是火焰筒上开孔面的集合,包括头部圆顶上的各种开孔、外火焰筒上的各种开孔和内火焰筒上的各种开孔。为了更好地理解"3.1"面的概念,需要定义"主燃烧室进口气量"和"火焰筒进气量"。主燃烧室进口气量的定义为

$$W_{a3} = W_{a3.1} + W_{aT} + 座舱用空气 + 漏气 \tag{4-1}$$

式中,$W_{a3.1}$ 为火焰筒进气量;W_{aT} 为主燃烧室向涡轮引气量,$W_{aT} = W_{aT,o} + W_{aT,i}$。其中,$W_{aT,o}$ 为主燃烧室通过外环道向涡轮引气量,用作冷却涡轮导向叶片叶尖,$W_{aT,i}$ 为主燃烧室通过内环道向涡轮引气量,用作冷却涡轮导向叶片叶根。两者的比值用 χ_{aT} 表示,即 $\chi_{aT} = \dfrac{W_{aT,o}}{W_{aT,i}}$。对于现代高性能航空燃气涡轮发动机,主燃烧室向涡轮引气量一般占主燃烧室进口气量的 20% 左右。此外,漏气也是不可忽略的,主燃烧室机匣与压气机机匣的结合面、主燃烧室机匣与涡轮机匣的结合面、喷嘴安装的结合面、点火器安装座、火焰筒支承件等都可能有漏气,这种漏气是因高压力而向外界环境排放的气体,占主燃烧室进口气量的 0.5%。

火焰筒进气量的定义为

$$W_{a3.1} = W_{a3.1-1} + W_{a3.1-2} \tag{4-2}$$

式中,$W_{a3.1-1}$ 为火焰筒一次空气量,指从头部圆顶处的旋流器和其他孔缝进入火焰筒的空气量,即 $W_{a3.1-1} = W_{a3.1-1s} + W_{a3.1-1c}$。其中,$W_{a3.1-1s}$ 为旋流器进气量,$W_{a3.1-1c}$ 为头部圆顶冷却气量。$W_{a3.1-2}$ 为火焰筒二次空气量,指从外火焰上的主燃孔、中间孔、冷却孔和掺混孔等进入火焰筒的空气量和从内火焰筒上的主燃孔、中间孔、冷却孔和掺混孔等进入火焰筒的空气量的总和,即 $W_{a3.1-2} = W_{a3.1-2o} + W_{a3.1-2i} = (W_{ro,p} + W_{ro,m} + W_{ro,c} + W_{ro,d}) + (W_{ri,p} + W_{ri,m} + W_{ri,c} + W_{ri,d}) = W_{r,p} + W_{r,m} + W_{r,c} + W_{r,d}$。其中,

$W_{a3.1-2o}$ 为外火焰筒二次空气量;

$W_{a3.1-2i}$ 为内火焰筒二次空气量；

$W_{ro,p}$ 为外火焰筒主燃孔进气量；

$W_{ro,m}$ 为外火焰筒中间孔进气量；

$W_{ro,c}$ 为外火焰筒冷却孔进气量；

$W_{ro,d}$ 为外火焰掺混孔进气量；

$W_{ri,p}$ 为内火焰筒主燃孔进气量；

$W_{ri,m}$ 为内火焰筒中间孔进气量；

$W_{ri,c}$ 为内火焰筒冷却孔进气量；

$W_{ri,d}$ 为内火焰掺混孔进气量；

$W_{r,p}$ 为火焰筒主燃孔进气量，$W_{r,p} = W_{ro,p} + W_{ri,p}$；

$W_{r,m}$ 为火焰筒中间孔进气量，$W_{r,m} = W_{ro,m} + W_{ri,m}$；

$W_{r,c}$ 为火焰筒冷却孔进气量，$W_{r,c} = W_{ro,c} + W_{ri,c}$；

$W_{r,d}$ 为火焰掺混孔进气量，$W_{r,d} = W_{ro,d} + W_{ri,d}$。

此外，还有以下关系：

$$W_{ro} = W_{a3.1-2o} + W_{aT,o}$$

$$W_{ri} = W_{a3.1-2i} + W_{aT,i}$$

$$W_r = W_{ro} + W_{ri} = W_{a3.1-2} + W_{aT}$$

即外环道气量 W_{ro} 由外火焰筒二次空气量和主燃烧室通过外环道向涡轮引气量 $W_{aT,o}$ 构成；内环道气量 W_{ri} 由内火焰筒二次空气量和主燃烧室通过内环道向涡轮引气量 $W_{aT,i}$ 构成；主燃烧室环道气量 W_r 既可以看作由外环道气量 W_{ro} 和内环道气量 W_{ri} 构成，又可以看作由火焰筒二次空气量 $W_{a3.1-2}$ 和主燃烧室向涡轮引气量 W_{aT} 构成。因此，式(4-1)还可以写为

$$W_{a3} = W_{a3.1} + W_{aT} + 座舱用空气 + 漏气$$

$$= W_{a3.1-1} + W_{a3.1-2} + W_{aT} + 座舱用空气 + 漏气$$

$$= W_{a3.1-1} + W_r + 座舱用空气 + 漏气$$

主燃烧室内各流量参数的关系如图 4-8 所示。

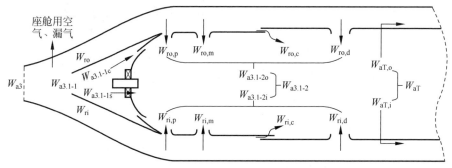

图 4-8 主燃烧室内流量参数关系示意图

　　主燃烧室的主要结构参数、性能参数和符号如表 4-2 所示。

表 4-2　主燃烧室参数和符号

参　　数	符　　号	单　　位
主燃烧室进口内径	D_{CI}	mm
主燃烧室进口外径	D_{CO}	mm
主燃烧室出口内径	D_{TI}	mm
主燃烧室出口外径	D_{TO}	mm
主燃烧室长度	L_B	mm
火焰筒长度	L_L	mm
主燃烧室进口马赫数	Ma_3	—
主燃烧室进口总压	p_{t3}	Pa
主燃烧室进口总温	T_{t3}	K
主燃烧室进口总焓	h_{t3}	kJ/kg
主燃烧室进口气量	W_{a3}	kg/s
主燃烧室燃油流量	W_f	kg/s
主燃烧室出口总压	p_{t4}	Pa
主燃烧室出口总温	T_{t4}	K
主燃烧室出口气量	W_4	kg/s
火焰筒进气总压	$p_{t3.1}$	Pa
火焰筒进气总温	$T_{t3.1}$	K
火焰筒进气量	$W_{a3.1}$	kg/s
燃烧室总油气比	f_B	—
火焰筒油气比	f_L	—

　　值得指出的是,上述参数都是所研究面上的平均参数。下面对部分参数进行定义和详细说明,以便理解参数意义并为后续论述提供基础。

　　(1) 主燃烧室进口马赫数：$Ma_3 = \dfrac{c_3}{c_{m3}}$。其中,$c_3$ 为主燃烧室进口流速；c_{m3} 为主燃烧室进口当地声速,按理想气体,$c_{m3} = \sqrt{kR_g T_3}$,T_3 为主燃烧室进口静温。马赫数小于 0.4 的流动一般可看作不可压缩流动,通常 Ma_3 小于 0.3,所以主燃烧室流动被当作不可压缩流动。

　　(2) 主燃烧室进口总温：$T_{t3} = T_3 + \dfrac{c_3{}^2}{2c_{p3}}$,$\dfrac{c_3{}^2}{2c_{p3}}$ 称作"主燃烧室进口动温"。

$$\frac{T_{t3}}{T_3} = 1 + \frac{k-1}{2}Ma_3{}^2 \tag{4-3}$$

　　(3) 主燃烧室进口总压：$\dfrac{p_{t3}}{T_{t3}^{\frac{k}{k-1}}} = \dfrac{p_3}{T_3^{\frac{k}{k-1}}} = $ 定值,p_3 为主燃烧室进口静压。

$$\frac{p_{t3}}{p_3} = \left(1 + \frac{k-1}{2}Ma_3{}^2\right)^{\frac{k}{k-1}} \tag{4-4}$$

（4）主燃烧室进口总密度：$\rho_{t3} = \dfrac{p_{t3}}{R_g T_{t3}}$

$$\frac{\rho_{t3}}{\rho_3} = \left(1 + \frac{k-1}{2}Ma_3{}^2\right)^{\frac{1}{k-1}} \tag{4-5}$$

式中，ρ_3 为主燃烧室进口静密度。

（5）火焰筒长度：从头部圆顶的起始截面至燃烧室出口截面的轴向距离。

（6）火焰筒进气总压：从燃烧室进口到火焰筒进气面，总压存在损失，两者的关系是 $p_{t3} - p_{t3.1} = \Delta p_d$，$\Delta p_d$ 为扩压器总压损失。

（7）火焰筒进气总温：从燃烧室进口到火焰筒进气面之间的散热损失很小，总温变化很小，通常认为 $T_{t3.1} = T_{t3}$

（8）燃烧室总油气比：主燃烧室燃油流量与主燃烧室进口气量的比值，$f_B = \dfrac{W_f}{W_{a3}}$。按照第 2 章化学恰当油气比的定义，航空喷气燃料 RP-3 的化学恰当油气比为 0.068。实际的燃烧室总油气比与航空喷气燃料 RP-3 的化学恰当油气比的比值，称作航空燃气涡轮发动机的"燃烧室总当量比"Φ_B。燃烧室总当量比的倒数称作"燃烧室总余气系数"α_B。

（9）火焰筒油气比：主燃烧室燃油流量与火焰筒进气量的比值，$f_L = \dfrac{W_f}{W_{a3.1}}$。在航空燃气涡轮发动机中，由于火焰筒油气比与燃烧室的温升直接对应，通常用火焰筒油气比来衡量燃烧室的水平。常将火焰筒油气比小于 0.025 的燃烧室称作"低油气比燃烧室"，又称"常规温升燃烧室"；将火焰筒油气比在 0.025～0.034 的燃烧室，称作"中等油气比燃烧室"，也称作"较高温升燃烧室"或"高温升燃烧室"，前者对应下限，后者对应上限；将火焰筒油气比大于 0.038 的燃烧室称作"高油气比燃烧室"，也称作"超高温升燃烧室"。相应地，也有火焰筒当量比 Φ_L 和火焰筒余气系数 α_L 等术语。

4.6 主燃烧室的性能要求

航空燃气涡轮发动机主燃烧室需要可靠地起动，并能够在宽范围内稳定工作，同时要求具备使发动机在短时间内加速到额定状态的能力。为满足发动机工况要求，主燃烧室必须满足一定的性能指标和使用要求。通常，航空燃气涡轮发动机主燃烧室在性能指标方面的要求如下：

（1）燃烧效率高：燃料应尽可能完全燃烧以保证所有的化学能都转变成热能。

（2）总压损失小：主燃烧室中的总压损失会导致发动机输出功减少，应尽可能减小总压损失。

（3）出口温度分布好：主燃烧室出口进入涡轮的高温燃气的温度场分布应尽可能吻合涡轮要求的理想出口温度分布。主燃烧室出口温度分布质量影响涡轮寿命和可靠性。

（4）点火边界宽：地面起动点火边界和高空再点火边界宽，在地面和高空都能够很容易地点火。

（5）稳定工作范围大：主燃烧室在可能遇到的各种工况条件下都能够维持正常燃烧而不会发生熄火的工作区域尽可能大。

（6）排气污染少：基于安全性、燃烧效率等需求，排气应尽量减少冒烟、氮氧化物、一氧化碳和未燃碳氢的排放。

（7）使用寿命长：翻修寿命和总寿命应尽可能长。

（8）紧凑质量轻：尽可能提高主燃烧室的容热强度，选用轻质耐高温材料，以减小其尺寸和质量。

一般地，常规军用航空燃气涡轮发动机主燃烧室的性能指标方面的要求如表 4-3 所示。

表 4-3　常规军用航空燃气涡轮发动机主燃烧室性能指标要求

序　号	性 能 指 标	范　　　围
1	燃烧效率	$\eta_B = 0.95 \sim 0.99$
2	总压损失	$\sigma_B = 0.04 \sim 0.1$
3	出口温度分布	OTDF$=0.25 \sim 0.35$；RTDF$=0.08 \sim 0.12$
4	点火边界	地面起动点火：大气压力 0.6$\sim$0.12MPa，大气温度$-50\sim$50℃范围良好起动；高空再点火：点火高度 8$\sim$12km
5	稳定工作范围	$R_{td} \geqslant 5$，$f_{L.LBO.Id} \leqslant 0.005$
6	排气污染	不存在可见冒烟，NO$_2$ 浓度$\leqslant 45 \times 10^{-6}$
7	使用寿命	400$\sim$1000h
8	质量	发动机质量的 10% 左右

注：OTDF 为出口温度分布系数；RTDF 为出口径向温度分布系数。

航空燃气涡轮发动机主燃烧室除了上述各项主要性能指标要求外，还有下述使用方面的要求：

（1）燃烧稳定性好：燃烧不稳定会使燃烧性能恶化，直接损害发动机性能，严重时甚至会导致发动机熄火和重要零组件损坏。燃烧不稳定通常由动态压力传感器和频谱分析测得，以一阶谐振均方根（root mean square，RMS）压力振幅来评定。RMS 超过稳态压力的 0.5% 时应重点关注。燃烧不稳定在加力燃烧室中表现得更为突出。

（2）耐久性好：耐久性是指主燃烧室火焰筒在工作环境下的持续工作能力，通常用火焰筒壁温最大值 $T_{wL,max}$ 和壁温梯度最大值 $\left(\dfrac{\partial T_{wL}}{\partial n}\right)_{max}$ 来表征。如果火焰筒壁温的最大值和壁温梯度的最大值在某限值内，就可以保证火焰筒的耐久性。一般规定 $T_{wL,max}$ 不应超过所用材料长期工作所能承受的温度。火焰筒壁温梯度是导致热应力的原因，特别是在受冷、热气流冲击和接缝、边缘等传热条件不均匀的部位，容易发生温度的差异而引起翘曲变形或开裂。例如，我国开发的高温合金 GH 536 在用作火焰筒材料时就要求 $T_{wL,max}\leqslant950℃$，$\left(\dfrac{\partial T_{wL}}{\partial n}\right)_{max}\leqslant4.5℃/mm$。

（3）维护性好：维护性主要是指发动机定型后主燃烧室的维护性能。现代主燃烧室都是采用单元体设计，强调互换和通用，维护性的好坏关系到用户的使用体验，在设计中需要考虑。

（4）易加工、制造成本低：主燃烧室应在当前制造技术条件下便于加工制造，并降低制造成本。

在设计主燃烧室时，上述要求中的一部分通常是相互矛盾的，例如燃烧效率与压力损失等。不同用途的航空燃气涡轮发动机主燃烧室的性能要求的侧重点是不同的。在研究和发展的过程中，必须考虑性能要求的侧重点。下面对某些性能要求进行详细介绍。

4.6.1　燃烧效率

燃烧效率 η_B 是主燃烧室的重要性能指标之一，用于衡量燃油的化学能转变为热能的程度和主燃烧室壁面对外界环境的相对散热损失，其定义为

$$\eta_B = \frac{燃油燃烧实际放热量-散热损失}{燃油燃烧理论放热量（化学能）} \tag{4-6}$$

从式（4-6）可知，燃烧室的燃烧效率考虑了以下两方面：

（1）燃烧完全性：通常喷入燃烧室中的燃油并不能全部燃烧和释放热量，有时油雾还没来得及燃烧，就随高速气流排出燃烧室了；有时油雾会粘在火焰筒壁上被烘烤而形成积炭；有时则因为空气供应不足，或是燃烧温度过低而发生析炭，甚至还会有某些可燃的中间产物，如 CO、H_2 和炭粒等未能完全燃烧而被带出燃烧室。此外，高温下还会发生逆向化学反应，即燃烧产物的分解。因此，在燃烧室中燃油发生不完全燃烧现象是不可避免的，只能使该现象尽量减少。工程上也常用燃烧完全系数 ξ_B 这一术语来表征燃烧过程的完全程度，即燃油燃烧实际放热量与其理论放热量（化学能）的比值。

（2）相对散热损失：由于燃烧过程中燃烧室的温度很高，总会对外界有一部分热量损失，这是不可避免的，只能使它尽量减小。因而燃烧效率也考虑了燃油燃烧实际放热量中未用于加热工质而损失的热量，定义这部分散热损失与燃油燃烧理论放热量（化学能）的比值为相对散热损失。

一般地,在实际航空燃气涡轮发动机燃烧室中,散热损失通常很小,可忽略,因此燃烧效率的大小几乎取决于燃烧完全程度。工程上也通常用燃烧完全系数代替燃烧效率。

通常有三种方法计算燃烧效率:焓增法、燃气分析法和温升法。

1. 焓增法

根据热平衡原理,燃烧效率可以写成燃烧过程的实际焓增与理论焓增之比。对于航空燃气涡轮发动机燃烧室和对空气间接加温的试验燃烧室,可按式(4-7)计算其燃烧效率:

$$\eta_{B} = \frac{W_4 h_{t4} - W_{a3} h_{t3} - W_f h_f}{W_f Q_{DW}} \tag{4-7}$$

式中,$W_4 = W_{a3} + W_f$ 为主燃烧室出口气量,单位为 kg/s;h_{t4} 为主燃烧室出口总焓,单位为 kJ/kg;W_{a3} 为主燃烧室进口气量,单位为 kg/s;h_{t3} 为主燃烧室进口总焓,单位为 kJ/kg;W_f 为主燃烧室燃油流量,单位为 kg/s;h_f 为主燃烧室燃油热焓,单位为 kJ/kg;Q_{DW} 为燃油低位热值,单位为 kJ/kg。式中的热焓值以 273K 为基准,并近似假设燃油低位热值是在 273K 条件下测定的。

2. 燃气分析法

在不考虑热离解的情况下,燃烧室出口燃气中没有完全燃烧的组分主要是未燃碳氢化合物(unburned hydrocarbons,UHC)和一氧化碳(CO)。UHC 所蕴含的热值与燃油热值的比值称作"UHC 不完全燃烧度",CO 所蕴含的热值与燃油热值的比值称作"CO 不完全燃烧度"。所以燃烧效率近似为

$$\eta_{B} \approx \xi_{B} = 1 - \varphi_{CO} - \varphi_{UHC} = 1 - \frac{EI_{CO} Q_{DW,CO}}{1000 Q_{DW}} - \frac{EI_{UHC} Q_{DW,UHC}}{1000 Q_{DW}}$$

$$= 1 - \frac{EI_{CO} Q_{DW,CO} + EI_{UHC} Q_{DW,UHC}}{1000 Q_{DW}} \tag{4-8}$$

式中,EI 为污染物排放指数,即 1kg 燃油燃烧后所排放的污染物质量,单位为 g/kg;EI_{CO} 和 EI_{UHC} 分别为 CO 和 UHC 的污染物排放指数;φ_{CO} 和 φ_{UHC} 分别为 CO 不完全度和 UHC 不完全度;$Q_{OW,CO}$、$Q_{DW,UHC}$ 和 Q_{DW} 分别为 CO、UHC 和燃油的低位热值,单位为 kJ/kg。

3. 温升法

式(4-7)和式(4-8)是针对贫油混合气和无热离解的条件导出的。实际上,当燃烧温度超过 1800K 时,燃烧过程会伴随多原子气体的热离解反应,在这种情况下,燃烧产物包含热离解产物,并使最终产物的化学能位提高,因此,理论放热量必然要低于燃料的低热值。温度越高,离解过程越剧烈,产物的成分也越复杂。有关文献详细介绍了考虑热离解过程时的燃烧效率定义和计算,其中的一种简化方法是把燃烧效率定义为燃烧过程的实际温升与理论温升之比:

$$\eta_{B} = \frac{T_{t4} - T_{t3}}{T_{t4,th} - T_{t3}} \tag{4-9}$$

式中，$T_{t4,th}$ 是燃烧室燃油燃烧过程中不发生热离解所产生燃气的总温，其与绝热火焰温度的差别是考虑了散热损失。

在理论上，虽然温升法更加准确地评估了燃烧室的燃烧效率，但 $T_{t4,th}$ 如何确定也是个难题。另外，焓增法中热值的准确确定也存在困难。因此，实际工程上普遍采用的是燃气分析法测量燃烧效率。

目前，燃烧室在大状态下的燃烧效率问题已经基本解决，燃烧室研发要解决的是如何保证地面慢车状态的燃烧效率大于 99%，因为这与减少污染排放有直接的关系。另外，还需要解决如何在高空再点火状态下使燃烧效率足够高，以保证发动机的加速性。

燃烧室的燃烧效率对发动机的影响主要有三个方面。一是影响循环热效率 η_{t}。使工质在燃烧室中达到要求的温升时，实际所需的燃油流量大于理论所需的流量，即 η_{B} 降低将导致 η_{t} 降低。二是影响循环比功率。通过影响燃油流量进而影响工质流量，从而影响比功率。但由于燃油流量一般不超过空气流量的 5%，燃油流量变化对比功率的影响非常小。三是影响发动机的耗油率。通常，1% 的燃烧不完全相当于发动机耗油率增大 1%。

4.6.2　总压损失

在实际主燃烧室中，由于存在摩擦阻力（气流边界层在固体壁面处产生）、掺混阻力（气流分离、二次流动等所引生）和加热阻力（燃烧释放热量加热气流所产生）等，在流动过程中气流存在摩擦损失、掺混损失和加热损失，其总压必然降低，即存在总压损失。在总压损失中，加热损失的占比一般小于 10%。燃烧室在不燃烧时没有加热损失，只有摩擦损失和掺混损失，两者之和又称作"冷态总压损失"；相应地，燃烧时的总压损失包括摩擦损失、掺混损失和加热损失三部分，又称作"热态总压损失"。

主燃烧室总压损失 Δp_{34} 定义为主燃烧室的进口总压与出口总压之差，即

$$\Delta p_{34} = p_{t3} - p_{t4} \tag{4-10}$$

主燃烧室总压损失由两部分组成：扩压器总压损失 Δp_{d} 和火焰筒总压损失 Δp_{L}，它们有以下关系：

$$\Delta p_{d} = p_{t3} - p_{t3.1} \tag{4-11}$$

$$\Delta p_{L} = p_{t3.1} - p_{t4} \tag{4-12}$$

$$\Delta p_{34} = \Delta p_{d} + \Delta p_{L} \tag{4-13}$$

主燃烧室总压损失与进口总压的比值称作"主燃烧室总压损失系数" σ_{B}：

$$\sigma_{B} = \frac{\Delta p_{34}}{p_{t3}} \tag{4-14}$$

扩压器总压损失与进口总压的比值称作"扩压器总压损失系数"σ_d,火焰筒总压损失与火焰筒进气总压的比值称作"火焰筒总压损失系数"σ_L,其定义和关系为

$$\sigma_d = \frac{\Delta p_d}{p_{t3}} \tag{4-15}$$

$$\sigma_L = \frac{\Delta p_L}{p_{t3.1}} \tag{4-16}$$

$$1 - \sigma_B = 1 - \frac{\sigma_d p_{t3} + \sigma_L p_{t3.1}}{p_{t3}} = 1 - \sigma_d - \frac{\sigma_L (p_{t3} - \Delta p_d)}{p_{t3}}$$

$$= 1 - \sigma_d - \sigma_L (1 - \sigma_d) = (1 - \sigma_d)(1 - \sigma_L) \tag{4-17}$$

通常,扩压器扩压引起的总压损失对燃烧过程没有任何贡献,被称为"无用损失";火焰筒总压损失对于燃烧过程和稀释过程是有利的,被称为"有用损失"。总体来说,总压损失应尽可能小。然而火焰筒和旋流器等进气装置所引起的"有用损失"直接有利于改善燃烧和掺混过程,因此应当保持一定的数值,而并非越小越好,否则就可能无法满足所要求的燃烧室性能。因此,减小总压损失就是要把"有用损失"合理地减少,更主要的是要把"无用损失"减至最小。

一般情况下,主燃烧室总压损失系数每增加1%,发动机耗油率将增大0.5%。主燃烧室总压损失系数大约为6%,其中扩压器总压损失系数在2%~2.5%。不过,目前由于主燃烧室进口马赫数不断提高,总压损失系数在7%~8%也是可以接受的。对于新一代发动机主燃烧室而言,总压损失系数为4.5%的燃烧室是不现实的,会导致主燃烧室工作不稳定。

前文已给出了结论——主燃烧室进口马赫数增加,主燃烧室总压损失将增大。下面将讨论两者之间的具体关系:

式(4-4)应用泰勒公式展开有

$$\frac{p_{t3}}{p_3} = 1 + \frac{\frac{k}{k-1}}{1!} \frac{k-1}{2} Ma_3{}^2 + \frac{\frac{k}{k-1}\left(\frac{k}{k-1}-1\right)}{2!} \left(\frac{k-1}{2} Ma_3{}^2\right)^2 + O\left[\left(\frac{k-1}{2} Ma_3{}^2\right)^2\right]$$

$$= 1 + \frac{k}{2} Ma_3{}^2 + \frac{k}{8} Ma_3{}^4 + O(Ma_3{}^4) = 1 + \frac{k}{2} Ma_3{}^2 \left(1 + \frac{Ma_3{}^2}{4}\right) + O(Ma_3{}^4)$$

$$\tag{4-18}$$

那么

$$p_{t3} = p_3 + \frac{k}{2} Ma_3{}^2 \left(1 + \frac{Ma_3{}^2}{4}\right) p_3 + O(Ma_3{}^4) \tag{4-19}$$

由于 $Ma_3 = \dfrac{c_3}{c}$,$c = \sqrt{kR_g T_3}$,$p_3 = \rho_3 R_g T_3$

因此

$$p_{t3} = p_3 + \frac{k}{2} \frac{c_3{}^2}{kR_g T_3} \left(1 + \frac{Ma_3{}^2}{4}\right) \rho_3 R_g T_3 + O(Ma_3{}^4)$$

$$= p_3 + \frac{\rho_3 c_3{}^2}{2}\left(1 + \frac{Ma_3{}^2}{4}\right) + O(Ma_3{}^4) \tag{4-20}$$

因此

$$\Delta p_{34} = p_{t3} - p_{t4} = p_3 - p_4 + \frac{\rho_3 c_3{}^2}{2}\left(1 + \frac{Ma_3{}^2}{4}\right) - \frac{\rho_4 c_4{}^2}{2}\left(1 + \frac{Ma_4{}^2}{4}\right) + O(Ma_3{}^4) - O(Ma_4{}^4)$$

$$= p_3 - p_4 + \frac{\rho_3 c_3{}^2}{2}\left[1 + \frac{Ma_3{}^2}{4} - \frac{\rho_4 c_4{}^2}{\rho_3 c_3{}^2}\left(1 + \frac{Ma_4{}^2}{4}\right)\right] + O(Ma_3{}^4) - O(Ma_4{}^4)$$

$$\tag{4-21}$$

去掉马赫数的 4 阶无穷小量,式(4-21)近似为

$$\Delta p_{34} = p_3 - p_4 + \frac{\rho_3 c_3{}^2}{2}\left[1 + \frac{Ma_3{}^2}{4} - \frac{\rho_4 c_4{}^2}{\rho_3 c_3{}^2}\left(1 + \frac{Ma_4{}^2}{4}\right)\right] \tag{4-22}$$

式中,p_4 为主燃烧室出口静压。假设 $A_3 = A_4$,A_3 和 A_4 分别为主燃烧室进口面积和出口面积,忽略燃油量,依据连续性方程有 $\rho_3 c_3 = \rho_4 c_4$,所以

$$\Delta p_{34} = p_3 - p_4 + \frac{\rho_3 c_3{}^2}{2}\left[1 + \frac{Ma_3{}^2}{4} - \frac{\rho_3}{\rho_4}\left(1 + \frac{Ma_4{}^2}{4}\right)\right]$$

$$= p_3 - p_4 + \frac{\rho_3 c_3{}^2}{2}\left[1 - \frac{\rho_3}{\rho_4} + \frac{1}{4}Ma_3{}^2\left(1 - \frac{\rho_3}{\rho_4}\frac{Ma_4{}^2}{Ma_3{}^2}\right)\right] \tag{4-23}$$

依据动量定理有 $p_3 A_3 - p_4 A_4 = -W_{a3} c_3 + W_4 c_4$,于是

$$p_3 - p_4 = \frac{(W_4 c_4 - W_{a3} c_3)}{A_3} = \frac{(\rho_4 c_4{}^2 A_4 - \rho_3 c_3{}^2 A_3)}{A_3} = \rho_3 c_3{}^2\left(\frac{\rho_4 c_4{}^2}{\rho_3 c_3{}^2} - 1\right)$$

$$= \rho_3 c_3{}^2\left(\frac{\rho_3}{\rho_4} - 1\right) \tag{4-24}$$

将式(4-24)代入式(4-23)有

$$\Delta p_{34} = \rho_3 c_3{}^2\left(\frac{\rho_3}{\rho_4} - 1\right) + \frac{\rho_3 c_3{}^2}{2}\left[1 - \frac{\rho_3}{\rho_4} + \frac{1}{4}Ma_3{}^2\left(1 - \frac{\rho_3}{\rho_4}\frac{Ma_4{}^2}{Ma_3{}^2}\right)\right]$$

$$= \frac{\rho_3 c_3{}^2}{2}\left[\frac{\rho_3}{\rho_4} - 1 + \frac{1}{4}Ma_3{}^2\left(1 - \frac{\rho_3}{\rho_4}\frac{Ma_4{}^2}{Ma_3{}^2}\right)\right] \tag{4-25}$$

应用状态方程和马赫数的定义有 $\dfrac{\rho_3 c_3{}^2}{2} = \dfrac{p_3 Ma_3{}^2 k_3 R_{g3} T_3}{2 R_{g3} T_3}$;应用状态方程有

$\dfrac{\rho_3}{\rho_4} = \dfrac{p_3 R_{g4} T_4}{R_{g3} T_3 p_4}$;应用马赫数的定义、连续性方程和状态方程有 $\dfrac{\rho_3}{\rho_4}\dfrac{Ma_4{}^2}{Ma_3{}^2} = \dfrac{p_3 R_{g4} T_4}{R_{g3} T_3 p_4}$ ·

$\dfrac{c_4{}^2 k_3 R_{g3} T_3}{k_4 R_{g4} T_4 c_3{}^2} = \dfrac{p_3 R_{g4} T_4}{R_{g3} T_3 p_4}\dfrac{c_4{}^2 k_3 R_{g3} T_3}{c_3{}^2 k_4 R_{g4} T_4} = \dfrac{p_3 R_{g4} T_4}{R_{g3} T_3 p_4}\dfrac{\rho_3{}^2 k_3 R_{g3} T_3}{\rho_4{}^2 k_4 R_{g4} T_4} = \dfrac{p_3 R_{g4} T_4}{R_{g3} T_3 p_4}$ ·

$\left(\dfrac{p_3 R_{g4} T_4}{R_{g3} T_3 p_4}\right)^2 \dfrac{k_3 R_{g3} T_3}{k_4 R_{g4} T_4} = \left(\dfrac{p_3 R_{g4} T_4}{R_{g3} T_3 p_4}\right)^3 \dfrac{k_3 R_{g3} T_3}{k_4 R_{g4} T_4}$。其中,$k_3$ 与 k_4 分别为主燃烧室

进口和出口状态的定熵指数，R_{g3} 与 R_{g4} 分别为主燃烧室进口和出口状态的气体常数，由于 k_3 与 k_4，R_{g3} 与 R_{g4} 差别很小，所以假设 $k_3 = k_4$，$R_{g3} = R_{g4}$。另外，主燃烧室发生的反应近似等压过程，即 $p_3 \approx p_4$。综上，有 $\dfrac{\rho_3 c_3^2}{2} = \dfrac{p_3 k_3 Ma_3^2}{2}$，$\dfrac{\rho_3}{\rho_4} \approx \dfrac{T_4}{T_3}$，$\dfrac{\rho_3}{\rho_4} \dfrac{Ma_4^2}{Ma_3^2} \approx \left(\dfrac{T_4}{T_3}\right)^3 \dfrac{T_3}{T_4} = \left(\dfrac{T_4}{T_3}\right)^2$。因此，式(4-25)简化为

$$
\begin{aligned}
\Delta p_{34} &= \frac{p_3 k_3 Ma_3^2}{2}\left\{\frac{T_4}{T_3} - 1 + \frac{1}{4}Ma_3^2\left[1 - \left(\frac{T_4}{T_3}\right)^2\right]\right\} \\
&= \frac{p_3 k_3 Ma_3^2}{2}\left(\frac{T_4}{T_3} - 1\right)\left[1 - \frac{Ma_3^2}{4}\left(1 + \frac{T_4}{T_3}\right)\right]
\end{aligned}
\tag{4-26}
$$

从总温与静温关系 $\dfrac{T_{t3}}{T_3} = 1 + \dfrac{k-1}{2}Ma_3^2$ 可知，$\dfrac{T_4}{T_3} = \dfrac{T_{t4}}{T_{t3}}\left(\dfrac{1 + \dfrac{k-1}{2}Ma_3^2}{1 + \dfrac{k-1}{2}Ma_4^2}\right)$。另外，总压和静压的关系 $\dfrac{p_{t3}}{p_3} = \left(1 + \dfrac{k-1}{2}Ma_3^2\right)^{\frac{k}{k-1}}$，那么

$$
\begin{aligned}
\Delta p_{34} = \frac{k_3 Ma_3^2}{2}\frac{p_{t3}}{\left(1 + \dfrac{k-1}{2}Ma_3^2\right)^{\frac{k}{k-1}}}\left[\frac{T_{t4}}{T_{t3}}\left(\frac{1 + \dfrac{k-1}{2}Ma_3^2}{1 + \dfrac{k-1}{2}Ma_4^2}\right) - 1\right] \cdot \\
\left\{1 - \frac{Ma_3^2}{4}\left[1 + \frac{T_{t4}}{T_{t3}}\left(\frac{1 + \dfrac{k-1}{2}Ma_3^2}{1 + \dfrac{k-1}{2}Ma_4^2}\right)\right]\right\}
\end{aligned}
\tag{4-27}
$$

一般地，主燃烧室的 $Ma_3 < 0.3$，此时 $\dfrac{1 + \dfrac{k-1}{2}Ma_3^2}{1 + \dfrac{k-1}{2}Ma_4^2} \approx 1$，即 $\dfrac{T_4}{T_3} \approx \dfrac{T_{t4}}{T_{t3}}$，$\dfrac{Ma_3^2}{4} \cdot$

$\left[1 + \dfrac{T_{t4}}{T_{t3}}\left(\dfrac{1 + \dfrac{k-1}{2}Ma_3^2}{1 + \dfrac{k-1}{2}Ma_4^2}\right)\right] < 0.1$。另外，由前文的泰勒展开式 $\left(1 + \dfrac{k-1}{2}Ma_3^2\right)^{\frac{k}{k-1}} = $

$1 + \dfrac{k}{2}Ma_3^2 + \dfrac{k}{8}Ma_3^4 + O(Ma_3^4)$ 可知，在 $Ma_3 < 0.3$ 的条件下，$\dfrac{k}{2}Ma_3^2 \ll 1$，$\dfrac{k}{8}Ma_3^4 \ll 1$，所以 $1 + \dfrac{k}{2}Ma_3^2 + \dfrac{k}{8}Ma_3^4 \approx 1$。那么，式(4-27)可以进一步简化为

$$
\Delta p_{34} = \frac{p_{t3} k_3 Ma_3^2}{2}\left(\frac{T_{t4}}{T_{t3}} - 1\right)
\tag{4-28}
$$

$$\sigma_B = \frac{\Delta p_{34}}{p_{t3}} = \frac{k_3 Ma_3{}^2}{2}\left(\frac{T_{t4}}{T_{t3}} - 1\right) \tag{4-29}$$

结论：

（1）式(4-26)为用静压和静温表示的主燃烧室总压损失与进口马赫数的关系；式(4-27)为用总压和总温表示的主燃烧室总压损失与进口马赫数的关系。两式成立的前提条件是①忽略进口马赫数的4阶无穷小量；②假设主燃烧室的进口面积和出口面积相等，忽略燃油量（连续性方程和动量方程用到该条件）；③假设 $k_3 = k_4, R_{g3} = R_{g4}$；④主燃烧室近似等压过程，即 $p_3 \approx p_4$。

（2）式(4-28)和式(4-29)是在式(4-27)的基础上简化的，在满足上述四项条件外，还需要满足 $Ma_3 < 0.3$。从式(4-29)可知，主燃烧室总压损失系数 σ_B 与进口马赫数的平方 $Ma_3{}^2$ 成正比，与温升比 $\dfrac{T_{t4}}{T_{t3}}$ 成正比。

除了采用总压损失系数衡量主燃烧室的阻力情况外，还经常采用流阻系数来表征主燃烧室的阻力情况。流阻系数与所研究的断面有关，其值随断面不同而变化，通常在给出流阻系数时，必须说明对应断面。

主燃烧室某断面的流阻系数定义为主燃烧室总压损失 Δp_{34} 与该断面平均动压的比值。按此定义，主燃烧室的进口阻力系数 ξ_3 为

$$\xi_3 = \frac{\Delta p_{34}}{\frac{1}{2}\rho_3 c_3{}^2} \tag{4-30}$$

参考截面阻力系数 ξ_{ref} 为

$$\xi_{ref} = \frac{\Delta p_{34}}{\frac{1}{2}\rho_{ref} c_{ref}{}^2} \tag{4-31}$$

参考截面一般指燃烧室机匣的最大断面。可见，两个不同断面阻力系数的关系为

$$\frac{\xi_3}{\xi_{ref}} = \frac{\dfrac{\Delta p_{34}}{\frac{1}{2}\rho_3 c_3{}^2}}{\dfrac{\Delta p_{34}}{\frac{1}{2}\rho_{ref} c_{ref}{}^2}} = \frac{\rho_{ref}}{\rho_3}\left(\frac{c_{ref}}{c_3}\right)^2 = \frac{\rho_{ref}}{\rho_3}\left[\frac{W_{a3}/(\rho_{ref}A_{ref})}{W_{a3}/(\rho_3 A_3)}\right]^2 = \frac{\rho_3}{\rho_{ref}}\left(\frac{A_3}{A_{ref}}\right)^2 \tag{4-32}$$

对于冷态，式(4-32)中的 $\rho_{ref} \approx \rho_3$，所以有 $\dfrac{\xi_3}{\xi_{ref}} = \left(\dfrac{A_3}{A_{ref}}\right)^2$。冷态时主燃烧室的流阻系数可以通过"冷吹风试验"测定。试验表明，对于某一具体燃烧室，只要气流的雷诺数足够大，在达到所谓"自模状态"后，其流阻系数就将保持常值，不再随流速变化而变化。目前的航空燃气涡轮发动机主燃烧室大多处于自模状态工作，因此流阻系数只与主燃烧室结构有关，其值能确切反映不同主燃烧室结构的流动阻力。

而当主燃烧室进入燃烧工况后，由于热阻的影响，阻力系数将开始随着燃气加热程度$\dfrac{T_{t4}}{T_{t3}}$（主燃烧室增温比）的提高而逐渐增大，如图 4-10 所示。试验表明，主燃烧室热态流阻系数与冷态流阻系数存在以下函数关系：

$$\xi_{hi} = f\left(\xi_i, \frac{T_{t4}}{T_{t3}}\right) = \xi_i + K\left(\frac{T_{t4}}{T_{t3}} - 1\right) \tag{4-33}$$

式中，ξ_i 和 ξ_{hi} 分别表示主燃烧室断面 i 的冷态阻力系数和热态阻力系数，K 为反映主燃烧室结构差异的常数。

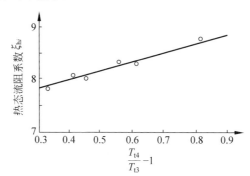

图 4-9　主燃烧室热态流阻系数与其增温比的关系

下面再来分析一下总压损失系数 σ_B 与主燃烧室进口流阻系数 ξ_3 之间的关系。

结合 σ_B 和 ξ_3 的定义，以及 $Ma_3 = \dfrac{c_3}{c}$，$c = \sqrt{kR_gT_3}$，$p_3 = \rho_3 R_g T_3$ 有

$$\sigma_B = \frac{\Delta p_{34}}{p_{t3}} = \xi_3\left(\frac{1}{2}\rho_3 c_3^{\,2}\right)\frac{1}{p_{t3}} = \frac{\xi_3}{p_{t3}}\left(\frac{p_3}{R_g T_3}\frac{c_3^{\,2}}{2}\right) = \frac{\xi_3}{p_{t3}}\left(\frac{p_3}{kR_g T_3}\frac{kc_3^{\,2}}{2}\right)$$

$$= \frac{\xi_3}{p_{t3}}\left(\frac{p_3}{c^2}\frac{kc_3^{\,2}}{2}\right) = \frac{\xi_3}{p_{t3}}\left(\frac{kMa_3^{\,2}}{2}p_3\right) = \frac{p_3}{p_{t3}}\left(\frac{k\xi_3 Ma_3^{\,2}}{2}\right) \tag{4-34}$$

应用总压和静压关系式 $\dfrac{p_{t3}}{p_3} = \left(1 + \dfrac{k-1}{2}Ma_3^{\,2}\right)^{\frac{k}{k-1}}$，那么

$$\sigma_B = \frac{p_3}{p_{t3}}\left(\frac{k\xi_3 Ma_3^{\,2}}{2}\right) = \xi_3\,\frac{k}{2}Ma_3^{\,2}\,\frac{1}{\left(1 + \dfrac{k-1}{2}Ma_3^{\,2}\right)^{\frac{k}{k-1}}} \tag{4-35}$$

对总压和静压关系式应用泰勒公式有

$$\frac{p_{t3}}{p_3} = \left(1 + \frac{k-1}{2}Ma_3^{\,2}\right)^{\frac{k}{k-1}} = 1 + \frac{k}{2}Ma_3^{\,2} + O(Ma_3^{\,2}) \tag{4-36}$$

忽略 Ma_3 的二阶无穷小量，式(4-35)可以近似为

$$\sigma_B = \frac{p_3}{p_{t3}}\left(\frac{k\xi_3 Ma_3^{\,2}}{2}\right) \approx \xi_3\,\frac{k}{2}Ma_3^{\,2}\,\frac{1}{1 + \dfrac{k}{2}Ma_3^{\,2}} \tag{4-37}$$

由于 $\dfrac{k-1}{2}Ma_3{}^2 \ll 1$，空气的 k 取 1.4，则有

$$\sigma_B \approx 0.7\xi_3 Ma_3{}^2 \tag{4-38}$$

4.6.3 出口温度分布

主燃烧室的出口温度分布直接影响涡轮的寿命和可靠性，是主燃烧室的重要性能指标之一。在设计主燃烧室时，既要限制出口温度的平均值，也要满足给定的温度分布。目前常用的温度分布指标有以下 4 种。

1. 出口温度分布系数（OTDF）

出口温度分布系数常被称为"热点"，是指主燃烧室出口温度的最大值与出口温度之差，与主燃烧室温升的比值：

$$\text{OTDF} = \frac{T_{t4,\max} - T_{t4}}{T_{t4} - T_{t3}} \tag{4-39}$$

式中，$T_{t4,\max}$ 为主燃烧室出口温度的最大值。现代发动机的出口温度分布系数一般在 $0.25 \sim 0.35$，该值越低越好。

2. 出口径向温度分布系数（RTDF）

定义：沿周向平均的出口径向温度的最大值与出口温度之差，与主燃烧室温升的比值：

$$\text{RTDF} = \frac{T_{t4r,\max} - T_{t4}}{T_{t4} - T_{t3}} \tag{4-40}$$

式中，$T_{t4r,\max}$ 为沿周向平均的出口径向温度的最大值。现代发动机的出口径向温度分布系数一般不超过 0.15。

3. 出口径向温度分布最大偏差（STPF）

定义：实际出口径向温度分布曲线与同一个径向位置上理想出口径向温度分布曲线之差，在所有径向位置上和周向位置上，取其绝对值最大值与主燃烧室温升的比值：

$$\text{STPF} = \frac{|T_{t4,act} - T_{t4r,des}|_{\max}}{T_{t4} - T_{t3}} \tag{4-41}$$

式中，$T_{t4,act}$ 为实际出口径向温度分布曲线在某径向位置的温度；$T_{t4r,des}$ 为理想出口径向温度分布曲线在某径向位置的温度，由涡轮设计部门确定。出口径向温度分布最大偏差主要针对涡轮静子。

4. 沿周向平均的出口径向温度分布最大偏差（TPF）

定义：沿周向平均的实际出口径向温度分布曲线与同一个径向位置上的理想出口径向温度分布曲线之差，并沿径向不同位置取其绝对值的最大值与主燃烧室温升的比值：

$$\text{TPF} = \frac{\mid T_{t4r,act} - T_{t4r,des} \mid_{max}}{T_{t4} - T_{t3}} \qquad (4\text{-}42)$$

式中，$T_{t4r,act}$ 为沿周向平均的实际出口径向温度分布曲线在某径向位置的温度；沿周向平均的实际出口径向温度分布最大偏差主要针对涡轮转子，最大值一般不超过 5%。

T_{t4}、$T_{t4,max}$、$T_{t4r,des}$、$T_{t4,rmax}$、$T_{t4,act}$、$T_{t4r,act}$ 之间的关系如图 4-10 所示。由图可知，理想出口的径向温度分布曲线呈现中间温度高、两端温度低的形式，这正是为了发挥涡轮叶片材料的潜力。因为涡轮叶片尖部（外径处）受气流加热最严重，容易出现局部温度高的情况；而叶片根部（内径处）应力最大，希望温度较低以保证更好的强度。主燃烧室的各种出口温度分布曲线如图 4-11 所示。

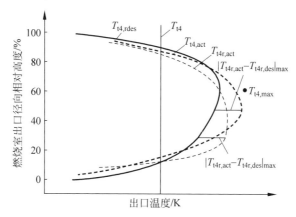

图 4-10 主燃烧室出口各种温度之间的关系

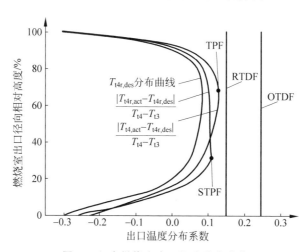

图 4-11 主燃烧室出口温度分布曲线

值得注意的是，燃烧室出口温度分布质量的评定在发动机工作最苛刻的状态下进行。例如发动机地面起飞状态或低空大马赫数平飞状态。

4.6.4　点火边界

点火边界包括地面起动点火边界和高空再点火边界。燃烧室在地面状态的情况下,由起动机带转发动机至一定的转速,燃烧室喷油,采用点火装置点火,在一定时间内使燃烧室所有喷油嘴喷出的油雾都能着火,这个过程称为"起动点火"。在一定的进口气流参数(压力、温度和流速)下,燃烧室能够实现可靠点火的富油极限和贫油极限的范围称为"点火包线"。发动机根据这个点火包线来确定起动时的油门位置,确保在各种气候和地理条件下发动机能够可靠地起动。地面可靠起动点火的大气压力为 0.6~0.12MPa,大气温度为−50~50℃。图 4-12 给出了某一起动转速条件下的点火边界。

航空燃气涡轮发动机在飞行时会遇到特殊情况导致熄火,这时由于失去了能量的输入,涡轮不再做功,发动机进入风车状态(发动机空中停车),空气靠冲压作用流入发动机,燃烧室进口气流流速大,压力和温度低,点火困难。在此种状态下重新点燃燃烧室的过程称为"高空再点火"。通常,用高空再点火的海拔高度来表示高空再点火特性。此时,虽然发动机熄火使飞机失去了动力,但是由于惯性还有平飞的速度。因此,将再点火高度与飞行速度关联起来,得到发动机燃烧室的高空再点火边界。高空再点火边界决定了装有该发动机的飞机在不同飞行速度下的再点火飞行包线。目前国际先进水平的高空再点火的高度为 8~12km。航空燃气涡轮发动机的高空再点火边界如图 4-13 所示。

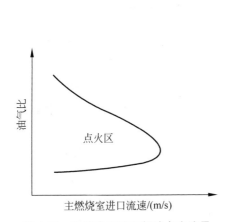

图 4-12　主燃烧室地面起动点火边界

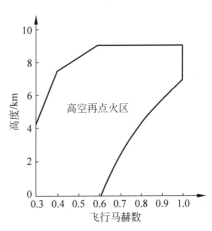

图 4-13　航空燃气涡轮发动机高空再点火边界

地面起动点火是针对主燃烧室提出的要求,高空再点火是针对航空燃气涡轮发动机提出的要求。

4.6.5 稳定工作范围

主燃烧室的稳定工作范围是指主燃烧室在可能遇到的各种工况条件下都能够维持正常燃烧而不会发生熄火的工作区域,如图 4-14 所示,它取决于 4 个边界。

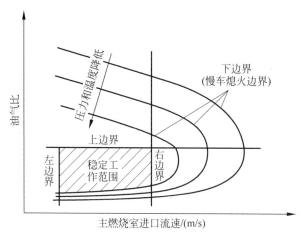

图 4-14 主燃烧室稳定工作范围

(1) 右边界,高进口流速边界,受主燃烧室总压损失限制。这是由发动机总体性能提出的要求。从前文可知,主燃烧室的总压损失与进口马赫数的平方近似成正比,因此主燃烧室稳定工作的进口流速不能超过某个临界值。

(2) 左边界,低进口流速边界,受主燃烧室燃烧效率限制。当发动机偏离设计点状态(如设计转速)时,特别是当发动机转速很低时,进口流速太低,油气混合差,燃烧效率大幅降低,污染排放也会大幅增加。虽然此时能稳定燃烧,但一般要求发动机的转速不低于某个临界值。

(3) 上边界,高火焰筒油气比边界,受主燃烧室出口温度限制。这是涡轮能够长期可靠工作的保障。由于目前的涡轮设计技术还不能使其在绝热火焰温度下长期工作,主燃烧室的火焰筒油气比必然小于化学恰当油气比。

(4) 下边界,慢车贫油熄火边界。这是保障航空燃气涡轮发动机稳定工作的最低边界。

在实际的发动机操作中,在升工况时,需要加油门,油门杆往上推,转子加速,而由于惯性,加速较慢,空气流量增加较慢。若加速的跟随性与燃油调节器不匹配,就可能导致主燃烧室出口超温。反之,在降工况时,需要减油门,转子由于惯性减速较慢,空气流量也降低较慢,容易造成主燃烧室贫油的工作状态,严重时可能出现熄火,"空中熄火"属于重大事故。

通常,主燃烧室在工作过程中的进口马赫数维持某个值基本不变,设计点一般取最大工作状态,因此,主燃烧室的稳定工作范围就常用调节比(turn down ratio)

R_{td} 表示，即设计点火焰筒油气比与慢车贫油火焰筒熄火油气比的比值。

$$R_{td} = \frac{f_{L,des}}{f_{L,LBO,Id}} \tag{4-43}$$

式中，$f_{L,des}$ 为设计点火焰筒油气比，$f_{L,LBO,Id}$ 为慢车熄火火焰筒油气比。

经验表明，推质比等级为 8 的发动机燃烧室，调节比至少应在 5 以上，才能保证发动机不因减油门而熄火。

对于军用航空燃气涡轮发动机，$f_{L,LBO,Id} \leqslant 0.005$；对于民用航空燃气涡轮发动机，$f_{L,LBO,Id} \leqslant 0.007$。这是因为军机需要做大机动飞行，油门位置变化剧烈且频繁，要求在油门的各种位置均不熄火；相反，民机飞行相对平稳，且主要要求高效率，燃烧区在设计点相对贫油一些，油门位置的变化柔和、缓慢。

此外，还有一类熄火指标，即返场雷雨熄火，是指飞机返回机场时遭遇雷雨天气，发动机吸入大量的雨水或冰雹而导致的熄火。此时飞行高度低，发动机失去动力后会导致灾难性的后果。对于民航发动机，要求在进场状况（常以 30％工况）下，主燃烧室吸入水量为燃油流量 5 倍的情况下不熄火，通常由主燃烧室试验和发动机试验来验证。对于军用发动机，要求发射导弹时主燃烧室吸入导弹燃烧尾气而不熄火，通常由模拟试验来检查。

4.6.6　排气污染

航空燃气涡轮发动机的排气污染物，主要包括冒烟（smoke）和气态污染物。气态污染物主要是未燃碳氢化合物（UHC）、一氧化碳（CO）和氮氧化物（NO_x）。

军用航空燃气涡轮发动机的排气中是不可以有可见冒烟的。这不仅是出于环境保护的要求，更是出于隐身性能和低观测性的要求。冒烟意味着排气中有很多炽热的细微碳粒子，这些炽热碳粒子将增大发光火焰辐射，强化对壁面的换热，不仅损害燃烧室寿命，还可能触发远红外（空空导弹通常装有远红外制导装置），从而增大发动机被追踪的风险。

军用航空燃气涡轮发动机对 NO_x 的排放也有一定要求。NO_x 中的二氧化氮（NO_2）是棕黄色气体，如果排气中的 NO_2 浓度超过 0.0045％，发动机排气将成为可见排气。这对于军用发动机来说是不可取的。通常在开加力的情况下，NO_2 会大量出现。

军用航空燃气涡轮发动机对 CO 和 UHC 的排放要求主要是从燃烧效率角度出发，而很少从污染角度考虑。

在民用航空燃气涡轮发动机方面，出于环境保护的需求，国际民航组织（International Civil Aviation Organization，ICAO）针对民用亚声速和超声速涡喷/涡扇发动机制订了冒烟和气态污染物的排放标准。

国际民航组织是联合国的一个分支机构，不同于美国汽车工程师学会（Society of Automotive Engineers，SAE）。美国汽车工程师学会是一个学术团体，不具有官方的性质,但其制定的技术文件基本上都被国际民航组织采纳。目前,国际民航组织在环境保护方面的活动都由其所属的航空环境保护委员会(Committee on Aviation Environmental Protection,CAEP)来组织,该委员会成立于1983年,取代了原来的航空器噪声委员会(Committee on Aircraft Noise,CAN)和航空器发动机排放物委员会(Committee on Aircraft Engine Emissions,CAEE)。其于1993年制定的CAEP/2标准是基准标准;之后,该标准于1999年修订为CAEP/4标准,于2005年修订成CAEP/6标准,于2011年修订成CAEP/8标准。下面就CAEP/8标准,分别对亚声速民用涡喷/涡扇发动机和超声速民用涡喷/涡扇发动机的污染物排放规定进行介绍。

(1)亚声速民用涡喷/涡扇发动机污染物排放规定

对于亚声速民用涡喷/涡扇发动机,除了关于NO_x的排放规定日益严格外,其他污染物如CO、UHC和烟气的排放规定没有变化。为了清晰地界定污染物的排放,CAEP标准定义了一些重要的技术术语。

国际标准大气(international standard air,ISA):指温度为15℃,绝对湿度为0.00kg水/kg干空气,压力为101 325Pa的大气条件。

基准大气条件:指温度为15℃,绝对湿度为0.006 34kg水/kg干空气,压力为101 325Pa的大气条件。

额定推力(rated thrust):指针对发动机排放,审定当局批准的以ISA海平面静态为条件在不使用喷水的正常运行条件下可用于起飞的最大推力,用F_∞表示,单位为千牛(kN)。

基准压比(reference pressure ratio):指当发动机在ISA海平面静态条件下达到额定推力时,压气机最后一级出口截面平均总压与进口截面平均总压之比,用π_∞表示。

基准排放着陆起飞循环(reference emissions landing and take-off cycle):指基准大气条件下发动机排放试验的着陆起飞循环。

着陆起飞循环(landing and take-off cycle,LTO循环):由起飞(take-off)、爬升(climb)、进近(approach)、滑行/地面慢车(taxi/ground idle)4种运行模式构成,每种运行模式的推力设定值和运行时间如表4-4所示。

表4-4　CAEP标准规定的亚声速民用涡喷/涡扇发动机LTO循环

运 行 模 式	推力设定值	运行时间/min
起飞	$100\%F_\infty$	0.7
爬升	$85\%F_\infty$	2.2
进近	$30\%F_\infty$	4.0
滑行/地面慢车	$7\%F_\infty$	26.0

CAEP标准对发动机试验时使用的燃油做出了规定,要求燃油应不含抑制烟雾产生的添加剂(如金属有机化合物)且满足表4-5所列规范。

表 4-5 发动机 LTO 循环试验用燃油的规范

性 能	允许值范围
15℃时密度/(kg/m³)	780～820
蒸馏温度,10%沸点/℃	155～201
终馏点/℃	235～285
净热值/(MJ/kg)	42.86～43.50
芳烃含量/%,体积/体积	15～23
萘烃含量/%,体积/体积	0.0～3.0
发烟点/mm	20～28
氢含量/%,质量/质量	13.4～14.3
硫含量/%,质量/质量	小于0.3
一20℃时的运动黏度/(mm²/s)	2.5～6.5

1) 关于冒烟排放的规定

冒烟的排放采用发烟指数(smoke number,SN)来评定。当 SN 在 0～100 时,定义为

$$SN = 100\left(1 - \frac{R_s}{R_w}\right) \tag{4-44}$$

式中,R_s 为有烟痕的 Whatman 4 号过滤纸的反射率,在一定规范下测量;R_w 为清洁的 WhatMan 4 号过滤纸的反射率。排气可见冒烟和排气不可见冒烟的分界线随发动机排气柱的直径大小、烟粒子的尺寸分布而有所不同。若排气柱的直径在 0.5m 之下,则 SN 直至 30 时仍为不可见冒烟;若排气柱的直径在 0.6～0.8m,则分界线在 SN＝25;若排气柱直径大于 1m,则不可见冒烟的 SN≤20。

在各种 CAEP 标准中,冒烟排放规定采用发烟指数特征值(characteristic level of the smoke number,SN*)来限制。该值是所有被测发动机排气的发烟指数的平均值除以冒烟排放特征值系数后得到的数值。冒烟排放特征值系数与定型试车发动机台数的关系如表 4-6 所示。

表 4-6 与定型试车发动机台数相关的污染物特征值系数

测试发动机台数(i)	CO 排放特征值系数	UHC 排放特征值系数	NO$_x$ 排放特征值系数	冒烟排放特征值系数
1	0.8147	0.6493	0.8627	0.7769
2	0.8777	0.7685	0.9094	0.8527
3	0.9246	0.8572	0.9441	0.9091
4	0.9347	0.8764	0.9516	0.9213
5	0.9416	0.8894	0.9567	0.9296
6	0.9467	0.8990	0.9605	0.9358
7	0.9506	0.9065	0.9634	0.9405
8	0.9538	0.9126	0.9658	0.9444

续表

测试发动机 台数(i)	CO 排放特征值 系数	UHC 排放特征值 系数	NO$_x$ 排放特征值 系数	冒烟排放特征值 系数
9	0.9565	0.9176	0.9677	0.9476
10	0.9587	0.9218	0.9694	0.9502
10 台以上	$1-\dfrac{0.130\,59}{\sqrt{i}}$	$1-\dfrac{0.247\,24}{\sqrt{i}}$	$1-\dfrac{0.096\,78}{\sqrt{i}}$	$1-\dfrac{0.157\,36}{\sqrt{i}}$

各种 CAEP 标准中关于发烟指数特征值的规定一直没有发生变化,即要求在 LTO 循环的 4 种运行模式中,其都应满足:

$$SN^* \leqslant \min(50, 83.6F_\infty^{-0.274}) \tag{4-45}$$

即 SN* 在 50 与 $83.6F_\infty^{-0.274}$ 两者中取较小值。

2) 关于气态污染物排放的规定

气态污染物的排放使用 LTO 循环污染物排放数来评定,用 EN 表示,单位为 g/KN,定义为 LTO 循环污染物排放量 D_p 与该发动机的额定推力 F_∞ 的比值:

$$EN = \frac{D_p}{F_\infty} \tag{4-46}$$

式中,D_p 的单位为 g,对于某气态污染物 i 来说,$EN_i = \dfrac{D_{pi}}{F_\infty}$。LTO 循环污染物 i 的排放量 D_{pi} 为

$$D_{pi} = \sum_{j=1}^{N} EI_{i,j} W_{f,j} t_j \tag{4-47}$$

式中,j 为 LTO 循环的运行模式;$EI_{i,j}$ 为运行模式 j 过程中污染物 i 排放指数,单位为 g/kg;$W_{f,j}$ 为运行模式 j 过程中燃油流量,单位为 kg/s;t_j 表示运行模式 j 的运行时间。

在各种 CAEP 标准中,气态污染物的排放规定使用 LTO 循环污染物排放数特征值(EN*)来限制。EN* 是所有被测发动机实测的 EN 经基准发动机修正和基准大气条件修正后的平均值除以气态污染物的特征值系数后得到的数值。这里气态污染物的特征值系数与定型试车发动机台数的关系如表 4-7 所示。

上述定义中的基准发动机是指基本上按照当局审定和认可的发动机构型,可代表谋求取得审定发动机型号的发动机。若被测发动机不是基准发动机,则需要将实测的气态污染物排放数据修正到基准发动机条件,即基准发动机修正。另外,在实际试验时由于发动机进口空气的压力和温度与基准大气条件不完全一致,还需要将气态污染物排放数据修正到基准大气条件,即基准大气条件修正。

在各种 CAEP 标准中,关于 LTO 循环 CO 排放数特征值 EN$^*_{CO}$ 和 LTO 循环 UHC 排放数特征值 EN$^*_{UHC}$ 的规定一直没有发生变化,即

$$EN_{CO}^* \leqslant 118 \qquad (4\text{-}48)$$

$$EN_{UHC}^* \leqslant 19.6 \qquad (4\text{-}49)$$

但是，CAEP 标准关于 LTO 循环 NO_x 排放数特征值 $EN_{NO_x}^*$ 的规定越来越严。表 4-7 给出了各 CAEP 标准规定的亚声速民用涡喷和涡扇发动机的 NO_x 排放标准。

表 4-7 CAEP 标准规定的亚声速民用涡喷和涡扇发动机的 NO_x 排放标准

CAEP 标准	适用日期	$EN_{NO_x}^*$
CAEP/1	某一类型或原型发动机，其第一台原型机的制造日期在 1996 年 1 月 1 日前且之后此类发动机的制造日期在 2000 年 1 月 1 日前	$EN_{NO_x}^* = 40 + 2\pi_\infty$
CAEP/2	某一类型或原型发动机，其第一台原型机的制造日期在 1996 年 1 月 1 日或之后，或此类发动机的制造日期在 2000 年 1 月 1 日或之后	$EN_{NO_x}^* = 32 + 1.6\pi_\infty$
CAEP/4	某一类型或原型发动机，其第一台原型机的制造日期在 2004 年 1 月 1 日或之后	(1) $\pi_\infty \leqslant 30$ ① $F_\infty > 89\text{kN}$ 时，$EN_{NO_x}^* = 19 + 1.6\pi_\infty$ ② $26.7\text{kN} < F_\infty \leqslant 89\text{kN}$，$EN_{NO_x}^* = 37.572 + 1.6\pi_\infty - 0.2087 F_\infty$ (2) $30 < \pi_\infty < 62.5$ ① $F_\infty > 89\text{kN}$ 时，$EN_{NO_x}^* = 7 + 2.0\pi_\infty$ ② $26.7\text{kN} < F_\infty \leqslant 89\text{kN}$，$EN_{NO_x}^* = 42.71 + 1.4286\pi_\infty - 0.4013 F_\infty + 0.006\,42\pi_\infty \times F_\infty$ (3) $\pi_\infty \geqslant 62.5$，$EN_{NO_x}^* = 32 + 1.6\pi_\infty$
CAEP/6	某一类型或原型发动机，其第一台原型机的制造日期在 2008 年 1 月 1 日或之后，或此类发动机的制造日期在 2013 年 1 月 1 日或之后	(1) $\pi_\infty \leqslant 30$ ① $F_\infty > 89\text{kN}$ 时，$EN_{NO_x}^* = 16.72 + 1.4080\pi_\infty$ ② $26.7\text{kN} < F_\infty \leqslant 89\text{kN}$，$EN_{NO_x}^* = 38.5486 + 1.6823\pi_\infty - 0.2453 F_\infty - 0.003\,08\pi_\infty \times F_\infty$ (2) $30 < \pi_\infty < 82.6$ ① $F_\infty > 89\text{kN}$ 时，$EN_{NO_x}^* = -1.04 + 2.0\pi_\infty$ ② $26.7\text{kN} < F_\infty \leqslant 89\text{kN}$，$EN_{NO_x}^* = 46.1600 + 1.4286\pi_\infty - 0.5303 F_\infty + 0.006\,42\pi_\infty \times F_\infty$ (3) $\pi_\infty \geqslant 82.6$，$EN_{NO_x}^* = 32 + 1.6\pi_\infty$

续表

CAEP 标准	适用日期	$EN^*_{NO_x}$
CAEP/8	某一类型或原型发动机,其第一台原型机的制造日期在 2014 年 1 月 1 日或之后	(1) $\pi_\infty \leqslant 30$ ① $F_\infty > 89kN$ 时,$EN^*_{NO_x} = 7.88 + 1.4080\pi_\infty$ ② $26.7kN < F_\infty \leqslant 89kN$,$EN^*_{NO_x} = 40.052 + 1.5681\pi_\infty - 0.3615F_\infty - 0.0018\pi_\infty \times F_\infty$ (2) $30 < \pi_\infty < 104.7$ ① $F_\infty > 89kN$,$EN^*_{NO_x} = -9.88 + 2.0\pi_\infty$ ② $26.7kN < F_\infty \leqslant 89kN$ 时,$EN^*_{NO_x} = 41.9435 + 1.505\pi_\infty - 0.5823F_\infty + 0.005\,562\pi_\infty \times F_\infty$ (3) $\pi_\infty \geqslant 104.7$ 情况,$EN^*_{NO_x} = 32 + 1.6\pi_\infty$

(2) 超声速民用涡喷/涡扇发动机污染物排放规定

对于超声速民用涡喷/涡扇发动机,LTO 循环有 5 种运行模式,其推力设定值和运行时间如表 4-8 所示。表中 F^*_∞ 表示使用加力燃烧下的额定推力,F_∞ 为没有使用加力燃烧下的额定推力。测试期间使用的燃油规范同表 4-5。

表 4-8　CAEP 标准规定的超声速民用涡喷/涡扇发动机 LTO 循环

运 行 模 式	推力设定值	运行时间/min
起飞	$100\% F^*_\infty$	1.2
爬升	$65\% F^*_\infty$	2.0
下降	$15\% F^*_\infty$	1.2
进近	$34\% F^*_\infty$	2.3
滑行/地面慢车	$5.8\% F_\infty$	26.0

CAEP 标准规定超声速民用涡喷/涡扇发动机在 LTO 循环 5 种运行模式中任何一种运行模式下的发烟指数特征值应满足:

$$SN^* \leqslant \min(50, 83.6(F^*_\infty)^{-0.274}) \tag{4-50}$$

即 SN^* 在 50 与 $83.6(F^*_\infty)^{-0.274}$ 两者中取较小值,这与亚声速民用涡喷/涡扇发动机的冒烟排放规定相同。

对于超声速民用涡喷/涡扇发动机的气态污染物排放,CAEP 标准定义的 LTO 循环的污染物排放数为 $EN = \dfrac{D_p}{F^*_\infty}$,在经过基准发动机修正、基准大气条件修正和参与定型试车发动机台数修正后,LTO 循环的 UHC 排放数特征值 EN^*_{UHC}、LTO 循环的 CO 排放数特征值 EN^*_{CO} 和 LTO 循环 NO_x 排放数特征值 $EN^*_{NO_x}$ 满足:

$$EN^*_{UHC} \leqslant 140(0.92)^{\pi_\infty} \tag{4-51}$$

$$EN^*_{CO} \leqslant 4550(\pi_\infty)^{-1.03} \tag{4-52}$$

$$EN^*_{NO_x} \leqslant 36 + 2.42\pi_\infty \tag{4-53}$$

对于工业燃气涡轮发动机,通常将污染物排放的实测浓度折算到干基燃气为15%含氧量条件下的折算浓度,折算公式如下:

$$(Emission)_{dry,15\%Oxygen} = \frac{(20.9-15)(Emission)_{dry}}{(20.9-O_{2,dry})} \qquad (4-54)$$

式中,$(Emission)_{dry}$ 为干基燃气中污染物排放的实测浓度;$O_{2,dry}$ 为干基燃气中 O_2 排放的实测浓度;$(Emission)_{dry,15\%Oxygen}$ 为折算成干基燃气为 15% 氧浓度条件下的污染物折算浓度。

由于各国各地的法律法规不同,工业燃气涡轮发动机目前还没有统一的排放标准。目前,市场在售的工业燃气涡轮发动机的排放标准是以天然气为燃料,从100%功率到50%功率,NO_x 排放不超过 0.0025%,CO 排放不超过 0.005%;以 2 号柴油为燃料,从 100%功率到 50%功率,NO_x 排放不超过 0.0065%,CO 排放不超过 0.01%。从世界范围看,美国南加利福尼亚州和日本对污染排放的要求最为严格,已立法将 NO_x 排放控制在 0.0009%,欧洲的排放标准大体上与美国环保局的规定类似。

4.6.7　使用寿命

主燃烧室的使用寿命通常有翻修寿命和总寿命两个概念。翻修寿命是指主燃烧室从上次翻修后出厂到下一次翻修之间的工作小时数。总寿命又称"更换时间",是指主燃烧室首次出厂到无法被修复的总工作小时数。

主燃烧室的使用寿命在很大程度上取决于火焰筒等热端部件的工作状态,以及冷却结构和冷却效果。主燃烧室中高温组件的过热、变形开裂和烧毁是导致主燃烧室翻修和报废的主要原因。当代军机发动机主燃烧室的翻修寿命一般在 400~1000h,民机在 6000~8000h。

4.6.8　容热强度

减少主燃烧室的尺寸与质量是航空燃气涡轮发动机必须追求的目标。这就要求在尽量小的空间,燃烧尽可能多的燃料,即高的燃烧强度。燃烧强度定义为在单位时间、单位容积的燃烧空间中(或在单位面积的燃烧截面上),能够释放出来的热量。以单位容积计算的燃烧热强度称作"容积热强度",简称"容热强度",用 $\dot{\Phi}_V$ 表示,单位为 W/m^3;以单位面积计算的燃烧热强度则称作"面积热强度",用 $\dot{\Phi}_s$ 表示,单位为 W/m^2。其中容积热强度更为常用。

$$\dot{\Phi}_V = \frac{W_f Q_{DW} \eta_B}{V_L} \qquad (4-55)$$

$$\dot{\Phi}_s = \frac{W_f Q_{DW} \eta_B}{A_L} \qquad (4-56)$$

式中,η_B 为主燃烧室的燃烧效率;W_f 为主燃烧室的燃油流量;Q_{DW} 为燃油低热值；V_L 为主燃烧室火焰筒容积；A_L 为主燃烧室火焰筒断面面积。

试验表明，燃烧热强度 $\dot{\Phi}_V$ 和 $\dot{\Phi}_s$ 大体与主燃烧室工作压力（近似为主燃烧室进口总压 p_{t3}）成正比。因而严格地讲，$\dot{\Phi}_V$ 和 $\dot{\Phi}_s$ 这两个参数并不能确切地反映主燃烧室结构设计的紧凑程度。因为一个结构尺寸较大的主燃烧室，假如在工作压力较高的情况下工作，其 $\dot{\Phi}_V$ 和 $\dot{\Phi}_s$ 就有可能比一个结构较紧凑的，但处于低压工况下工作的主燃烧室还高。因此，人们认为采用考虑了主燃烧室工作压力影响的"比容积热强度"和"比面积热强度"作为衡量主燃烧室结构紧凑性的指标更为合适。它们的定义是：

$$\dot{\Phi}_{Vp} = \frac{\dot{\Phi}_V}{p_{t3}} \tag{4-57}$$

$$\dot{\Phi}_{sp} = \frac{\dot{\Phi}_s}{p_{t3}} \tag{4-58}$$

式中，$\dot{\Phi}_{Vp}$ 为比容积热强度，简称"比容热强度"，国际单位为 $W/(m^3 \cdot Pa)$，常用单位为 $kW/(m^3 \cdot Pa)$；$\dot{\Phi}_{sp}$ 为比面积热强度，国际单位为 $W/(m^2 \cdot Pa)$，常用单位为 $kW/(m^2 \cdot Pa)$。

燃烧热强度主要与主燃烧室的结构形式、寿命要求和燃料种类等因素有关。显然，燃烧热强度是一个反映主燃烧室结构紧凑性的指标。燃烧热强度越大，燃烧同样数量的燃料所需要的燃烧空间的容积或断面面积越小，也就是说，主燃烧室的尺寸和质量都比较小。现代航空燃气涡轮发动机主燃烧室的比容热强度一般为 $0.3 \sim 1.8 kW/(m^3 \cdot Pa)$。

4.7　主燃烧室设计界面要求

航空燃气涡轮发动机主燃烧室的设计输入除了要求总体部门按照 4.6 节提供性能要求外，还需要提供设计界面的参数要求和尺寸要求。

4.7.1　设计界面参数要求

在主燃烧室设计工作开展前，需要准备设计界面的参数，包括设计状态和典型非设计状态对应的气动热力参数。例如进口总压、进口总温、进口气量、进口燃油流量、进口马赫数、主燃烧室向涡轮引气量、向涡轮引气的外/内环道的比例、出口总温等。

主燃烧室各状态与飞机对发动机的技术要求和发动机的工作任务有关。对于民用飞机，发动机通常有 5 个状态，即地面起飞状态（100%工况）、爬升状态（85%工况）、返场状态（30%工况）、地面慢车状态（7%工况）和最大高度巡航状态。其中前 4 个状态为 ICAO 规定的"标准"状态，最大高度巡航状态为最大高度，以及某个马赫数下等速、等高度的巡航状态。对于军用飞机，用途不同时发动机的工作状态也不同。通常,战斗机的航空燃气涡轮发动机存在以下典型工作状态,如图 4-15 所示。

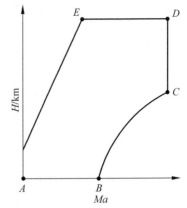

图 4-15　航空燃气涡轮发动机工作包线

1. 地面工作状态

如图 4-15 中 A 点,地面工作状态有地面慢车和地面起飞两种典型状态。地面慢车状态:飞行高度 $H=0$,飞行马赫数 $Ma=0$,涡扇发动机的转速大约在额定转速的 $30\%\sim60\%$,涡喷发动机的转速大约在其额定转速的 $60\%\sim75\%$。地面起飞状态: $H=0$, $Ma=0$,发动机接近 100% 转速,为发动机额定推力状态。

2. 最大气动负荷状态

低空大马赫数,如图 4-15 中的 B 点, $H=0$, Ma 约为 0.9,主燃烧室进口总压、密度、流量均最大,燃油流量最大。

3. 最大热负荷Ⅰ状态

中空高速,如图 4-15 中的 C 点, H 约为 10km, Ma 约为 1.6,主燃烧室进口总温和出口总温均很高,有时达到最高值。

4. 最大热负荷Ⅱ状态

高空高速,如图 4-15 中的 D 点, H 约为 15km, Ma 约为 1.6,主燃烧室进口总温和出口总温最高。相较最大热负荷Ⅰ状态,最大热负荷Ⅱ状态飞行高度高、主燃烧室进口总压小。

5. 最小气动负荷状态

高空小表速,如图 4-15 中的 E 点, H 约为 15km, Ma 约为 0.6,发动机主燃烧室进气的总压、密度、流量均最小,一般情况下燃油流量与地面慢车状况相当。

一般地,战斗机发动机将地面起飞状态选作主燃烧室的设计状态,在根据设计状态确定主燃烧室特征尺寸后,不仅需要开展设计点的性能分析,还需要对其他状态进行性能分析评估。如在进行冷却设计、壁温估算和结构强度设计时,还应考虑最大热负荷状态和最大气动负荷状态,此时燃烧室的热负荷和气动负荷最大,壁温最高。在进行高空再起动性能估算时,应考虑高空风车状态,此时主燃烧室进口温度、压力很低,气流流速高,主燃烧室点火困难。在评估主燃烧室出口温度场时,除设计状态外还应考虑最高温度工况。通过对主要典型非设计点特性的分析评估,对燃烧室特征尺寸等参数进行迭代设计,以获得综合性能优良的设计方案,减少研制过程调试工作量。而对于民航客机、远程运输机、轰炸机等发动机主燃烧室,其工况变化相对战斗机要简单一些,一般地面起飞状态是其最恶劣的工况,在该工况设计良好的燃烧室一般可保证其他工况良好工作,因而选择地面起飞状态为设计点。但为获得最大的航程和良好的经济性，一般还应考虑巡航状态，因为发动机在此工况长期工作。此外，一些特殊用途的发动机，如高空长航时无人侦察机用大涵道比涡扇发动机一般都有"双设计点"，包括地面起飞状态和高空低马赫数长航时工作点（如 $H=20\text{km}, Ma=0.6$）。在设计这些燃烧室时不仅需要考虑地面起飞状态的性能，还需要重点考虑发动机高空低马赫数条件下因主燃烧室进口温度和压力较低而产生的燃烧效率偏低和燃烧不稳定等问题。

表4-9给出了某推质比为10的战斗机涡扇发动机在典型工作状态下的主燃烧室设计界面参数要求的示例。

表 4-9　某推质比为 10 的涡扇发动机主燃烧室设计界面参数要求示例

序号	参　　数	地面状态		最大气动负荷	最小气动负荷	最大热负荷 I	最大热负荷 II
		起飞	慢车				
1	进口总压 p_{t3}，MPa	2.588	0.374	3.796	0.339	2.771	0.702
2	进口总温 T_{t3}，K	808.4	446.7	871.2	785.4	915.9	915.9
3	进口气量 W_{a3}，kg/s	92.57	20.70	134.50	12.30	96.00	24.32
4	向涡轮引气量 W_{aT}，kg/s	16.80	3.75	24.70	2.20	17.30	4.38
5	向涡轮引气的外/内环道的比例 χ_{aT}	—	—	—	—	—	—
6	燃油流量 W_f，kg/s	2.438	0.1422	3.465	0.314	2.561	0.649
7	进口马赫数 Ma_3	0.290	0.327	0.299	0.290	0.300	0.300
8	出口总温 T_{t4}，K	1841	890	1875	1790	1940	1940

4.7.2　设计界面尺寸要求

主燃烧室尺寸、形状要与压气机和涡轮相匹配，同时尽可能缩小尺寸。因此，在设计前需要提供与主燃烧室相匹配的压气机出口尺寸限制和涡轮进口尺寸限制，同时还要提供主燃烧室径向允许的最大尺寸和最小尺寸，包括压气机出口外径、内径；涡轮进口外径、内径；主燃烧室长度；主燃烧室径向允许的最大尺寸、最小尺寸等。表4-10给出了某涡扇发动机主燃烧室设计界面尺寸要求的示例。

表 4-10　某涡扇发动机主燃烧室设计界面尺寸要求示例

序　号	参　　数	数值/mm
1	压气机出口外径	520
2	压气机出口内径	466
3	涡轮进口外径	636
4	涡轮进口内径	516
5	主燃烧室长度	300
6	主燃烧室径向允许最大尺寸	800
7	主燃烧室允许最小径向尺寸	300

第 5 章

主燃烧室工作机制

航空燃气涡轮发动机主燃烧室的工作机制十分复杂,涉及空气流动、燃油雾化、化学反应、传热传质等多个相互耦合的物理过程。概括来说,主燃烧室的工作机制主要包括以下几部分:

(1) 空气流动组织;

(2) 油雾分布组织;

(3) 燃烧区燃烧机制;

(4) 掺混区掺混机制;

(5) 火焰筒壁冷却机制。

从第 4 章主燃烧室的特点可知,航空燃气涡轮发动机主燃烧室中发生的燃烧过程总是在余气系数较大且变化范围很宽的高速气流中进行的。这个特点给主燃烧室的工作带来了两个困难:

(1) 由于余气系数较大,如果把燃料直接喷到由压气机送来的全部空气中去燃烧,燃烧区的温度必然很低,燃料就不能燃烧完全,致使燃烧效率非常低,甚至还有可能产生积炭、冒烟或是冒油雾等现象。在低负荷工况下,这种情况更为严重。

(2) 由于气流速度很高,燃烧火焰很容易吹熄。特别是在低负荷工况下,或是在突然猛减喷油量的"突抛负荷"工况下,由于燃料浓度过稀、燃烧区温度过低,燃烧火焰更是无法稳定。与此同时,还会产生非常大的总压损失。

为了解决这两个困难,确保主燃烧室在任何工况下都能可靠、稳定而又经济地燃烧,现有的燃气涡轮发动机主燃烧室几乎毫无例外地从以下几个方面采取措施:

(1) 采用扩压器,使进入燃烧区的气流速度由压气机出口的 $120\sim170\mathrm{m/s}$ 降到 $20\sim60\mathrm{m/s}$,以减小气流的总压损失;

(2) 采用稳焰器,现代主燃烧室常用稳焰器作为旋流器,使燃烧区内能够形成一个特殊形态的气流结构,为稳定火焰创造条件;

（3）采用火焰筒分区，将总的空气流量按照一定规律进行分配以提高燃烧区温度、组织油雾与空气的高效混合稳定燃烧。

扩压器和旋流器将在后文详细阐述，火焰筒分区和空气流量分配的相关概念将在 5.1 节予以说明。

5.1 火焰筒分区

5.1.1 常规分区

航空燃气涡轮发动机的主燃烧室工作油气比是由发动机总体部门根据循环参数确定的。就现役发动机而言，受限于当前涡轮叶片材料的工作温度和冷却技术，主燃烧室设计点的火焰筒油气比通常是明显偏离化学恰当油气比的，油气比一般在 0.0125～0.034。这种贫油混合气明显偏离了燃油的可燃范围，因此为了确保主燃烧室的高效可靠运行，从前文可知，主燃烧室在结构上采用了一项措施——火焰筒分区。

一般地，火焰筒沿轴向从前向后依次划分为主燃区、中间区（或补燃区）和掺混区（或稀释区）三部分，其中主燃区和中间区统称为"燃烧区"，如图 5-1（a）所示。通过火焰筒上的各种进气装置（包括旋流器、进气孔或缝）将全部空气按照设计的要求依次供入火焰筒，使油气比沿轴向逐渐降低，这样既保证了主燃烧室在各种工况下实现高效和稳定燃烧，也能够获得要求的主燃烧室出口温度分布。

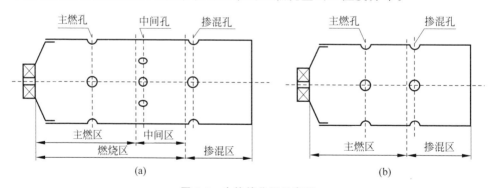

图 5-1 火焰筒分区示意图

（a）带中间区；（b）取消中间区

1. 主燃区

主燃区是指从头部圆顶的起始截面至中间孔上游边缘的一段空间，其主要功能是驻定火焰并提供足够的时间、温度和湍流度，以使进入其中的燃油和空气混合物基本达到完全燃烧。虽然不同类型的主燃烧室在火焰筒头部采用不同的流动模式，但其共同特点是在所有设计中都形成了回流区，回流的高温燃气能够连续点燃进入主燃区的油气混合物。

在主燃区气动设计方面做出突出贡献的是卢卡斯(Lucas)的团队,其设计了惠特尔 W2B 和韦兰(Welland)发动机的燃烧室。卢卡斯团队采用的基本流型如图 5-2 所示,为了获得所需的回流,采取了旋涡进气和主燃孔射流相结合的方式。已知旋涡进气和主燃孔射流都能够产生回流,尝试将这两种方式同时应用:

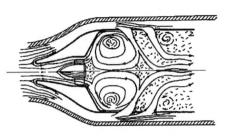

图 5-2 卢卡斯设计的主燃区基本流型

如果旋流器叶片的角度、尺寸、数量和主燃孔轴向位置的参数选择合适,那么这两种不同的进气方式所产生的两个独立的回流区就可以相互融合和补充加强,从而获得稳定的主燃区流型。主燃区稳定流型能够提供宽的稳定范围、好的点火性能,以及低的燃烧振荡和噪声。卢卡斯团队对于英国的主燃烧室设计有着深远的影响,在许多英国发动机上可以找到如图 5-2 所示的基本气动设计的影子,包括罗尔斯-罗伊斯公司的"尼恩"(Nene)、"德温特"(Derwent)、"达特"(Dart)、"海神"(Proteus)、"埃汶"(Avon)、"康韦"(Conway)和"泰恩"(Tyne)等发动机。

一般地,主燃区油气比保持在化学恰当油气比附近。在起飞状态,主燃区油气比略富些;反之,在高空飞行时,主燃区油气比略贫些,这样有利于高效而稳定的燃烧。

主燃区油气比的设计应考虑发动机的用途,对于机动性要求高的战斗机,往往要突出火焰稳定性的要求,通常选用接近化学恰当比的主燃区;而对于民机航空发动机,往往要求高燃烧效率和低排气污染,一般选用偏贫油的主燃区。表 5-1 给出了主燃区油气比对燃烧室性能的影响。

表 5-1 主燃区油气比对燃烧室性能的影响

主燃区油气比	优 点	缺 点
富油气比	1. 速度低,稳定性好 2. 容易点火	1. 容易燃烧不完全 　(1) 产生烟 　(2) 产生发光火焰 　(3) 产生碳沉积物 2. 出口温度分布一般不好
化学恰当油气比	1. 燃烧效率高 2. 释热率高 3. 燃烧干净 　(1) 几乎没有烟 　(2) 非发光火焰 　(3) 无碳沉积物	火焰温度高,对壁面的换热率高

主燃区油气比	优　　点	缺　　点
贫油气比	1. 燃烧非常干净 　(1) 无烟 　(2) 非发光火焰 　(3) 无碳沉积物 2. 火焰温度低,换热率低 3. 有良好的出口温度分布	气流速度高,对稳定性和点火性能有不利影响

2. 中间区

中间区又称"补燃区",是指从中间孔上游边缘至掺混孔上游边缘的一段空间,其主要功能是①使主燃区的未燃成分补充燃烧;②促使主燃区的离解产物完成复合反应。主燃区的温度通常超过 2000K,燃油会发生离解反应,将大量产生一氧化碳和氢气。如果这些气体直接进入掺混区进行降温,那么因掺混区冷气量大,气体成分将会被"冻结",这样 CO 等将直接排出主燃烧室而造成污染和能量损失。因此,应在中间区注入少量空气,以促进碳黑燃烧和 CO 等未燃产物的继续充分燃烧。

从中间区注入火焰筒的空气不宜过多,否则也将导致燃气温度急剧降低,既不利于补燃,也可能使离解产物冻结,对复合反应有抑制作用。经验表明,对于航空燃气涡轮发动机,中间区末端的平均余气系数宜控制在 1.55～1.82。

随着发动机压比的增加,燃油燃烧和火焰筒壁面冷却需要更多的空气,因而可用于中间区的空气量减少。大约在 1970 年,传统形式的中间区已基本消失,如图 5-1(b)所示。但中间区的设计思想得以保存。随着火焰筒壁面冷却技术的发展,若一些空气可以匀出被利用,中间区的设计方案或许能够得以恢复。对于高温升短环形燃烧室,由于冷却空气量的减少和长度的缩短,通常去除中间区。

3. 掺混区

掺混区又称"稀释区",是指从掺混孔上游边缘至火焰筒出口的一段空间,其主要功能是在满足燃烧和壁面冷却之后将剩余的空气与燃烧产物进行掺混,以提供温度分布能够被涡轮接受的燃气。

通常用于掺混的空气量是主燃烧室进口气量的 20%～40%。但随着主燃烧室温升的提高,燃烧和冷却空气量的增加,以及冷却空气品质的下降,剩余用于掺混的空气量越来越少。一般地,掺混空气经火焰筒壁面上一排或多排的孔引入热燃气流中。选择合适的孔尺寸和形状,以使掺混空气注入并与主气流掺混达到最优。

理论上,任何给出的出口温度分布品质都能通过采用长掺混区或可以接受的较高的火焰筒压力损失系数来获得。实际上,初期的混合效果随着混合长度的增加明显改善,但是其后改善幅度逐渐减缓。因而掺混区的长径比一般位于1.5~1.8这个狭窄的范围内。

对于涡轮进口温度非常高(约2000K)的现代航空发动机,理想的出口温度分布曲线是涡轮叶根处(应力最大)温度最低,涡轮叶尖处(存在承温能力差的密封材料)温度也较低。通过掺混以获得期望的出口温度分布曲线十分重要,因为它影响涡轮进口温度的许用最大值和热端部件的耐久性。由于问题的重要性,主燃烧室所开展的大部分研究工作都聚焦于获得期望的出口温度分布曲线。

5.1.2 分区发展

出于超声速巡航、超常规机动等多任务的作战需求,未来战斗机的航空燃气涡轮发动机将追求更高的推质比。从循环参数来看,相较于提高发动机压比,提高涡轮前温度是提高推质比最直接而有效的方法。涡轮前温度的提高要求新一代主燃烧室具有更强的温升能力。通常认为,高温升主燃烧室火焰筒油气比将高于0.046,并且其发展呈现增大趋势。随着材料、冷却等技术的发展,可以预见新一代高温升主燃烧室火焰筒油气比将达到0.051,甚至有望达到0.062。因此,火焰筒常规的分区概念逐渐不再适用于未来高温升燃烧室的技术设计。

通常预测,随着超高温升技术的发展,未来主燃烧室必将取消主燃孔和补燃孔,甚至可能取消掺混孔。那么,从压气机过来的空气除了一部分被用作火焰筒壁冷却,一部分可能被用作掺混空气外,剩下的则全部从火焰筒头部流入,用作燃烧空气。在燃烧室的空气大部分用作燃烧空气的情况下,为了兼顾发动机慢车贫油不熄火且大工况不发生冒烟的性能需求,未来高温升主燃烧室火焰筒的燃烧区将可能采用同心圆分区的方法。如图5-3所示,某高温升主燃烧室火焰筒的燃烧区即应用了外燃烧区、内燃烧区和中心燃烧区的同心圆分区的方法。

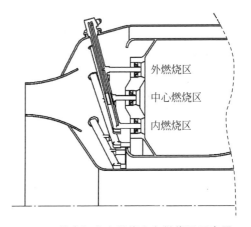

外燃烧区

中心燃烧区

内燃烧区

图 5-3 某高温升主燃烧室多燃烧区示意图

5.2 空气流量分配

燃烧反应总是在气相中进行的,燃油和空气的均匀混合气仅能在很窄的油气比范围内进行燃烧反应。在常温常压下,燃油蒸气和空气的可燃混合气一般仅在油气比为0.034~0.204时燃烧。而从5.1节可知,航空燃气涡轮发动机当前主燃烧室的火焰筒油气比通常在 0.0125～0.034,是偏离上述可燃范围的,因此需要将总的空气流量按照一定规律进行分配,以组织可燃混气的高效稳定燃烧。典型的主燃烧室火焰筒油气比情况如表 5-2 所示。

表 5-2   典型的主燃烧室总油气比情况

主燃烧室进口总温 T_{t3}/K	700	800	850	950
主燃烧室出口总温 T_{t4}/K	1400	1600	1850	2000
主燃烧室火焰筒油气比 f_L	0.019 95	0.023 76	0.031 12	0.033 76

主燃烧室的空气流量分配,即从压气机来的高压空气沿燃烧室长度方向流入火焰筒内的进气规律。在实际的主燃烧室中,空气一般分成三部分:一部分空气与燃油混合燃烧;一部分空气与高温燃烧产物掺混,将燃气温度降到发动机工作所需的出口温度;一部分空气用于冷却火焰筒壁面,使其工作在材料许用温度限度内。

空气流量分配主要通过改变火焰筒各进气孔缝的数目、形状、尺寸和位置来达到。它是主燃烧室设计和研制中最基本的问题,影响主燃烧室的点火、火焰稳定、燃烧效率、总压损失、壁面冷却和出口温度分布等各个方面。

通常,空气流量分配有两层含义:一是确定火焰筒上各进气孔缝的位置,二是确定流过各进气孔缝的空气流量。经验表明,不同的空气流量分配方案对主燃烧室性能有明显影响,在研制过程中,往往要经过反复调试才能获得令人满意的空气流量分配方案。图 5-4 给出了 Spey MK202 发动机主燃烧室的空气流量分配图,其中:①用于冷却涡轮工作叶片,占主燃烧室进口气量的 5.5%;②用于冷却涡轮导向叶片,占主燃烧室进口气量的 3.8%;剩余 90.7% 的主燃烧室进口气量为火焰筒进气量。在火焰筒进气量中,旋流器进气量占 11%,主燃孔进气量占 17%,掺混孔进气量占 32%,头部圆顶冷却气量占 9.5%,外火焰筒和内火焰筒冷却气量共占 30.5%。

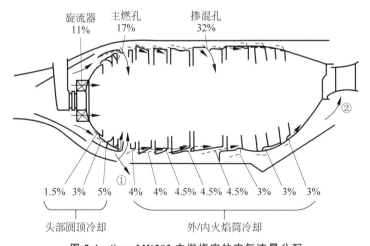

图 5-4   Spey MK202 主燃烧室的空气流量分配

5.3 空气流动组织

空气从压气机进入主燃烧室后,首先在扩压器中降低速度。在多种类型的扩压器中,近代航空燃气涡轮发动机上广为采用的是突扩式扩压器,虽然其压力损失稍大,但有一系列优点,如轴向尺寸短,火焰筒进口流场比较稳定,受压气机出口流场畸变影响较小等。

主燃烧室的空气流动示意图如图 5-5 所示,空气离开扩压器后被分为两路:一路经火焰筒头部圆顶处的旋流器和其他孔缝进入主燃区,即一次空气;另一路流向火焰筒与机匣之间的通

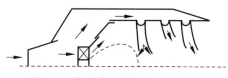

图 5-5 主燃烧室空气流动示意图

道,并从主燃孔、中间孔、冷却孔和掺混孔等进入火焰筒,即二次空气。在 4.3 节提到过,流向外环道和内环道的空气除了二次空气外,还有主燃烧室向涡轮的引气量。

主燃区的回流流动是实现火焰稳定的关键。有多种形式的火焰筒头部可以形成这种回流,目前使用最广泛的是在火焰筒头部圆顶处安装旋流器。当空气流过旋流器时,在叶片诱导下产生旋转,由于离心力作用,中心压力降低,形成逆向压力梯度,并最终导致回流。此外,在主燃区设置有一至两排主燃孔,由此进入火焰筒的空气有两方面作用:一是限制回流区长度,二是使部分主燃孔空气参与回流,有利于强化回流区,其余的空气则顺流而下直接进入中间区。

按流动特性,主燃区流动组织可划分为三个区域,如图 5-6 所示:

(1) 回流区:位于主燃烧区轴心线周围,其速度为负值。图中半椭圆形虚线表示回流区边界,该边界上各点的轴向速度为零。

(2) 顺流区:位于回流区边界外侧,其速度为正值。习惯上,把回流区和顺流区统称为"环流区"。在环流区内任一横截面上的正向流量等于负向流量,由此可以确定环流区的外边界。

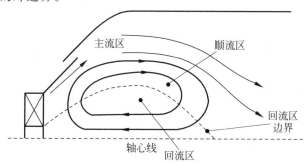

图 5-6 主燃烧室主燃区空气流动组织

（3）主流区：由于环流区的堵塞作用，经由火焰筒头部进入主燃区的空气偏向火焰筒周边，形成环状射流，并在环流区末端朝轴线收缩。

主燃区的这种流场与喷嘴供油相配合，可望获得高效稳定的燃烧。一般情况下，大部分燃油可在主燃区烧掉，形成的燃烧产物依次流向中间区和掺混区。与此同时，剩余的二次空气，根据壁面冷却、补燃和掺混的要求，按预定规律进入火焰筒，在中间区完成未燃成分的补燃和离解产物的复合反应，而在掺混区则利用低温空气与高温产物的混合，控制出口温度及其分布，最终获得燃烧完全的、满足涡轮工作温度要求的高温燃气流。

5.4   油雾分布组织

在上述流动组织的基础上，还需要精心组织油雾分布，目的是在燃烧空间中获得一种最有利的油雾浓度场，使油雾与空气配合合理，混合迅速，形成高效且稳定燃烧的可燃混合物。从燃烧理论可知，可燃混合物的着火和燃烧只有在一定的燃料浓度范围内才能发生，为了使燃油能够稳定而又完全地燃烧，就应确保在各种工况下，燃烧空间中燃油与空气的局部配合关系都能处于可燃范围之内。这也就是主燃烧室中油雾分布需要合理地组织的主要原因之一。油雾分布组织主要从两方面着手，一是从燃油雾化角度，保证油雾有合适的平均粒径；二是从燃油空间分布角度，保证油雾在燃烧空间有合理分布。下面以主燃烧室中经常采用的离心式喷油嘴为例，分析油雾浓度场应该如何合理组织的问题。

首先分析燃油雾化对油雾分布组织的影响。对于燃油来说，为了提高燃烧强度，需要将燃油雾化为很细的颗粒。试验表明，$1\,cm^3$ 体积的燃油经过离心式喷油嘴雾化后可以获得约 1000 万颗尺寸在 $10\sim200\,\mu m$ 的油滴。油滴的尺寸不宜过粗或过细。当液滴过粗时，燃烧完全所需的时间较长，在高速气流中很容易来不及烧完就被气流带出燃烧区，使燃烧效率下降；当油滴过细时，它的穿透能力很小，油滴就不能有效地分布到燃烧空间的各个位置上去，使局部区域的油雾浓度场过浓或过稀，容易发生熄火现象。也就是说，燃油雾化特性影响油雾分布，良好的油雾分布组织首先要求油雾平均粒径控制在适宜的范围内。

除了考虑燃油雾化外，还必须考虑油雾的合理分布。试验表明，燃油从喷油嘴喷出后，由于离心力的作用，首先会在喷油嘴附近形成一股由无数油滴组成的中空的锥形燃料流，如图 5-7 所示。此后，由于气流径向速度的作用，燃料流的中空锥体还会逐渐扩张。这样，就会使燃烧空间中油雾浓度的分布密度很不均匀。其中大部分油雾将沿燃料炬轴线这个空间轨迹曲面运动，形成一个"燃料炬"。在燃料炬的轴线上，油雾的浓度最大，余气系数最小，但是在这个轴线的两侧，油雾的浓度迅速下降。

不难发现，油雾浓度场的这种分布特点是与 5.3 节讨论的空气流动组织特性

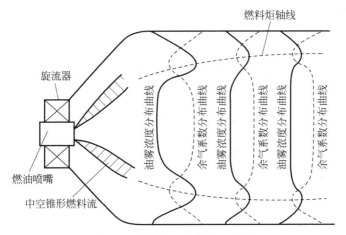

图 5-7 主燃烧室油雾分布组织

相适应的。因为在旋流器的作用下,新鲜空气都分布在火焰筒的外缘部,而火焰筒的中心部分则是一些缺氧的燃烧产物。显然,由离心式喷油嘴造成的中空的锥形燃料流正好能把大部分燃料集中分配到位于火焰筒外侧的新鲜空气中去,这就有利于形成油雾与空气的可燃混合物。试验还表明,这种分布并不是很均匀的油雾浓度场反而有利于提高火焰稳定性。因为即使在工况范围变化很大的情况下,由于油雾浓度分布不匀,在燃烧空间中总是存在一些燃料浓度处在可燃范围之内的局部区域,正是因为这种区域的存在,燃烧火焰才得以维持和发展。

当然,在火焰筒前段开有射流孔的情况下,"燃料炬"会被高速射流冲散和携带,油雾浓度的分布特性比图 5-7 所示复杂得多。

严格地讲,在燃烧过程中,燃料炬中既有气相燃料,又有液相燃料。因为当燃油喷入燃烧空间后受热蒸发,逐渐在油滴的表面附近形成燃油蒸气层。当油滴沿着火焰筒的长度方向运动时,气相成分会逐渐变浓。而液相燃料的燃烧实质是气相燃烧,因而为了最有效地向燃料炬供应空气以组成合理的浓度场,显然应该根据燃油的蒸发程度组织一次空气的供应方案,这样才能有效改善燃油蒸气与空气的混合成分,利于燃烧。目前,人们正是利用这个原理来组织燃油与空气的配合关系的。对于航空燃气涡轮发动机,常用 RP-3 喷气燃料,其挥发性较好,可以沿火焰筒头部圆顶的扩展方向,根据燃油蒸发程度逐渐引入一次空气(图 5-8),从而提高燃烧强度。

对于燃用挥发性较差的柴油和重质液体燃料的燃烧设备来说,不宜过早地引入一次空气,否则会降低挥发程度,不利于形成可燃混合物。因而在这种燃烧设备中,不宜在头部圆顶上开启供应一次空气的射流孔。

此外,在组织主燃烧室中的油雾浓度场时,还应合理地选择喷雾锥角。一般来说,希望在高负荷工况下的喷雾锥角较大,既对燃料与空气的充分混合有利,也能防止排气冒黑烟。同时,在低负荷工况下喷雾锥角则应较小,以利于主燃烧室的起

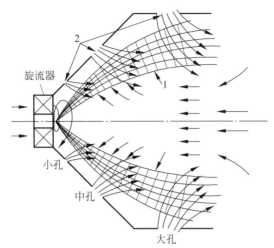

图 5-8　主燃烧室油雾分布与空气流动的相互作用机制
1：燃料炬中蒸发程度越来越大；2：逐次供应的空气

动点火,改善火焰稳定性。

　　试验表明,合理地调整喷油嘴与旋流器之间的轴向相对位置以改变燃烧空间中油雾浓度场的特性,对于燃烧效率乃至熄火特性都有重大影响。在低负荷工况下燃烧重质液体燃料时,改善喷雾粒径则是控制燃烧室工作特性的关键所在。

5.5　燃烧区燃烧机制

　　在分析了主燃烧室空气流动组织和油雾分布组织后,讨论燃烧区中燃烧过程的组织。根据燃烧理论可以推断,燃烧火焰必然发生在燃料浓度处于可燃范围、气流速度又较低的区域。可是,这种火焰究竟属于哪种类型呢?目前有两种截然不同的观点。第一种观点认为燃烧过程是按均相湍流预混火焰传播方式进行的;第二种观点认为燃烧过程是按均相湍流扩散火焰传播方式进行的。

　　按照第一种观点,当液体燃料由喷油嘴喷向由回流区迎面而来的高温燃气时,油滴将迅速地蒸发成为燃料蒸气,随后被高温燃气带入回流区外面的、属于环流区的、顺向流动的气层中去。由于该气层湍流扰动强烈,燃料蒸气将与一次空气主流区中的新鲜空气发生湍流交换而逐渐形成均相的可燃混合物。此后,就按湍流预混火焰传播现象进行燃烧。图 5-9 给出了这种燃烧过程的示意图。由图中可以看出,在这种燃烧方式中,燃烧过程是从火焰筒外缘的一次空气主流区的内侧,沿着气流的流线方向逐渐向火焰筒的中心部位发展的。可以沿火焰筒的半径方向把燃烧空间划分为三个区段:

　　(1) 第 1 区段:位于火焰筒内壁与火焰前锋之间。由图可知,燃料炬的轴线位于第 1 区段内,说明该区段充满了燃料浓度很大的、新鲜的可燃混合物,它不断地

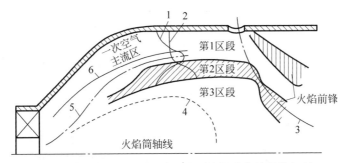

图 5-9 燃烧区基于湍流预混火焰传播观点的燃烧机制

1：燃料浓度变化曲线；2：温度变化曲线；3：空气射流的轴线；4：回流区边界；

5：燃料炬轴线；6：一次空气主流区内侧面

接受由火焰前锋传递而来的热量和活化分子，逐渐进入着火临界状态。

（2）第 2 区段：火焰前锋所占的空间范围。在该区段，可燃气体在火焰前锋中发生化学反应，迅速地完成燃烧过程。在火焰前锋中燃料的浓度急剧降低，而混合物的温度则逐渐增加到最高值。

（3）第 3 区段：位于火焰前锋与火焰筒轴线之间。该区段充满了高温的燃烧产物。喷油嘴喷来的燃料基本上是在这个区段内蒸发变成蒸气的。

当应用燃烧理论的基本原理对火焰稳定的条件进行分析时可以看出，在余气系数不是太大，也就是燃料浓度不是太低的情况下，火焰前锋的位置一般只能处于如图 5-9 所示的回流区边界（轴向速度等于零的空间轨迹面）与燃料炬轴线之间。由于回流区内缺乏氧气，不可能发生燃烧现象；而在回流区的边界上气流的轴向速度等于零，不可能满足火焰稳定的要求：可燃混合气的法向速度大小与火焰传播速度大小相等——$w_n = S_L$ 的条件。显然，只有在回流区的边界与燃料炬轴线之间，才具备同时满足前文所述的火焰稳定所必须遵循的三大原则的条件。

但是必须指出，在主燃烧室中可燃混合物的燃烧并不像层流火焰传播现象那样，是在一层很薄的火焰面上进行的。当时，火焰前锋的厚度相当大。因为在近代主燃烧室中，气流运动一般是大型强扰动，能使燃烧空间的浓度场不断地波动，从而使火焰前锋扭曲变形，甚至可以使燃烧区分裂成许多个由高温燃气包围的燃烧中心，因而火焰前锋总是在一定的宽度范围内摆动。当火焰前锋远离旋流器时，特别是在回流区消失后的那些截面上，火焰前锋的厚度将大幅增加。这些部位的燃料浓度逐渐变稀，燃烧温度有所下降，从而使火焰传播速度有所减小。

图 5-10 中给出了用照相方法获取的火焰筒内火焰前锋的型线图。当把它与空气流动速度场的型线作比较时可以发现，火焰前锋的型线大致与空气流动的轴向分速度的等值线重合。而且，在燃烧空间中火焰前锋的位置将因余气系数的变化而异。但是在接近旋流器的地方，余气系数各不相同的火焰前锋的型线却与主燃烧室冷吹试验时测得的回流区的边界线非常接近。不过在远离旋流器后，不同余气系数的火焰前锋位置将互异，不再与回流区边界一致了。

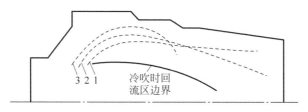

图 5-10　燃烧区火焰前锋位置与余气系数的关系

1：$\alpha=3$ 时的火焰前锋位置；2：$\alpha=6$ 时的火焰前锋位置；3：$\alpha=10$ 时的火焰前锋位置

　　试验表明，当主燃烧室在余气系数很大而燃料的雾化情况又很差的工况下工作时，由于可燃混合物的形成时间拖长，火焰前锋的起燃点会逐渐沿着流线方向远离旋流器，甚至还会移入回流区。那时，火焰前锋将以火焰稳定点为基点，朝着喷油嘴喷雾方向传播。当燃料的浓度进一步降低时，在环流区中首先沿着顺流方向、随后又沿着回流方向运动的油滴，已经不再能够组成可燃混合物了，此时燃烧火焰将被吹熄。

　　试验表明，随着火焰筒前段几排射流空气的引入，燃烧火焰的情况将发生某些变化。射流的引入首先会把燃烧区沿着燃烧室的轴线方向逐渐推进，由于湍流扰动的作用，火焰前锋的燃烧面积将增大。与此同时，在射流流经的路程中，由于湍流的扰动作用，射流的周围会形成一股适于可燃混合物进行燃烧反应的局部回流区和浓度场。因而，当燃烧区中的可燃混合物的浓度较浓时，被射流所携带的燃料，将有一部分在环绕射流周围的燃烧区中燃烧，而另一部分将在接近火焰筒轴线的射流区后发生强烈的燃烬过程。即使在射流很深的情况下，当这股含有部分燃料的射流射入回流区时，由于燃料的燃烧放热效应，回流区的温度也不至于下降。在这种情况下，加强射流将强化燃烧过程。可是，当燃烧区中可燃混合物的浓度较低时，射流所能携带的燃料会减少。此时，在射流流经的路程中逐渐形成的可燃混合物的浓度也很低。这股可燃混合物不是不能起燃，就是燃烧得非常缓慢。假如这股温度较低的射流射入了正在燃烧的可燃混合物中，就会使燃烧温度降低，燃烧过程就有可能中止。因而，当主燃烧室在余气系数很高的工况下工作时，射流空气的引入或是增加射流的深度，反而会使燃烧过程恶化。

　　总之，上述关于主燃烧室燃烧区中燃烧过程的发生和发展机制，是以均相湍流预混火焰的传播理论为基础的。它告诉我们，提高湍流扰动的强度，使火焰传播速度和火焰前锋的面积增大，是强化燃烧过程的主要手段。

　　前文提到的第二种观点（主燃烧室燃烧区的燃烧过程是按均相湍流扩散火焰传播方式进行的）认为：

　　(1) 当燃料喷入高温回流区附近时，几乎全部油滴都将迅速地蒸发成燃料蒸气。这种燃料蒸气和热分解产物将被逆向流动的回流带入环流区的顺向流动的气流中，与一次主流区中的新鲜空气进行扩散和湍流交换，随后在化学恰当比状态的湍流扩散火焰中着火、起燃，并完成燃烧过程。

（2）由于燃料在火焰筒前段几乎全部蒸发，在火焰筒前段的燃料完全燃烧程度既不受燃料蒸发速度的限制，也不受化学反应速度的限制。

（3）火焰筒前段剩余的尚未燃烧的燃料蒸气和尚未完全氧化的物质将与一部分燃烧产物掺混成为高温的混合气体。当它们进入火焰筒的射流孔区段后，就会与这些射流孔射入的空气混合成可燃气体。随后在这些射流的附面层中按均相预混可燃气体的自燃机制完成燃烧过程。因此，在主燃烧室的出口处燃料的燃烧完全程度将完全取决于火焰筒上空气射流孔段所发生的过程。

（4）在火焰筒的前段，燃烧火焰的稳定是由高温燃烧产物的环流运动来保证的。火焰的稳定性取决于燃烧反应所需的时间 t_c 与可燃气体的分子在环流区中的逗留时间 t_n 的关系。只有当化学反应时间小于逗留时间时，燃烧火焰才有可能稳定。因而燃烧室稀态熄火的原因是当时的燃烧温度降低，化学反应时间剧增，而逗留时间仍然不变，从而出现 $t_c \geqslant t_n$。

当然，在燃烧蒸发性能较差的燃料时，燃烧室中的燃烧过程必然更为复杂。正如前文所述，那时有可能同时存在气相、液相和固相物质的燃烧现象。燃料蒸气与空气的混合物既可以按自燃着火方式，也可以按均相湍流火焰传播方式燃烧。液相的液滴群则可能以两相混合物的燃烧方式燃烧。固体炭粒则将按固体燃料的两相燃烧方式燃烧。

总之，在主燃烧室中进行的燃烧过程是一个比较复杂的物理化学过程，它与许多因素有关。只有彻底弄清楚这些问题后，才有可能为主燃烧室的设计提供可靠的、定性的和定量的理论基础和试验数据。

5.6　掺混区掺混机制

如前所述，掺混过程的主要目的在于通过开在火焰筒壁面上的掺混孔，合理地把掺混空气送到由主燃区流来的高温燃气中去，使它们彼此混合，把燃气温度降到涡轮前的设计值，并使温度场均匀或是按设计所需的规律分布。此外，掺混过程还具有局部补燃由主燃区流来的、少量的、尚未完全燃烧的可燃物质的作用。

很明显，主燃烧室出口温度场的指标不仅与掺混空气的流量，掺混孔的结构形式、尺寸和布局，掺混射流在高温燃气中可能达到的射流深度等因素有关，而且与由主燃区流来的高温燃气的温度场，以及掺混空气在燃烧室机匣与火焰筒之间的外环道和内环道中的流动情况有关。当然，在掺混区之前的高温燃气温度场则与旋流器的结构形式、主燃孔的布局和燃料的喷雾特性等因素密切相关。

不难设想，只有根据掺混区前高温燃气温度场的分布特点，合理地控制掺混空气的流量、流动参数、射流深度，以及掺混孔布局等，并使高温燃气与掺混空式混合时具有足够强烈的湍流扰动，才有可能获得比较满意的温度场特性。

下面围绕如何合理地组织掺混过程的问题，讨论某些因素对主燃烧室出口温度场特性指标的影响。

1. 掺混空气流量的影响

试验表明,掺混空气的流量对主燃烧室出口温度场品质的影响有一个最佳值。

当掺混空气流量与燃烧空气流量的
比值超过最佳值后,若继续增加掺混
空气流量,不但不能使出口温度场改
善,而且有使其恶化的趋势。当然,
掺混空气流量的最佳值与掺混孔的
数目和直径有关。某个短环形燃烧
室的试验结果也证明了类似关系,如
图 5-11 所示,当掺混孔面积 A_m 与主
燃烧室火焰筒的总开孔面积 $\sum A$ 的
比值 $A_m/\sum A$ 超过 40% 后,继续增
大 $A_m/\sum A$ 反而无法改善出口温度场。

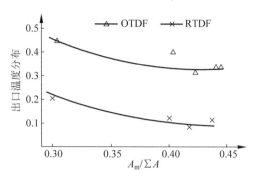

图 5-11 掺混空气流量对出口温度分布系数的影响

2. 掺混空气流动参数的影响

掺混空气的流动参数 Ψ_m 是指火焰筒总压损失 Δp_L 与主燃烧室环道空气的平均动压的比值:

$$\Psi_m = \frac{\Delta p_L}{\frac{1}{2}\rho_3 c_r^2} \tag{5-1}$$

式中,c_r 为主燃烧室环道空气平均流速,单位为 m/s。若无座舱引气并忽略漏气,由式(4-1)可知,主燃烧室环道空气 $W_r = W_{a3} - W_{a3.1-1}$,那么依据质量流量公式有

$$c_r = \frac{W_{a3} - W_{a3.1-1}}{\rho_3 A_r} \tag{5-2}$$

式中,A_r 为主燃烧室环道断面面积,$A_r = A_{ref} - A_L$,其中 A_{ref} 为主燃烧室机匣的最大断面面积,A_L 为火焰筒断面面积。所以式(5-2)可写成

$$c_r = \frac{W_{a3} - W_{a3.1-1}}{\rho_3(A_{ref} - A_L)} = \frac{W_{a3}(1 - W_{a3.1-1}/W_{a3})}{\rho_3 A_{ref}(1 - A_L/A_{ref})} = \frac{c_{ref}(1 - W_{a3.1-1}/W_{a3})}{(1 - A_L/A_{ref})} \tag{5-3}$$

式中,$c_{ref} = \dfrac{W_{a3}}{\rho_3 A_{ref}}$ 为主燃烧室机匣最大断面的气流平均速度,单位为 m/s。将式(5-3)代入式(5-1)有

$$\Psi_m = \frac{\Delta p_L}{\frac{1}{2}\rho_3 C_{ref}^2}\left(\frac{1 - A_L/A_{ref}}{1 - W_{a3.1-1}/W_{a3}}\right)^2 \tag{5-4}$$

很明显,Ψ_m 直接关系着掺混空气的射流流量、射流速度和射流深度,因而,它

是一个影响主燃烧室出口温度场品质的重要参数。

图 5-12 给出了 Ψ_m 对主燃烧室出口温度分布系数的影响,由此可见,适当增

大 Ψ_m 有利于改善主燃烧室出口温度场的品质。事实上,Ψ_m 与主燃烧室出口温度场的特性指标之间存在一个最佳关系。当 Ψ_m 超过某个最佳值后,主燃烧室出口温度分布系数将逐渐趋于稳定。

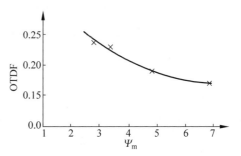

图 5-12　掺混空气流动参数对出口温度分布系数的影响

从式(5-4)中可以进一步看出,Ψ_m 与主燃烧室的结构参数 A_L/A_{ref} 和流量分配规律 $W_{a3.1-1}/W_{a3}$ 有密切关系。因而,在调试燃烧室时,主燃烧室结构的任何改变都会对出口温度场的品质有所影响。例如,在调试 Spey 发动机的主燃烧室时,为了加强火焰筒壁的冷却,在火焰筒上增开了一排冷却气膜孔,导致了 Ψ_m 的减小,其结果是主燃烧室出口温度场的品质也恶化了。

3. 掺混空气射流深度的影响

很明显,掺混空气的射流深度对于出口温度场的品质有重要影响。在许多主燃烧室中,掺混区前燃气的最高温度区域大致分布在火焰筒的轴线附近,为了使这部分高温燃气能够冷却降温,必须把掺混空气喷射到火焰筒的中心区域。试验表明,使掺混区中掺混空气的射流深度控制在 $H_m = (0.35 - 0.65)H_{Lj}$ 的范围内变化是合适的(H_{Lj} 为掺混孔 j 射流平面上火焰筒宽度)。这时,射入的掺混空气将与高温的主燃气流掺混,并在火焰筒中分散,因而能够获得良好的温度场指标。

掺混空气射流深度 H_m 可以按下式估算:

$$H_m = 1.25 d_m \mu_m \sqrt{\frac{T_{tgj}}{T_{taj}} \left(\frac{c_{taj}}{c_{tgj}} \right)} \tag{5-5}$$

式中,d_m 为掺混孔直径;μ_m 为掺混孔流量系数;T_{tgj} 为火焰筒内在掺混孔前高温燃气的温度;T_{taj} 为主燃烧室环道内空气的温度,在计算中可以取 $T_{taj} = T_{t3}$;c_{taj} 为掺混空气的射流速度;c_{tgj} 为火焰筒内在掺混孔 j 前高温燃气的速度。

4. 掺混孔布局的影响

试验表明,使掺混孔之间的周向相对间距 $\delta_m = \pi H_{Lj}/(n_m d_m) \geqslant 2$ 是保证出口温度场品质的必要条件。式中,n_m 为掺混孔的数目。因为,当掺混孔之间的周向间距过近时,在距离火焰筒壁不太远的空间范围内,低温的掺混空气将彼此交混在一起形成一个阻塞圈,它能阻碍高温主燃气从各股射流之间的空域中流过,从而破坏与掺混空气的混合过程。同时,掺混空气还会把由主燃区流来的高温燃气压

向火焰筒的轴线附近。显然,掺混空气与高温燃气的分层流动必然会严重地恶化主燃烧室出口温度场的品质。

　　掺混孔在火焰筒圆周方向和轴线方向的分布情况必然会对主燃烧室出口温度场的分布特性有重要影响。实践表明,它是在燃烧室试验时调整燃气温度场指标的一个最为有效的措施之一。

　　从原则上讲,假如主燃烧室环道的几何形状和气流的流动情况是均匀且对称的话,那么,在满足 $\delta_m = \pi H_{Lj}/(n_m d_m) \geqslant 2$ 的前提下,掺混孔沿火焰筒圆周方向的布局就有可能是均匀的。但是,若主燃烧室环道的几何形状不对称,那么掺混孔沿火焰筒圆周方向的布局就有可能是非均匀排布。

　　此外,在组织掺混过程时,还必须合理地选择最后一排掺混孔的中心线与火焰筒出口面之间的轴向距离 l_m。这个参数与出口温度场的 OTDF 和 RTDF 都有密切关系。它们之间的关系可以用式(5-6)和图 5-13 表示。

$$RTDF = C\left(\frac{l_m}{D_{Lj}}\right)^{-1.35} \tag{5-6}$$

式中,$C = 0.1 \sim 0.235$。

　　图 5-13 给出了出口温度分布系数 OTDF 与无量纲量 χ 之间的统计关系。$\chi = 0.5\xi_{ref}\sqrt[3]{\dfrac{l_m}{d_m}}\sqrt{\dfrac{L_L}{H_{Lj}}}$,其中 ξ_{ref} 为主燃烧室参考截面流阻系数,L_L 为火焰筒长度。

　　由此,可以根据设计时给定的出口温度场指标 OTDF 和 RTDF,分别求得 l_m,最后取其中较大者作为设计值。

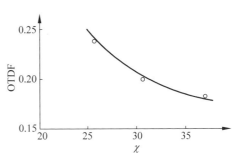

图 5-13　出口温度分布系数与掺混孔轴向位置之间的关系

5.7　火焰筒冷却机制

　　众所周知,主燃烧室中火焰筒的工作条件是极为恶劣的,在高温、高压的燃烧火焰和热燃气的作用下,它承受着高强度的热负荷、热冲击负荷和一定程度的机械振动负荷。由于热应力、蠕变应力和疲劳应力的交互作用,火焰筒常会发生裂纹、翘曲和变形等损坏,甚至还会出现脱焊、掉块、磨损和烧穿等故障。为了解决这些问题,延长主燃烧室的使用寿命,必须合理地组织火焰筒的冷却过程。显然,火焰筒的冷却过程需要合理地组织冷却空气流,使主燃烧室火焰筒上的受热区域获得有效的冷却,以确保火焰筒的壁面温度能够比较均匀地保持在材料的寿命和强度容许的范围之内。

从理论来看,火焰筒的冷却问题可以简化为一个复杂的换热问题。在火焰筒上取一个微元体,对它写出作用在该微元体上的辐射换热、对流换热和气膜冷却热流密度的平衡方程式后,就可以通过求解这组方程式而获得火焰筒的壁面温度。

从原则上讲,在主燃烧室火焰筒上热流传递的三种方式,即导热、对流换热和辐射换热应该都是存在的。但是,由于火焰筒内壁与外壁之间的温差很小,通过火焰筒壁的导热量通常可忽略。此外,为了简化,在计算火焰筒壁的温度时做了以下基本假设:

(1) 火焰筒内、外的气流均做稳定的一元流动;

(2) 忽略外火焰筒与内火焰筒之间的辐射热;

(3) 忽略沿火焰筒轴向发生的导热现象的影响;

(4) 主燃烧室机匣是一个绝热且温度接近于进口总温 T_{t3} 的壁面。

以外火焰筒为例,如图 5-14 所示。当外火焰筒内壁没有冷却气膜的流层时,高温燃气将以辐射热流密度 $\dot{\Phi}_{s,r1}$ 和对流热流密度 $\dot{\Phi}_{s,c1}$ 作用于外火焰筒内壁;与此同时,外火焰筒外壁将以辐射热流密度 $\dot{\Phi}_{s,r2}$ 把热量传递给主燃烧室外机匣,并以对流热流密度 $\dot{\Phi}_{s,c2}$ 把热量转移给主燃烧室外环道空气。此外,外火焰筒的内壁和外壁之间由于存在温度梯度而产生了通过火焰筒的导热热流密度 $\dot{\Phi}_s = \dfrac{\lambda_w}{\delta}(T_{w1} - T_{w2})$,其中 λ_w 为火焰筒热导率,单位为 $W/(m \cdot K)$;δ 为火焰筒壁厚度,单位为 mm;T_{w1} 为外火焰筒内壁温度,单位为 K;T_{w2} 为外火焰筒外壁温度,单位为 K。早期燃烧室的燃烧压力低、热导率小,火焰筒内壁与外壁之间的温差很小,此时通过火焰筒的导热可以忽略不计。但对于现代高增压比的发动机而言,不可以忽略火焰筒的导热。

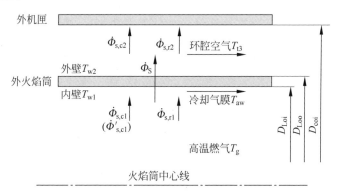

图 5-14　火焰筒热量传递过程

在热流稳定时,火焰筒吸收的热流密度等于损失的热流密度,即存在热流密度平衡方程式:

$$\dot{\Phi}_{s,r1} + \dot{\Phi}_{s,c1} = \dot{\Phi}_{s,r2} + \dot{\Phi}_{s,c2} = \dot{\Phi}_s \tag{5-7}$$

当外火焰筒内壁有冷却气膜流层时，冷却气膜将以对流换热的方式，从外火焰筒内壁吸取热流密度 $\dot{\Phi}'_{s,c1}$。此时，相应的热流密度平衡方程式虽然还可以用式(5-7)来表示，但是应以 $\dot{\Phi}'_{s,c1}$ 取代 $\dot{\Phi}_{s,c1}$。下面分别讨论以上各种换热量的计算关系式。

1. 内部辐射

内部辐射指高温燃气对外火焰筒内壁的辐射热流密度 $\dot{\Phi}_{s,r1}$（单位为 W/m^2）：

$$\dot{\Phi}_{s,r1} = \sigma(\varepsilon_g T_g^4 - \alpha_g T_{w1}^4) \tag{5-8}$$

式中，T_g 为高温燃气总温，单位为 K；σ 为斯蒂芬-玻尔兹曼常数，$\sigma = 5.67 \times 10^{-8} W/(m^2 \cdot K^4)$；$\varepsilon_g$ 为 T_g 时的燃气发射率；α_g 为 T_{w1} 时的燃气吸收率；式(5-8)的第 1 项为燃气向壁面的辐射，第 2 项为燃气吸收壁面的辐射。ε_g 涉及燃气向壁面的辐射，取决于 T_g；α_g 则涉及燃气所吸收的壁面辐射，取决于 T_{w1}。实际上，火焰筒表面并非黑体，但可以看作吸收率小于 1 的灰体。对于大多数的实际应用而言，此影响可以通过引入 $0.5(1+\varepsilon_w)$ 来修正，即

$$\dot{\Phi}_{s,r1} = 0.5\sigma(1+\varepsilon_w)(\varepsilon_g T_g^4 - \alpha_g T_{w1}^4) \tag{5-9}$$

式中，ε_w 为外火焰筒壁的平均发射率，取决于火焰筒材料、温度和壁面氧化程度，在典型的火焰筒壁温下，镍铬钛耐热合金和不锈钢的 ε_w 的近似平均值分别为 0.7 和 0.8。此外，ε_g 和 α_g 之间有关系：$\alpha_g = \left(\dfrac{T_g}{T_{w1}}\right)^{1.5}\varepsilon_g$，于是式(5-9)变换为

$$\dot{\Phi}_{s,r1} = 0.5\sigma(1+\varepsilon_w)\varepsilon_g T_g^{1.5}(T_g^{2.5} - T_{w1}^{2.5}) \tag{5-10}$$

式中，ε_g 可采用列菲弗尔给出的关系式计算：

$$\varepsilon_g = 1 - \exp[-0.29Lp_g(fl_r)^{0.5}T_g^{-1.5}] \tag{5-11}$$

式中，p_g 为高温燃气总压，单位为 Pa；f 为油气比；l_r 为辐射有效长度，单位为 m。对于单管燃烧室 $l_r \approx 0.6D_L$，D_L 为火焰筒直径；对于环形燃烧室，内壁 $l_r \approx 1.0D_L$，外壁 $l_r \approx 1.2D_L$，D_L 为火焰筒当量直径；L 为亮度因子，对于煤油，$L \approx 1.7$，对于其他燃料来说，L 可以根据燃料的碳氢质量比值 C/H 按下式计算：

$$L = 3\left(\dfrac{C}{H} - 5.2\right)^{0.75} \tag{5-12}$$

2. 外部辐射

外部辐射指外火焰筒外壁与主燃烧室外机匣之间的辐射热流密度 $\dot{\Phi}_{s,r2}$（单位为 W/m^2）。

由于缺少关于火焰筒壁面发射率的准确认识，$\dot{\Phi}_{s,r2}$ 仅能近似估算：

$$\dot{\Phi}_{s,r2} = R\sigma(T_{w2}^4 - T_{t3}^4) \tag{5-13}$$

式中，系数 R 与外机匣材料有关，对于铝制机匣，$R = 0.4$；对于钢制机匣，$R = 0.6$。

3. 外部对流

外部对流指外火焰筒外壁与主燃烧室外环道空气之间的对流热流密度 $\dot{\Phi}_{s,c2}$（单位为 W/m^2）：

$$\dot{\Phi}_{s,c2} = h_{f2}(T_{w2} - T_{t3}) \tag{5-14}$$

式中，h_{f2} 为外火焰筒外壁与主燃烧室外环道空气之间的对流换热系数，单位为 $W/(m^2 \cdot K)$。由迪图斯-贝特（Dittus-Boelter）公式 $Nu_f = 0.023Re_f^{0.8}Pr_f^{0.4}$ 有

$$\frac{h_{f2}D_{ro}}{\lambda_r} = 0.023\left(\frac{c_r D_{ro}\rho_r}{\mu_r}\right)^{0.8}Pr_r^{0.4} = 0.023\left(\frac{c_r D_{ro}W_r}{\mu_r c_r A_r}\right)^{0.8}Pr_r^{0.4}$$

$$= 0.023\left(\frac{D_{ro}W_r}{\mu_r A_r}\right)^{0.8}0.7^{0.4} \tag{5-15}$$

式中，λ_r 为 T_{t3} 的外环道空气的热导率，单位为 $W/(m \cdot K)$；μ_r 为 T_{t3} 的外环道空气动力黏度，单位为 $P_a \cdot s$；D_{ro} 为主燃烧室外环道当量直径，按当量直径定义有 $D_{ro} = \dfrac{4 \times \text{流体通流截面积}}{\text{周长}} = \dfrac{4 \times \pi/4 \times (D_{coi}^2 - D_{Loo}^2)}{\pi(D_{coi} + D_{Loo})} = D_{coi} - D_{Loo} = 2H_{ro}$，其中 D_{coi} 为外机匣内径（环形燃烧室）或机匣内径（单管燃烧室），D_{Loo} 为外火焰筒外径（环形燃烧室）或火焰筒外径（单管燃烧室），H_{ro} 为主燃烧室外机匣与外火焰筒间的宽度，简称"主燃烧室外环道宽度"；c_r 为主燃烧室环道空气流速，单位为 m/s；ρ_r 为主燃烧室环道空气密度，单位为 kg/m^3；W_r 为主燃烧室环道气量，单位为 kg/s；A_r 为主燃烧室环道断面面积，单位为 m^2，$A_r = \dfrac{\pi}{4}(D_{coi}^2 - D_{Loo}^2)$；$Pr_r$ 为主燃烧室环道空气普朗特数，$Pr_r = 0.7$。所以，

$$h_{f2} = 0.023\left(\frac{D_{ro}W_r}{\mu_r A_r}\right)^{0.8}0.7^{0.4}\frac{\lambda_r}{D_{ro}} = 0.02\frac{\lambda_r}{D_{ro}^{0.2}}\left(\frac{W_r}{\mu_r A_r}\right)^{0.8} \tag{5-16}$$

因此，式（5-13）变换为

$$\dot{\Phi}_{s,c2} = 0.02\frac{\lambda_r}{D_{ro}^{0.2}}\left(\frac{W_r}{\mu_r A_r}\right)^{0.8}(T_{w2} - T_{t3}) \tag{5-17}$$

4. 内部对流（无冷却气膜）

无冷却气膜的内部对流指当外火焰筒内壁附近没有冷却气膜时，外火焰筒内壁与高温燃气之间的对流热流密度 $\dot{\Phi}_{s,c1}$（单位为 W/m^2）：

$$\dot{\Phi}_{s,c1} = h_{f1}(T_g - T_{w1}) \tag{5-18}$$

同样有

$$\frac{h_{f1}D_L}{\lambda_g} = 0.023\left(\frac{D_L W_{gx}}{\mu_g A_L}\right)^{0.8}Pr_g^{0.4} \tag{5-19}$$

式中，h_{f1} 为外火焰筒内壁与高温燃气之间的对流换热系数，单位为 $W/(m^2 \cdot K)$；

λ_g 为 T_g 时的燃气热导率，单位为 W/(m·K)；μ_g 为 T_g 时的燃气动力黏度，单位为 P_a·s；D_L 为火焰筒当量直径，按当量直径定义有 $D_L = \dfrac{4 \times 流体通流截面积}{周长} = $

$\dfrac{4 \times \pi/4 \times (D_{Loi}^2 - D_{Lio}^2)}{\pi(D_{Lo} + D_{Li})} = D_{Loi} - D_{Lio} = 2H_L$，其中 D_{Loi} 为外火焰筒内径（环形燃烧室）或火焰筒内径（单管燃烧室），D_{Lio} 为内火焰筒外径（环形燃烧室）或零（单管燃烧室），H_L 为火焰筒宽度。W_{gx} 为火焰筒在计算位置断面上通过的高温燃气量，单位为 kg/s；A_L 为火焰筒断面面积，单位为 m^2，$A_L = \dfrac{\pi}{4}(D_{Loi}^2 - D_{Lio}^2)$；$Pr_g$ 为高温燃气的普朗特数，主燃区 $Pr_g = 0.47$，其他区 $Pr_g = 0.7$。所以，

$$h_{f1} = 0.023 \left(\frac{D_L W_{gx}}{\mu_g A_L}\right)^{0.8} Pr_g^{0.4} \frac{\lambda_g}{D_L} = 0.023 Pr_g^{0.4} \frac{\lambda_g}{D_L^{0.2}} \left(\frac{W_{gx}}{\mu_g A_L}\right)^{0.8} \tag{5-20}$$

同理，式(5-18)可变换为

$$\dot{\Phi}_{s,cl} = 0.023 Pr_g^{0.4} \frac{\lambda_g}{D_L^{0.2}} \left(\frac{W_{gx}}{\mu_g A_L}\right)^{0.8} (T_g - T_{wl}) \tag{5-21}$$

对于主燃区内计算，式(5-21)为

$$\dot{\Phi}_{s,cl} = 0.017 \frac{\lambda_g}{D_L^{0.2}} \left(\frac{W_{gx}}{\mu_g A_L}\right)^{0.8} (T_g - T_{wl}) \tag{5-22}$$

对于其他区内计算，式(5-21)为

$$\dot{\Phi}_{s,cl} = 0.02 \frac{\lambda_g}{D_L^{0.2}} \left(\frac{W_{gx}}{\mu_g A_L}\right)^{0.8} (T_g - T_{wl}) \tag{5-23}$$

将式(5-22)和式(5-23)统一格式：

$$\dot{\Phi}_{s,cl} = C \frac{\lambda_g}{D_L^{0.2}} \left(\frac{W_{gx}}{\mu_g A_L}\right)^{0.8} (T_g - T_{wl}) \tag{5-24}$$

对于主燃区内的计算，系数 $C = 0.017$，对于其他区的计算，系数 $C = 0.02$。

5. 内部对流（存在冷却气膜）

存在冷却气膜的内部对流指当外火焰筒内壁附近有冷却气膜的流层时，外火焰筒内壁与冷却气膜之间的对流热流密度 $\dot{\Phi}_{s,cl}'$（单位为 W/m^2）。

图 5-15 给出了火焰筒内壁附近的冷却气膜结构示意图，图 5-16 是火焰筒冷却气膜流动过程的简图。它的工作原理是利用冷却空气的射流在火焰筒内壁附近形成一股低温的气膜，使高温燃气与火焰筒壁隔开。这样，就可以阻隔高温燃气对壁面的对流换热效应，而冷却气膜在沿壁面流动时，可以从壁面取走一部分热量（其对流热流密度为 $\dot{\Phi}_{s,cl}'$），使火焰筒壁温进一步降低。此时

$$\dot{\Phi}_{s,cl}' = h_{f1}'(T_{aw} - T_{wl}) \tag{5-25}$$

式中，h_{f1}' 为外火焰筒内壁与冷却气膜之间的对流换热系数，单位为 $W/(m^2 \cdot K)$；

T_{aw} 为冷却气膜流层的温度,单位为 K。定义气膜冷却效率 $\eta_{cl} = \dfrac{T_g - T_{aw}}{T_g - T_{t3}}$,那么

$T_{aw} = T_g - \eta_{cl}(T_g - T_{t3})$。

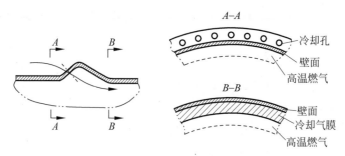

图 5-15 火焰筒内壁附近的冷却气膜结构示意图

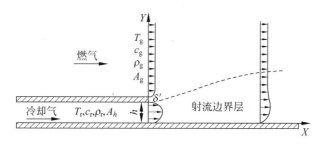

图 5-16 火焰筒冷却气膜流动过程简图

试验表明,当外火焰筒内壁附近有冷却气膜的流层时,其换热系数 h'_{fl} 与无冷却气膜时的 h_{fl} 有明显差别,因而需要专用的实验公式来计算。

令 $\chi_m = \dfrac{\rho_r c_r}{\rho_g c_g} = \dfrac{W_h A_L}{W_{gx} A_h}$,其中 W_h 和 A_h 分别为气膜质量流量和气膜槽断面面积。

(1) 当 $0.5 < \chi_m \leqslant 1.3$ 时,

$$Nu_h = \frac{h'_{fl} x}{\lambda_r} = 0.069 \left(Re_h \frac{x}{h} \right)^{0.7} = 0.069 \left(\frac{\rho_r c_r x}{\mu_r} \right)^{0.7}$$

$$= 0.069 (Re_x)^{0.7} \tag{5-26}$$

$$\dot{\Phi}'_{s,cl} = 0.069 \frac{\lambda_r}{x} (Re_x)^{0.7} (T_{aw} - T_{wl}) \tag{5-27}$$

式中,h 为冷却槽缝隙高度;x 为冷却槽下游距离;$Re_h = \dfrac{\rho_r c_r h}{\mu_r}$ 为冷却槽出口流动的雷诺数;$Re_x = \dfrac{\rho_r c_r x}{\mu_r} = \dfrac{W_h x}{A_h \mu_r}$ 为气膜沿轴向流动的雷诺数。

（2）当 $\chi_m > 1.3$ 时，

$$Nu_h = \frac{h'_{fl}x}{\lambda_r} = 0.10Re_h^{0.8}\left(\frac{x}{h}\right)^{0.44} = 0.10\left(\frac{\rho_r c_r x}{\mu_r}\right)^{0.8}\left(\frac{x}{h}\right)^{-0.36}$$

$$= 0.10Re_x^{0.8}\left(\frac{x}{h}\right)^{-0.36} \tag{5-28}$$

$$\dot{\Phi}'_{s,cl} = 0.10\frac{\lambda_r}{x}Re_x^{0.8}\left(\frac{x}{h}\right)^{-0.36}(T_{aw} - T_{wl}) \tag{5-29}$$

壁面气膜温度 T_{aw} 由其定义式 $T_{aw} = T_g - \eta_{cl}(T_g - T_{t3})$ 求解。其中，气膜冷却效率 η_{cl} 按以下方法获取：

（1）当 $0.5 < \chi_m \leqslant 1.3$ 时，

$$\eta_{cl} = 1.10\chi_m^{0.65}\left(\frac{\mu_r}{\mu_g}\right)^{0.15}\left(\frac{x}{h}\right)^{-0.2}\left(\frac{\delta'}{h}\right)^{-0.2} \tag{5-30}$$

（2）当 $1.3 < \chi_m < 4$ 时，

$$\eta_{cl} = 1.28\left(\frac{\mu_r}{\mu_g}\right)^{0.15}\left(\frac{x}{h}\right)^{-0.2}\left(\frac{\delta'}{h}\right)^{-0.2} \tag{5-31}$$

式中，δ' 为冷却槽唇边厚度。

上述 η_{cl} 的计算关系式适合现代设计的燃烧室，其冷却缝通常比较通畅、规范。而对于早期的燃烧室，由于冷却缝常伴随各种障碍物，障碍物虽然可以用于产生湍流、提高掺混速率，但也降低了气膜冷却效率，因此 η_{cl} 不能再用上述关系式计算。关于早期燃烧室 η_{cl} 的计算关系式，请读者自行参考相关文献，此处不再详述。

通常，在冷却气膜的起始段中，$T_{aw} = T_{t3}$，即 $\eta_{cl} = 1$。对于钻孔构型的气膜来说，气膜缝隙高度 h 可以按气膜出口处的实际高度计算；对于波纹板构型的气膜来说，h 应是按波纹板冷却带的实际进气面积所折合的高度。在火焰筒头部的圆弧部分，气膜段的长度 x 应取弧长，其余各段的 x 均取轴向长度。

计算表明，当 $\chi_m > 1.75$ 后，气膜冷却的效果已不再随 χ_m 的增大而显著增大了。当 $2 \leqslant \chi_m \leqslant 3.5$ 时，η_{cl} 几乎恒定不变了。因而从换热的观点来看，当使 χ_m 在 $1.5 \sim 2.0$ 变化时，已能足够有效地冷却火焰筒壁了。

至此，我们具备了计算火焰筒壁温度场的必要条件。当把以上各项热流密度的计算关系式分别代入热流密度平衡方程式（5-7）后，在已知 T_g、T_{t3}、T_{aw}、h_{fl}（或 h'_{fl}）、h_{f2} 和 ε_g 这 6 个物理参量的前提下，就可以求出火焰筒壁的温度 T_w 沿火焰筒长度方向的分布规律。当然，为了预先得知上述参量沿火焰筒长度方向的变化数据，必须具备主燃烧室的全部几何尺寸参数和相应工况下气流的流动参数和热力参数。具体计算过程请见 10.5 节。

下面是开展火焰筒冷却试验时总结出的两条规律：

（1）在火焰筒内壁方向上，辐射热流密度 $\dot{\Phi}_{s,rl}$ 是主要加热因素，而气膜冷却则可以带走大部分辐射热量，因为 $\dot{\Phi}'_{s,cl}$ 大部分是负值。但是在气膜段的后部，热流密度 $\dot{\Phi}'_{s,cl}$ 却变为正值，那时气膜已不再起冷却壁面的作用，而是起阻隔高温燃气接触壁面、防止对火焰筒壁施加额外的对流换热量的作用。

（2）在火焰筒的外壁方向上，二次空气中的冷却空气的对流热流密度 $\dot{\Phi}_{s,c2}$ 将起主导作用，而火焰筒壁的辐射散热的热流密度 $\dot{\Phi}_{s,r2}$ 却很小。

此外，关于如何合理地组织火焰筒壁的冷却过程，总结出 6 个方面的原则：

（1）由于燃烧火焰或高温燃气对火焰筒内壁的热辐射是筒壁加热的主要因素，而辐射热流密度 $\dot{\Phi}_{s,r1}$ 又是燃气温度 T_g 的四次方关系，设法加大燃烧区中的过量空气系数，力求降低燃烧火焰的温度，是降低火焰筒壁温度的重要手段。若增大前文提到的一次空气的比例则具有这个效能。在火焰筒方案中，运用贫油供气方式来设计燃烧区就是基于这个原因。

（2）减小燃烧火焰或高温燃气的发射率 ε_g 同样有利于降低火焰筒的壁面温度。已知减小亮度因子 L_{Br} 可以实现减小燃气发射率的目的，实际上，亮度因子的大小与燃烧火焰中存在的炽热炭粒的浓度有关。一般来说，在燃用 C/H 较小的轻质液体燃料时，T_w 较低；反之，T_w 较高。然而，对于同一种燃料来说，燃烧区的空气流动组织方式对亮度因子的影响也是不容忽视的。因为当燃烧区按富油供气方式组织时，在高负荷工况下，由于火焰筒头部严重缺氧，燃烧火焰中将会析出相当数量的炭粒，致使亮度因子增大。因而若能按贫油供气方式来组织燃烧过程，不论在降低 T_g 还是 L_{Br} 方面都是有利的。

（3）采用气膜冷却方案对于降低火焰筒壁的温度有重大意义。这种冷却方案不仅能够阻隔高温燃气以对流换热方式把热量传递给火焰筒内壁，而且在冷却气膜脱离火焰筒壁之前，还能从火焰筒内壁吸取一部分热量，从而减小了火焰筒内壁接受的净热流密度。为了保证冷却气膜能够有效地保护火焰筒壁，必须合理地选择每段火焰筒壁的长度 l_{ac} 与冷却隙缝高度 h 之间的比值 l_{ac}/h，以防止冷却气膜脱离而使火焰筒壁失去防护作用。

试验表明，在没有气膜冷却的条件下，高温燃气以对流换热方式传递给火焰筒壁的热流密度可能与辐射热流密度相当。由此可见，采用气膜冷却方案意义重大。

（4）为了提高气膜冷却的效率，应该设法降低湍流混合系数 C_m。例如采用图 5-17 的二次膨胀式的气膜结构，或在冷却气膜的流道中加设整流机构。

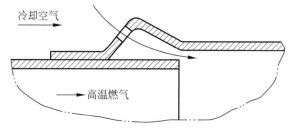

图 5-17 主燃烧室二次膨胀式冷却气膜示意图

(5) 增大二次冷却空气的流量或流速也有利于改善气膜冷却的效果,同时还能增强二次冷却空气对火焰筒外壁的对流换热。当主燃烧室的基本结构形式和尺寸已定时,控制这个因素就能达到调整火焰筒壁温的目的。由于火焰筒内主燃烧区的温度水平最高,环绕主燃烧区的头部圆顶所受的热负荷也最强,在组织冷却过程时,应该向该部位多供一些冷却空气。

(6) 火焰筒主燃区附近的壁温还与燃烧火焰在燃烧空间中所处的位置有关。凡是能使燃烧火焰远离火焰筒壁的措施都有利于降低筒壁的温度。例如,能把一次空气比较集中地供向火焰筒的旋流器,以及喷雾锥角较小的供油方案,都能为燃烧火焰远离火焰筒壁提供条件,因而也有控制火焰筒壁温的作用。

最后需要指出,火焰筒壁温在圆周方向往往是很不均匀的。前文介绍的壁温计算方法只能用来求解周向温度的算术平均值,无法预测可能达到的最高温度。而壁温的不均匀性往往与火焰筒内、外气流流动的不均性,以及燃烧区中油雾分布的不均匀程度有关。因而,消除这些不均匀性也必然是组织燃烧室冷却过程必须考虑的问题。例如,当气流流过焊在火焰筒上的定位销时,在其下游方向就会出现局部涡流区,使对流换热系数 h_{f2} 下降而使壁温升高。为了解决这个问题,就有必要把这些障碍的形状设计为流线形,或是在其周围设置导流片,力求把局部涡流区消除,有关火焰筒壁冷却机构的具体结构和性能将在后续章节讨论,在此不再赘述。

第 6 章

喷油嘴及其喷雾

喷油嘴简称"喷嘴",或称"燃油喷嘴",是航空燃气涡轮发动机主燃烧室实现液体燃料雾化的组件。液体燃料经过喷油嘴的雾化后形成喷雾,可以有效增大燃油表面积,从而提高燃烧时热和质的交换速率,加快燃烧速度,提高燃烧性能。试验表明,直径为 1mm 的煤油滴在空气中约需 1s 才能烧完,而当油滴直径减小到 $50\mu m$ 时,只需 0.025s 就可以烧完。在航空燃气涡轮发动机主燃烧室内,油滴的停留时间一般仅有 $10^{-3}s$ 的量级,这就需要对燃油喷雾的粒径提出严格的要求。目前的雾化技术可以使燃油在正常工作压力范围内的喷雾粒径达到小于 $50\mu m$ 的水平。如果雾化技术不良,主燃烧室内的油滴直径过大,将会带来油滴碰壁、火焰后移、出口温度分布不均等问题。此外,油滴直径还影响最小点火能量。油滴的最小点火能量与其直径成 4.5 次方的关系,油滴直径越大,所需最小点火能量也越大。总之,喷油嘴性能的好坏将直接影响发动机性能和其工作可靠性。

6.1 喷油嘴工作机制

众所周知,液体燃料雾化的目的有两个:①把连续流动的燃料流分裂成许多微小的液滴,以增加液体燃料蒸发的总表面积;②把燃料合理地分布到燃烧空间,使其与空气混合成可燃混合物,为继而发生的蒸发和燃烧过程做好准备。

目前,使液体燃料发生雾化的方法有很多。通常,既可以利用燃料本身的高压力喷射,也可以利用压缩空气的喷散作用,使液体燃料油柱或油膜,以很高的速度喷向燃烧空间。一般地,在距离喷射点 0.5～10mm 的地方,油柱或油膜的雾化过程就完成了。从这一瞬间开始,喷雾炬就以一个由许多油滴组成的体系,沿着一定的轨迹线路运动;此后,它在周围介质中逐渐减速,进一步分裂成很细的颗粒,并在气流中加热、蒸发、被带着一起运动。那么,高速喷射的油流为什么会发生雾化呢?这就需要研究液体燃料的雾化机制。下面首先讨论单个液滴的破碎条件,然后分析喷油嘴在液柱喷射和液膜喷射两种方式下的雾化机制。

6.1.1 液滴破碎条件

研究表明,当液滴在气体介质中运动时,必然会受到气体介质作用的气动力,以及由表面张力和黏性力所决定的内力的相互作用。气动力的倾向是使液滴扭曲变形,并使因湍流扰动而引起的、凸出于液滴表面的部分,脱离主体而分裂成细滴;同时力求迎面打碎液滴,使之喷散。而液滴的表面张力和黏性力的作用则是抵抗扭曲变形,并保持液滴表面的完整性,阻止发生分裂。不难理解,当气动力超过液滴内力后,液滴就会分裂,并且一直分裂到各微粒所具有的内力重新与外部气动力相互平衡为止。

假设液滴的直径为 d_1,速度为 c_1,它在速度为 c_a 的气流中运动。当液滴以相对速度 (c_1-c_a) 在气流中运动时,在运动方向受到的气动力 F_a 为

$$F_a = \frac{1}{2}C\rho_a(c_a - c_{oil})^2 A_1 = \frac{\pi}{8}C\rho_a(c_a - c_1)^2 d_1^2 \tag{6-1}$$

式中,ρ_a 为气流密度;A_1 为液滴在运动方向上的横断面积;C 为气动力系数,是气体流动雷诺数 $Re_a = \rho_a(c_a - c_1)d_1/\mu_a$ 的函数,μ_a 为气流的动力黏度。关于气动力系数 C 的经验式请自行阅读相关文献,此处不作赘述。

液滴所受表面张力为 $\gamma_1\pi d_1$,其中 γ_1 为液滴的表面张力系数,单位为 N/m。对于轻质燃油,黏度较低,若忽略黏性力的影响,那么由力的平衡关系式可知,液滴发生破碎的临界条件为

$$\frac{\pi}{8}C\rho_a(c_a - c_1)^2 d_1^2 \geqslant \gamma_1\pi d_1 \tag{6-2}$$

即

$$\frac{d_1\rho_a(c_a - c_1)^2}{\gamma_1} \geqslant \frac{8}{C} \tag{6-3}$$

式中,$\dfrac{d_1\rho_a(c_a - c_1)^2}{\gamma_1}$ 为韦伯数(Weber number)We,其物理意义为作用在液滴表面的气动力与表面张力的比值:

$$We = \frac{d_1\rho_a(c_a - c_1)^2}{\gamma_1} \tag{6-4}$$

式中,液滴直径 d_1 和速度 c_1 是随着时间(变形过程)而改变的,是不容易测量的物理量。为了更加简便地处理试验数据,有时以起始直径 d_0 和起始气流速度 c_a 来代替,则式(6-4)为

$$We = \frac{d_0\rho_a c_a^2}{\gamma_1} \tag{6-5}$$

液滴开始变形破碎的韦伯数称为"临界韦伯数"We_{cr}。当液滴的 We 大于 We_{cr}

时,液滴一边加速变形,一边在气动力的作用下增大运动速度(此时液滴与气流的相对速度降低,液滴所受动力的作用减小)。若液滴的变形速度大于运动速度,那么液滴的直径 d_1 将不断增大,一般达到 $d_1/d_0 \approx 2 \sim 3$ 时开始破坏。如果液滴的 We 小于 We_{cr},液滴仅变形,由于其所受的气动力作用减小,最后仍可恢复成球形。

实际上,流体都是有黏性的,重油、渣油等液体燃料更是高黏性流体。大量的实验结果显示,黏性对于液滴的破碎和雾化过程具有相当显著的影响。因此,为了考虑黏性的影响,奥内佐格(Ohnesorge)定义了另外一个无量纲数 Oh:

$$
\begin{aligned}
Oh &= \frac{\mu_1}{\sqrt{d_1 \rho_1 \gamma_1}} = \sqrt{\frac{\mu_1 \mu_1}{d_1 \rho_1 \gamma_1}} = \sqrt{\frac{\mu_1 \mu_1}{d_1 \rho_1 d_1 \rho_a (c_a - c_1)^2} \cdot \frac{d_1 \rho_a (c_a - c_1)^2}{\gamma_1}} \\
&= \sqrt{\frac{\mu_1 \mu_1}{d_1 \rho_1 d_1 \rho_a (c_a - c_1)^2} \cdot We} = \sqrt{\frac{\rho_1}{\rho_a d_1 \rho_1 \rho_1 (c_a - c_1)^2/(\mu_1 \mu_1)} \cdot We} \\
&= \frac{1}{Re_1} \sqrt{\frac{\rho_1}{\rho_a} \cdot We}
\end{aligned}
\tag{6-6}
$$

式中,μ_1 和 ρ_1 分别表示液滴的动力黏度和密度;$Re_1 = \rho_1 (c_a - c_1) d_1 / \mu_1$ 为液滴运动的雷诺数。由式(6-6)可见,Oh 由 We 和 Re_1 的组合而得,反映了在雾化过程中黏性力与表面张力对液滴破碎的影响。考虑黏性修正后的液滴临界破碎条件:

$$
We_{cr}^* = We_{cr} + 14 \, Oh
\tag{6-7}
$$

式中,We_{cr}^* 为考虑黏性修正后的临界韦伯数。大量实验表明,当 $Oh > 0.1$ 时,黏性力的影响变得重要,而低于此值时,黏性力的影响可以忽略,在研究中可以不考虑 Oh。

在进行实际的单液滴试验中,在气动力和液体表面张力的作用下,球形的液滴首先会变成近似椭圆形的物体(长轴与气流方向垂直),而且越来越扁平。当 $We < 10.7$ 时,液滴只会变形而不会发生破裂。当 We 超过 10.7 后,椭圆状液滴的中心部分将逐渐被压入而成为一个环圈。这是一种不稳定的形状,即使仅有很小的扰动,也会分裂成为许多细滴。根据统计,当 $We = 10.7$ 时,大约有 $10\% \sim 20\%$ 的液滴开始分裂成细滴;当 $10.7 \leqslant We < 14$ 时,随着 We 增大,液滴分裂的百分数也增大;当 $We = 14$ 时,全部的液滴都会分裂成许多细小的液滴。

6.1.2　液柱雾化机制

在航空燃气涡轮发动机加力燃烧室及某些主燃烧室的复合喷油嘴中,会采用直射式喷油嘴供油。当采用这种喷油嘴时,燃油经过喷口以液柱的形式喷射,高速液柱与周围空气的相互作用使射流表面产生振荡与波动,形成不同结构的表面波,当表面波的振幅增大到一定程度时,液柱就会破碎,分裂出大量液滴颗粒;如果这些液滴的 We 大于 We_{cr},则将继续破碎成更小的液滴。

液柱雾化也是气动力与液体表面张力、黏性力等因素综合作用的结果,其雾化机制十分复杂,与液柱初始流速、喷口形状、液体与环境气体的物理性质,以及环境扰动等因素有关。研究发现,液柱随其流速的增大,将经历以下雾化过程。

(1)瑞利破碎(Rayleigh breakup):该过程发生在距离喷口很远的位置(图 6-1)。由于液柱的流速很低,此时气动力的作用可以忽略不计,只考虑重力和表面张力的作用。液柱表面因初始扰动产生轴对称的振荡波。振荡波的振幅在表面张力的作用下不断增大,最终将液柱切断,形成直径大于喷口直径的液滴。瑞利破碎是由表面张力作用下的振荡波振幅增大而引起的。

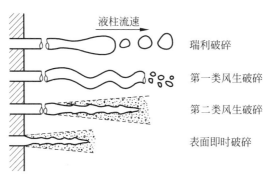

图 6-1   液柱雾化机制示意图

(2)第一类风生破碎(first wind-induced breakup):该过程也发生在距离喷口很远的位置。由于液柱流速的增大,液柱与周围气体的相对运动增强,导致气动力增大,因而表面张力也相应增强,而表面曲率的变化使得液柱内部压力分布不均,压力梯度迫使液体流向曲率半径较大的地方,从而加速液柱破碎。此时表面张力起着不稳定作用,促进了破碎。

(3)第二类风生破碎(second wind-induced breakup):该过程发生在距离喷口较近的位置。液柱流速的进一步增大使液柱表面形成小波长的正弦扰动波,随后振幅不断增长并失稳,导致液柱破碎。此时,表面张力起着抑制扰动波增长的作用,因而对液柱破碎也表现为抑制作用。第二类风生破碎机制下液滴的直径远小于喷口直径。

(4)表面即时破碎:液体在脱离喷口时立即在其外表面上发生破碎,生成大量细小的液滴,其平均直径远小于喷口直径。当雾化发生时,破碎长度为 0,但未扰动液核并不为 0,因为液柱的内部尚未破碎。

尽管多年来在液柱雾化领域已开展了大量的研究工作,但是至今尚未形成一套完整而成熟的理论来很好地解释液柱雾化过程中的所有现象。

6.1.3   液膜雾化机制

在航空燃气涡轮发动机主燃烧室中,通常采用离心式喷油嘴或复合喷油嘴(例如，离心式喷油嘴与旋流器的组合形式）供油。当采用这种喷油嘴时，燃油经过喷口以液膜形式喷射，在气流中破碎雾化。此时的液膜为锥形。在实际应用上，为了满足不同工况的需要，喷油嘴喷口也不只做成小孔形状，还会做成矩形或轴对称的窄缝等形状，液体燃料通过这些形状的孔缝流出，就可以形成平面、环形等液膜。

液膜雾化也是气动力与液体表面张力、黏性力等因素综合作用的结果，其雾化机制也十分复杂，与液膜初始速度、喷口形状、液体与环境气体的物理性质，以及环境扰动等因素有关。研究发现，液膜随着其流速的增大，将经历以下雾化过程。

（1）轮毂破碎（rim breakup）：当液膜速度较低时，在液膜最前端的边缘，液体表面张力促使自由表面收缩成一个较厚的轮毂，随后这个轮毂在气流中破碎成一串平行的大液滴（图 6-2）。这种破碎方式发生在液膜流速较低、黏性较高或表面张力较大的情况，通常会产生较大的液滴。

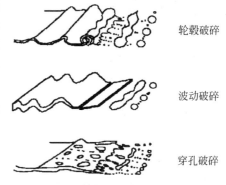

图 6-2　液膜雾化机制示意图

（2）波动破碎（wave breakup）：随着液膜流速增加，液膜上出现波动，并不断增长。当波动振幅增大到某临界值时，半个波长的液膜被撕裂成细带或液线，随后再被破碎成大小不一的液滴。一般情况下，波动破碎很不规则，形成的液滴尺寸很不均匀。

（3）穿孔破碎（perforated sheet breakup）：随着液膜流速的继续增加，增长的流动扰动可能导致厚度很小的液膜表面出现很多孔洞，这些孔洞不断增大，致使相邻孔洞之间的液膜形成规则形状的不稳定液带，这些不稳定液带再被破碎成不同尺寸的液滴。通常液膜上出现孔的距离比较有规律，因而雾化液滴的尺寸比较均匀。

在实际中，喷油嘴喷出的真实液膜的破碎往往比上述过程复杂得多，以上 3 种破碎过程均有可能在实际的液膜破碎中出现，甚至可能同时出现两种或两种以上的破碎方式。

综上，液体雾化可以归结为作用于液体上的外力（气动力、惯性力等）与内力（表面张力、黏性力）之间相互作用的结果。外力对液体起破碎作用，使液流变形、失稳、破裂；内力对液体的破碎起阻止作用，使液流尽可能保持最小表面积。当外力大于内力时，液体就会破碎雾化。破碎形成的液滴在运动过程中与周围空气进行动量与质量交换，相对运动速度越来越小，气动力和惯性力逐渐减弱，最终当外力与内力达到平衡时，雾化过程停止。总之，雾化过程非常复杂，要想从理论上分析清楚还十分困难。

6.2　喷油嘴性能要求

喷油嘴性能的好坏直接影响主燃烧室的性能和工作可靠性。那么,怎样评定喷油嘴性能的好坏呢?对喷油嘴的性能要求包括两个方面,一方面是性能指标,即通常意义上喷油嘴的工程检测指标:对按设计要求加工后的喷油嘴在装机使用前的检测,或者在使用后检查其是否仍符合技术标准,对其是否可继续使用作出评价。即使按同一份图纸加工出来的喷油嘴,由于加工精度或装配问题亦会导致喷雾质量的差别。使用中的喷油嘴也会由于种种原因使雾化特性发生变化。因而工程上对喷油嘴性能指标的检测十分重要。喷油嘴的性能指标包括喷油量、喷雾锥角和喷雾周向不均匀度。另一方面是使用性能的要求,用于表征雾化质量,主要包括液滴平均直径、液滴尺寸分布和液滴均匀度等。

6.2.1　喷油量

在航空燃气涡轮发动机的主燃烧室中,相同的喷油嘴在同一供油压差下喷出的燃油流量不能相差很大,不然不仅会产生不均匀的出口温度场,也易导致主燃烧室过烧或过热,并降低燃烧性能。喷油量是指在规定的供油压差下,喷油嘴在单位时间上喷出的燃油量。与规定值相比,通常要求喷油嘴的喷油量偏差应在$-5\%\sim5\%$。

在实际使用中,通常要检测喷油嘴在工作范围内不同供油压差下的喷油量指标。一般地,将喷油嘴的喷油量随供油压差的变化规律称作喷油嘴的"流量特性"。某小流量离心式喷油嘴的流量特性如图 6-3 所示,Exp. 为试验值,曲线为依据试验值的拟合曲线。

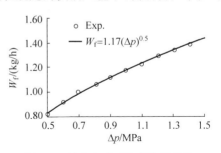

图 6-3　某离心式喷油嘴流量特性

6.2.2　喷雾锥角

喷雾锥角又称"雾化角",是指喷油嘴出口到喷雾炬外包络线的两条切线之间的夹角,以 α 表示,如图 6-4 所示。喷雾对周围空气的卷吸作用促使液雾中心的气压略有下降,喷雾炬并非一个正锥体,而是在离开喷口后呈现一定程度的收缩,其收缩程度又直接影响燃油在燃烧空间中的分布特性,因此也常以喷口为中心,在距喷口 l 处与喷雾曲面的交点连线的夹角 α' 来表示喷雾锥角,此喷雾锥角称作"条件喷雾锥角",在工程上常用作补充说明。其中,距喷口的垂直距离 l 应根据喷雾炬的尺寸加以选择,对于小流量的喷油嘴,取 $l=40\sim80\text{mm}$;对于大流量的喷油嘴,

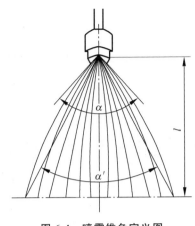

图 6-4 喷雾锥角定义图

取 $l = 100 \sim 150\text{mm}$。

喷雾锥角的大小对燃烧过程具有相当大的影响。一般来说,应根据主燃烧室的尺寸和燃料与空气的混合条件来选择喷雾锥角。在大尺寸的主燃烧室中,燃料与空气一般混合得不好,喷雾锥角应选取得大些,一般取 $90° \sim 120°$,以便把燃料充分混合入新鲜空气。对于小尺寸主燃烧室,喷雾锥角则不宜取得过大,一般为 $50° \sim 80°$,否则容易把大量油滴喷射到火焰筒壁,造成积炭和不完全燃烧。当然,喷雾锥角也不宜过小,否则会使油滴不能有效地分布到整个主燃烧室空间,而过多地喷射到缺氧的回流区,造成与空气的不良混合,发生析炭,产生排气冒烟等。此外,喷雾锥角还影响火焰的外形,如喷雾锥角较大,火焰短而粗,反之,则细而长。

对于喷雾锥角的工程检测,通常要求它与规定值的偏差应在 $-5° \sim 5°$。

6.2.3 喷雾周向不均匀度

喷油嘴喷出的燃油量沿喷雾锥角的周向分布应均匀,各方向燃油量与平均值相比不应超过某个值。工程上用喷雾周向不均匀度作为此性能的检测指标,即在喷油嘴下游一定距离处,以喷油嘴中心线的圆截面上等分若干扇形区域用于收集燃油,将各扇形区域上收集的燃油最大值和平均值之差与平均值的比值定义为喷雾周向不均匀度,如图 6-5 所示。

$$U_{\text{Nl}} = \frac{q_{\text{v,max}} - \bar{q}_{\text{v}}}{\bar{q}_{\text{v}}} \times 100\% \qquad (6-8)$$

式中,$q_{\text{v,max}}$ 和 $\bar{q}_{\text{v}}$ 分别表示扇形区域上收集的燃油最大值和平均值;U_{Nl} 为喷雾周向不均匀度,通常要求它与规定值的偏差应在 $-15\% \sim 15\%$。

喷雾周向不均匀度较大会导致主燃烧室内油气比的分布失调,局部富油会增大排气冒烟,过于贫油则不利于燃烧稳定性,二者均会恶化出口温度场的品质和降低燃烧效率。

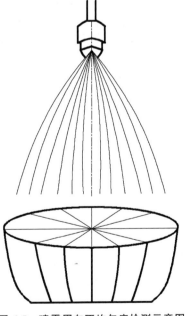

图 6-5 喷雾周向不均匀度检测示意图

6.2.4　液滴平均直径

燃油经过喷油嘴雾化后,形成大小不一的液滴,最大和最小液滴的直径可能相差 50～100 倍,因此,一般用液滴的平均直径来表示液滴群的雾化细度。液滴的平均直径通常简称为"喷雾直径",其物理意义:假设存在一个液滴尺寸完全均匀的喷雾,它在某方面的特性与实际不均匀喷雾在这方面的特性完全相同,那么,就可以把这个假设的均匀喷雾的液滴尺寸称作实际喷雾的"液滴平均直径"。描述液滴平均直径的方法很多,常用的有质量平均直径和索泰尔平均直径。其中索泰尔平均直径是按照保持原来喷雾总表面积不变的原则得出的平均直径,喷雾总表面积决定着蒸发速率和燃烧速率,最能反映真实的液滴群的蒸发条件,在工程中也最为常用。

(1) 质量平均直径:用 MMD 或者 d_{50} 表示,是指真实液雾中大于这一直径的所有液滴的总质量恰好与小于这一直径的所有液滴的总质量相等,即大于或小于这一直径的液滴质量各占 50%。显而易见,MMD 越小,真实液雾中的小颗粒所占的比例越大,雾化质量越好。

(2) 索泰尔平均直径:用 SMD 或者 d_{32} 表示,是指假设存在一个直径相同的液滴群,其总表面积和体积与真实液雾的总表面积和体积相同,而液滴数目可以不同,则该液滴群的液滴直径称作真实液雾的"索泰尔直径"。d_{32} 中的下标"3"表示体积的次方,"2"表示面积的次方。

根据等效原则有

$$S = n\pi \text{SMD}^2 = \sum n_i \pi d_i^2 \tag{6-9}$$

$$V = n\frac{\pi}{6}\text{SMD}^3 = \sum n_i \frac{\pi}{6}d_i^3 \tag{6-10}$$

式(6-10)与式(6-9)的比值为

$$\frac{n\dfrac{\pi}{6}\text{SMD}^3}{n\pi\text{SMD}^2} = \frac{\sum n_i \dfrac{\pi}{6}d_i^3}{\sum n_i \pi d_i^2} \tag{6-11}$$

那么

$$\text{SMD} = \frac{6V}{S} = 6\frac{\sum n_i \dfrac{\pi}{6}d_i^3}{\sum n_i \pi d_i^2} = \frac{\sum n_i d_i^3}{\sum n_i d_i^2} \tag{6-12}$$

式中,d_i 为真实液雾中液滴 i 的直径;n_i 为真实液雾中液滴 i 的数目;n 为假设液滴群中液滴数目,$n \neq \sum n_i$;S 和 V 分别为假设液滴群和真实液雾的总表面积和体积。

需要指出的是,雾化细度并不是越小越好。对于强化燃烧过程,尽管液滴直径小有利,但雾化过细的液滴也容易在喷口处被气流立刻带走,在某一区域形成过浓的混合物;而在油滴无法喷射到的地方,混合物的浓度很低。浓度场的这种分布反而会缩小稳定工作范围,甚至会使燃烧效率降低。目前在主燃烧室中,通常要求液滴直径在 $20\sim200\,\mu\mathrm{m}$,SMD 在 $40\sim100\,\mu\mathrm{m}$。

6.2.5　液滴尺寸分布

仅通过液滴平均直径一个指标还不足以全面评定雾化质量,比较完善的做法是既可以表示液滴的直径大小,又可以表示不同直径液滴的数量或质量,即采用所谓的液滴尺寸分布表达式来描述真实液雾的特点。液滴的尺寸分布主要有微分分布和积分分布两类表达方法,如图 6-6 所示。

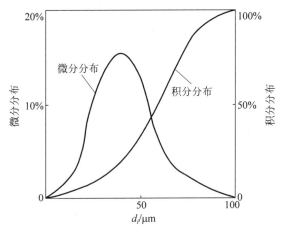

图 6-6　液滴的尺寸分布

1. 微分分布

微分分布通常分为以液滴尺寸为自变量的液滴数量微分分布和质量微分分布。

1) 液滴数量微分分布是指当 $\left(d_i-\dfrac{\Delta d}{2}\right)<d_i<\left(d_i+\dfrac{\Delta d}{2}\right)$ 时,液滴数量的增量 Δn 占液滴总数 n_0 的百分比,用 $\dfrac{\Delta n}{n_0}/\Delta d$ 表示。

2) 液滴质量微分分布是指当 $\left(d_i-\dfrac{\Delta d}{2}\right)<d_i<\left(d_i+\dfrac{\Delta d}{2}\right)$ 时,液滴质量或体积的增量 ΔW(或 ΔV)占液滴总质量 W_0(或总体积 V_0)的百分比,用 $\dfrac{\Delta W}{W_0}/\Delta d$ $\left(\text{或}\dfrac{\Delta V}{V_0}/\Delta d\right)$ 表示。

2．积分分布

积分分布通常分为以液滴尺寸为自变量的液滴数量积分分布和质量积分分布。

1）液滴数量积分分布是指小于给定直径 d_i 的液滴数 n 占液滴总数 n_0 的百分比，用 $\dfrac{n}{n_0}$ 表示。

2）液滴质量积分分布是指小于给定直径 d_i 的液滴质量 W（或体积 V）占液滴总质量 W_0（或总体积 V_0）的百分比，用 $\dfrac{W}{W_0}\left(\text{或}\dfrac{V}{V_0}\right)$ 表示。

目前从理论上还无法找到上述分布的具体形式，只能通过试验来建立经验关系式。人们在理论研究的基础上，应用试验，将有限次的液滴尺寸测量数据通过拟合关联起来，建立了经验关系式。常见的经验关系式有罗辛-拉姆勒分布（Rosin-Ramumber distribution，简称"R-R 分布"）、高斯分布（或称"正态分布"）、对数正态分布，以及上限对数正态分布等。其中应用最多的是R-R分布，它是一种以液滴尺寸为自变量的液滴质量积分分布，如图 6-7 所示，其表达式为

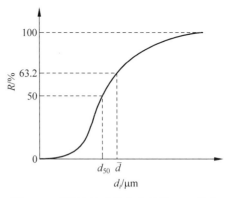

图 6-7　以液滴尺寸为自变量的 R-R 分布

$$R = 1 - \exp\left[-\left(\frac{d_i}{\bar{d}}\right)^N\right] \tag{6-13}$$

式中，R 为小于直径 d_i 的液滴质量（或体积）占液滴总质量（或总体积）的百分比；d_i 为与 R 相应的液滴直径，当 $R = 0.5$ 时，$d_i = d_{50}$；$\bar{d}$ 为液滴特征直径，令 $d_i = \bar{d}$，则 $R = 0.632$，说明液滴特征直径是指当液滴质量（或体积）占液滴总质量（或总体积）63.2% 时对应的直径；N 为液滴均匀度指数，反映液滴尺寸的均匀性，通常 $N = 2 \sim 4$。

6.2.6　液滴均匀度

液滴均匀度是指燃油经喷油嘴雾化后所形成的液滴的均匀程度。如果全部液滴的尺寸都相同，那么，这种喷雾称作"理想均一喷雾"。实际上，要达到理想均一喷雾的状态是不可能的。液滴间的尺寸差别越小，液滴均匀度就越好。

若液滴尺寸按照 R-R 分布，那么液滴均匀度用均匀度指数 N 来表征。由6.2.5节R-R 分布的表达式变形有

$$N = \frac{\ln\ln\left(\dfrac{1}{1-R}\right)}{\ln\left(\dfrac{d_i}{\bar{d}}\right)} \tag{6-14}$$

N 越大,液滴均匀度越好。N 与喷油嘴的结构、工作条件和喷雾工质种类有关。

6.3　喷油嘴流量方程

　　燃油流向喷油嘴喷口喷出,在喷口前后,燃油的流动满足黏性不可压总流伯努利方程。假设喷口的横截面积为 A、速度为 c,喷口上游断面参数压力为 p_1、高度为 z_1、速度为 c_1、横截面积为 A_1,喷口下游断面参数压力为 p_2、高度为 z_2、速度为 c_2、横截面积为 A_2,则由黏性不可压总流伯努利方程有

$$\frac{p_1}{\rho} + \mathrm{g}z_1 + \frac{\beta_1 c_1^2}{2} = \frac{p_2}{\rho} + \mathrm{g}z_2 + \frac{\beta_2 c_2^2}{2} + \mathrm{g}h' \tag{6-15}$$

式中,ρ 为燃油的密度;$\mathrm{g}h'$ 为能量损失;β_1 和 β_2 分别为喷口前后截面的动能修正系数。若暂不计能量损失 $\mathrm{g}h'$,且取 $\beta_1 = 1$,$\beta_2 = 1$,$z_1 = z_2$,那么

$$\frac{p_1}{\rho} + \frac{c_1^2}{2} = \frac{p_2}{\rho} + \frac{c_2^2}{2} \tag{6-16}$$

　　由连续性方程有 $c_1 = \dfrac{cA}{A_1}$,$c_2 = \dfrac{cA}{A_2}$,所以

$$\frac{p_1 - p_2}{\rho} = \frac{c_2^2 - c_1^2}{2} = \frac{c^2}{2}\left[\left(\frac{A}{A_2}\right)^2 - \left(\frac{A}{A_1}\right)^2\right] \tag{6-17}$$

$$c = \sqrt{\frac{2(p_1 - p_2)}{\rho\left[\left(\dfrac{A}{A_2}\right)^2 - \left(\dfrac{A}{A_1}\right)^2\right]}} = \sqrt{\frac{2\Delta p}{\rho\left[\left(\dfrac{A}{A_2}\right)^2 - \left(\dfrac{A}{A_1}\right)^2\right]}} \tag{6-18}$$

式中,$\Delta p = p_1 - p_2$ 为供油压差,即喷油嘴的供油压力与外界环境压力的差值。于是,理论的燃油质量流量 ρcA 为

$$\rho cA = A\sqrt{\frac{2\rho\Delta p}{\left[\left(\dfrac{A}{A_2}\right)^2 - \left(\dfrac{A}{A_1}\right)^2\right]}} \tag{6-19}$$

　　由于燃油通过喷口有能量损失,而且喷口前后截面的动能修正系数也不等于 1,所以实际质量流量小于理论质量流量,常用下列通用形式来表示实际的燃油流量(常说的"喷油量")W_f:

$$W_\mathrm{f} = \mu A\sqrt{2\rho\Delta p} \tag{6-20}$$

式中,μ 为喷油嘴流量系数,量纲为 1。通常,$90°$喷雾锥角的单路离心式喷油嘴的流量系数大约为 0.3,直射式喷油嘴的流量系数大约为 0.75。喷油嘴的流量系数

取决于喷油嘴的结构和燃油流动状态,由试验测得。

从式(6-20)可知,喷油量 W_f 是以供油压差 Δp 为底数,指数为 $1/2$ 的幂函数。图 6-3 以某离心式喷油嘴为例给出了两者之间的关系。当喷口横截面积 A 固定,需求喷油量较小时,供油压差不大,供油泵能够满足。但若需求喷油量较大时,供油压差即使增大很多,喷油量也只是有限增加,此时供油泵可能满足不了喷油量的要求(一般供油压差最大约 10MPa)。因此,当要求喷油量增大很多时,常常考虑采取增加喷油孔数(或孔径),即增大 A 的方法来满足要求。压力式喷油嘴通常都会碰到该问题。

喷油嘴流量数 FN 也是一种很常用的概念,其常用定义有

$$\text{FN} = \frac{W_f}{\sqrt{\Delta p}} = \mu A \sqrt{2\rho} \tag{6-21}$$

从式(6-21)可知,喷油嘴流量数仅与喷油嘴的几何结构和通过的流体有关,与喷油嘴的工况无关。

6.4　喷油嘴的类型

按照工作原理的不同,喷油嘴通常有以下几类。

(1)压力式喷嘴:主要依靠供油压力雾化,包括直射式喷嘴、离心式喷嘴等。离心式喷嘴又可分为单路离心式喷嘴、双路离心式喷嘴和回油离心式喷嘴。

(2)气动式喷嘴:主要依靠气流压差产生的气动力雾化,包括高压差气动式喷嘴和低压差气动式喷嘴。高压差气动式喷嘴的雾化质量极高,但通常需要一套专用的外部高压气源,因而常应用于地面动力装置。航空燃气涡轮发动机若另外配备一套供气系统,就会使质量增加,结构变得更加复杂,因此航空燃气涡轮发动机主燃烧室大都采用低压差气动式喷嘴,它利用现有来流空气在火焰筒内外出现的较大压差来实现燃油的雾化。低压差气动式喷嘴又常称"空气雾化喷嘴",包括射流空气雾化喷嘴和预膜空气雾化喷嘴。

(3)旋转式喷嘴:主要依靠雾化装置旋转促使燃油雾化,包括转杯式喷嘴、转盘式喷嘴和甩油盘式喷嘴。

(4)蒸发管式喷嘴:主要依靠蒸发管使燃油实现蒸发,包括常规蒸发管式喷嘴和贫油预混预蒸发管式喷嘴。

此外,为了设计上的特殊需要,还有一些组合式喷嘴。目前,在航空燃气涡轮发动机上使用最广泛的主要是直射式喷嘴、单路离心式喷嘴、双路离心式喷嘴、预膜空气雾化喷嘴、蒸发管喷嘴和组合式喷嘴。在转速很高的小发动机上也常用甩油盘式喷嘴。表 6-1 列出了常见喷嘴的主要特点。

表 6-1　常见喷嘴类型的主要特点

类　型			优　点	缺　点	应　用
压力式喷嘴	直射式喷嘴		结构简单； 结实耐用； 流动损失小	雾化质量差； 供油不均匀	加力燃烧室、蒸发管喷嘴和组合式喷嘴
	离心式喷嘴	单路离心式喷嘴	结构简单； 压力足够时雾化质量好	燃油调节比小； 低压雾化质量差； 高压下生炭多； 不易控制出口温度分布	小发动机； 组合式喷嘴
		双路离心式喷嘴	宽广的油流量范围内雾化好； 燃烧范围宽； 机械牢固	低压雾化质量差； 结构复杂，加工成本高； 高压下生炭多； 不易控制出口温度分布	广泛使用
		回油离心式喷嘴	结构简单，成本低； 流道宽，不易堵塞	雾化锥角随流量变化； 消耗功率大	对热稳定性要求低； 对燃料清洁度要求低
气动式喷嘴	空气雾化喷嘴	射流空气雾化喷嘴	工作油压低； 不易堵塞； 结构简单	喷雾锥角小； 雾化质量不如预膜空气雾化喷嘴	应用少
		预膜空气雾化喷嘴	工作油压低； 低生炭性； 出口温度分布均匀； 雾化质量极高	燃烧范围窄； 燃烧室流速低； 起动时雾化差	广泛采用
	高压差气动式喷嘴		雾化质量极高	需要外部高压气源	地面燃气轮机
旋转式喷嘴	甩油盘喷嘴		较高转速雾化质量好； 结构简单	低转速雾化差； 局部热点； 燃油密封难	小型折流环形燃烧室； 马基拉（Makila）、阿赫耶（Arriel）
蒸发管喷嘴	常规蒸发管喷嘴		工作油压低； 低生炭性； 出口温度分布均匀	稳定工作范围窄； 起动时需辅助喷嘴； 设计改进困难； 易受高热损坏； 不适用于重馏分燃料	应用较多； RB119、EJ200
	贫油预混预蒸发管喷嘴		低 NO_x 排放； 无排气冒烟； 火焰辐射低； 出口温度分布稳定	存在自动点火、回火、熄火的危险； 控制系统复杂	对环保要求严格的民用发动机
组合式喷嘴	值班式空气雾化喷嘴		具有常规空气雾化喷嘴优点； 兼顾高低工况性能； 低排气污染	结构复杂； 对几何尺寸敏感，加工要求高	前景广阔； F101、CFM56、M88
	TAPS组合式喷嘴				

6.4.1　直射式喷嘴

直射式喷嘴又称"射流喷嘴"(jet atomizer)，已广泛应用于加力燃烧室，主要利用密集布置的喷点改善燃油分布的均匀性。在主燃烧室中，直射式喷嘴作为蒸发管和组合式空气雾化装置的喷嘴仍被采用。

直射式喷嘴的结构十分简单，它可以在封闭的圆管端头开一小孔，或在圆板上开许多小孔，或在圆管侧壁面上开许多小孔(称作"喷油杆")，或在圆环形圆管上开许多小孔(称作"喷油环")。某航空燃气涡轮发动机加力燃烧室喷油杆上的直射式喷嘴如图 6-8 所示。

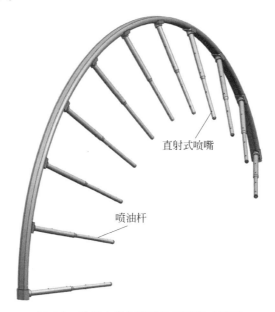

直射式喷嘴

喷油杆

图 6-8　某加力燃烧室喷油杆直射式喷嘴

直射式喷嘴是最简单的压力式喷嘴，依靠高压燃油的压力能在喷出时向动能的转换使燃油高速喷入气流，由于燃油喷射时无旋转运动，燃油基本充满孔口。相对于气流方向来说，直射式喷嘴的喷射方向可分为顺喷、逆喷，或与气流方向呈任意角度的侧喷，实际多采用逆喷或侧喷。由于燃油的湍流脉动和相对气流速度的运动，喷油束有一定的扩张角，一般为 $5°\sim15°$，但由于轴向速度远大于横向速度，喷油束的穿透能力较强，燃油比较集中。试验表明，当喷油束与气流的相对速度超过 100m/s 时，雾化质量较好。直射式喷嘴的优点是结构简单，分布比较灵活，缺点是雾化质量不理想。

6.4.2　离心式喷嘴

离心式喷嘴(pressure-swirl atomizer)主要应用于主燃烧室，现役的很多航空燃气涡轮发动机都在使用,如 WP-7、WP-13、AL-31F、WS10 等。现代航空燃气涡轮发动机虽然大多发展为先进的空气雾化式喷嘴,但是为了解决发动机在低转速时气流流速较低、气流对燃油的作用强度低造成燃油雾化质量差的问题,喷油嘴仍设计成具有离心式喷嘴的效果,使燃油在低转速时可借助离心力的作用产生尽可能好的雾化性能,如 WP14、T700 等。通常认为,离心式喷嘴是航空燃气涡轮发动机喷油嘴的基本型,其常见构型有单路离心式喷嘴、双路离心式喷嘴和回流离心式喷嘴。

离心式喷嘴的结构相对简单,早期采用螺旋槽使燃油产生高速旋转流动,后改进为旋涡室来产生高速旋涡流动。由于旋涡室内的流动阻力损失比螺旋槽小,结构简单,制造也较为方便,旋涡室构型的离心式喷嘴是目前离心式喷嘴的基本形式。某离心式喷嘴的螺旋槽式旋流器和旋涡室式旋流器的结构如图 6-9 所示。

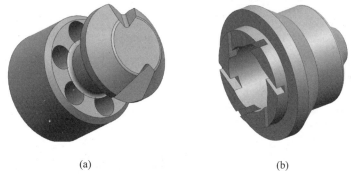

(a)　　　　　　　　　　　　　　(b)

图 6-9　离心式喷嘴螺旋槽式和旋涡室式旋流器示意图

(a) 切向槽式;(b) 旋涡室式

离心式喷嘴是一种压力式喷嘴,它依靠高压燃油压力使燃油通过内置旋流器(目前大多采用旋涡室式)做高速旋转运动,在临近喷口时受壁面限制收缩,然后旋转着从喷口喷出。由于燃油在喷射时做旋转运动,在离心力作用下燃油并未充满孔口和旋涡室,而是在喷嘴中间形成一个与外界相通的空气涡。此时,燃油在喷口处展成薄的环状管油膜,然后向外成圆锥状喷射,如图 6-10 所示。

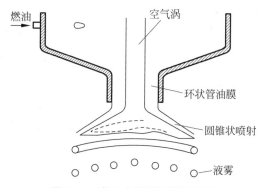

图 6-10　离心式喷嘴喷雾示意图

1. 单路离心式喷嘴

单路离心式喷嘴的工作原理：全部燃料进入同一个内置旋流器，由同一个喷口向外喷出。单路离心式喷嘴的结构比较简单，有良好的机械可靠性。但是，在低负荷工况下，它的雾化质量很差，或者说，燃油流量的可调范围比较窄。这是离心式喷嘴的燃油质量流量与喷油压差之间具有式（6-20）所规定的定量关系的缘故。从该式可以看出，喷油量的变化与喷油压差的平方根成正比，即当燃油流量变化 2 倍时，供油压差变化了 4 倍。假如要求喷油量变化 10 倍，那么，供油压差就要变化 100 倍。已知液体燃料总是存在一个能使燃料开始雾化的最小供油压差。轻质燃油开始雾化的最小供油压差大约是 0.5MPa，假如发动机运行过程中要求喷油量变化 10 倍，那么在最大喷油时，喷油压差就得高达 50MPa。显然，要设计和制造这样高压的油泵和供油系统是很困难的。由此可见，在最高供油压差有限的情况下（通常 $\Delta p_{max}=5\sim7.8$MPa），单路离心式喷嘴燃油流量的可调范围是相当窄的。此外，当喷油量减少时，燃油流进旋涡室的速度会明显下降，从而使燃油离开喷口时的切向速度大幅降低，以致雾化质量严重恶化。由于以上两个缺点，单路离心式喷嘴已经很少采用了。目前，只有在燃油流量可调范围不超过 2～2.5 倍的微小型燃气涡轮发动机中还能见到。图 6-11 给出了某航空燃气涡轮发动机主燃烧室上的单路离心式喷嘴的结构图。

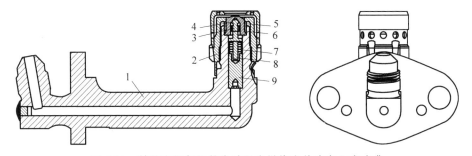

图 6-11　某航空燃气涡轮发动机主燃烧室单路离心式喷嘴

1：喷嘴壳体；2：喷嘴螺帽；3：螺旋槽式旋流器；4：喷口体；5：压紧环；6：密封圈；
7：压紧弹簧；8：弹簧支座；9：螺纹油滤

2. 双路离心式喷嘴

为了解决单路离心式喷嘴的两大缺点，双路离心式喷嘴应运而生。图 6-12 给出了这种喷嘴的一种结构图，它由两条油路组成。当喷油量较小时，仅用副油路单独工作；当喷油量增大到一定范围后，在燃油分配阀的作用下，主油路被接通，两条油路将同时供油。这种喷嘴有双路单室单喷口、双路双室单喷口和双路双室双喷口三种类型，如表 6-2 所示。其中，应用较多的是双路双室双喷口型，如图 6-12 所示。

表 6-2　双路离心式喷嘴类型

图　例	结　构	特　点	应　用
双路单室单喷口 	燃油从主副油路进入同一旋涡室,从同一喷口喷出	1. 结构简单; 2. 主油路打开时,在副油路的带动下产生预旋雾化; 3. 副油路对主油路反压影响,使之流量不均匀; 4. 产生附加能量损失	早期发动机,如 WJ6、WP5、J47、E300
双路双室单喷口 	主副油路有各自的旋涡室,两者串联,燃油从一个喷口喷出	1. 副油路对主油路影响小,喷嘴流量不均匀度改善; 2. 副油路不能带动主油路,雾化质量不如双路单室单喷口离心式喷嘴; 3. 调试不方便; 4. 相互有干扰	早期发动机,如 WP6
双路双室双喷口 	主副油路有各自的旋涡室,燃油在各自旋涡室内旋转后由各自喷口喷出	1. 互不干扰,工作稳定; 2. 主油路刚打开时,雾化不够好; 3. 副油路外径应小于主喷口空气涡直径; 4. 单独调试,较方便	目前应用较多,如 JT3D、Spey、CFM56-3

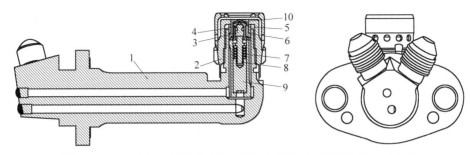

图 6-12　某航空燃气涡轮发动机主燃烧室双路双室双喷口离心式喷嘴

1：喷嘴壳体；2：喷嘴螺帽；3：螺旋槽式旋流器；4：副喷口体；5：压紧环；6：密封圈；
7：压紧弹簧；8：弹簧支座；9：螺纹油滤；10：主喷口体

很显然,双路双室双喷口离心式喷嘴的实质就是两个彼此独立的单路离心式喷嘴并联在一起工作,但由于燃油分配阀的作用,当供油压差低于某个值 Δp_{cr}（一般取 $\Delta p_{\mathrm{cr}} = 0.78 \sim 1.5\mathrm{MPa}$,取决于燃油分配阀的性能）时,仅有副油路工作,而当供油压差高于 Δp_{cr} 时,主副油路才同时工作。因此,双路双室双喷口离心式喷嘴的性能又不同于两个彼此独立的单路离心式喷嘴性能的叠加。下面对比分析它们在供油压差下限和上限时的喷油量差异。

前文已经提及,供油压差下限是为了保证喷油的雾化质量,供油压差上限是为了保障工作的可靠性。假设燃油开始雾化的最小供油压差取值 $\Delta p_{\mathrm{min}} = 0.5\mathrm{MPa}$,最高供油压差取值 $\Delta p_{\mathrm{max}} = 7.8\mathrm{MPa}$,那么双路双室双喷口离心式喷嘴喷油量的最小值 $W_{\mathrm{f,d,min}}$、最大值 $W_{\mathrm{f,d,max}}$,两个独立单路离心式喷嘴总喷油量的最小值 $W_{\mathrm{f,s,min}}$、最大值 $W_{\mathrm{f,s,max}}$ 分别计算如下：

$$W_{\mathrm{f,d,min}} = \mu_1 A_1 \sqrt{2\rho\Delta p_{\mathrm{min}}} \tag{6-22}$$

$$W_{\mathrm{f,d,max}} = \mu_1 A_1 \sqrt{2\rho\Delta p_{\mathrm{max}}} + \mu_2 A_2 \sqrt{2\rho\Delta p_{\mathrm{max}}} = (\mu_1 A_1 + \mu_2 A_2)\sqrt{2\rho\Delta p_{\mathrm{max}}} \tag{6-23}$$

$$W_{\mathrm{f,s,min}} = \mu_1 A_1 \sqrt{2\rho\Delta p_{\mathrm{min}}} + \mu_2 A_2 \sqrt{2\rho\Delta p_{\mathrm{min}}} \tag{6-24}$$

$$W_{\mathrm{f,s,max}} = \mu_1 A_1 \sqrt{2\rho\Delta p_{\mathrm{max}}} + \mu_2 A_2 \sqrt{2\rho\Delta p_{\mathrm{max}}} = (\mu_1 A_1 + \mu_2 A_2)\sqrt{2\rho\Delta p_{\mathrm{max}}} \tag{6-25}$$

式中,μ_1、A_1 为副喷口流量系数和面积；μ_2、A_2 为主喷口流量系数和面积。

显然,双路双室双喷口离心式喷嘴的燃油流量可调范围 $\dfrac{W_{\mathrm{f,d,max}}}{W_{\mathrm{f,d,min}}}$ 必然比单路离心式喷嘴的燃油流量可调范围 $\dfrac{W_{\mathrm{f,s,max}}}{W_{\mathrm{f,s,min}}}$ 大得多。通常,双路双室双喷口离心式喷嘴的燃油流量可调范围可以达到 $15 \sim 20$。

3. 回油离心式喷嘴

回油离心式喷嘴的示意图如图 6-13 所示。燃油经过切向孔以切线方向进入旋涡室,其中一部分燃油 F 由喷口喷向燃烧室,而另一部分燃油 F_w 则由开在旋涡室背面的环形孔返回回油室。调节回流流道出口处的回流活门的开度就可以改变回油室的压力 p_w,以及由回油室返回燃料系统油箱中的回油量 F_w,从而达到不断改变由喷口喷向燃烧空间的燃油流量 F 的目的。

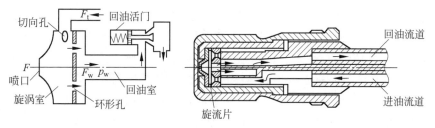

图 6-13　某回流离心式喷嘴示意图

一般地,在设计中使满负荷工况下的回油量 $F_w = 0$,此时喷油嘴的总供油量 F_t 等于由喷口喷向燃烧室的燃油量 F。当然,在其他工况下,$F_t > F$。正是由于在低负荷工况下仍有大量的燃油 F_t 流进旋涡室,确保了油流仍然具有相当高的切向速度,所以在任何负荷工况下,燃油的雾化质量不会降低。这种喷油嘴的流量可调范围可以扩大到 $40 \sim 50$。

但是必须注意,回流式离心式喷嘴的工作特性与油压的调节方式有密切关系。通常,应用较广的调节方式有两种:一是进油压力保持恒定不变,通过不断地调节回油活门的开度,即控制回油室压力 p_w 的方法改变喷油量 F 的方式;二是同时调整进油压力和回油室压力的方式。第一种调节方式的最大缺点是在高负荷工况下,燃油流量 F 随回油室压力 p_w 的改变而变化的曲线非常陡峭,而且喷雾锥角的减小幅度比较大。也就是说,回油室压力的微量变化将导致燃油流量有相当大的变动,使调节阀门的型线难以设计,也会使发动机在高负荷工况下的工作难以稳定。喷雾锥角的急剧减小则会导致燃烧火焰伸长和冒黑烟,甚至可能出现燃烧不稳定现象。在第二种调节方式中,通过合理地选择进油压力与回油室压力 p_w 的配合关系,就能克服上述缺点。

回油离心式喷嘴的缺点:①喷嘴的工作特性会受回油流道阻力特性的变化而激烈地变化,也就是说,喷嘴的喷油量 F 对于回油流道中阻力的变化很敏感。因而,当发动机采用几个回油离心式喷嘴并联时,由于回油流道的阻力特性各不相同,会使每个喷嘴的燃油流量分配有很大偏差,从而影响燃烧室燃烧工况的均匀性;②由于在一般工况下 $F_t > F$,油泵的能量消耗比前述几种离心式喷嘴都要大;③回油离心式喷嘴的喷雾锥角在喷油量较大时会减小很多,容易把大量燃油喷到缺氧的回流区,以致产生排气冒黑烟的现象;而在喷油量较小时,其喷雾锥角变大,与航空燃气涡轮发动机主燃烧室的要求正相反。因此,回流离心式喷嘴在航空涡轮发动机中很少使用。

6.4.3　空气雾化喷嘴

随着航空燃气涡轮发动机压比的不断提高,离心式喷嘴在使用中也暴露出一些问题。例如,离心式喷嘴在高压比环境下工作时,因压比的提高使空气密度增大,气动力增大,燃油雾化变好,易形成细微的油滴。但是,虽然小油滴在高压空气中运动时因质量小而惯性力小,但空气阻力很大,油滴穿透距离较短,在燃烧空间要想获得均匀的燃油分布很难。其结果是在火焰筒头部圆顶靠近喷嘴处,燃油过分集中,而远离喷嘴较远处的燃油浓度比较低,这就产生了高压主燃烧室火焰辐射大、冒烟比较严重、出口温度场品质变差等问题。为了解决离心式喷嘴存在的上述问题,人们研制了空气雾化喷嘴(airblast atomizer)。与离心式喷嘴相比,空气雾化喷嘴能够保证燃油和气流实现充分而均匀地混合,并且具有供油压力低、出口温度场对燃油变化不太敏感等优点。根据燃油喷出方式及其与空气相互作用的特点,空气雾化喷嘴区分为预膜空气雾化喷嘴和射流空气雾化喷嘴。

1. 预膜空气雾化喷嘴

在航空燃气涡轮发动机主燃烧室中应用最广的是预膜空气雾化喷嘴(prefilming airblast atomizer)。20 世纪 60 年代,国外开始进行大量试验研究;20 世纪 80 年代,国内在基础性研究的基础上,又进行了大量应用研究。典型范例是 RB211 发动机主燃烧室上的预膜空气雾化喷嘴,如图 6-14 所示,燃油充满集油槽,然后经多个切向孔进入旋涡室,在离心力作用下喷流在内环的外壁面。由于供油压力不高(3～5bar),通常在紧贴外壁面上形成一层油膜。这层旋转的油膜在内环腔中高速气流的吹动下沿壁面向下游扩展,直到喇叭口的唇部。这里是窄喉道,气流在此加速至 100～150m/s,并且沿通道向约 45°方向吹出。同时,外环空气经唇部向内切吹,与内环气流交叉,形成相剪切的冲击。油膜被吹至唇边,在这两股气流的剪切

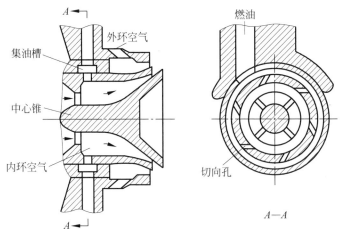

图 6-14　RB211 发动机的预膜空气雾化喷嘴

作用下碎裂成细小油滴,并经这两股气流形成的强湍流的带动,较好地掺混入气流,形成较均匀的油雾进入火焰筒头部。实践表明,这种喷嘴可大大降低发烟度和热辐射量,且不需要高压油泵,出口温度场也均匀稳定。它的主要缺点是贫油熄火边界较窄,但可以通过在其中心增设一路离心式喷雾的方式改善。

2. 射流空气雾化喷嘴

射流空气雾化喷嘴(jet airblast atomizer)通常将直射式喷嘴置于空气流的通道中,将燃油射流置于气流的作用下,靠气动力雾化,如图 6-15 所示。但是,它的雾化效果不如预膜空气雾化喷嘴。这是由于射流离开喷口后仍然聚集在一起,以实心的液柱与周围空气相互作用,不像预膜空气雾化喷嘴那样展成薄膜,从而增大气液作用面,加强气流的作用以加速雾化。

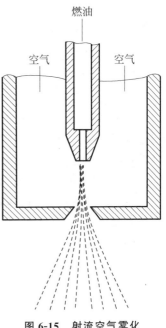

图 6-15　射流空气雾化喷嘴示意图

6.4.4　甩油盘喷嘴

甩油盘喷嘴常应用在高转速、小流量的折流环形燃烧室中,这在第 4 章阐述折流环形燃烧室时有简单提及。最著名的甩油盘喷嘴是法国透博梅卡(Turbomeca)公司的甩油盘系统,WP11 发动机燃烧室也采用这种雾化喷嘴。

图 6-16 给出了某发动机甩油盘喷嘴的结构图。燃油由发动机轴的中心供入,流入轴上的一个空心甩油盘,在甩油盘的圆周边上开有若干小孔,当发动机轴以高速旋转至 30 000r/min 以上时,燃油从小孔中甩出,进入火焰筒头部。由于发动机轴的旋转速度很高,燃油受到的离心力很大,动能很高,雾化质量很好。从使用的效果看,燃烧效率较高,且对高速旋转的轴有冷却作用,也使燃油得到预热,从而对雾化、蒸发和组织燃烧都有利。甩油盘喷嘴的主要缺点是甩油孔与涡轮叶片同步旋转,相对位置固定,容易导致涡轮叶片出现固定热点;转速直接影响雾化性能,贫油熄火范围较窄;甩油盘需要较好的加工和密封工艺,否则容易漏油。

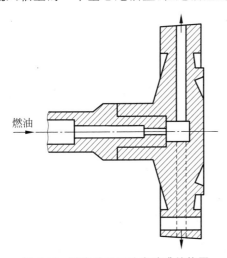

图 6-16　某发动机甩油盘喷嘴结构图

6.4.5　蒸发管喷嘴

蒸发管喷嘴(vaporizer)的雾化原理是,燃油首先喷入置于高温燃气流中的炽热高温蒸发管内,迅速吸热并蒸发为燃油蒸气,与进入蒸发管内的少量空气初步混合成油气,然后从蒸发管喷入火焰筒的主燃区内,与大量燃气混合燃烧。

蒸发管喷嘴最早是由英国罗尔斯·罗伊斯公司研发的,其早期结构为拐杖形,20世纪80年代设计了T形结构,如图6-17所示。燃油通过位于蒸发管入口中间的油管用较低的压力以直射方式向内喷射,有些发动机会预先对燃油进行加温(约达420K),有些不加温。在燃油管周围有来自压气机的高温空气通入,使燃油初步蒸发并掺混。蒸发管内的空燃比很小,约在3~5,为极富油油气混合物。燃油之所以能在蒸发管中基本蒸发为气态,主要是蒸发管的下游位于火焰区,能够通过金属管壁吸收大量的热。从蒸发管喷出的富油油气混合物与从主燃孔进来的大量空气掺混后形成接近化学恰当比的混合气,很容易点燃。由于形成的混合物基本上是气态,燃油与空气的混合较为均匀,不会形成过分富油的区域。实际上,燃油在蒸发管内并未完全蒸发,在某些情况下仍有一小部分以油珠的形式喷出并有部分进入火焰区,这虽然对燃烧效率有些影响,但也可扩大稳定燃烧边界,故在设计蒸发管时也不要求在管内全部蒸发。研究结果表明,蒸发管出口的液滴平均直径一般小于20μm。

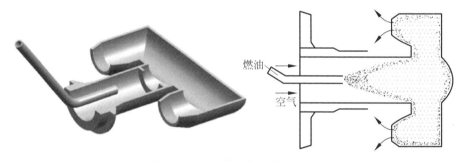

燃油

空气

图 6-17　T形蒸发管喷嘴示意图

蒸发管喷嘴的优点是结构简单,质量轻,适合与火焰筒主燃区气流结构相匹配,燃烧效率较高,不冒烟,火焰呈蓝色,辐射少,出口温度场较均匀稳定,不需要高供油压力,也不随燃油量的多少而变化等。其主要缺点是火焰稳定边界较窄,以及在高压下工作时,蒸发管壁有过热和烧蚀的危险。

由于热强度问题,早期蒸发管喷嘴的应用较少,近年来,蒸发管喷嘴的研究进展很快,有的已在发动机上得到应用。例如,大发动机中的推质比为8的RB199、推质比为10的EJ200,高性能小发动机中的RTM322等都采用了蒸发管喷嘴。图6-18给出了采用T形蒸发管喷嘴的某发动机主燃烧室的构型。

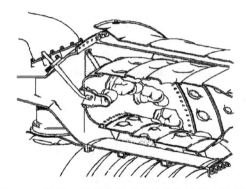

图 6-18　采用 T 形蒸发管喷嘴的某发动机主燃烧室

6.4.6　组合式喷嘴

随着高性能发动机的不断发展,对燃油供给系统提出了更高的要求。

(1) 在更短的燃烧区内完全燃烧,以缩短燃烧室长度、减轻其质量;

(2) 更好地组织油雾分布,因为高温升燃烧室用于调整出口温度场的气量短缺;

(3) 更高要求的点火性能和贫油熄火范围;

(4) 更低的污染物排放,以满足未来航空燃气涡轮发动机低污染排放要求。

一般地,某一类型的喷油嘴对于上述要求是难以全部满足的。例如,空气雾化喷嘴虽然有良好的油雾分布组织,但存在起动时低空气速度条件下雾化性能差等缺点,因此,研制了组合式喷嘴(composed atomizer)。

一种简单的组合式喷嘴,也称作“值班式空气雾化喷嘴”,如图 6-19 所示。它是由一个预膜空气雾化喷嘴和位于其中心线的单路离心式喷嘴组成的。这样设计的目的是克服空气雾化喷嘴固有的缺点,包括贫油熄火性能差和发动机起动过程

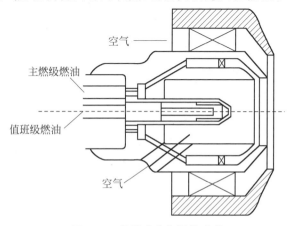

图 6-19　值班式空气雾化喷嘴

中雾化空气速度较低而造成的较差的雾化性能。在低燃油流量时,所有的燃油由值班喷嘴供给,可以得到雾化良好的喷雾,在起动和慢车时高效燃烧。此外,它也可以保证很好的高空再点火性能。在较高的功率状态下,燃油同时供给空气雾化喷嘴和单路离心式喷嘴,通常燃油流量中的大部分是流向空气雾化喷嘴。因此,值班式空气雾化喷嘴的这种组合方式可以同时满足低油量下的良好雾化需求和高油量下的低排气冒烟需求。

除了值班式空气雾化喷嘴这种简单的组合式构型外,人们还将喷嘴(直射式、离心式或空气雾化喷嘴)与旋流器进行组合,根据燃烧性能的需求灵活设计,实现不同工况下燃油的分级调节,从而获得所需的燃烧室头部气流结构和燃油浓度分布,保证在宽泛的工作条件下实现良好的点火性能、燃烧完全性和火焰稳定性。

GE 公司为 GEnx 发动机设计了一种双环预混旋流器(twin annular premixing swirler,TAPS)方案。从原理上,它属于一种典型的组合式喷嘴,如图 6-20 所示。其中,中心预燃级的燃油喷射采用离心式喷嘴或直射式喷嘴,燃油在预燃级文氏管处形成油膜,由预燃级的两级旋流器气流进行雾化。外部的主燃级燃油通过小孔直接喷射到流过主燃级预混通道的高速气流中进行雾化和掺混。由于采用了多级旋流的方案,燃烧区流场的调节和控制参数增多。主燃级采用了多个小孔的直接喷射,可以灵活设置开孔数量和孔径。另外,主燃级燃油喷射的位置可以根据回火和自燃的限制进行调整。TAPS 技术是当前航空燃气涡轮发动机燃烧室工程技术取得的最高成就,指明了该领域的发展方向。

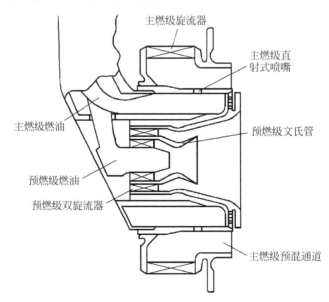

图 6-20　TAPS 组合式喷嘴

6.5　喷油嘴性能理论计算

　　喷油嘴性能,如喷油量、喷雾锥角等,一般都是通过试验测试获得的。由于流动的复杂性和小尺寸效应的影响,喷油嘴性能难以运用准确的理论计算解析求解。但假设忽略燃油在流动过程中的黏性,只针对简单的单路离心式喷嘴模型,就可以从理论计算的角度来解析其性能。这对于理解喷油嘴的工作原理,以及开展喷油嘴的设计和分析都具有重要意义。下面将以简单的单路离心式喷嘴为对象,忽略燃油黏性,阐述其喷油量和喷雾锥角理论计算的推导过程。

　　抽象的单路离心式喷嘴理论计算模型如图 6-21 所示。假设忽略燃油黏性,同时需要确定喷油量 W_f 和喷雾锥角 α,与供油压差 Δp 和喷嘴的某些主要几何尺寸之间的关系,即

$$\begin{cases} W_f = f_1(\Delta p, \text{几何尺寸}) \\ \alpha = f_2(\Delta p, \text{几何尺寸}) \end{cases} \tag{6-26}$$

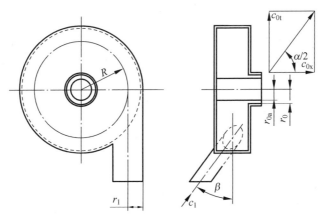

图 6-21　单路离心式喷嘴理论计算模型

6.5.1　喷油量理论计算

1. 喷口断面的切向速度和静压的分布规律

首先,计算燃油经切向孔流入旋涡室的速度 c_1 为

$$c_1 = \frac{W_f}{n \pi r_1^2 \rho} \tag{6-27}$$

式中,ρ 为燃油密度,单位为 kg/m^3;r_1 为切向孔半径,单位为 m;n 为切向孔数目。

　　由于燃油在旋涡室中以很高的速度做旋转运动,当它由喷口喷出时,既有轴向

速度,又有切向速度。很明显,当燃油离开喷口时,喷雾锥角 α 就取决于喷口断面的平均轴向速度 c_{0x} 与平均切向速度 c_{0t} 的比值,而喷油量则取决于喷口的有效截面积 A_0 与平均轴向速度 c_{0x},即

$$\alpha = 2\arctan\left(\frac{c_{0t}}{c_{0x}}\right) \tag{6-28}$$

$$W_f = \rho c_{0x} A_0 = \pi(r_0^2 - r_{0a}^2)\rho c_{0x} = \pi r_0^2\left(1 - \frac{r_{0a}^2}{r_0^2}\right)\rho c_{0x} = \pi r_0^2 \varepsilon \rho c_{0x} \tag{6-29}$$

式中,r_0 为喷口半径;r_{0a} 为空气涡半径,由前文可知,当燃油在旋涡室中做高速旋转运动时,会在旋涡室的轴线附近形成一个直通外界环境的空气涡;$\varepsilon = 1 - \dfrac{r_{0a}^2}{r_0^2}$ 为喷口有效截面系数。由此可见,假如能够从理论上确定 c_{0x}、c_{0t} 和 ε,也就可以求得喷油量和喷雾锥角。

假设忽略燃油的黏性,应用流体力学的无黏不可压流体的伯努利方程有

$$\frac{p_{0r}}{\rho} + \frac{c_{0rx}^2}{2} + \frac{c_{0rt}^2}{2} = H_0 = 常数 \tag{6-30}$$

式中,p_{0r} 为在喷口断面上,与喷嘴的轴线相距为 r 的半径处,油流的静压;单位为 Pa;c_{0rx} 为在喷口断面上,与喷嘴的轴线相距为 r 的半径处,油流的轴向速度,单位为 m/s;c_{0rt} 为在喷口断面上,与喷嘴的轴线相距为 r 的半径处,油流的切向速度,单位为 m/s;H_0 为燃油在进入喷嘴前的总压力势能,单位为 m²/s²;$H_0 = \dfrac{p_0}{\rho}$,其中 p_0 为燃油进入喷嘴前的总压,单位为 Pa。

另外,在忽略燃油黏性的影响下还可以认为,任何质量的油流在进入旋涡室时所具有的动量矩应该与该质量油流在喷口出口断面上的动量矩相等。即

$$c_1 R\cos\beta = c_{0rt} r = 常数 \tag{6-31}$$

由流动边界层的概念可知,在喷口断面上沿半径方向,c_{0rx} 在大部分区域上是相等的。由式(6-31)可知,在喷口断面上沿半径方向,c_{0rt} 随着半径 r 的减小而增大。那么结合式(6-30)和式(6-31)可知,在喷口断面上,p_{0r} 将随着半径 r 的减小而减小,而 p_{0r} 的最小值不可能低于喷嘴外面的环境压力,因此它只可能等于喷嘴外面的环境压力 p_2。c_{0rt} 和 p_{0r} 的沿半径方向的变化规律如图 6-22 所示。这也说明,在喷嘴的轴线附近必然会存在一个压力等于 p_2 的静压区,这就是前文提到的半径为 r_{0a} 的空气涡,它一端顶到旋涡室的端壁,而另一端则穿过喷口通入外界空间。由 $\varepsilon = 1 - \dfrac{r_{0a}^2}{r_0^2}$ 可知,空气涡的半径 r_{0a} 可以按照下式计算:

$$r_{0a} = r_0\sqrt{1 - \varepsilon} \tag{6-32}$$

2. 喷口断面的轴向速度和切向速度的关系

下面研究在喷口断面上轴向速度 c_{0rx} 的分布规律及其定量计算关系。首先,

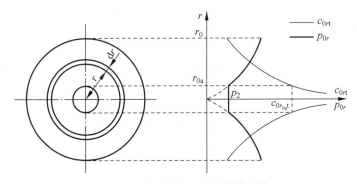

图 6-22 喷口断面上油流的基元体

假设油流在流经喷口时,除了有轴向速度和切向速度外,并无径向速度。也就是说,每层油流在流动过程中,应该随时随地都处于径向平衡的状态下,即每层油流在半径方向的合力都应该等于零。

假如在喷口断面上,截取一块半径为 r、厚度为 dr、侧向宽度为 1 单位的环形基元体(图 6-22)作为研究对象,那么,当这块质量为 $dm = 2\pi r \rho dr$ 的环形基元体以切向速度 c_{0rt} 做旋转运动时,为了满足径向平衡这个条件,就必然要求作用在基元体上的离心力与压差力相平衡,即

$$2\pi r \mathrm{d} p_{0r} = 2\pi r \rho \mathrm{d}r \frac{c_{0rt}^2}{r} \tag{6-33}$$

$$\mathrm{d} p_{0r} = \rho c_{0rt}^2 \frac{\mathrm{d}r}{r} \tag{6-34}$$

对式(6-31)中的变量进行微分后,可得

$$r \mathrm{d}c_{0rt} + c_{0rt} \mathrm{d}r = 0 \tag{6-35}$$

$$\frac{\mathrm{d}r}{r} = -\frac{\mathrm{d}c_{0rt}}{c_{0rt}} \tag{6-36}$$

将式(6-36)代入式(6-34)后,可知

$$\mathrm{d} p_{0r} = -\rho c_{0rt}^2 \frac{\mathrm{d}c_{0rt}}{c_{0rt}} = -\rho c_{0rt} \mathrm{d}c_{0rt} \tag{6-37}$$

对式(6-37)积分后,可得

$$\frac{p_{0r}}{\rho} + \frac{c_{0rt}^2}{2} = 常数 \tag{6-38}$$

比较式(6-30)和式(6-38)后,显而易见

$$\frac{c_{0rx}^2}{2} = 常数 \tag{6-39}$$

式(6-39)说明,由于忽略了黏性的影响,流动边界层的厚度为 0,油流轴向速度 c_{0rx} 不仅在喷口断面径向的大部分区域是相等的,而且在喷口断面径向的所有区域上都是均匀分布的,它不会由于距离喷嘴轴线的远或近而异。

显然,在喷口断面上,油流的最大切向速度 c_{0rt} 应该发生在空气涡的表面上。由于当地的静压等于喷油嘴外界环境的压力 p_2,利用式(6-30)可以写出

$$\frac{c_{0r_{0a}x}^2}{2} + \frac{c_{0r_{0a}t}^2}{2} = H_0 - \frac{p_2}{\rho} = \Delta H_0 \tag{6-40}$$

式中,$c_{0r_{0a}x}$ 为在喷口断面上,与喷嘴的轴线相距为 r_{0a} 的半径处,油流的轴向速度,单位为 m/s;$c_{0r_{0a}t}$ 为在喷口断面上,与喷嘴的轴线相距为 r_{0a} 的半径处,油流的径向速度,单位为 m/s;ΔH_0 为供油压差势能,单位为 $\mathrm{m}^2/\mathrm{s}^2$;$\Delta H_0 = \frac{p_0 - p_2}{\rho} = \frac{\Delta p}{\rho}$,$\Delta p$ 为喷嘴供油压差。

式(6-40)说明,燃油流经喷嘴时所发生的压力势能降 ΔH_0 将完全转化为油流的轴向速度动能与切向速度动能。

3. 喷口有效截面系数 ε 与喷嘴几何特性系数 G 的关系

在空气涡上应用式(6-31)有

$$c_1 R \cos\beta = c_{0r_{0a}t} r_{0a} \tag{6-41}$$

即

$$c_{0r_{0a}t} = \frac{R}{r_{0a}} c_1 \cos\beta = \frac{R}{r_0 \sqrt{1-\varepsilon}} c_1 \cos\beta \tag{6-42}$$

根据连续性方程有

$$\pi r_0^2 \varepsilon \rho_1 c_{0x} = \pi r_0^2 \varepsilon \rho_1 c_{0r_{0a}x} = n \pi r_1^2 \rho_1 c_1 \tag{6-43}$$

若切向孔并非圆形,那么更一般的情况为

$$\pi r_0^2 \varepsilon \rho_1 c_{0x} = \pi r_0^2 \varepsilon \rho_1 c_{0r_{0a}x} = \zeta_1 A_1 \rho_1 c_1 \tag{6-44}$$

式中,A_1 为切向孔总通流面积,单位为 m^2,若为圆孔则 $A_1 = n \pi r_1^2$;ζ_1 为油流流进非圆形的切向孔时的修正系数。一般认为,$\zeta_1 = \frac{d_h}{d_e}$,其中水力直径 $d_h = 4A_1/U_1$,U_1 为非圆形孔的总周长;当量直径 $d_e = \sqrt{\frac{4A_1}{n\pi}}$;即 $\zeta_1 = \frac{2\sqrt{n\pi A_1}}{U_1}$。显然,对于圆孔来说,$\zeta_1 = 1$。

因而式(6-44)有

$$c_1 = \varepsilon \frac{\pi r_0^2}{\zeta_1 A_1} c_{0r_{0a}x} \tag{6-45}$$

将式(6-45)中的 c_1 代入式(6-42)有

$$c_{0r_{0a}t} = \frac{R}{r_0 \sqrt{1-\varepsilon}} \varepsilon \frac{\pi r_0^2}{\zeta_1 A_1} c_{0r_{0a}x} \cos\beta = \frac{\pi R r_0 \cos\beta}{\zeta_1 A_1} \frac{\varepsilon}{\sqrt{1-\varepsilon}} c_{0r_{0a}x} \tag{6-46}$$

令

$$G = \frac{\pi R r_0 \cos\beta}{\zeta_1 A_1} \tag{6-47}$$

式中，G 是离心式喷油嘴中的一个非常重要的无量纲参量，是喷嘴的几何尺寸 R、r_0、A_1、U_1 和 β（由于 A_1 和 U_1 与 r_1、n 相关，所以实质上相关的喷嘴几何尺寸为 r_0、r_1、n、R、β）的函数，称作"喷嘴几何特性系数"。那么，

$$c_{0r_{0a}t} = G \frac{\varepsilon}{\sqrt{1-\varepsilon}} c_{0r_{0a}x} \tag{6-48}$$

将式(6-48)代入式(6-40)后，可以求解轴向速度 $c_{0r_{0a}x}$，即

$$\frac{c_{0r_{0a}x}^2}{2} + \frac{c_{0r_{0a}t}^2}{2} = \frac{c_{0r_{0a}x}^2}{2}\left(1 + \frac{G^2\varepsilon^2}{1-\varepsilon}\right) = \Delta H_0 \tag{6-49}$$

$$c_{0r_{0a}x} = \frac{1}{\sqrt{1 + \dfrac{G^2\varepsilon^2}{1-\varepsilon}}} \sqrt{2\Delta H_0} \tag{6-50}$$

令

$$\varphi = \frac{1}{\sqrt{1 + \dfrac{G^2\varepsilon^2}{1-\varepsilon}}} \tag{6-51}$$

将 φ 称作"轴向速度系数"，它表示燃油流经喷嘴时，喷油压差势能 $\Delta H_0 = \dfrac{p_0 - p_2}{\rho} = \dfrac{\Delta p}{\rho}$ 全部转化为动能后，在总的喷射速度中轴向速度所占的百分比。因而

$$c_{0r_{0a}x} = c_{0x} = \varphi\sqrt{2\Delta H_0} = \varphi\sqrt{\frac{2\Delta p}{\rho}} \tag{6-52}$$

将式(6-52)代入式(6-29)后，可得

$$W_f = \pi r_0^2 \varepsilon \rho \varphi \sqrt{\frac{2\Delta p}{\rho}} = \varepsilon\varphi\pi r_0^2\sqrt{2\rho\Delta p} \tag{6-53}$$

将式(6-53)与式(6-20)进行对比，发现喷油嘴流量系数 μ 有以下关系式：

$$\mu = \varepsilon\varphi = \frac{1}{\sqrt{\dfrac{1}{\varepsilon^2} + \dfrac{G^2}{1-\varepsilon}}} \tag{6-54}$$

那么式(6-53)变换为

$$W_f = \mu\pi r_0^2\sqrt{2\rho\Delta p} \tag{6-55}$$

希望应用关系式(6-55)来计算离心式喷嘴的流量特性，但流量系数 μ 还未知，为此还需要进一步确定 ε 与 G 的关系。

假设空气涡稳定的半径就是能够使喷嘴流量达到最大值的尺寸，这时的流量

系数也是最大值。这个原理通常称为"喷嘴最大流量原理"。该原理无论在定性方面还是定量方面都得到了实验验证。按照喷嘴最大流量原理,即要求对于给定的ε,使$\dfrac{1}{\varepsilon^2}+\dfrac{G^2}{1-\varepsilon}$最小,为此令$\dfrac{1}{\varepsilon^2}+\dfrac{G^2}{\sqrt{1-\varepsilon}}$对$\varepsilon$的导数为零:

$$\frac{\partial}{\partial \varepsilon}\left(\frac{1}{\varepsilon^2}+\frac{G^2}{1-\varepsilon}\right)=\frac{G^2}{(1-\varepsilon)^2}-\frac{2}{\varepsilon^3}=0 \tag{6-56}$$

由此可以求解ε和G的关系:

$$G^2=\frac{2(1-\varepsilon)^2}{\varepsilon^3} \tag{6-57}$$

$$G=\sqrt{\frac{2(1-\varepsilon)^2}{\varepsilon^3}}=\frac{1-\varepsilon}{\sqrt{\varepsilon^3/2}} \tag{6-58}$$

将式(6-58)代入式(6-54)有

$$\mu=\sqrt{\frac{\varepsilon^3}{2-\varepsilon}} \tag{6-59}$$

$$\varphi=\sqrt{\frac{\varepsilon}{2-\varepsilon}} \tag{6-60}$$

由式(6-58)和$r_{0a}=r_0\sqrt{1-\varepsilon}$可知,空气涡半径$r_{0a}$仅与喷嘴几何特性系数$G$有关,当喷嘴的几何尺寸已定时,空气涡半径也就相应地确定了,它是一个常数,并不会随喷油压差和喷油量的变化而改变。

由此可见,当喷嘴的主要尺寸:r_0、r_1、n、R、β一定时,就能根据式(6-47)、式(6-58)、式(6-59)和式(6-55),按顺序计算喷油量W_f与供油压差Δp的关系。为了方便查看,将上述4个公式汇总如下:

$$\begin{cases} G=\dfrac{\pi R r_0 \cos\beta}{\zeta_1 A_1} \\[3mm] G=\dfrac{1-\varepsilon}{\sqrt{\varepsilon^3/2}} \\[3mm] \mu=\sqrt{\dfrac{\varepsilon^3}{2-\varepsilon}} \\[3mm] W_f=\mu\pi r_0^2\sqrt{2\rho\Delta p} \end{cases} \tag{6-61}$$

6.5.2　喷雾锥角理论计算

由于燃油质点的切向速度是沿喷口的半径方向不断变化的,在喷口断面上位于不同半径r点上的喷雾锥角也各不相同。为了近似地估算喷雾锥角,必须引入一个所谓"平均喷雾锥角"的概念。通常,在喷嘴轴线上取距离喷口$r_p=\dfrac{1}{2}(r_{0a}+r_0)$的锥角作为喷嘴的平均喷雾锥角 α_p：

$$\tan\frac{\alpha_p}{2} = \frac{c_{0pt}}{c_{0px}} \tag{6-62}$$

由于 $c_{0pt}r_p = c_1 R\cos\beta = $ 常数，所以

$$c_{0pt} = \frac{c_1 R\cos\beta}{r_p} = c_1 \frac{2R}{r_{0a}+r_0}\cos\beta \tag{6-63}$$

由式(6-45) $c_1 = \varepsilon \dfrac{\pi r_0^2}{\zeta_1 A_1}c_{0r_{0a}x}$，式(6-32) $r_{0a} = r_0\sqrt{1-\varepsilon}$ 和式(6-47) $G = \dfrac{\pi R r_0\cos\beta}{\zeta_1 A_1}$，且

由式(6-39)可得 $c_{0r_{0a}x} = c_{0px}$，将上述关系式代入式(6-63)有

$$c_{0pt} = \varepsilon\frac{\pi r_0^2}{\zeta_1 A_1}c_{0r_{0a}x}\frac{2R}{r_0\sqrt{1-\varepsilon}+r_0}\cos\beta = \frac{\pi R r_0\cos\beta}{\zeta_1 A_1}\frac{2\varepsilon}{(\sqrt{1-\varepsilon}+1)}c_{0px}$$

$$= G\frac{2\varepsilon}{(\sqrt{1-\varepsilon}+1)}c_{0px} \tag{6-64}$$

因而平均雾化锥角

$$\tan\frac{\alpha_p}{2} = \frac{c_{0pt}}{c_{0px}} = G\frac{2\varepsilon}{(\sqrt{1-\varepsilon}+1)} \tag{6-65}$$

将式(6-58)$\left(G = \dfrac{1-\varepsilon}{\sqrt{\varepsilon^3/2}}\right)$代入式(6-65)有

$$\tan\frac{\alpha_p}{2} = G\frac{2\varepsilon}{(\sqrt{1-\varepsilon}+1)} = \frac{1-\varepsilon}{\sqrt{\varepsilon^3/2}}\frac{2\varepsilon}{(\sqrt{1-\varepsilon}+1)} = \sqrt{\frac{8}{\varepsilon}}\frac{1-\varepsilon}{(\sqrt{1-\varepsilon}+1)}$$

$$\tag{6-66}$$

由式(6-66)可知，在不考虑黏性影响的流动中，喷雾锥角只是喷嘴几何尺寸的函数，它与供油压差和喷油量的变化无关。

由此可见，只要预先知道单路离心式喷嘴的几何尺寸：r_0、r_1、n、R 和 β，就可以求取它的几何特性系数 G，由此可以建立喷油量 W_f 和平均喷雾锥角 α_p 与上述参数的函数关系，即

$$\begin{cases} W_f = f_1(\Delta p, G) \\ \alpha_p = f_2(G) \end{cases} \tag{6-67}$$

结合 6.5.1 节，上述关系式可以具体表示为

$$\begin{cases} G = \dfrac{\pi R r_0\cos\beta}{\zeta_1 A_1} \\[2mm] G = \dfrac{1-\varepsilon}{\sqrt{\varepsilon^3/2}} \\[2mm] \mu = \sqrt{\dfrac{\varepsilon^3}{2-\varepsilon}} \\[2mm] W_f = \mu\pi r_0^2\sqrt{2\rho\Delta p} \end{cases} \tag{6-68}$$

$$\alpha_\mathrm{p} = 2\arctan\left(\sqrt{\frac{8}{\varepsilon}}\ \frac{1-\varepsilon}{(\sqrt{1-\varepsilon}+1)}\right) \tag{6-69}$$

为了方便计算,通常绘制 ε、μ 和 α_p 与 G 的关系曲线,如图 6-23 所示,供计算使用。

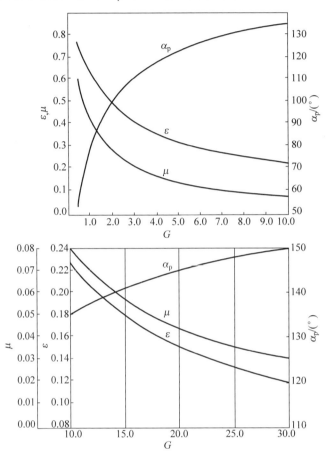

图 6-23　离心式喷嘴 ε、μ 和 α_p 与 G 的关系曲线

6.5.3　燃油黏性的影响

在实际情况下,燃油黏性的影响是不容忽视的。因而,喷油嘴的实际喷油量 $W_{\mathrm{f}\mu}$ 和喷雾锥角 α_μ 与理论计算值都有一定的差别。为此,引入流量修正系数 $K_\mu = W_{\mathrm{f}\mu}/W_\mathrm{f}$ 和喷雾锥角修正系数 $K_\alpha = \alpha_\mu/\alpha_\mathrm{p}$,对理论计算值进行修正,以便使所设计的喷嘴的流量特性和喷雾锥角特性能够反映有黏性影响时的实际情况。

现在以某离心式喷嘴为示例,说明喷油量和喷雾锥角的实际值与理论计算值之间的差异。如图 6-24 所示,$r_0 = 0.605\mathrm{mm}$,$r_1 = 0.69\mathrm{mm}$、$0.695\mathrm{mm}$、$0.675\mathrm{mm}$,$n = 3$,$R = 5\mathrm{mm}$,$\beta = 0°$,三个切向孔均为圆孔,燃油密度 $\rho = 820\mathrm{kg/m^3}$。

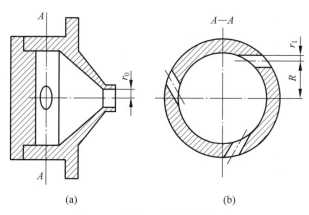

图 6-24　某离心式喷嘴计算示例

那么,该离心式喷嘴的喷油量和喷雾锥角的理论计算值求解过程如下。

由于切向孔为圆孔有 $A_1 = n\pi r_1^2 = \pi\left(\dfrac{0.69}{1000}\right)^2 + \pi\left(\dfrac{0.695}{1000}\right)^2 + \pi\left(\dfrac{0.675}{1000}\right)^2$，$\zeta_1 = 1$，于是

$$G = \frac{\pi R r_0 \cos\beta}{\zeta_1 A_1} = \frac{\pi R r_0}{\zeta_1 A_1} = \frac{\pi \times \dfrac{5}{1000} \times \dfrac{0.605}{1000}}{\pi\left(\dfrac{0.69}{1000}\right)^2 + \pi\left(\dfrac{0.695}{1000}\right)^2 + \pi\left(\dfrac{0.675}{1000}\right)^2} = 2.138$$

由 G 查图 6-23 可以获得 $\mu = 0.275$，所以

$$W_f = \mu\pi r_0^2 \sqrt{2\rho\Delta p} = 0.275 \times 3.14 \times \left(\frac{0.605}{1000}\right)^2 \sqrt{2 \times 820 \times \Delta p}$$

$$= 1.28 \times 10^{-5} \sqrt{\Delta p}$$

据上式计算的不同供油压差 Δp 的喷油量如表 6-3 所示。

由 G 查图 6-23 可以获得 $\varepsilon = 0.482$，所以

$$\alpha_p = 2\arctan\left(\sqrt{\frac{8}{\varepsilon}} \frac{1-\varepsilon}{(\sqrt{1-\varepsilon}+1)}\right) = 2\arctan\left(\sqrt{\frac{8}{0.482}} \frac{1-0.482}{(\sqrt{1-0.482}+1)}\right) = 102°$$

另外,喷油量和喷雾锥角的实测值也列入了表 6-3 中。为了便于直观比较,将喷油量和喷雾锥角的理论计算值与实测值绘制成如图 6-25 所示。由图可见,喷油量的理论计算值和实测值都随着供油压差增大而增大,喷雾锥角的理论计算值与供油压差无关,而其实测值先是随着供油压差的增大而增大,然后几乎保持不变。

表 6-3　某离心式喷嘴喷油量和喷雾锥角的理论计算值和实测值

$\Delta p / \text{Pa}$	490 400	980 700	1 961 400	2 942 100	3 922 800	4 903 500
$W_f /(\text{kg/s})$	0.008 97	0.012 69	0.017 94	0.021 98	0.025 38	0.028 37
$\alpha_p /(°)$	102	102	102	102	102	102
$W_{f\mu} /(\text{kg/s})$	0.014 01	0.018 18	0.023 80	0.028 01	0.031 55	0.034 22

$\alpha_\mu/(°)$	50	53	54.5	54.5	54.5	54.5
K_μ	1.56	1.43	1.33	1.27	1.24	1.206
K_a	0.49	0.52	0.534	0.534	0.534	0.534

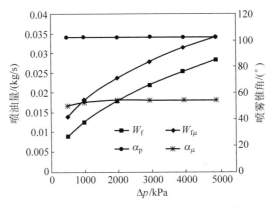

图 6-25 某离心式喷嘴喷油量和喷雾锥角理论计算值和实测值

由上述研究可见,喷嘴的喷油量和喷雾锥角的理论计算结果与实际试验结果的差距还是相当大的。其主要原因是,理论推导过程完全忽略了油流黏性的影响。实际上,黏性的存在将从以下两个方面改变喷嘴中油流的流动模型:

(1) 由于喷口断面上油流的切向速度是按 $c_{0rt}=\dfrac{c_1 R\cos\beta}{r}$ 分布的,也就是说,油层之间存在着速度梯度 $\dfrac{\mathrm{d}c_{0rt}}{\mathrm{d}r}=-\dfrac{c_1 R\cos\beta}{r^2}$,因此,由式(2-74)的牛顿黏性定律可知,在黏性的油层之间必然存在由速度梯度引起的剪切力 $\tau=-\nu\dfrac{\mathrm{d}c_{0rt}}{\mathrm{d}r}=\nu\dfrac{c_1 R\cos\beta}{r^2}$。显然,剪切力的作用将使油流的切向速度减小,而在空气涡的边界上,切向速度的减小程度最大,引起空气涡半径的缩小。油流的黏性越大,实际切向速度和空气涡半径偏离前文介绍的理论计算值也就越大。例如,某个喷嘴的理论空气涡半径 r_{0a} 与喷口半径 r_0 的比值为 $r_{0a}/r_0=0.725$,可是当喷射燃油的运动黏度 $\nu=2.05\times10^{-6}\,\mathrm{m}^2/\mathrm{s}$ 时,实际测得的 $\dfrac{r_{0a}}{r_0}=0.41$;当改喷射燃油的运动黏度 $\nu=2\times10^{-5}\,\mathrm{m}^2/\mathrm{s}$ 时,实际测得的 $\dfrac{r_{0a}}{r_0}$ 进一步减小为 0.3。

(2) 由于在黏性流动中,油流与喷嘴体的壁面之间存在附面层,而附面层中油流的速度分布规律与前文介绍的 $c_{0rt}r=$常数 的规律是不同的,当附面层的厚度达到一定程度后,喷嘴中油流的实际流动模型就与理想情况有了差异。这些差异将直接影响喷嘴的流量特性和喷雾锥角特性。图 6-26 中给出了黏度对喷油量的影响关系曲线。由图可知，随着黏度的增大，喷油量首先是增大的；但是，当其达到最大值后，黏度的继续增大反而引起了喷油量的下降。这是由于因黏度引起的剪切力虽然能同时使切向速度和轴向速度减小，可是切向速度的减小还意味着空气涡半径 r_{0a} 的减小，也就是说增大了喷口的有效通流面积。这个效应对于喷油量的影响程度一般

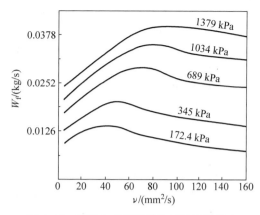

图 6-26 某离心式喷嘴喷油量受燃油黏度的影响情况

比轴向速度的影响更为明显，因而在一定范围内，随着黏度的增大，喷油量是逐渐增加的。只是当空气涡的半径缩小到某个程度时，r_{0a} 的继续减小对于增大喷口的有效通流面积不再发生明显影响，那么，轴向速度的减小对于喷油量的影响程度就显露出来了。自此，随着流体黏度的增大，喷油量反而有下降的趋势。这也是经常遇到的，通常有 $W_{f\mu} > W_f$，但也存在 $W_{f\mu} < W_f$ 的情况。但对于喷雾锥角来说，总有 $\alpha_\mu < \alpha_p$。

目前，考虑黏性影响的喷嘴计算公式很多，但一般都有局限性，只能适用于特定的结构形式和运行参数，常用的方法有当量几何特性系数修正法、经验关系图线法等，读者可自行查阅相关文献，此处不再详述。

6.6 喷油嘴性能的影响因素

喷油嘴性能的影响因素主要有喷嘴结构、加工质量、燃油特性和工作参数。各因素对喷嘴性能影响程度不一，归纳起来大致如表 6-4 所示。

表 6-4 喷油嘴性能的影响因素

因素类型		因素	喷嘴性能			
			喷油量 W_f	喷雾锥角 α	喷嘴周向不均匀度 U_{Nl}	液雾平均直径 SMD
喷嘴结构	压力式	几何特性系数 G	喷口一定，G 增大，W_f 减小	G 增大，α 增大		G 增大，SMD 减小
	气动式	喷口或环隙尺寸	喷口尺寸增大，W_f 增大		环隙不均匀，U_{Nl} 增大	喷口尺寸增大，SMD 增大
	旋转式	转盘直径 D 和喷口尺寸	喷口尺寸增大，W_f 增大			D 增大，SMD 减小

续表

因素类型	因素	喷油嘴性能			
		喷油量 W_f	喷雾锥角 α	喷雾周向不均匀度 U_{Nl}	液雾平均直径 SMD
加工质量	密封性	漏油则影响 W_f			密封差,SMD 增大
	光洁度			光洁度差,U_{Nl} 增大	喷口有毛刺,SMD 增大
	同轴度			同轴度差,U_{Nl} 增大	
	尺寸公差	超差则影响 W_f			
燃油特性	运动黏度 ν	随 ν 增大,W_f 先增后减	影响不大		ν 增大,SMD 增大
	表面张力系数 γ_1				γ_1 增大,SMD 增大
	密度 ρ	ρ 增大,W_f 增大	影响不大		
工作参数	供油压差 Δp	Δp 增大,W_f 增大			Δp 增大,SMD 减小
	雾化气压力 p_a	p_a 增大,W_f 减小			p_a 增大,SMD 减小
	气液比 AFR	AFR 增大,W_f 减小		AFR 增大,U_{Nl} 减小	AFR 增大,SMD 减小

6.7　喷油嘴积炭和防护

喷油嘴结构精密,技术要求高。在航空燃气涡轮发动机的实际使用中,喷嘴易产生积炭。它既会发生在喷嘴的稳定工作状态中,也会发生在喷嘴起动或停车的工作状态中。喷嘴一旦被积炭严重堵塞,它的喷油量、喷雾锥角、喷雾周向不均匀度、液雾平均直径等都将受到不同程度的影响,严重时将影响燃烧效率、发动机工作的可靠性和安全性乃至使用寿命。因此,喷嘴的积炭防护在喷嘴的设计和使用中应高度重视。

6.7.1　喷油嘴积炭机制

通常认为,积炭的形成是烃类燃料裂化、热解和氧化之后,化学反应产物在燃烧室零件炽热表面上缩合和焦化的结果。这时形成的沥青质、羟基酸、炭沥青质、焦油沥青质及其他化合物即积炭。

在航空燃气涡轮发动机的使用过程中,积炭可能发生在喷嘴、火焰筒头部圆顶和筒壁等处,通常是松软的炭黑状积炭或坚硬的焦炭状积炭,如图 6-27 所示。在积炭形成后,喷嘴的性能将发生变化,相关零部件结构的内部也可能会出现较大的温度梯度,涡轮前温度场分布也有可能恶化。由于这些情况,火焰筒可能发生翘曲、龟裂等,涡轮导向叶片可能被烧毁等。

喷嘴形成积炭的机制一般归为两类。第一类是燃油从喷嘴的喷口喷出后,在喷口附近形成局部富油区,产生大量的炭粒子附着在喷口端面而堵塞喷孔表面乃至内部。第二类是由于燃烧室内的温度很高,在燃油总管内或喷嘴内部产生热氧化沉积物。特别是喷油停止后,喷嘴体受燃烧室高温的影响,喷嘴内残积油中的非溶性硫氧化合物在灼热的喷嘴内表面会发生裂解氧化,缩合脱氧结焦积炭。

喷嘴积炭的第一类机制主要与燃油种类和燃烧的组织过程有关;第二类机制主要与燃油的热稳定性有关。

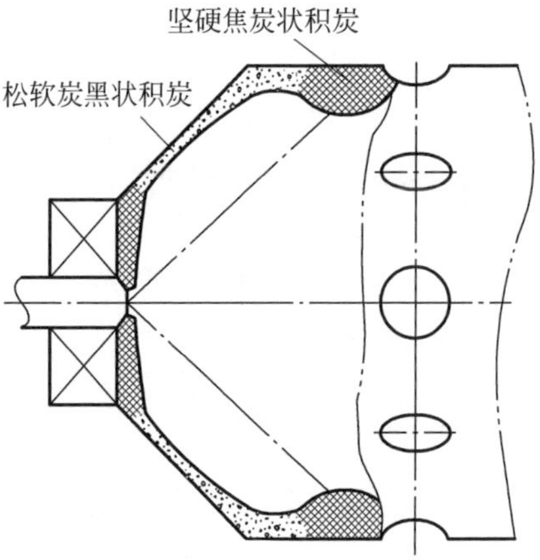

图 6-27 航空燃气涡轮发动机主燃烧室积炭部位

1. 喷嘴积炭第一类机制的影响因素

喷嘴积炭的第一类机制是指由于局部富油而附着在喷口端面的炭粒子形成过程,试验研究表明,当在飞行中使用 T-2 燃油时,某航空燃气涡轮发动机喷嘴上产生的积炭的主要组分是碳(75%~85%)、氧(8%~21%)、氢(1.8%~5.8%)、灰分(0.7%~1.8%)。其中,积炭中的灰分主要由铁、硅、钙、镁、铝、钠和铅等元素的氧化物组成。该机制生成的积炭主要受燃油种类和燃烧组织的影响。

1)燃油种类的影响

燃油的种类影响积炭成分和积炭的生成。俄罗斯某发动机在分别燃烧 TC-1 和 T-2 燃油时,喷嘴积炭的元素组成情况如表 6-5 所示。由表可以看出,不同燃油积炭的元素成分构成有较大差别。通常认为,喷嘴积炭沉积的强度主要取决于燃油中的 C:O 的值,该比值越小,在飞行条件下,发动机喷嘴上的积炭就越多。另外,燃油的密度和黏度增大,积炭将增大;燃油中胶质和硫的含量的增加会导致燃气涡轮发动机内的炭沉积增大,积炭也会变得更密实;而燃油蒸发性能的提高会降低积炭生成的强度。

表 6-5 俄罗斯某发动机分别燃烧 TC-1 和 T-2 时喷嘴积炭的元素组成

组 分	喷嘴积炭的元素质量百分比/%	
	TC-1 燃油	T-2 燃油
灰分	1.2	1.1
C	86.6	78.6
H	1.65	2.0
S	0.17	0.22
N	0.85	0.66
O	10.25	17.75

2）燃烧组织的影响

燃烧室内的空气流动组织、喷雾分布组织、油气混合组织等过程都会影响积炭的生成。通常，燃烧室内的余气系数减小，在喷嘴和火焰筒上会增加炭的生成。当混合气中的燃料浓度增大时，积炭也会呈现规律性的增大。

积炭的生成主要是在液相中进行的，一般发生在燃料液滴尚未完全蒸发时。当燃料液滴变成气相时，燃料蒸气进行燃烧，主要产生氧化型和根基型（原子团）产物。当气体介质温度上升时，燃料液滴可以加速芳香烃氧化缩合的过程，于是积炭的数量增大。当气体介质的温度下降时，液相缩合过程降低，燃料进行蒸发和燃烧，并不产生积炭。

2. 喷嘴积炭第二类机制的影响因素

喷嘴积炭的第二类机制是指喷嘴内腔热氧化沉积物的形成机制，它主要与燃油的热稳定性有关。

当在高温下用喷嘴试验喷气燃料时，发现在与燃料相接触的零件上产生了暗淡的胶质薄膜。当燃料消耗量较大时，这个薄膜对喷嘴的流体动力性能是没有影响的；但是当燃料消耗量较小时，这种性能产生了变化。当喷嘴长时间用热油工作时，胶质沉积物增多，对喷嘴的流体动力性能产生的影响越发显著。试验研究表明，喷嘴内腔沉积物中的主要元素是碳（48%～50%）、氧（26%～31%）、硫（7%～9%）、氢（5%左右）。沉积物内完全没有铁和铜的腐蚀产物，也没有硅、铝、钙、镁和钠的矿质化合物。这就说明，喷嘴内腔的沉积物具有热氧化性，它是由于低稳定性的烃和其硫的衍生物的氧化产物经过热叠合而生成的。

通过该机制生成的热氧化沉积物可能堵塞喷口，这也是喷雾不均匀、喷嘴过热以致遭到毁坏的原因之一。在实际中，发动机使用加力的工作状态越多，喷嘴越有可能被堵塞，因为燃油与总管、喷嘴炽热内腔的接触时间增多了。我国的 WP-7 系列发动机在使用过程中，也出现过加力油路的喷嘴被大量堵塞的情况。当加力工作状态的延续时间缩短时，也会在加力油路的柱塞油泵内的燃油中积蓄一些磨损产物。当接通加力和以加力状态工作时，这些产物便被燃料液流带走，可能将喷嘴堵塞。因此，当使用热稳定性好和抗磨损性能高的燃油时，燃油加力总管工作的可靠程度便会得到提高。试验证明，发动机应用热氧化稳定性高和抗磨损性好的燃油时，加力燃烧室喷嘴几乎没有发生过堵塞。

6.7.2　喷油嘴积炭防护

在航空燃气涡轮发动机燃烧室中，燃油喷嘴积炭是一种常见现象，一般都会采用防积炭技术措施。积炭产生的机制不同，对应的措施也不同，防护的效果也有差异。可以主要从喷嘴端部积炭防护和喷嘴内腔积炭防护两方面考虑。

1. 喷嘴端部积炭防护

在喷嘴防积炭措施中，采用最多的是在喷嘴头部帽罩上加防护气流，如图 6-28

所示。在头部帽罩上设有进气孔和吹除积炭出气孔。气流从喷嘴帽罩的外轮廓处进入,从端面孔或间隙处流出,一路垂直于端部(约平行于液雾运动方向),一路沿径向向中心方向,然后折流沿喷雾方向。这种防护主要是在喷嘴端面建立一层气膜,阻隔微小炭粒子在喷嘴端面的附着,尤其防止在喷口周围的附着,避免直接影响喷雾锥角和喷雾的周向均匀性。

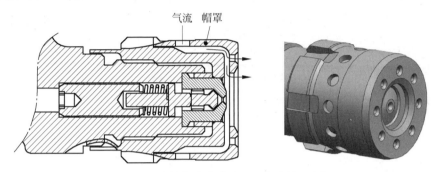

图 6-28 主燃烧室喷嘴端面积炭防护示意图

加防护气流是在喷嘴帽罩上适当的位置开设相应的进出气孔,尽量在喷嘴端面形成气膜。它的防止对象是喷嘴端面的积炭。但是由于在喷嘴端面设置的孔数有限,难以完全在喷嘴端面形成气膜,因而难以完全消除喷嘴端面的积炭,更难根除喷嘴的积炭问题。特别是该方法不能防止喷嘴内腔由于燃油热氧化性导致的结焦、积炭堵塞。尽管如此,由于此防护方法对抑制喷嘴端面积炭有明显效果,应用广泛,如 WP-6、WP-7、WP-13、A1-24、A1-25 和 AL-31F 等发动机均采用这种方法。

但是,需要注意的是,若防积炭气流引入不当,会影响喷雾锥角。在如图 6-29 所示的引入防积炭气流的方式下,由于防护气流的流道面积很大,流经的气流流量较大,此外在流动方向上防护气流对雾锥有压缩作用,因而喷雾锥角相较无防护气流引入时大幅减小,导致火焰后移,烧坏发动机涡轮导向叶片。

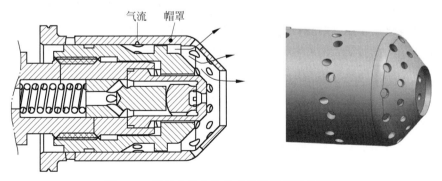

图 6-29 防护方法欠佳的带防积炭帽罩的喷嘴

2. 喷嘴内腔积炭防护

发动机喷嘴内腔积炭是经常发生的,对发动机的危害要比喷嘴端面产生积炭严重得多。喷嘴内腔积炭会造成油路的部分或完全堵塞。6.7.1 节已经讨论过,喷嘴内腔产生积炭主要是由于燃油的热氧化性引起的。因此,除了提高燃油的热氧化稳定性之外,喷嘴的可靠工作还可以通过结构设计实现。

(1) 减小喷嘴的尺寸有助于减少内腔积炭。因为小尺寸喷嘴容易被油流冷却。试验表明,该小尺寸喷嘴内表面的温度在最大工作状态时会下降 $65\sim75℃$,在小油门工作状态时会下降到 $100\sim130℃$。

(2) 当喷嘴内腔衬套上的油孔成切线方向时,燃油顺着切线方向的圆孔在旋涡室内做旋转流动,同总平面的偏移度不超过 ±1mm,在这种情况下,沉积物产生的数量是较少的。

(3) 喷嘴内腔的积炭大多发生在发动机停车而输油管和喷嘴内有剩余残积油的情况下,残积油在发动机内腔的余热下烘烤、结焦、积炭。实际上,发动机正常运转时由于供油量较大;源源不断流动的燃油带走了燃油总管和喷嘴的热量,一般难以产生结焦、积炭。因此,在一些发动机上装有如图 6-30 所示的燃油管路残积油吹除装置。发动机在正常工作时,油路系统中的电磁阀 2 是关闭的,油泵出口的油通过输油管不断从喷嘴流出、雾化、燃烧。当发动机停车时,一般从慢车转速降为零转速,在某一个转速时发动机内腔的气流还维持着一定压力。此时打开

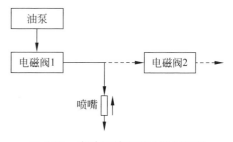

图 6-30　发动机某排积油装置原理

电磁阀 2,由于喷嘴周围的气流压力大于外界,残积油在气流作用下由喷嘴—输油管—电磁阀 2 排向机外。由于没有了残积油,杜绝了残积油在发动机内腔的余热下被烘烤、结焦、积炭的情况。这种装置的效果非常明显,结构也比较简单,但是控制电磁阀 2 打开的时机非常重要。当电磁阀 2 在较高发动机转速打开时,发动机内的气压较高,有足够的动力吹除管内残积油,但是发动机转速太高有可能影响其工作,导致其他问题。但若电磁阀 2 打开时发动机转速过低,发动机内的气体余压又较低,不足以吹除残留在管内的油。

第 7 章

点火器和燃烧室点火

　　点火是燃气涡轮发动机起动过程中的一个重要问题。任何一台发动机都装有专用的点火器,通过它可以向主燃烧室输入一定能量,直接把燃料炬点燃;或者先点燃少量起动燃料形成点火火炬,然后依靠它点燃整个主燃烧室的燃料炬。当主燃烧室的主火焰能够连续而又稳定地维持后,点火过程就此结束,点火器也就可以停止工作了。

　　一般地,点火器由点火线圈、电嘴和连接导线组成,是在发动机地面起动和空中再起动时用来点燃火焰筒内油气混合物的专用设备。点火器的工作过程与气体放电现象密切相关,后文首先介绍物态和气体放电等相关概念。

7.1　物态

　　物态,又称"聚集态"。在宏观上,一般认为存在固态、液态、气态和等离子态四种物态。即固体、液体、气体和等离子体。

　　我们知道,一切宏观物质都是由大量分子组成的,分子间作用力的吸引作用使分子聚集在一起,在空间形成某种有规则的分布,而分子无规则的热运动具有破坏这种规则分布的趋势。在一定的温度和压力下,某一物质的存在状态取决于构成物质的分子间作用力和无规则热运动这两种对立因素的相互作用,或者说取决于分子间的结合能与其热运动能的竞争。温度是分子热运动激烈程度在宏观上的表现。在较低温度下,分子的无规则热运动并不激烈,分子在分子间作用力的作用下被束缚在各自的平衡位置附近做微小的振动,排列有序,表现为固态。当温度升高时,无规则热运动剧烈到某一程度,分子间作用力虽已不足以将分子束缚在固定的平衡位置附近做微小振动,但也不至于使分子分散远离,这时就表现为具有一定体积而无固定形态的液态。当温度再升高时,无规则热运动进一步加剧,分子间作用力已无法使分子保持一定的距离,这时分子相互分散远离,分子的移动几乎是自由移动,就表现为气态。对气态物质进一步加热,当温度足够高时,构成分子的原子也获得足够大的能量,开始彼此分离,这一过程称为"离解"。在此基础上进一步提高温度,原子的外层电子将摆脱原子核的束缚而成为自由电子,失去电子的原子变成带正电的离子,这一过程称为"电离"。当气体中有足够多的原子被电离后,这种电离的气体已不是原来的气体了,会转化成新的物态,即等离子态。由于电离过程中正离子和电子总是成对出现,等离子体中正离子和电子的总数大致相等,总体上为准电中性,也就是说,等离子体是正离子和电子的密度大致相等的电离气体。

通常,等离子体中的基本成分是电子、离子和中性粒子(包括不带电荷的粒子,如原子或分子及原子团),它有独特的物理化学性质:①温度高,粒子动能大;②作为带电粒子的集合体,具有类似金属的导电性能;③化学性质活泼,容易发生化学反应。为方便研究,从不同角度对等离子体进行了分类。

若按存在划分,有

(1) 天然等离子体:宇宙中存在的和由自然界自发产生的等离子体。据印度天体物理学家沙哈(Saha)的计算,宇宙中 99.9% 的物质都处于等离子体状态,如太阳、恒星、星子、星云等;由自然界自发产生的则有闪电、极光等。

(2) 人工等离子体:由人工通过外加能量激发电离物质形成的等离子体,如日光灯、霓虹灯中的放电等离子体,等离子体炬中的电弧放电等离子体。在人工生成等离子体的方法中,气体放电法比加热的方法更加简便高效。

若按电离度划分,有

(1) 弱电离等离子体:指电离度小于 1% 的气体。其按物理性质可再细分为

① 热等离子体,又称"局部热力学平衡等离子体"。此时电子、离子和中性粒子的温度局部达到热力学一致性,即三者在局部温度相等,一般在 $3\times10^3\sim3\times10^4\,\mathrm{K}$,如电弧等离子体、高频等离子体等。

② 冷等离子体,又称"非热力学平衡等离子体"或"低温等离子体",数百帕以下低气压的等离子体常常处于非热力学平衡状态,此时,电子与离子或中性粒子的碰撞过程中几乎不损失能量,所以电子温度远高于离子温度,也远高于中性粒子温度。它在工业中是应用最广泛的一种等离子体,主要包括电晕放电(corona discharge)、辉光放电(glow discharge)、火花放电(spark discharge)、介质阻挡放电(dielectrical barrier discharge)、滑动电弧放电(gliding arc discharge)、微波等离子体(microwave plasma)和射频等离子体(radio-frequency plasma)等。

③ 燃烧等离子体,该等离子体产生于两种氢同位素——氘和氚的聚变反应。

热等离子体与冷等离子体因为工业上广泛应用有时又合称为"工业等离子体"。

(2) 完全电离等离子体,指电离度大于或等于 1% 的气体,又称"完全热力学平衡等离子体"或"高温等离子体",此类等离子体中电子温度、离子温度和中性粒子温度完全一致,如太阳内部、核聚变和激光聚变等。

若按粒子密度划分,有

（1）致密等离子体，或称"高压等离子体"，粒子密度 $N > 10^{18}\,\mathrm{cm}^{-3}$，这时粒子间的碰撞起主要作用。通常气压≥0.1atm 的电弧均可看作致密等离子体。

（2）稀薄等离子体，或称"低压等离子体"，粒子密度 $N < 10^{12}\,\mathrm{cm}^{-3}$，此时核子间的碰撞基本不起作用，如辉光放电等。

7.2　气体放电

从 7.1 节已知，随着温度的上升，物质的存在状态一般会呈现固态→液态→气态→等离子态的转化过程。在气态向等离子态转化的过程中，相较加热方法，气体放电方法更加简便高效。

一般地，气体是一种理想的电介质，不能导电。以空气为例，虽然空气中存在多种游离因素，例如，宇宙射线、太阳射线、紫外线、α 射线、β 射线、γ 射线等。空气在这些射线的轰击作用下不可避免地发生电离，但是被电离的空气所占比例极小，并且已经电离的正离子与电子、负离子还会不断地复合，因而产生的电流极小，即在一般情况下，空气是不能导电的。

但是，气体若受到一定强度的外界游离因素（如紫外线、α 射线、β 射线、γ 射线等）的作用，就会被加速电离，即失去电子变成正离子，由此产生的电子或保持独立存在或与其他中性分子结合而形成负离子，这样气体就变成了导体。如图 7-1 所示，在没有接通电源而仅在紫外线的作用下，气体间隙电路上必然存在着微弱的电流。若在气体介质的两个电极接上高压直流电源，并使电源电压由零开始逐渐增大，那么，在电路上的电流表则可以测得通过气体间隙的电流。

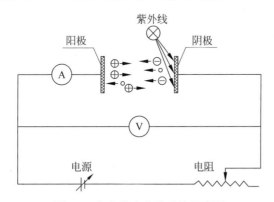

图 7-1　气体放电实验系统示意图

当两电极间的电压小于某值（图 7-2 中 U_a）时，随着两电极间电压的不断升高，参加运动的离子也越来越多，电流也随之增大。在 Oa 段中，若令气体间隙内的外界游离因素停止作用（停止紫外线轰击），气体间隙内的导电现象就会消失，气体恢复为非导体。这种气体放电现象称作"非自激放电"。非自激放电的电流一般很小。在该阶段内,若两电极间的电压相同,那么通过间隙的电流强度取决于外界游离因素的强度。

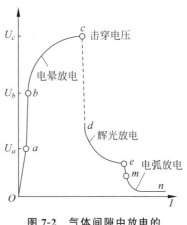

图 7-2 气体间隙中放电的
伏安特性

当两极间的电压继续升高,间隙中形成的大部分离子均参加运动并到达电极时,电流增大到极值并完全停止增长,此时的稳定电流称为"饱和电流",如图 7-2 中 ab 段所示。饱和电流的大小取决于气体的电离程度。

如果两电极间的电压继续升高,离子向电极方向运动的速度也将增大。当电压达到某值(图 7-2 中 U_b)时,离子所获得的速度足以使之与气体的中性分子碰撞,从而产生新的带电粒子。这时的电流大于饱和电流,于是碰撞电离开始。在碰撞电离过程中,新产生的离子和电子在电场的作用下,具有足够高的速度并能使中性分子受到碰撞而电离,从而使整个气体间隙都具有导电性。在这种情况下,即使除去外界的游离因素,气体中的放电现象也能自持地进行下去,即达到了所谓"自激放电"阶段。这种放电就是产生一次放电以后,无须外来电源的作用仍能维持下去的放电。由于因碰撞电离而新产生的离子和电子的过程具有"雪崩式"的特性,即离子和电子的数目、电流都将"雪崩式"地增大,因而,该电流要比饱和电流大数百万倍。显然,当阳离子向阴电极移动并与之撞击时,也能够撞击出一定数量的电子,这些电子与由外界游离因素产生的电子汇合时,将使电流再次增大。

产生碰撞电离时的电压 U_b 称作"起始电压"。这个电压是使气体间隙由非自激放电过渡到自激放电的电压。如果两电极间为均匀电场,那么由非自激放电过渡到自激放电的过程是气体间隙被击穿的过程,也就是阳极到阴极之间形成连续的导电线路或电离通路的过程。如果两电极间的电场是不均匀的,那么由非自激放电过渡到自激放电时,首先会在靠近电极处电场强度最大且已达到临界值的地方产生气体的局部击穿。这种放电称作"电晕放电",相当于图 7-2 中的 bc 段。电晕放电的必要条件是电场的不均匀性。

当两电极间电压继续升高时,电晕放电逐渐扩展到大部分极间间隙,直到间隙被完全击穿(图 7-2 中点 c)。这时,电极之间会产生火花,由于间隙被击穿后,气体电离度增加,间隙气体的等效电阻减小,因而两电极间的电压急剧降低(图 7-2 中 cd 段)。两电极间隙被完全击穿时的电压 U_c 称作"击穿电压"。击穿电压取决于许多因素,与极间距离、被击穿气体的压力和温度、电极温度、电极材料等相关,其中最重要的是极间距离、被击穿气体的压力和温度。对于均匀电场来说,均匀电场击穿电压 U_{cu} 是被击穿气体压力 p 和极间距离 d 之乘积 pd 的函数,即 $U_{cu} =$

$f(pd)$，这个关系式称作"产生放电的特性曲线"。在实际中，通常采用下述经验公式估算均匀电场中空气介质的击穿电压：

$$U_{cu} = 1.36 + 30\gamma d \tag{7-1}$$

式中，$\gamma = \dfrac{\rho}{\rho_0}$为空气相对密度，即空气密度与1atm、293K时空气密度的比值；d为电极间距，单位为cm。例如，某航空发动机电嘴的电极间距为0.3～0.4mm，那么，在这样的间隙距离下，如果气体压力正常，则在电压为2.0～3.0kV时即可击穿间隙。

在气体间隙被击穿后，若电源电压继续升高，电离度也随之增加，大量的正离子、电子奔向两极。同时，也有大量的正离子、电子在间隙中复合为正常气体原子。由于气体电离度的增加，间隙气体的等效电阻减小，两电极间的电压小幅降低，电流会增大到很大数值，这就是所谓的稳定的"辉光放电"阶段（图7-2中 de 段）。在该阶段，当电子返回正离子时，会把它携带的能量以光的形式发射出来，由于某种金属蒸气原子的电离能是固定的，如果气体介质中有某种金属蒸气的话，那么它发出的光就是这种金属所特有的。例如，钠灯发出的光是黄白色的，而水银灯发出的光则是蓝白色的。辉光放电的特征是，当放电电流在很大范围内变化时，电极上的电压近乎不变，与此同时，在间隙全部空间上都会产生强烈的辉光，而且一定有声响出现。产生辉光的原因是离子通路上的气体被加热致使温度升高（一般气体的温度不太高），而声响的出现则是外围气层受热膨胀所致。辉光放电时放电电流的数值在 10^{-5}～10^{-1}A，电流的密度为3.5～10A/cm^2。

若电源电压继续升高，则间隙电阻继续减小，间隙电压继续下降，通过气体间隙的电流将继续增大。若在大气压下，当电流超过0.1A时，辉光放电则转变为"电弧放电"（图7-2中的 mn 段）。电弧放电的特征是，由于大电流强烈地加热电极，电极金属开始蒸发，导致赤热的阴极大量放射电子。这就是说，与辉光放电不同，电弧放电时不仅使气体电离，而且还能使电极加热时产生的金属蒸气电离。此时电流的流动主要由于赤热阴极大量放射电子。在某些条件下，电弧能够稳定地持续较长的时间。电弧放电的气体介质温度很高，可达上千摄氏度。

上述电弧放电是固定于一定位置的电极上加一足够高的电压时产生的稳定、持续时间较长的放电现象。通常，实际应用的是断续的、不固定的电弧放电形式（又称为"火花放电"）。火花放电有两种情况：一种是点火线圈中的电容器充电后，通过彼此有一定距离的金属电极之间的气体间隙进行的放电，即电容放电或电容火花；另一种是在具有电感的点火线圈电路中，当接点断开时所产生的放电现象，即电感放电或电感火花。

当电容器直接向气体间隙放电时，由于受到连接导线的电感影响，电容放电具有振荡特性，但是在整个放电过程中，放电频率大致不变。当放电通路形成之后，储存于电容器内的能量将立即传入通路。通路的感抗和有效电阻越小，能量的传入速度越快,放电通路中的电流密度也越大。通常,电流密度可以达到 $10^4 \sim$ $10^5 \mathrm{A/cm^2}$。电流密度大意味着放电通路中的能量高度集中、通路的温度高且发光亮度大。

图 7-3 给出了在电容火花放电现象中发光部分的布局情况。此时,在火花通路附近的火舌是由电极材料的蒸气构成的。在火舌的后面则是放电火焰区,也就是进行放电的、赤热的气体区。随着放电通路的扩大,放电过程将转入电弧放电或辉光放电阶段,而温度则逐

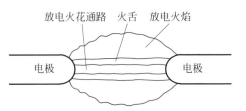

图 7-3　电容火花放电发光部分的位置

渐降低。据估计,电容火花放电起始阶段的温度可以达到 $6000\,^\circ\mathrm{C}$ 以上,高于电弧温度,不过这种放电的持续时间很短,通常以微秒($\mu \mathrm{s}$)计。

电感火花的亮度比电容火花小,电流强度与电弧放电相当,甚至相当于辉光放电的电流。但其电流的数值通常小于电路断开前流经电路的电流。电感放电的持续时间比电容火花长得多,通常以毫秒(ms)计。这种放电过程可能是缓慢的振荡过程,也可能是周期性的过程。

7.3　点火器类型

现役航空燃气涡轮发动机燃烧室的点火绝大部分采用电火花点火。当前也正在发展新型的等离子体点火技术。点火器是在发动机地面起动和空中再起动时用来点燃火焰筒内油气混合物的一种设备,由点火线圈、电嘴和连接导线组成。

7.3.1　电火花点火器

由 7.2 节可知,电火花点火有电容点火和电感点火,这是由点火线圈的差异产生的不同放电原理。因而,从放电原理上,点火器可以分为电容放电点火器和电感放电点火器。此外,还有以下分类:

(1) 按照电嘴发火电压的高低,分为高压点火器(电嘴发火电压超过 5kV)和低压点火器(电嘴发火电压低于 5kV);

(2) 按照电嘴火花能量的高低,分为高能点火器(火花能量高于 0.2J)和低能点火器(火花能量低于 50mJ)。

当前常见的搭配组合有高压电感式、低压电感式、高压电容式和低压电容式四种类型,它们的主要性能如表 7-1 所示。

表 7-1　各类电火花点火器的主要性能比较

主要性能	高压电感式	低压电感式	高压电容式	低压电容式
火花能量/mJ	<50	<50	200～6000	200～6000
火花频率/Hz	300～800	300～800	0.4～7	0.4～7
次级开路电压/kV	18	4	18	4
电嘴发火电压/kV	>5	0.5～1.5	>5	<1
气压对发火电压影响	最大	小	大	无
质量	小	小	最大	大

上述四种类型点火器在航空燃气涡轮发动机上均有应用。表 7-2 给出了航空燃气涡轮发动机上电火花点火器的应用示例。

表 7-2　电火花点火器应用示例

发动机型号	点火器类型	电嘴类型	储能/J	火花频率/Hz
WP6	高压电感式	普通火花电嘴	0.02～0.04	400～800
WP7	低压电感式	电蚀电嘴	0.05	400～800
J75	高压电容式	沿面电嘴	18	1～2
Spey	低压电容式	半导体电嘴	12	≥1
CFM56	低压电容式	半导体电嘴	12	1～2

现代发动机大都采用低压电容式电火花点火器。因为在电源输入功率相同的情况下,电容式可以比电感式的火花能量大数倍至数十倍。虽然火花频率降低了,但能量集中,发出的高能火花明显提高了点火能力。同时,低发火电压电嘴受气压的影响很小,高发火电压易受气压的影响,因而一般采用低发火电压电嘴。

欧美国家 60% 以上的发动机均采用低压电容式电火花点火器;苏联的发动机则多采用电感式,但之后俄罗斯也开始采用低压电容式电火花点火器。

点火线圈是点火器的一个重要组成部分,其电路和工作原理此处不作详述,请参见有关文献。电嘴是点火器的另一个重要组成部分,后文将作详细介绍。对电嘴一般要求:

(1) 电气性能好,发火电压尽可能低,不受或少受气压、温度等影响,绝缘性能好,放电效率高,受沾油和积炭的影响小,长期使用后电气性能基本稳定;

(2) 耐高温和耐热冲击性好,在高温下能保持一定的机械强度;

(3) 化学性能稳定,能适应燃烧室中的气氛,不易受腐蚀;

(4) 有良好的密封性,以避免高温燃气泄漏到燃烧室外;

(5) 拆卸方便,便于检查、维修或更换。

根据火花间隙结构,常用的电嘴类型有普通火花电嘴、电蚀电嘴、沿面电嘴和半导体电嘴。

普通火花电嘴,与高压电感线圈配套,又称"高压空气间隙电嘴"。如图 7-4 所示,其中间为屏蔽式不可分解的中心电极,侧电极与点火器壳体连接,两电极端部间隙约为 2mm,中心电极的材料一般由 Cr20Ni8Ti3 高温合金制成。每个火花能量约为 30mJ。普通火花电嘴的缺点是击穿电压随气压的升高而升高,并且非常敏感。高空的气压较低,击穿电压也较低,从而释放能量也较低,这对高空点火比较不利。

电蚀电嘴与低压电感线圈配套,又称"低压附银粒的表面间隙电嘴"。如图 7-5 所示,中心电极与侧电极端部均用银制成,中间用陶瓷绝缘体隔开,电极和绝缘体固定在钢制壳体内。电极间距约为 0.8mm,在电极间的绝缘体表面上预先喷镀金属银粒子,以形成火花放电表面。与普通火花电嘴相比,电蚀电嘴的优点是工作电压低,放电电压、电流和功率与周围介质温度、压力几乎无关,而且电嘴表面积炭、脏污对点火器影响较小。其缺点是每次起动都需要消耗一部分喷涂在电嘴上的银粒子,电极材料受到损耗。另外,每次起动都要经过一定时间的"赋能过程"。

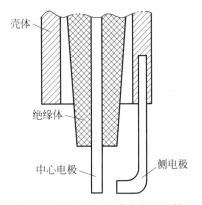

图 7-4　普通火花电嘴发火端结构

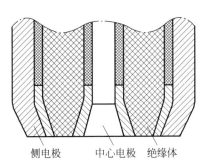

图 7-5　电蚀电嘴发火端结构

沿面电嘴发火端结构如图 7-6 所示。沿面电嘴与高压电容线圈配套,火花长,可以缩短在燃烧室内的插入深度,有利于降低电嘴发火端温度,延长电嘴使用寿命;但其也容易受周围介质环境影响,当陶瓷表面积油或积炭时不易打火。沿面电嘴的放电频率通常为 1~2Hz,储能为 4~10J,最大为 20J。当空气的压力高而温度低时,需要很高的击穿电压。例如,国产 CGD-1 线圈与 TDZ-1 沿面电嘴配套使用,当气压超过 0.5MPa 时就不易放电。

半导体电嘴与低压电容线圈配套,是应用较晚的一种电嘴,它的主要优点是①放电电压较低,线路容易绝缘;②放电时间较短,能量比较集中;③周围介质的压力和温度对放电性能几乎没有影响;④有很好的自净作用,油污和积炭经常受到表面放电作用的清洗而不会形成短路或断路。它的缺点是结构较复杂,耐高温性能稍差,由于经常出

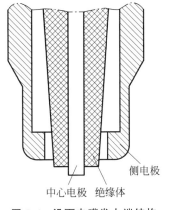

图 7-6　沿面电嘴发火端结构

现半导体材料裂缝和剥落,寿命比沿面电嘴短。

半导体电嘴中心极和侧电极的中间绝缘体表面有一层半导体涂层,可以通过其负温度效应和各向异性的性质使表面放电。常用的半导体材料有 TiO_2、Cu_2O、SiC 和 SiN_4-SiC 等。半导体电嘴性能的优劣主要取决于其发火端的设计,一般要求是半导体元件和电极接触紧密,半导体和电极的接触表面须光滑平整,采用导电玻璃密封胶充填,其成分为 $65\%SiO_2$、$23\%B_2O_3$、$7\%Na_2O$、$5\%Al_2O_3$。同样,半导体元件的漏电损耗也应较小。

半导体电嘴发火端通常有两种结构,内陷和齐平,如图 7-7 所示。内陷结构即半导体低于中心电极,其缺点是火花出现在环槽形间隙内,部分能量消耗于加热电极,减少了点火能量,加剧了电极根部的腐蚀;齐平结构即半导体与中心电极端面齐平,此时火花发生在电极表面,能直接射入油雾,故减少了加热电极的损耗和电极的腐蚀,提高了电嘴的点火能力,目前已得到广泛的应用。但发火端齐平的结构制造比较困难,成本高,若制造水平较低,易导致半导体脱落,影响电嘴的性能和寿命。

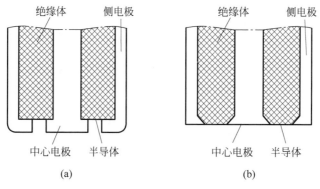

图 7-7　半导体电嘴发火端结构

(a) 内陷半导体电嘴;(b) 齐平半导体电嘴

7.3.2　等离子体点火器

随着等离子体技术的不断发展,等离子体点火技术得到了大量研究人员的关注。等离子体点火技术是利用等离子体的高温效应、化学效应和气动效应,提高点火能力和燃烧效率的新型点火技术,其基本原理是产生自由基、氧原子、臭氧等粒子,在燃油重整、快速加热和催化的效应下,实现增强点火和提高火焰传播速度与稳定性的能力。

等离子体点火器的放电方式主要有电弧放电产生等离子体射流、交流滑动弧放电产生等离子体射流和电晕放电产生等离子体射流等。根据放电方式的不同,等离子体点火器可以分为电弧放电等离子体点火器、滑动弧放电等离子体点火器和电晕放电等离子体点火器。下面简单介绍电弧放电等离子体点火器。

电弧放电等离子体点火器由阴极、阴极安装座、支承套、绝缘套、阳极、壳体等组成,如图 7-8 所示。阴极通常采用金属钨制作,既可耐高温腐蚀,又有良好的导电性。阳极一般采用钨铜合金。绝缘介质采用电绝缘性能好、耐高电压击穿和电弧烧蚀的耐高温氧化铝陶瓷材料。工作介质为空气,采用电弧放电方式。

电弧放电按照其阴极电子的发射机制,可分为热致电子发射和场致电子发射两种。相较场致电子发射,热致电子发射的特征在于电极采用高熔点的材料(如石墨、钨等),而不采用低熔点的材料(如铜、银等);同时产生的等离子体温度更高。图 7-8 即采用热致电子发射机制的电弧放电,它先在阴极、阳极间加以高频高电压,待引弧后采用大电流维持电弧稳定。

电弧由阳极流区、阴极流区和弧柱三部分组成。阳极流区、阴极流区的厚度很小(通常小于 1mm,电压降约为 10V)。对于由热致电子发射机制产生的电弧,其与阴极、阳极接触的表面会形成"热斑":阴极斑点由很多不断移动的小斑点组成,

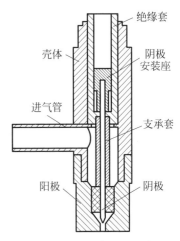

图 7-8 电弧放电等离子体点火器

电流密度在 $10^6 \sim 10^8\,\mathrm{A/cm^2}$;阳极斑点中的电流密度很高,但仅存在一个单独的斑点。在阴极流区存在阴极射流,并且工作介质与弧柱相互作用形成高速炽热的气流,阴极射流夹带靠近阴极的工作介质以每秒几百米的速度沿轴向流动,到达阳极后形成极大的冲刷作用,会腐蚀阳极材料。

阴极的电子发射电流可按照下式计算:

$$i = AT^2 \exp\left(\frac{-\varphi_e \sqrt{e^3 E}}{kT}\right) \tag{7-2}$$

$$A = \frac{4\pi m e k^2}{h^3} \tag{7-3}$$

式中,i 为电子发射电流;T 为阴极温度;φ_e 为阴极材料的电子逸出功,与材料特性相关;e 为电子的电荷;E 为电场强度;m 为电子质量;k 为玻尔兹曼常数;h 为普朗克常数。

由式(7-2)可知,阴极材料的电子逸出功越小,电子的发射电流越大。石墨材料的电子逸出功约为 5.3eV,纯钨材料的电子逸出功约为 4.55eV,而含 75% 钨铜合金的电子逸出功很小,导电性好,可被选作电弧放电的阴极材料。

电弧放电等离子体点火器对绝缘介质的要求主要有三点:一是电绝缘性能好,二是耐高电压击穿,三是耐电弧烧蚀。电弧放电等离子体点火器可采用陶瓷作为绝缘介质,陶瓷的耐高温性能很好,熔点在 3000K 以上,体积电阻率 $>10^{14}(\Omega \cdot \mathrm{m})$,击穿电压为 $20 \sim 30\mathrm{kV/mm}$,既是热的良导体,又是电的绝缘体,已在电弧加热发动

机上成功应用。试验研究表明,采用钨铜合金电极和陶瓷绝缘介质的点火器,不仅可以较好地承受电弧放电的高温烧蚀和高电压击穿,而且能够提供更大的放电电流。

电弧放电等离子体点火器的驱动电源提供功率输入,其特性应与作为负载的电弧放电等离子体点火器的放电特性相匹配。常见的电弧放电等离子体点火器的驱动电源输出有两路:一路为高频高压输出 1kHz、3kV,用作引弧;另一路为低压大直流输出 24V、5~160A,用作维弧。电源的输入电压为 220V,最大输出功率可达 3kW。一般地,电弧放电等离子体点火器的驱动电源包括抗共模干扰、工频整流器、高频逆变器、变压器、输出滤波器,以及电流检测、基本脉宽调制和驱动等模块。

7.4　点火器应用场景

对于航空燃气涡轮发动机来说,点火器通常在以下三种情况下用来点燃燃油与空气混合物:

(1) 在地面起动时的点燃情况。这时,发动机的转速很低,主燃烧室内的空气压力和温度与外界的大气压力和温度相差无几,空气流速仅为 30m/s 左右。因而点着燃料与空气混合物所需要的能量较小,点火比较容易。

(2) 在空中起动时的点燃情况。这时,发动机由于迎面气流的吹动而进入自转状态。主燃烧室内空气的温度和压力接近于所在飞行高度的大气温度和压力。例如,在 10km 的高度上,空气温度为 $-48℃$,压力为 26.428kPa,而空气流速随飞行高度的增加而增快(因为空气流速取决于在空气中产生足够升力所必需的飞行速度)。因此,点着燃料与空气混合物所需要的能量也随之增加。例如,在 23km 的高度上,点燃静止可燃混合物所需要的能量比 10km 高度上大 6.5 倍;而在 12km 高度上,点燃气流速度为 30m/s 的可燃混合物的能量却比同高度上点燃静止可燃混合物高 3 倍左右。再者,在高空条件下可燃混合物的着火范围有所缩小,因而,高空点火有较大困难,需要采用大功率的点火器。

(3) 在空中熄火后立即起动发动机时的点燃情况。此时主燃烧室内空气的压力和流速尚无显著变化,空气温度却与压气机出口处的相同。这种情况下的气流速度过高,点火条件是最困难的。只有当点火能量相当大时,才有可能保证主燃烧室被立即点着。

为了保证发动机起动点火的可靠性,点火器提出了以下要求:

(1) 点火器应有足够的能量,并保证在规定点火范围(地面和飞行上升限度之内的各种高度上)能够可靠点火,点着燃烧室;

(2) 点火器应有足够的耐压、耐热和耐腐蚀的能力,保证一定的寿命;

(3) 点火器应结构简单、质量小、体积小、使用维护方便;

(4) 当点火器电嘴严重积炭时,点火器还能正常工作。

7.5　燃烧室点火方式

　　航空燃气涡轮发动机燃烧室的点火方式一般有间接点火法和直接点火法。间接点火法又称"火焰点火法"或"火炬点火法"，它是预先点着起动燃料形成点火火炬，依靠火炬发出的强大热源来点燃主燃烧室的方法。起动燃料最初为汽油，后改为煤油。为了使空中起动可靠，通常配装一套补氧系统，它由氧气瓶、减压阀、氧气电磁活门和氧气接嘴组成。间接点火法在稍早的发动机和使用折流环形燃烧室的小型发动机上应用，例如，WP7 和 WZ6 等发动机就应用了这类点火方式。

　　直接点火法即依靠点火器电嘴的发火能量直接点燃燃烧室内油气混合物的方法。目前，直接点火法在航空燃气涡轮发动机上应用广泛。

　　两种点火方式的优缺点比较如表 7-3 所示。

表 7-3　间接点火法和直接点火法的比较

点火方式	优　　点	缺　　点
直接点火法	结构简单，质量小，尺寸小；起动点火可靠；可采用值班点火；点火性能高	点火能量比间接点火法小
间接点火法	火炬能量大	结构复杂，质量大，尺寸大

　　当前，直接点火法多选用半导体电嘴，点火器能量在 12J 左右，频率为 $1 \sim 2Hz$；间接点火法多选用普通火花电嘴或电蚀电嘴，单个火花能量较小，为 $20 \sim 40mJ$，频率较高，为 $400 \sim 800Hz$。

　　在主燃烧室中，无论是直接点火法还是间接点火法，电嘴的数量通常为两个，周向排布，一般安装在发动机水平中心线稍下方，对称分布。此种布局有利于提高点火、熄火性能。但早期的单管和环管燃烧室上的两个电嘴采取的是轴向排布，电嘴中心线和旋流器的中心线是相交的。为了避开高速气流区和油滴直接打在电嘴端面上，一般将其安装在距火焰筒头部工作喷嘴不远处的油气浓度适当的区域内。图 7-9 给出了电嘴安装位置的经验关系曲线。

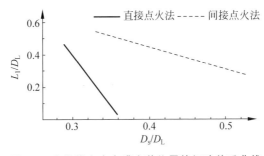

图 7-9　主燃烧室中电嘴安装位置的经验关系曲线

D_s：旋流器外径；D_L：火焰筒当量直径；L_1：电嘴距旋流器轴向距离

对于环形燃烧室有两种可能的布置：当电嘴安排在火焰筒头部旋流器相应的截面时，是符合上述规律的；当电嘴在两个头部中间的截面时，一般将其放在主燃孔或稍靠前的轴向位置。

7.6　燃烧室点火过程

燃烧室的点火是一个非常复杂的过程，它受到自身和外界各种因素的影响和制约，既有电气系统的，又有喷油雾化、气流结构方面的，因此在设计燃烧室点火器时，首先根据燃烧室的类型、工作范围、气流结构特点和以往的设计经验确定采用何种点火方式、点火器的安装位置和点火器的类型。对于主燃烧室，其点火过程大致可分成三个阶段：

（1）第1阶段：形成稳定的具有足够尺寸和温度的火焰核心。该过程主要取决于点火器的点火能量和持续时间，也取决于点火电嘴附近的混气浓度和湍流度；

（2）第2阶段：火焰核心向周围可燃混合物外传形成局部火焰。该过程与火焰筒头部的气流结构和浓度分布密切相关；

（3）第3阶段：局部火焰沿主燃烧室周向外传至全部燃烧区。该过程对单管和环管燃烧室尤为重要。

只有当这三个阶段都顺利地完成后，主燃烧室才算点火成功了。因而，在研究发动机起动的过程中，燃料是否能够及时而又可靠地点燃时，就必须围绕点火过程的这三个阶段来考察一切影响因素。

7.7　燃烧室点火因素

前文讨论了点火器的结构和工作原理，这对于燃料的点燃具有重要作用，但是由7.6节可知，就整个点火过程来说，点火器只不过为点火的第1阶段，即"形成稳定的具有足够尺寸和温度的火焰核心"提供了能量而已。至于主燃烧室是否点火成功，还与后续发生的另两个点火阶段有关。因此，主燃烧室的点火因素不仅涉及点火器，还与点火器周围的空气、油雾等的特性有关。影响主燃烧室点火的主要因素有点火器点火能量、点火器电嘴位置、主燃烧室进气参数、火焰筒油气比、燃油种类和喷雾特性等。

1）点火器点火能量影响

通常，点火器的点火能量越大，点火范围越宽，点火过程第1阶段所要求的范围足够大、温度足够高的火焰核心就越容易实现。研究表明，随着点火器点火能量的增加，点火性能将得到改善，但点火能量增加到一定程度后，点火器点火能量的增加对点火性能的改善并不大，反而会增加自身质量。

目前应用较多的低压电容式点火器的储能最大为20J，放电频率为1～2Hz，火

花持续时间大于 $50\mu s$。

2）点火器位置影响

各种型号的主燃烧室由于流场和浓度场各不相同,电嘴的最佳位置也略有不同,一般选择的原则如下：

（1）放在气流速度较低处,以提高点火的可靠性；

（2）放在接近化学恰当油气比处；

（3）为了防止电嘴被烧蚀,电嘴端部温度不超过 600℃,插入深度以不超过 10mm 为宜。

电嘴的最佳位置多半靠大量的试验来确定,如果能测出火焰筒头部的浓度场和速度场,则电嘴的位置就比较容易确定。由于地面和高空的浓度场和速度场不同,电嘴的最佳位置要兼顾高空和地面的不同情况,一般主要考虑高空情况,适当照顾地面。

3）主燃烧室进气参数影响

主燃烧室的进口压力、温度和气流速度对点火性能都有不同程度的影响,通常是气流压力、温度越高,气流速度越小,点火越容易。

气流压力降低,密度减小,化学反应减慢,放热速率降低,点燃混合气所需的点火能量就要增大。此外,某些对气流压力敏感的点火器由于气流压力降低,火花能量也降低,将导致点火更加困难。例如,当空气压力为 650.4kPa 时,某点火器的放电能量为 3.51J,而当空气压力降到 99.1kPa 时,放电能量仅为 2.68J。

气流温度的变化不仅影响可燃混合物的初始化学反应速率,还会影响燃料的蒸发和雾化,特别是在发动机高空熄火进入风车状态时,温度低,气流速度快,使火花团的热量更容易散失,也会影响火焰的传播和稳定性。

4）火焰筒油气比影响

火焰筒头部油气比是影响点火性能的重要因素。点火在气相燃料中实现。混合气最佳的点燃余气系数接近 1。

5）燃油种类和喷雾特性

燃油的物理、化学性质,如挥发性、黏性、表面张力和烃的分子结构等都是影响点火的因素。燃油的挥发性越大、表面张力越小,就越易形成可燃混合物,火焰核心就越容易向外传播。

燃油雾化后的液滴直径越小,越能及时地蒸发为燃油蒸气,进而与空气混合成容易起燃的可燃混合物。此外,喷雾锥角要适当,应把燃油喷射到速度较慢的回流区附近,这样才能建立稳定的燃烧火焰。

除了上述影响因素以外,影响点火性能的因素还有很多,如燃油温度、混合气成分,以及电嘴结构等,但到目前为止,还没有总结出反映点火性能通用的经验关系。通常是根据以往经验,确定所采用的点火方式、点火器类型,然后根据发动机风车状态参数进行高空点火模拟试验,以确定点火器的最佳位置,使之满足主燃烧室在空中和地面的点火要求。

第 8 章

扩压器及其内流特性

在航空燃气涡轮发动机中,轴流压气机每一级的增压比非常依赖轴向气流速度。为了以最少的级数实现设计压比,必须要有高的流速。在许多航空燃气涡轮发动机中,压气机的出口速度达到 170m/s 甚至更高。在如此高速的流动条件下,组织稳定且高效的燃烧非常困难,并且会带来巨大的总压损失。例如,当气流速度为 170m/s,主燃烧室温升比为 2.5 时,无扩压器条件下主燃烧室内的总压损失接近 25%。因此,在组织燃烧前,必须大幅降低空气流速,通常降为压气机出口流速的 1/5。这种减速过程通过设置在压气机和火焰筒之间的扩压器实现。

8.1 扩压器功能

扩压器是一个扩张通道,其功能是①实现内部气流减速;②把气流的动压尽量转换成静压。动静压的转换效率是非常重要的,因为该过程中的损失意味着扩压器的总压损失。

扩压器两种功能的发挥程度与扩张角相关。当扩张角较小时,气流减速幅度小,动压向静压转换程度低;当扩张角较大时,气流减速幅度大,动压向静压转换程度高。扩张角还会影响扩压器的总压损失,进而影响动静压的转换效率。在相同的减速幅度下,扩张角较小的扩压器长度较长,总压损失主要取决于壁面摩擦损失,如图 8-1 所示。该类型扩压器在大多数情况下由于其长度过长而难以应用。在航空燃气涡轮发动机中,扩压器应尽可能短。随着扩张角的增大,扩压器的长度和壁面摩擦损失都减小,但由于边界层分离明显,失速损失增大。因此,对于给定的扩张比(出口面积与入口面积的比值),存在最佳的扩张角使得总压损失最小,通常为 6°~12°。

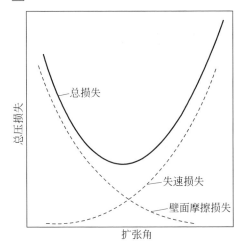

图 8-1　扩压器总压损失受扩张角影响

8.2　扩压器流态

扩压器流态的理想情况是流动中无明显分离区。以直壁二元(二维)扩压器为例,随着扩张角的不断增大,扩压器的内部流动出现四种典型流态,如图 8-2 所示,$\alpha_1 < \alpha_2 < \alpha_3 < \alpha_4$。

(1) 无明显失速流态:主流流动均匀,不发生明显分离,如图 8-2(a)所示。

(2) 不完全失速流态:发生不稳定分离,分离区的位置、大小和强度随时间改变,流动非常不稳定。此时分离区形成不稳定的旋涡,加剧气流扩散,使不活跃的边界层流体与活跃的主流气流发生交换。这是一种脉动的流场形式,如图 8-2(b)所示。

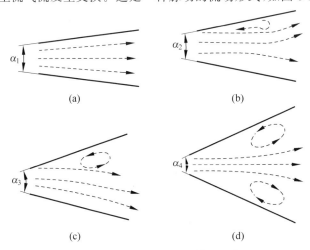

图 8-2　直壁二元扩压器典型流态

(a) 无明显失速流态;(b) 不完全失速流态;(c) 完全失速流态;(d) 自由射流流态

（3）完全失速流态：此时扩压器的主要区域存在一个大的三角形的回流区，回流区由扩压器出口一直延伸至扩压喉道，如图 8-2(c) 所示。

（4）自由射流流态：此时主流在上下壁面都产生分离，呈射流状态，扩压器失效，如图 8-2(d) 所示。

需要指出的是，动静压转换程度最高的情况常常处在扩压器刚出现轻微气流失速时。扩压器内的气流失速对主燃烧室的性能是极为不利的。

8.3　扩压器性能要求

8.3.1　扩压器性能指标

扩压器用作降低气流速度并将动压转换成静压升。为了评估动静压转换效率，必须确定可用动压的大小。扩压器内流可视作不可压流动，由连续方程有

$$W_{a3} = \rho_3 c_3 A_3 = \rho_3 c_{3o} A_{3o} \tag{8-1}$$

式中，W_{a3} 为主燃烧室进口气量，单位为 kg/s；ρ_3 为主燃烧室进口密度，单位为 kg/m^3；c_3 为主燃烧室进口流速，单位为 m/s；A_3 为主燃烧室进口面积，单位为 m^2；c_{3o} 为扩压器出口流速，单位为 m/s；A_{3o} 为扩压器出口面积，单位为 m^2。于是，

$$c_3 A_3 = c_{3o} A_{3o} \tag{8-2}$$

因此，扩压器的扩张比 A_r 为

$$A_r = \frac{A_{3o}}{A_3} = \frac{c_3}{c_{3o}} \tag{8-3}$$

根据伯努利方程：

$$p_3 + \frac{\rho_3 c_3^2}{2} = p_{3o} + \frac{\rho_3 c_{3o}^2}{2} + \Delta p_d \tag{8-4}$$

结合式(8-3)和式(8-4)可以得出静压升的计算公式为

$$p_{3o} - p_3 = \frac{\rho_3 c_3^2}{2} - \frac{\rho_3 c_{3o}^2}{2} - \Delta p_d = \frac{\rho_3 c_3^2}{2}(1 - 1/A_r^2) - \Delta p_d \tag{8-5}$$

由式(8-5)可以得到几个用以表征扩压器性能的参数。

（1）扩张比 A_r

扩张比是表征扩压器性能的重要参数，其定义为式(8-3)，此处不作赘述。

（2）静压恢复系数 ε_d

静压恢复系数的定义为

$$\varepsilon_d = \frac{p_{3o} - p_3}{\dfrac{\rho_3 c_3^2}{2}} \tag{8-6}$$

（3）理想静压恢复系数 $\varepsilon_{\mathrm{d,ideal}}$

在一个无损失的理想扩压器中，式(8-5)可以表示为

$$(p_{3o}-p_3)_{\mathrm{ideal}}=\frac{\rho_3 c_3^2}{2}(1-1/A_r^2) \tag{8-7}$$

于是，理想静压恢复系数的定义为

$$\varepsilon_{\mathrm{d,ideal}}=(p_{3o}-p_3)_{\mathrm{ideal}}\bigg/\left(\frac{\rho_3 c_3^2}{2}\right)=1-1/A_r^2 \tag{8-8}$$

式(8-8)表明，理想静压恢复系数仅与扩张比有关，扩张比越小，其值越小。

（4）扩压器效率 η_{d}

扩压器效率是实际测量的静压恢复系数和理想静压恢复系数的比值，即

$$\eta_{\mathrm{d}}=\frac{\varepsilon_{\mathrm{d}}}{\varepsilon_{\mathrm{d,ideal}}}=\frac{\varepsilon_{\mathrm{d}}}{1-1/A_r^2} \tag{8-9}$$

η_{d} 的典型变化范围在 $0.5\sim0.9$，其值取决于扩压器的几何尺寸和流动状态。

（5）总压损失系数 σ_{d}

总压损失系数在第 4 章进行了定义，即 $\sigma_{\mathrm{d}}=\dfrac{\Delta p_{\mathrm{d}}}{p_{\mathrm{t3}}}$，此处不作详述。

（6）扩压器流阻系数 ξ_{d}

流阻系数与断面相关。扩压器流阻系数一般取其入口断面，即

$$\xi_{\mathrm{d}}=\frac{\Delta p_{\mathrm{d}}}{\dfrac{1}{2}\rho_3 c_3^2} \tag{8-10}$$

8.3.2　扩压器使用性能要求

从设计者的角度，理想的扩压器应能够在最短的距离内实现减速，同时应具备最小的总压损失和均匀稳定的出口流场。扩压器的使用性能要求：

（1）压力损失低

对于给定的燃烧室，希望尽可能降低扩压器的压力损失。小的扩张比和扩张角、合理的造型等可以减小扩压器的压力损失。一般而言，扩压器的压力损失小于压气机出口总压的 3%。

（2）长度尽量短

在满足性能要求的条件下，扩压器的长度应尽量短，以减小发动机的长度和质量。

（3）周向和径向流动尽可能均匀

（4）足够的强度和刚度

扩压器为发动机的主要承力构件之一，必须在结构和选材上保证其具有足够

的强度和刚度、可靠的传力,可以安全地工作。

(5) 所有工况下气流运行稳定

在所有工况下,气流在扩压器通道中的流动要稳定,不产生分离(突扩区除外)。

(6) 对压气机出口气流畸变不敏感。

20 世纪 60 年代以后普遍采用全环形燃烧室,该类型燃烧室配套的大都是短环形突扩扩压器。环形突扩扩压器兼顾了上述各种需求。

在设计扩压器时,常假设扩压器进口速度剖面是对称且均匀的。但是许多发动机的压气机出口速度剖面实际上既不对称也不均匀,且其剖面形状随着发动机工作状态的变化而变化,这就给扩压器设计带来了困难。这种情况下的来流条件不稳定,会导致发动机出现各种问题,如主燃烧室出口温度场分布缺乏稳定性和污染物排放增加。

8.4　扩压器类型

通常,扩压器可分为两类,一类是扩压通道型面是连续逐渐扩张的渐扩型扩压器,应用于扩张比较小的情况;另一类是扩压通道型面有突然变化的阶梯型扩压器,应用于扩张比较大的情况,其典型结构是突扩扩压器。

渐扩型扩压器按照型面变化规律的不同,又可以分为直壁锥形扩压器(图 8-3(a))和曲壁锥形扩压器两种。前者的结构简单、造型方便,但压力损失较大,因此很少应用;后者造型难度较大,但压力损失小,它依据型面变化规律可再分为等压梯度型(图 8-3(b))、等速梯度型、双纽线型,以及前后段分别选用等压梯度和等速梯度的混合型。其中,等压梯度型曲壁锥形扩压器的流阻损失为最小,因而应用最广。等压梯度型曲壁锥形扩压器的特点是气流的静压沿着扩压器的长度方向是按直线规律变化的,即 $\dfrac{\mathrm{d}p}{\mathrm{d}x}=$ 常数。与直壁锥形扩压器相比,在相同的长度和扩张比下,等压梯度型曲壁锥形扩压器的扩张角较小,压力损失可减少 30% 以上;如果两者的压力损失相同,则等压梯度型曲壁锥形扩压器的长度则可以缩短 40% 左右。

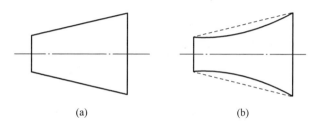

(a)　　　　　　　　　　(b)

图 8-3　直壁锥形扩压器与等压梯度型曲壁锥形扩压器示意图

(a) 直壁锥形扩压器;(b) 等压梯度型曲壁锥形扩压器

当扩张比较大或火焰筒的直径较大时,由于扩压器的设计受长度的限制,有必要选用阶梯型扩压器。如图 8-4 所示为用于 JT-3D-3B 发动机中的阶梯型扩压器,它的特点是采用了两级扩压。在扩压器的前段,首先以较小的扩张角进行第一级扩压,流道的扩张比为 2.72。此时,进口的气流速度虽然高达 153m/s,但由于扩张角较小,压力损失仍然不致过大。在第一级扩压之后,通道的扩张角突然增大,使气流因流道的突然扩张而进行第二次扩压。

在这一区段中,虽然会出现促使压力损失增大的因素,但是由于来流速度已大大降低,第二级扩压段的损失也不会过大。计算表明,在现有扩压器的长度范围内,如果按扩张角很大的直壁锥形扩压器方案(图 8-4 中虚线)进行设计,流阻损失就要比现有的阶梯型方案大一倍;如果按第一级扩压段的扩张角进行设计,那么,流阻损失虽然略有减小,但是扩压器的长度却要增大一倍。由此可见,阶梯型扩压器

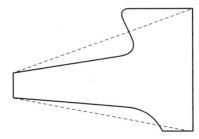

图 8-4 阶梯型扩压器

实线:阶梯型扩压器面曲线;虚线:直壁锥形扩压器型面曲线

在损失和长度方面有一定优势。此外,它的出口流场比较稳定,对来流流场变化不敏感。

目前主燃烧室几乎是环形燃烧室,大多采用了类似图 8-5 的环形扩压器。为了便于计算,通常把扩压器的环形通道折算成当量直壁锥形扩压器来处理。此时,折合直径和折合扩张角可按下式计算:

$$D_3 = \frac{4A}{L} = \frac{4 \frac{\pi}{4}(D_{\text{CO}}^2 - D_{\text{CI}}^2)}{\pi(D_{\text{CO}} + D_{\text{CI}})} = D_{\text{CO}} - D_{\text{CI}} \tag{8-11}$$

$$D_{\text{d}} = \frac{4A}{L} = \frac{4 \frac{\pi}{4}(D_{\text{dO}}^2 - D_{\text{dI}}^2)}{\pi(D_{\text{dO}} + D_{\text{dI}})} = D_{\text{dO}} - D_{\text{dI}} \tag{8-12}$$

$$\alpha = \arctan \frac{D_{\text{d}} - D_3}{2L_{\text{d}}} \tag{8-13}$$

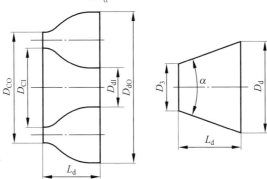

图 8-5 环形扩压器计算问题的转化

当 D_3 和 D_d 一定时,如果扩压器的长度 L_d 较长,那么扩张角 α 就较小;反之,α 就很大。假如 α 过大,则会发生气流脱离扩压器壁面的现象,致使流阻损失增大、出口流场不均匀,从而影响主燃烧室出口温度场和速度场的均匀性。试验表明,为了避免气流脱离,在当量直壁锥形扩压器中许用的最大扩张角约为 $22°$,最佳扩张角则约为 $16°$。

现代主燃烧室的环形扩压器常用构型有直壁环形扩压器、曲壁环形扩压器、突扩环形扩压器和涡控环形扩压器等,如图 8-6 所示。

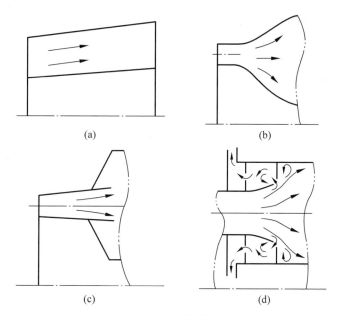

图 8-6　环形扩压器常用构型

(a) 直壁环形扩压器;(b) 曲壁环形扩压器;(c) 突扩环形扩压器;(d) 涡控环形扩压器

1. 直壁环形扩压器

直壁环形扩压器的母线为直线,设计较为简单。为了保证气流不分离,扩张角不可太大,因而为了获得需要的扩压效果,扩压器的长度需较长。

2. 曲壁环形扩压器

曲壁环形扩压器因其扩压通道型面按照流体动力学计算造型,又称为"流线形环形扩压器",其型面常按等压梯度、等速度梯度或双纽线型等规律设计。其平稳光滑的减速扩压能够确保气流不分离,因而压力损失小。

当发动机工况改变时,压气机出口的速度分布有所变化,燃烧室内外环道的空气流量分配对扩压器进口速度分布很敏感。进口速度的畸变会造成燃烧室性能的变化。曲壁环形扩压器的进口常常设置一平直段以保持压气机出口的流速不变,一方面可以防止扩压器内的气流扰动影响压气机的性能,另一方面可以减小来流对燃烧室流场的影响。

3. 突扩环形扩压器

现代高性能发动机为了缩短燃烧室长度、减轻质量,广泛使用突扩环形扩压器。突扩环形扩压器由前置扩压器和突扩段构成。前置扩压器的壁面可以按常规环形扩压器一样,设计成直壁或曲壁,其中心线根据需要可以偏转一定的角度。

影响突扩环形扩压器性能的因素有前置扩压器长度、面积比、壁面型面、突扩间隙、总扩张比、主燃烧室内外环道高度和流量比等。精心设计的突扩环形扩压器在宽广的工作范围内具有良好的综合性能,流动稳定且抗进口畸变能力强,因而经常被现代高性能短环形燃烧室采用。

4. 涡控环形扩压器

在突扩环形扩压器的前置扩压器出口边设置抽气槽缝和引气室,抽取一定量的空气,对扩压器的性能进行控制,即所谓的涡控环形扩压器。抽吸作用使旋涡室内的静压较低,贴近壁面的气层被抽进旋涡室而加速,而较外层(靠近中心轴线)的气流因流进静压更高的扩张段而减速。这两层气流间的速度差的剪切作用形成了强湍流层,防止了流动分离,并形成了稳定的气动扩张壁。用涡控环形扩压器可以获得更大的静压升和更短的扩压器长度。此外,利用内、外壁抽气量的不同,控制扩压器出口的速度分布,从而控制火焰筒的流量分配。对于现代高性能发动机,可以利用抽出的空气冷却涡轮。涡控环形扩压器仍有待于深入研究。

8.5　扩压器结构

扩压器的结构有很多种,限于篇幅,本节以现代航空燃气涡轮发动机主燃烧室常用的突扩环形扩压器作为示例说明其结构参数,如图 8-7 所示。

空气从压气机最后一级静叶排出后,一般首先进入一个长度较短的、断面面积不变的等截面段,以减少压气机出口静叶尾迹的影响。然后,空气进入突扩环形扩压器。突扩环形扩压器包括前置扩压器和突扩段。前置扩压器是指从扩压器入口至进入机匣之前的区域,突扩段是指整流罩与机匣之间的通道。其中,外整流罩与外机匣之间的区域为外突扩区,内整流罩与内机匣之间的区域为内突扩区。在突扩环形扩压器中,表征其结构的主要参数有

L_{pred} 为前置扩压器长度;

α_o 为前置扩压器上壁面平均张角;

α_i 为前置扩压器下壁面平均张角;

α 为前置扩压器扩张角,$\alpha = \alpha_o + \alpha_i$;

H_3 为前置扩压器进口高度;

L_{pred}/H_3 为前置扩压器无因次长度;

L_{sd} 为突扩段长度,又称"突扩间隙";

L_d 为扩压器长度,$L_d = L_{pred} + L_{sd}$。

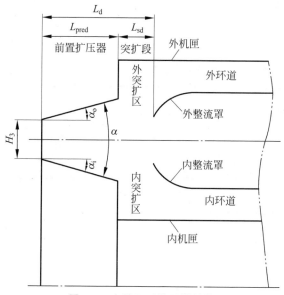

图 8-7 突扩环形扩压器结构

在实际工程应用中,扩压器是发动机承力系统的一个重要组件,由内外壁和连接内外壁的叶片或支板组成。支板作为扩压器内外壁的传力件,其数量通常与喷嘴数量一致,焊接到内外壁或与内外壁整体精铸,如早期的 J75 发动机采用了支板结构。但有些发动机取消了支板,将压气机末级叶片作为扩压器内外壁间的传力件,如 CFM56 发动机取消了支板。实际发动机扩压器的结构特点和优缺点如表 8-1 所示。

表 8-1 实际发动机扩压器的结构特点和优缺点

简 图	特 点	优 缺 点
	压气机末级叶片用螺栓连接内外壁成一个整体	节省支板传力件,传力可靠,螺栓多,质量大,装拆复杂,例如 WP6 和 WP7
	压气机末级叶片用螺栓与内机匣连接。叶片外缘板点焊在外机匣上	节省支板传力件,质量较上一个方案小,装拆复杂

简　　图	特　　点	优　缺　点
	压气机末级叶片和前置扩压器精铸成一个整体	节省支板传力件,质量小,刚性好,稳定,工艺复杂,例如 CFM56
	焊接支板	传力可靠,焊接工艺复杂,质量大,精度差,例如 J75
	带支板的整体精铸	刚性好,传力可靠,工艺复杂,例如 V2500

　　通常在实际航空燃气涡轮发动机主燃烧室的扩压器上设置引气孔,主要提供飞机主体、防冰、涡轮冷却等的用气。引气量取决于发动机的总体要求。当需要引气时,应根据引气量选择损失最小的引气位置和方法。一般的原则是①引气位置应尽量减小对气流的影响;②沿圆周均匀引气;③用集气环引气。扩压器引气方法的特点和优缺点如表 8-2 所示。

表 8-2　实际发动机扩压器引气方法的特点和优缺点

简　　图	特　　点	优　缺　点
	扩压器前端均匀开孔,引气环引气	引气均匀,但易造成扩压器出口气流不稳定

续表

简　图	特　点	优　缺　点
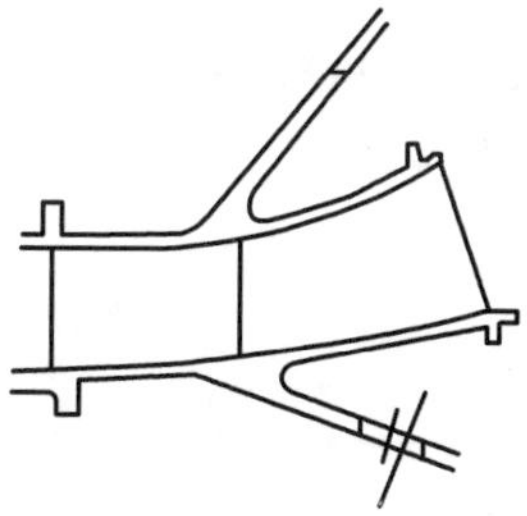	突扩段引气	引气均匀,不易造成气流不稳定
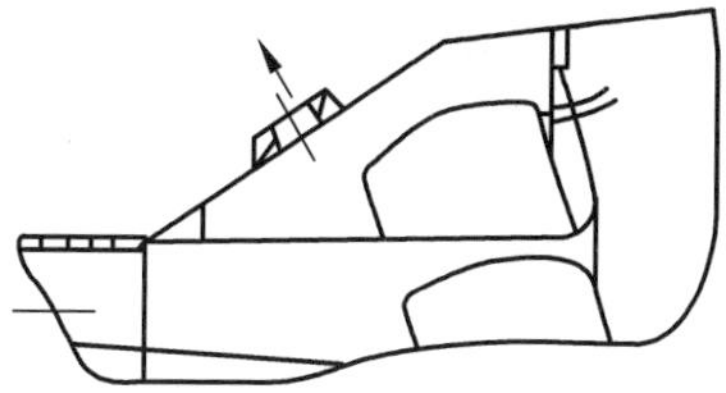	突扩壁引气	由于在突扩区引气,对流场和燃烧性能影响小
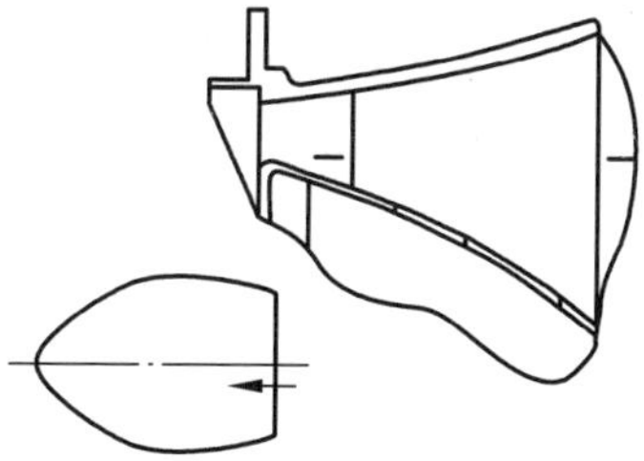	支板后引气	简单,可吸除支板后尾迹,支板较厚

8.6　扩压器型面设计

扩压器型面设计是非常复杂、系统的研究工作。本节仅介绍应用较广的等压梯度型曲壁的设计计算过程。

如图 8-8 所示,坐标系原点建立在主燃烧室中心线上。已知①扩压器总压损失系数为 σ_d;②扩压器进口面积为 A_3,总压为 p_{t3},总温为 T_{t3},速度系数为 λ_3;③燃烧室的中径 m_k 为常数;④扩压器的长度为 L_d,扩张比为 $A_r = \dfrac{A_{3o}}{A_3}$;⑤扩压器进出口的中径差为 h_1。

假设①扩压器中心流线为外切双圆弧;②压力损失沿程按线性规律变化;③流体一元可压流动且没有产生气流分离。

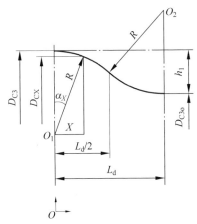

图 8-8　扩压器等压梯度型曲壁中心流线设计用图

1. 压力梯度值计算

由第 2 章的气体动力学函数 $\pi(\lambda) = \dfrac{p}{p_t} = \left(1 - \dfrac{k-1}{k+1}\lambda^2\right)^{\frac{k}{k-1}}$ 有

$$p_3 = p_{t3}\pi(\lambda_3) \tag{8-14}$$

$$p_{3o} = p_{t3o}\pi(\lambda_{3o}) \tag{8-15}$$

式中，p_3 和 p_{3o} 分别为扩压器进出口静压；p_{t3} 和 p_{t3o} 分别为扩压器进出口总压；λ_3 和 λ_{3o} 分别为扩压器进出口速度系数。

由总压损失系数定义，$\sigma_d = \dfrac{\Delta p_d}{p_{t3}} = \dfrac{p_{t3} - p_{t3o}}{p_{t3}}$，即 $p_{t3o} = p_{t3} - p_{t3}\sigma_d = p_{t3}(1 - \sigma_d)$，代入式(8-15)有

$$p_{3o} = p_{t3}(1 - \sigma_d)\pi(\lambda_{3o}) \tag{8-16}$$

压力梯度 d 的定义为

$$d = \frac{p_{3o} - p_3}{L_d} \tag{8-17}$$

将式(8-14)和式(8-16)代入式(8-17)有

$$d = \frac{p_{t3}(1 - \sigma_d)\pi(\lambda_{3o}) - p_{t3}\pi(\lambda_3)}{L_d} = \frac{p_{t3}\left[(1 - \sigma_d)\pi(\lambda_{3o}) - \pi(\lambda_3)\right]}{L_d} \tag{8-18}$$

2. 通流截面积计算

按照等压力梯度假设，扩压器任意截面 X 的梯度都为 d，即

$$\frac{p_X - p_3}{X} = \frac{p_{t3}\left[(1 - \sigma_X)\pi(\lambda_X) - \pi(\lambda_3)\right]}{X} = d \tag{8-19}$$

$$\pi(\lambda_X) = \frac{\left[\dfrac{Xd}{p_{t3}} + \pi(\lambda_3)\right]}{1 - \sigma_X} \tag{8-20}$$

式中，σ_X 为扩压器通流截面 X 处的总压损失系数。由压力损失沿程按线性规律变化的假设有

$$\frac{\sigma_X}{X} = \frac{\sigma_d}{L_d} \tag{8-21}$$

$$\sigma_X = \frac{\sigma_d}{L_d} X \tag{8-22}$$

由第 2 章气体动力学流量函数的定义可知，空气流量 $W = C\dfrac{p}{\sqrt{T_t}} A \dfrac{q(\lambda)}{\pi(\lambda)} = C\dfrac{p}{\sqrt{T_t}} Ay(\lambda)$。由质量守恒方程可知，通流截面 X 与入口位置 3 的流量相等，$W_X = W_3$，那么

$$C\frac{p_X}{\sqrt{T_{tX}}} A_X \frac{q(\lambda_X)}{\pi(\lambda_X)} = C\frac{p_3}{\sqrt{T_{t3}}} A_3 \frac{q(\lambda_3)}{\pi(\lambda_3)} \tag{8-23}$$

由于扩压器内流速较快，可认为壁面绝热，即 $T_{tX} = T_{t3}$

$$A_X = \frac{p_3}{p_X} A_3 \frac{q(\lambda_3)}{\pi(\lambda_3)} \frac{\pi(\lambda_X)}{q(\lambda_X)} = \frac{p_{t3}\pi(\lambda_3)}{p_{t3}\pi(\lambda_X)} A_3 \frac{q(\lambda_3)}{\pi(\lambda_3)} \frac{\pi(\lambda_X)}{q(\lambda_X)}$$

$$= A_3 \frac{p_{t3}}{p_{tX}} \frac{q(\lambda_3)}{q(\lambda_X)} = \frac{A_3 q(\lambda_3)}{(1-\sigma_d)q(\lambda_X)} \tag{8-24}$$

燃烧室的中径为 $m_k = \dfrac{A_{X1}}{A_{X2}}$，其中 A_{X1} 表示通流截面 X 在中线流线的上半部分截面积，A_{X2} 表示通流截面 X 在中线流线的下半部分截面积。由假设可知 m_k 为常数，即燃烧室火焰筒上下进气均匀，火焰不偏斜。由于 $A_{X1} + A_{X2} = A_X$，所以

$$A_{X1} = \frac{A_X m_k}{1 + m_k} \tag{8-25}$$

$$A_{X2} = \frac{A_X}{1 + m_k} \tag{8-26}$$

3. 中线流线方程计算

由中心流线为外切双圆弧的假设可知，两段圆弧半径相等。根据两段相切的圆弧总长 L_d 和进出口中径高度差 h_1，可以求出两段圆弧半径 R。由图 8-8 有如下关系式：

$$\left(\frac{L_d}{2}\right)^2 + \left(R - \frac{h_1}{2}\right)^2 = R^2 \tag{8-27}$$

所以

$$R = \frac{L_d^2 + h_1^2}{4h_1} \tag{8-28}$$

于是，可以求出中心流线在各通流截面 X 处的直径和倾角 α_X（α_X 为圆弧切线与 X 方向的夹角）。

当 $X \leqslant \dfrac{L_d}{2}$ 时，

$$\alpha_X = \arcsin \frac{X}{R} \tag{8-29}$$

$$\Delta h = R - R\cos\alpha_X \tag{8-30}$$

$$D_{CX} = D_{C3} - 2\Delta h \tag{8-31}$$

即

$$D_{CX} = D_{C3} - 2R\left\{1 - \cos\left[\arcsin\left(\frac{X}{R}\right)\right]\right\} \tag{8-32}$$

当 $X > \dfrac{L_d}{2}$ 时，

$$\alpha_X = \arcsin \frac{L_d - X}{R} \tag{8-33}$$

$$\Delta h = R - R\cos\alpha_X \tag{8-34}$$

$$D_{CX} = D_{C3o} + 2\Delta h \tag{8-35}$$

即

$$D_{CX} = D_{C3o} + 2R\left\{1 - \cos\left[\arcsin\left(\frac{L_d - X}{R}\right)\right]\right\} \tag{8-36}$$

4. 型面坐标计算

扩压器型面坐标的计算如图 8-9 所示，坐标系原点建立在主燃烧室中心流线上。设中心流线上任意点 C，坐标为 (X, R_{CX})，过点 C 垂直于中心流线与扩压器型面相交于上下两点，即 A 和 B，两点坐标分别为 (X_A, R_A) 和 (X_B, R_B)。其中 $R_{CX} = D_{CX}/2$，A 和 B 处的直径分别为 $D_A = 2R_A$，$D_B = 2R_B$，所以

$$\begin{cases} D_{CX} + 2l_1\cos\alpha_X = D_A \\ \dfrac{\pi D_A^2}{4} - \dfrac{\pi D_{CX}^2}{4} = A_{X1}\cos\alpha_X \end{cases} \tag{8-37}$$

上式可简化为

$$l_1^2\cos\alpha_X + l_1 D_{CX} - \frac{A_{X1}}{\pi} = 0 \tag{8-38}$$

于是

$$l_1 = \frac{1}{2}\left(-\frac{D_{CX}}{\cos\alpha_X} + \sqrt{\left(\frac{D_{CX}}{\cos\alpha_X}\right)^2 + \frac{4A_{X1}}{\pi\cos\alpha_X}}\right) \tag{8-39}$$

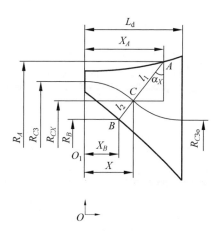

图 8-9 扩压器等压梯度型曲壁型面坐标计算用图

同理，

$$l_2 = \frac{1}{2}\left(\frac{D_{CX}}{\cos\alpha_X} - \sqrt{\left(\frac{D_{CX}}{\cos\alpha_X}\right)^2 - \frac{4A_{X2}}{\pi\cos\alpha_X}}\right) \tag{8-40}$$

根据三角函数关系式，上下型面在 A 点和 B 点的坐标分别为

$$X_A = X + l_1\sin\alpha_X, R_A = R_{CX} + l_1\cos\alpha_X;$$
$$X_B = X - l_2\sin\alpha_X, R_B = R_{CX} - l_2\cos\alpha_X \tag{8-41}$$

当中心流线为直线时，即 $R = \infty$，$h_1 = 0$，$\alpha_X = 0$，代入式(8-41)，可以获得等径中心流线扩压器的型面坐标相关计算公式：

$$\begin{cases} l_1 = \dfrac{1}{2}\left(-D_{CX} + \sqrt{D_{CX}^2 + \dfrac{4A_{X1}}{\pi}}\right) \\[3mm] l_2 = \dfrac{1}{2}\left(D_{CX} - \sqrt{D_{CX}^2 - \dfrac{4A_{X2}}{\pi}}\right) \end{cases} \tag{8-42}$$

$$\begin{cases} X_A = X, \quad D_A = \sqrt{D_{CX}^2 + \dfrac{4A_{X1}}{\pi}} \\[3mm] X_B = X, \quad D_B = \sqrt{D_{CX}^2 - \dfrac{4A_{X2}}{\pi}} \end{cases} \tag{8-43}$$

5. 扩压器截面积计算

由于扩压器内部流动的马赫数较小，可将其看作不可压缩流。有连续方程

$$\rho_X c_X A_X = \rho_3 c_3 A_3 \tag{8-44}$$

$$A_X = \frac{A_3}{\dfrac{c_X}{c_3}} \tag{8-45}$$

不考虑损失，由伯努利方程有

$$p_X + \frac{\rho_X c_X^2}{2} = p_3 + \frac{\rho_3 c_3^2}{2} \tag{8-46}$$

$$\frac{c_X}{c_3} = \sqrt{1 - \frac{(p_X - p_3)}{\frac{\rho_3 c_3^2}{2}}} \tag{8-47}$$

由等压梯度式(8-17)和式(8-19)可以得出：

$$p_X - p_3 = \frac{(p_{3o} - p_3)X}{L_d} \tag{8-48}$$

将式(8-48)代入式(8-47)，即

$$\frac{c_X}{c_3} = \sqrt{1 - \frac{(p_{3o} - p_3)}{\frac{\rho_3 c_3^2}{2}} \frac{X}{L_d}} \tag{8-49}$$

同理，在扩压器出口截面，根据连续方程得出：

$$\frac{c_{3o}}{c_3} = \frac{A_3}{A_{3o}} \tag{8-50}$$

同理，在扩压器出口截面，伯努利方程为

$$p_{3o} + \frac{\rho_{3o} c_{3o}^2}{2} = p_3 + \frac{\rho_3 c_3^2}{2} \tag{8-51}$$

得出：

$$\frac{(p_{3o} - p_3)}{\frac{\rho_3 c_3^2}{2}} = 1 - \left(\frac{c_{3o}}{c_3}\right)^2 = 1 - \left(\frac{A_3}{A_{3o}}\right)^2 \tag{8-52}$$

将式(8-52)代入式(8-49)，可以得出：

$$\frac{c_X}{c_3} = \sqrt{1 - \left[1 - \left(\frac{A_3}{A_{3o}}\right)^2\right] \frac{X}{L_d}} \tag{8-53}$$

可以算出理想情况下的通流截面 X 的面积为

$$A_X = \frac{A_3}{\frac{c_X}{c_3}} = \frac{A_3}{\sqrt{1 - \left[1 - \left(\frac{A_3}{A_{3o}}\right)^2\right] \frac{X}{L_d}}} \tag{8-54}$$

8.7 进口流动条件影响

研究工作表明，航空燃气涡轮发动机扩压器的性能在很大程度上受到进口流动条件的影响，主要影响因素如下。

1. 尾迹

一方面，压气机末级叶片出口的尾迹对扩压器及其下游流场产生影响；另一方面,由于结构设计的需要,许多主燃烧室在前置扩压器内或前置扩压器与整流罩之间布有支板,位于压气机出口后的支板会导致流场中产生更强的尾迹(流),从而影响扩压器性能。

2. 压气机出口径向速度分布

压气机出口的径向速度分布也会影响流动稳定性和扩压器性能。在许多航空燃气涡轮发动机中,压气机出口的速度既不均匀也不对称,且随着飞机速度和高度的变化而变化。在发动机研制的不同阶段(如技术验证机或者型号产品),径向速度剖面也会发生变化,甚至在同一生产线上生产的不同发动机也会有所不同。扩压器进口速度剖面的峰值通常靠近扩压器外壁面,也就是说,流动分离的趋势在低速壁面增强而在高速壁面被抑制。流线型扩压器对于进口流场径向速度剖面的变化特别敏感,因而不被现代航空燃气涡轮发动机燃烧室所采用。

3. 进口雷诺数

在进口边界层未能充分发展时,雷诺数的影响最为明显。此时,雷诺数增大将减小边界层的厚度,增大湍流强度,从而提升扩压器性能。当扩压器进口的雷诺数大于 3×10^5 时,锥形扩压器的性能对雷诺数将不再敏感。对于环形扩压器,当雷诺数大于 5×10^4 时,其对扩压器性能影响很小或者无影响。航空燃气涡轮发动机中典型的扩压器进口雷诺数一般在 10^6,湍流强度很大,因而主燃烧室扩压器不太可能对雷诺数敏感。不过,在进行部件试验时,由于空气密度接近环境参数,雷诺数比发动机实际工作时小得多,因此,此时的性能测试结果偏低。

4. 进口马赫数

在扩压器进口马赫数小于 0.3 时,流场和扩压器性能对马赫数不敏感。当马赫数在 0.3～0.6 时,因为较多的压力恢复发生在靠近扩压器进口处,给扩压器下游的流场重整创造了条件,从而使扩压器性能有些许提高。在进口马赫数大于0.6 时,直壁扩压器的进口压力梯度过大,性能开始恶化。在马赫数接近 0.7 时,将产生大尺度的分离,扩压器性能急剧恶化。由于主燃烧室扩压器一般工作在马赫数 0.4 以下,因而主燃烧室基本不考虑进口马赫数对流场和扩压器性能的影响。

5. 进口湍流度

一般来说,湍流强度增大可抑制前置扩压器的流动分离和对出口流场进行整流,不仅可以提升静压恢复系数,提高前置扩压器性能,也可以增强扩压器出口的流动稳定性,改善进入内外环腔的流场条件。

研究发现,由压气机产生的湍流特别有利于提高扩压器的性能,在相同湍流强度下,其效果甚至大于格栅或扰流器产生的湍流对提高扩压器性能的效果,主要原因在于压气机产生的湍流类型较为特别,其在径向方向的湍流强度较大。

6. 进口旋流

压气机出口会产生一定的旋流,虽然也有研究表明在大扩张角的扩压器中,旋流能抑制流动分离,但通常认为旋流是一个不利因素,因为旋流会恶化燃烧室出口温度分布系数。各种几何形状扩压器的试验结果表明,在典型的航空燃气涡轮发动机上,虽然扩压器进口偏流角较小(≈3°),但会导致下游产生较大的偏流角,特别是在内环腔中。

第 ⑨ 章

两股空气动力学特性

在航空燃气涡轮发动机的主燃烧室中,空气离开扩压器后被分成两股:一股经火焰筒头部圆顶处的旋流器及其他孔缝进入火焰筒,统称为"第一股空气",或者"一次空气"。另一股流向火焰筒与机匣之间的环道,并从主燃孔、中间孔、掺混孔和冷却孔进入火焰筒,统称为"第二股空气"或"二次空气"。在主燃烧室的设计中,两股空气的空气动力学作用至关重要。其中,第一股空气的动力学特性主要是旋流器在发挥作用,第二股空气的动力学特性主要受环道构型的影响。因此本章将讨论旋流器、旋流器空气动力学和环道空气动力学。

9.1　旋流器

9.1.1　旋流器功用

旋流器安装在火焰筒头部圆顶的前端,主要功能是在火焰筒主燃区形成回流区,其具体用途为

（1）在火焰筒头部产生高速旋转射流,形成低压区,从而造成热回流区,以保证火焰稳定;

（2）高速旋转射流,增加气流与油滴的相对速度,改善燃油雾化和混气形成;

（3）为头部提供适量的空气,以保证头部具有适合的余气系数。

影响旋流器功用发挥的因素是很复杂的,常见的有旋流器的结构尺寸和形式、火焰筒头部结构和开孔规律、喷油雾化方式和质量等。

9.1.2　旋流器类型

旋流器主要有两种类型,即轴流旋流器和径流旋流器。但每种类型又有单级、

双级、多级的区别,旋向也有同向和反向的区别,旋转机构也有直叶片、曲叶片、斜切孔等区别,进出口结构也有不同形式。轴流旋流器和径流旋流器的基本型分别如图 9-1、图 9-2 所示。

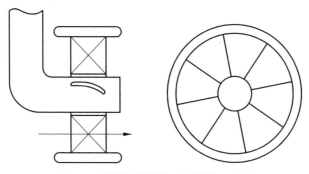

图 9-1　轴流旋流器基本型结构示意图

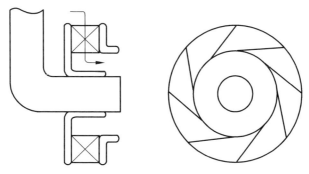

图 9-2　径流旋流器基本型结构示意图

1. 轴流旋流器基本型

图 9-3 示出了轴流旋流器基本型的主要结构参数:

Θ 为出口叶片角,若为直叶片,则从进口到出口 Θ 不变;若为曲叶片,则进口叶片角是 0°,出口叶片角是 Θ,Θ 通常在 30°~60°。s 为叶片间距,c 为叶片弦长,z 为叶片展宽,z/c 为叶片展弦比,s/c 为叶片间距/弦长比,D_{hub} 为旋流器轮毂直径,D_{sw} 为旋流器外径。

对于旋流器来说,一个重要的设计要求是在给定的总压降下旋流器的流量达到设定值。有如下经验关系式:

$$W_{\text{sw}} = \sqrt{\dfrac{2\rho_3 \Delta p_{\text{sw}}}{K_{\text{sw}}\left[(\sec\theta/A_{\text{sw}})^2 - 1/A_L^2\right]}} \tag{9-1}$$

式中,W_{sw} 为通过旋流器的流量,单位为 kg/s;ρ_3 为主燃烧室进口密度,单位为 kg/m³;Δp_{sw} 为旋流器总压损失(近似等于火焰筒总压损失 Δp_L),单位为 Pa;A_{sw} 为旋流器的迎风面积与叶片迎风面积之差,单位为 m²,即 $A_{\text{sw}} = \dfrac{\pi}{4}(D_{\text{sw}}^2 -$

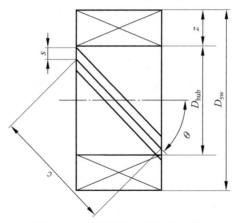

图 9-3　轴流旋流器主要结构参数

$D_{hub}{}^2)-n\delta\dfrac{D_{sw}-D_{hub}}{2}$，其中，$n$ 为叶片数量，通常在 $8\sim16$；δ 为叶片厚度，通常在 $0.7\sim1.5$mm。K_{sw} 为叶片系数，若叶片为直叶片，$K_{sw}=1.3$；若叶片为曲叶片，$K_{sw}=1.15$。

直叶片的轴流旋流器基本型结构简单，工艺简便，性能不如曲叶片好，通常应用于早期发动机（如 WP5）或应用于大轮毂比（D_{hub}/D_{sw}）旋流器的发动机（如 J57）。

曲叶片的轴流旋流器基本型结构并不复杂，适合头部工作特点，综合性能较好，为多数发动机所用，特别是小轮毂比（D_{hub}/D_{sw}）长叶片旋流器的发动机，如 WP6 和 WP7 等。

2. 径流旋流器基本型

径流旋流器主要应用于地面燃气轮机的干式低排放（dry low emission，DLE）燃烧室，近年也有尝试将之应用于航空燃气涡轮发动机主燃烧室。虽然对径向旋流器流动特性的研究没有对轴流旋流器广泛，但两种类型的旋流器所产生的流场基本上是相同的。轴流旋流器的设计准则可为径流旋流器的设计提供非常有益的帮助。图 9-4 示出了径流旋流器基本型的主要结构参数，其流量主要由叶片出口处的有效通流面积 A_{sw} 决定。A_{sw} 的计算公式为

$$A_{sw}=\mu_{sw}nsz \tag{9-2}$$

式中，n 为叶片数量；s 为叶片间距；z 为叶片展宽；μ_{sw} 为旋流器流量系数，一般在 0.7 左右。

径流旋流器可以通过调整 z 来实现设计所需的旋流器流量。

3. 其他衍生型

为适应主燃烧室头部空气动力学设计需要，轴流旋流器和径流旋流器衍生出多种类型。

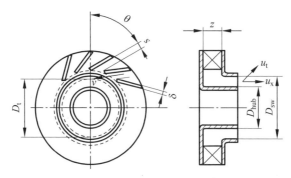

图 9-4   径流旋流器主要结构参数

1）单级轴流旋流器衍生型

常见的单级轴流旋流器的衍生型概况如表 9-1 所示。进口扩张式单级轴流旋流器的进口外环直径小于出口外环直径，气流通道具有扩张作用以提高湍流度，Spey 燃烧室就采用了这种增湍结构。出口收敛式单级轴流旋流器的外环直径出口稍作收敛以增加出口气流的旋转强度，WP8 燃烧室就采用了这种增旋结构。出口预混式单级轴流旋流器的燃油与旋流空气在进入主燃烧室头部前可以先进行预混，以改善燃烧性能，CF6 燃烧室就采用了这种结构。

表 9-1   单级轴流旋流器衍生型概况

衍生型	结构简图	结构特点	性能特点	应用
进口扩张式		进口扩张，其他同轴流旋流器基本型	机加工的进口可以比较准确地控制进口流量，扩张构型可以增加湍流度，有利于工作稳定	Spey
吹除积炭式		靠旋流器内环有一圈缝或小孔来吹除喷嘴积炭，其他同轴流旋流器基本型	可以防止喷嘴积炭，但要求气量和喷雾锥角等配合好才能达到理想效果	WJ6 和 J75

续表

衍生型	结构简图	结构特点	性能特点	应用
出口收敛式	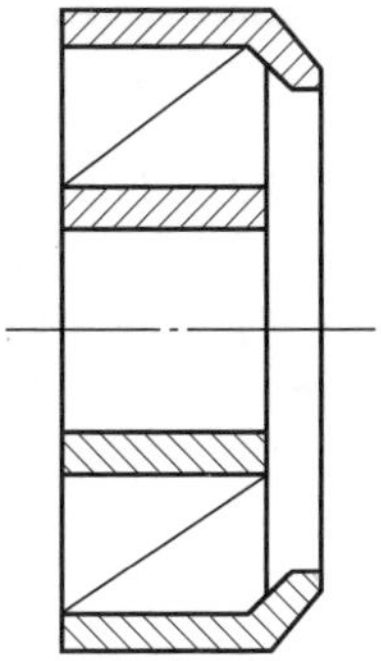	出口外环收敛,其他同轴流旋流器基本型	收口可以增加气流出口的旋转角速度,并能适当调整回流区大小和位置	РД3М 和 WP8
出口预混式	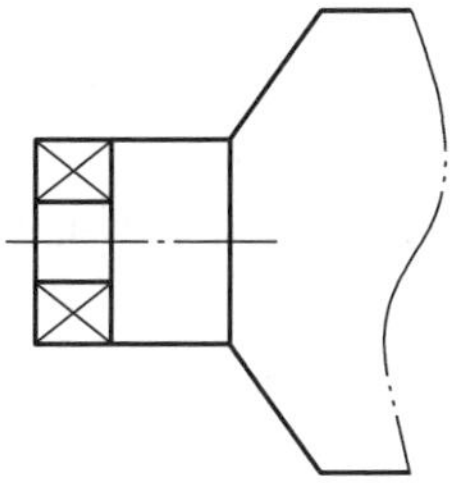	旋流器后有一段等径预混段	油气在预混室以较高的相对速度混合,混合质量较好,预混段长度要慎重确定	高压比发动机CF6 和 JT9D
斜切孔式	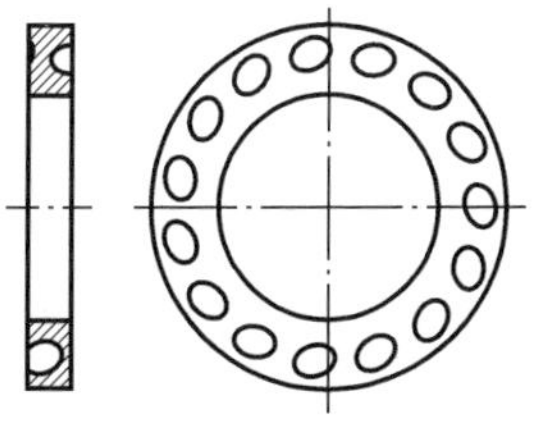	由棒料机械加工而成,工艺性能好,尺寸易保证	性能与轴流旋流器基本型相近,但进气迎风面积利用不高,质量较大	常用于小流量发动机,如AИ24 和 WJ5

2) 双级轴流旋流器

为适应高温升大热负荷主燃烧室的头部设计,在保证头部空气流量的同时具有足够强的回流区和良好的气动雾化性能,可采用双级轴流式旋流器,其两种典型结构概况如表9-2所示。内旋流主要用于燃油雾化,外旋流用于形成适当的头部回流。

表 9-2　双级轴流旋流器概况

衍生型	结构简图	结构特点	性能特点	应用
双级轴流式	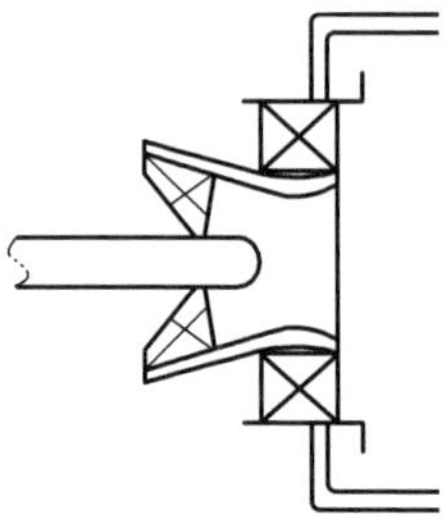	常用在气动雾化的文氏管双级轴流结构	可增大头部旋流器流量，旋流器回流区与燃油气动雾化一体化设计	适用于高温升、宽油气比的主燃烧室头部设计
	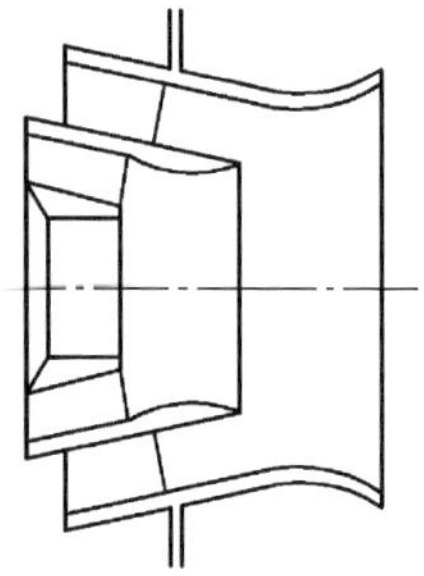	内环为文氏管，外环为扩张喇叭口，为改善旋流效果，内外两级均采用收敛形通道	旋流器与燃油气动雾化一体化设计，工作可靠，性能稳定	适用于高温升、大热负荷的主燃烧室头部设计

3）双级径流旋流器

双级径流旋流器是当代发动机一种较为先进的主燃烧室头部进气装置。这种双级径流旋流器具有较好的气动雾化，可燃混合气形成和火焰稳定性能，其主要优点如下。

（1）和常规轴流旋流器相比压力损失小；

（2）通过旋流器叶片展宽 z 的调整，可使旋流器空气在较大幅度内调整，适用于高温升主燃烧室头部设计；

（3）容易实现气动雾化、可燃混合气形成、回流区形成和火焰稳定的一体化设计，工作可靠，具有较宽的工作油气比，对解决高温升主燃烧室设计困难具有重要意义；

（4）和常规轴流旋流器相比，旋流数和空气通流能力相容性好、调整幅度宽，便于解决轴流旋流器的高旋流数和大叶片角必然引起通流能力减小的矛盾。

不过，双级径流旋流器一般是薄壁无余量精铸件，工艺复杂、技术要求高，表 9-3 给出了三种典型的双级径流旋流器的概况。

表 9-3　双级径流旋流器概况

衍生型	结构简图	结构特点	性能特点	应用
双级径流式	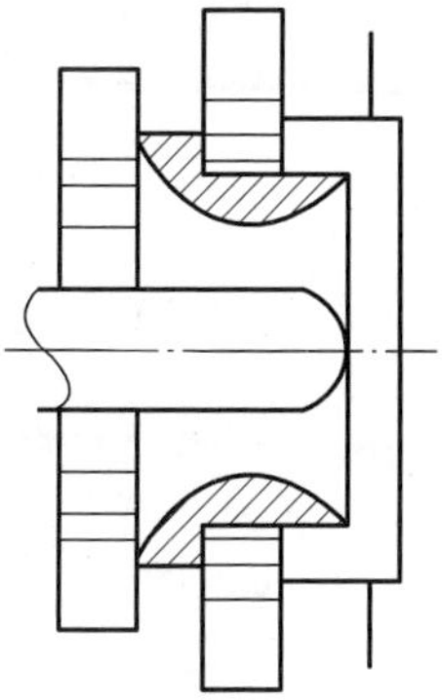	双级径流,反旋,无余量精铸		适用于当代高性能燃烧室设计
斜切径流双级式	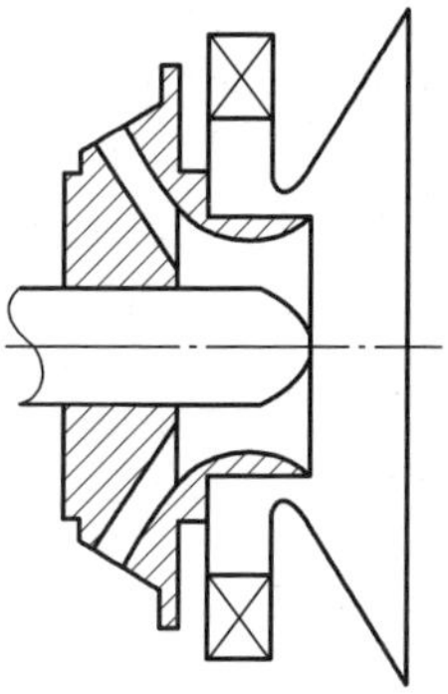	一级为斜切孔式,二级为径流式,两级反旋,采用精铸和机械加工而成	回流区和气动雾化一体化设计,工作性能稳定可靠,流量和旋流特性相容性好	适用于当代高性能燃烧室设计,如 CFM56
双级径流式	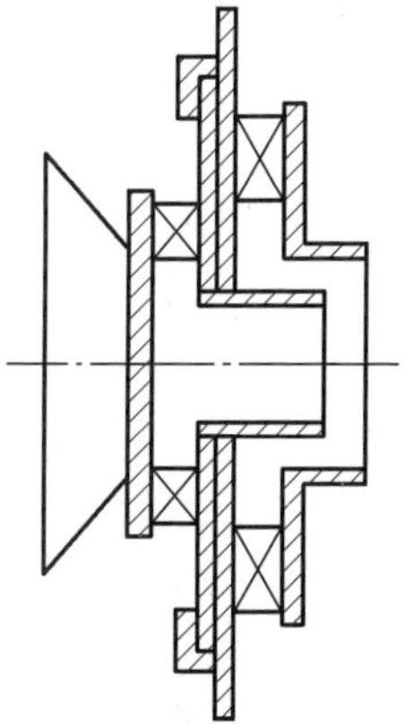	双级径流,一级有喷嘴安置导向喇叭,两级间可径向浮动,无余量精铸		适用于当代高性能涡轴发动机燃烧室

9.1.3　旋流器性能

1. 旋流数 S_N

旋流数是表征旋流器旋转气流强弱的无量纲数,定义为

$$S_N = \frac{2M_t}{D_{sw}P_x} \tag{9-3}$$

式中，M_t 为旋流器出口的切向动量矩，单位为 $(kg \cdot m^2)/s^2$；P_x 为旋流器出口的轴向动量，单位为 $(kg \cdot m)/s^2$。

在旋流数小于 0.4 时不会产生回流，这时称为"弱旋"。大多数的旋流器采用的是强旋设计，即 $S_N > 0.6$。

(1) 对于轴流旋流器，依据定义，旋流器出口的切向动量矩和轴向动量的计算公式分别为

$$M_t = \int_{D_{hub}/2}^{D_{sw}/2} (u_t r) \rho_3 u_x 2\pi r \, dr \tag{9-4}$$

$$P_x = \int_{D_{hub}/2}^{D_{sw}/2} u_x \rho_3 u_x 2\pi r \, dr + \int_{D_{hub}/2}^{D_{sw}/2} p_{sw} 2\pi r \, dr \tag{9-5}$$

式中，ρ_3 为主燃烧室进口密度，单位为 kg/m^3；u_x 为旋流器出口轴向速度，单位为 m/s；u_t 为旋流器出口切向速度，单位为 m/s，$u_t = u_x \tan\theta$，θ 为出口叶片角；p_{sw} 为旋流器出口静压，单位为 Pa，$p_{sw} = p_3 - \Delta p_{sw}$。

在无外力作用时，切向动量矩和轴向动量均守恒，即 $M_t = $ 常数，$P_x = $ 常数。但由于黏性耗散的作用，速度沿流动下游方向会大幅衰减。此外，静压分布也会由于切向速度的存在而发生改变。因此，通常的旋流数以旋流器出口速度进行计算，并忽略静压作用。所以

$$M_t = \int_{\frac{D_{hub}}{2}}^{\frac{D_{sw}}{2}} (u_t r) \rho_3 u_x 2\pi r \, dr = \int_{\frac{D_{hub}}{2}}^{\frac{D_{sw}}{2}} 2\pi \rho_3 u_x^2 \tan\theta r^2 \, dr$$

$$= 2\pi \rho_3 u_x^2 \tan\theta \frac{\left(\frac{D_{sw}}{2}\right)^3 - \left(\frac{D_{hub}}{2}\right)^3}{3} \tag{9-6}$$

$$P_x = \int_{\frac{D_{hub}}{2}}^{\frac{D_{sw}}{2}} u_x \rho_3 u_x 2\pi r \, dr + \int_{\frac{D_{hub}}{2}}^{\frac{D_{sw}}{2}} p_{sw} 2\pi r \, dr \approx \int_{\frac{D_{hub}}{2}}^{\frac{D_{sw}}{2}} u_x \rho_3 u_x 2\pi r \, dr$$

$$= \int_{\frac{D_{hub}}{2}}^{\frac{D_{sw}}{2}} 2\pi \rho_3 u_x^2 r \, dr = 2\pi \rho_3 u_x^2 \frac{\left(\frac{D_{sw}}{2}\right)^2 - \left(\frac{D_{hub}}{2}\right)^2}{2} \tag{9-7}$$

于是

$$S_N = \frac{2M_t}{D_{sw}P_x} = 2 \frac{2\pi \rho_3 u_x^2 \tan\theta \dfrac{\left(\frac{D_{sw}}{2}\right)^3 - \left(\frac{D_{hub}}{2}\right)^3}{3}}{2\pi \rho_3 u_x^2 \dfrac{\left(\frac{D_{sw}}{2}\right)^2 - \left(\frac{D_{hub}}{2}\right)^2}{2} D_{sw}}$$

$$= \frac{2}{3} \frac{(D_{sw})^3 - (D_{hub})^3}{(D_{sw})^3 - (D_{hub})^2 D_{sw}} \tan\theta \tag{9-8}$$

即

$$S_N = \frac{2}{3} \left[\frac{1 - (D_{hub}/D_{sw})^3}{1 - (D_{hub}/D_{sw})^2} \right] \tan\theta \tag{9-9}$$

由式(9-9)可知,对于 $\dfrac{D_{hub}}{D_{sw}} = 0.5$ 的典型轴流旋流器来说,实现强旋($S_N > 0.6$)的最小的旋流器出口叶片角为 $38°$。

（2）对于径流旋流器,同样地,旋流器出口的切向动量矩和轴向动量分别为

$$M_t = \int_{\frac{D_{hub}}{2}}^{\frac{D_{sw}}{2}} (u_t r) \rho_3 u_x 2\pi r \, dr \tag{9-10}$$

$$P_x \approx \int_{\frac{D_{hub}}{2}}^{\frac{D_{sw}}{2}} u_x \rho_3 u_x 2\pi r \, dr = \frac{\pi}{4} \rho_3 u_x^2 (D_{sw}^2 - D_{hub}^2) \tag{9-11}$$

由动量矩守恒有

$$v \sin\theta \frac{D_t}{2} = u_t r \tag{9-12}$$

式中,v 为叶片间空气射流速度,单位为 m/s; D_t 为叶片间空气射流切圆直径,单位为 m。

由质量守恒有

$$W_{sw} = \rho_3 u_x \frac{\pi(D_{sw}^2 - D_{hub}^2)}{4} = \rho_3 v n s z \tag{9-13}$$

$$v = \frac{\pi(D_{sw}^2 - D_{hub}^2)}{4nsz} u_x \tag{9-14}$$

于是,联立式(9-12)式(9-14)有

$$u_t r = \frac{\pi(D_{sw}^2 - D_{hub}^2)}{4nsz} u_x \frac{D_t}{2} \sin\theta = \frac{\pi}{8nsz}(D_{sw}^2 - D_{hub}^2) D_t \sin\theta u_x \tag{9-15}$$

将式(9-15)代入式(9-10)有

$$M_t = \int_{\frac{D_{hub}}{2}}^{\frac{D_{sw}}{2}} (u_t r) \rho_3 u_x 2\pi r \, dr = \rho_3 \pi \frac{\pi}{32nsz} D_t \sin\theta [(D_{sw}^2 - D_{hub}^2) u_x]^2 \tag{9-16}$$

那么,按照定义,径流旋流器的旋流数为

$$S_N = \frac{2M_t}{D_{sw}P_x} = 2\rho_3 \pi \frac{\pi}{32nsz} D_t \sin\theta [(D_{sw}^2 - D_{hub}^2) u_x]^2 \Big/$$

$$\left[\frac{\pi}{4} \rho_3 u_x^2 (D_{sw}^2 - D_{hub}^2) D_{sw} \right] \tag{9-17}$$

即

$$S_N = \frac{\pi(D_{sw}^2 - D_{hub}^2) D_t \sin\theta}{4nsz D_{sw}} \tag{9-18}$$

（3）对于双级旋流器，其每级旋流器的旋流数计算都与单级旋流器相同。

2. 流量系数 μ_{sw}

流量系数是通过旋流器的实际流量与理论流量之比。影响流量系数的因素十分复杂，目前主要通过试验确定旋流器的流量系数。

$$\mu_{sw} = \frac{W_{sw}}{W_{sw,t}}$$（9-19）

式中，W_{sw} 为实际通过旋流器的流量，单位为 kg/s；$W_{sw,t}$ 为理论通过旋流器的流量，单位为 kg/s。

流量系数随旋流器出口叶片角的增大而减小。试验表明，轴流旋流器 $\mu_{sw} = 0.5 \sim 0.7$，径流旋流器 $\mu_{sw} = 0.6 \sim 0.8$，双级旋流器流量系数低于单级旋流器。

3. 总压损失系数 σ_{sw}

旋流器的总压损失系数 σ_{sw} 定义为

$$\sigma_{sw} = \frac{\Delta p_{sw}}{p_{t3.1}}$$

式中，Δp_{sw} 为旋流器总压损失（近似等于火焰筒总压损失 Δp_L），单位为 Pa；$p_{t3.1}$ 为火焰筒进气总压，单位为 Pa。

4. 旋流器流阻系数 ξ_{sw}

流阻系数与断面相关。旋流器流阻系数一般取其入口断面，即

$$\xi_{sw} = \frac{\Delta p_{sw}}{\frac{1}{2}\rho_3 c_{sw}^2}$$（9-20）

式中，c_{sw} 为旋流器入口气流速度，单位为 m/s。

旋流器的主要几何参数在很大程度上影响其性能，以常见的轴流旋流器为例，常见的影响大致有

（1）旋流器出口叶片角 θ 增加，旋流数 S_N 成指数关系增大，但过大的 θ 将引起压力损失的急速增加，对旋流数的实际改善并不显著。因此，θ 以 $60°$ 左右为宜。苏联的发动机一般取 θ 在 $70°$ 左右，欧美国家一般取 θ 在 $40° \sim 60°$。

（2）大轮毂比 $\left(\dfrac{D_{hub}}{D_{sw}}\right)$ 可以提高旋流数，但在保证进气面积的条件下，将导致外径 D_{sw} 增大、内径 D_{hub} 增大、叶片变短。因此，可以选用比较小的叶片角 θ 以减小压力损失而又不会使 S_N 过低。这种结构特别适用于喷嘴直径大、火焰筒直径或腔高较大的主燃烧室，如 TJ3D 系列发动机的旋流器，因其叶片较短而采用直叶片。对于较大的 D_{hub}，可以通过提高叶片稠度、增加叶片数目的方法，改善旋流能力。

（3）小轮毂比 $\left(\dfrac{D_{hub}}{D_{sw}}\right)$ 使旋流数减小、D_{hub} 减小，使叶片数目受到限制。$\dfrac{D_{hub}}{D_{sw}}$

减小还将引起叶片长度的增加。因此,必须采用大的叶片 θ,并采用曲叶片的方法保证旋流器具有对气流较强的旋转能力。这种结构特别适用于喷嘴直径较小、火焰筒直径或腔高较小的主燃烧室。国产 WP 系列发动机常具有这些特点。

苏联的发动机的设计传统是采用小轮毂比、大 θ,欧美国家的发动机常采用大轮毂比,小 θ。

9.2 旋流器空气动力学

9.2.1 旋流器空气流动

在旋流器产生的旋转流场中,涡破碎是众所周知的现象。当旋流强度较高时,会在中心区形成如图 9-5 所示的回流结构。相较其他方式(如钝体)产生的回流,这种类型回流的混合效果更好,因为它可以产生很强的剪切区域,较高的湍流度和混合速度。这种旋流特性已广泛应用于实际的主燃烧室,以实现对燃烧稳定性、燃烧强度、燃烧区尺寸和形状的控制。

针对旋流产生的回流区,很多学者对影响其尺寸的主要参数开展了研究。试验结果表明,下面四个因素将会导致回流区尺寸的增大:①叶片角增大;②叶片数量增多;③叶片展弦比减小;④由直叶片变为曲叶片。

从空气动力学的角度来说,曲叶片比直叶片更有效。这是因为曲叶片能够逐渐改变

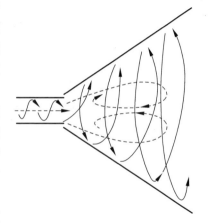

图 9-5 旋流器空气流动示意图

轴向气流的方向,抑制叶背侧气流的分离。曲叶片旋流器可以更加完全地转变气流的方向,并且在旋流器出口所获得的切向和径向速度分量更大,从而产生一个更大的回流区,获得更大的回流流量。

不过,直叶片也有许多优点:一是成本低并且容易加工;二是直叶片对应的气流分离区内的气流流动更易于产生稳定的火焰,并且能减小燃烧噪声;三是相较曲叶片轴流旋流器,直叶片轴流旋流器的出口速度剖面更加平缓,剖面的径向向外偏斜量更小。因此,直叶片旋流器可以为燃油喷嘴下游冒烟产生区提供更好的通风条件。由于上述原因,一些燃烧室结构仍然采用了直叶片旋流器。但当空气旋流器与空气雾化喷嘴采用一体化设计时,应选用曲叶片,因为直叶片的下游气流尾迹会影响喷嘴雾化质量。

9.2.2 回流形成机制

由前文可知,旋流数在大于 0.4 后会产生回流,那么,在理论上是如何解释旋流产生回流的呢?

对于旋流场,在不考虑黏性力、定常流动和重力的条件下,其微元体的受力情况如图 9-6 所示。微元体受的离心力是 $\mathrm{d}mu_\mathrm{t}^2/r$,其所受的唯一有径向分力的外力是压力,可以写出该微元体在径向的动量守恒方程:

$$(p+\mathrm{d}p)(r+\mathrm{d}r)\mathrm{d}\theta - pr\mathrm{d}\theta - 2\left(p+\frac{\mathrm{d}p}{2}\right)\mathrm{d}r\,\frac{\mathrm{d}\theta}{2} = \rho u_\mathrm{t}^2\mathrm{d}r\mathrm{d}\theta \qquad (9\text{-}21)$$

进一步简化得

$$\frac{\mathrm{d}p}{\mathrm{d}r} = \frac{\rho u_\mathrm{t}^2}{r} \qquad (9\text{-}22)$$

式(9-22)的物理意义是明显的,即气体微团的离心力靠气流沿径向的压力梯度来平衡。只要气体存在切向分速度,就必然存在外部压强大而内部压强小的压力梯度。

在旋转射流中,横截面上的切向速度分布是一个组合形式,可采用朗肯涡(Rankine vortex)速度分布来表达。从旋流器出来的旋转射流通过切向动量交换,使旋转射流内部跟随旋转,类似于一个强制涡;而外部切向速度分布符合自由涡的运动规律,从而形成朗肯涡结构,如图 9-7 所示。

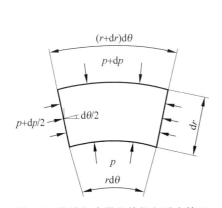

图 9-6 旋流场中微元的径向受力情况

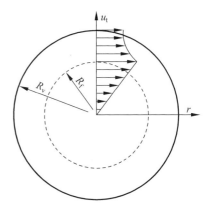

图 9-7 朗肯涡的切向速度分布

设旋涡半径为 R_v,其中内部的强制涡半径为 R_f,那么 $[0,R_\mathrm{f}]$ 就是强制涡区域,其切向速度分布为

$$u_\mathrm{t} = C_\mathrm{f}r \qquad (9\text{-}23)$$

$[R_\mathrm{f},R_\mathrm{v}]$ 是自由涡区域,其切向速度分布为

$$u_\mathrm{t} = \frac{C_\mathrm{v}}{r} \qquad (9\text{-}24)$$

式中，C_f 和 C_v 均为常数。

设旋涡外的压力为 p_v，将速度分布代入式(9-22)积分，可以得到旋涡流动的压力分布关系。

(1)在强制涡中，压力分布为

$$p_f - p_0 = \frac{1}{2}\rho C_f^2 R_f^2 \tag{9-25}$$

(2)在自由涡中，压力分布为

$$p_v - p_f = \frac{1}{2}\rho C_v^2\left(\frac{1}{R_f^2} - \frac{1}{R_v^2}\right) \tag{9-26}$$

由式(9-25)和式(9-26)可见，只要有切向速度，中心压力必然低于外围压力。由于外围压力接近环境压力，当两者的压力差大到一定程度时，中心压力接近真空，从而导致下游气流(其压力也接近环境压力)逆流运动来填补这个真空。这就是旋转射流产生回流的根本原因。

9.3　环道空气动力学

9.3.1　环道空气流动

环道空气流动的特性对火焰筒内的气流分布有重要影响，并且还会影响火焰筒的壁温分布。环道空气流动的平均速度由主燃烧室的参考速度和火焰筒与机匣的面积之比决定。实际上，由于空气通过火焰筒的各排孔和冷却缝进入火焰筒内部，主燃烧室进口速度分布的变化会对环道空气速度产生影响。

尽管提高环道空气速度能够增强火焰筒壁面对流换热的冷却效果，但是通常来说，还是要选择较低的环道空气速度，其有以下优点：

(1)环道空气速度和静压的变化小，可以确保火焰筒同排上的孔流过相同的流量；

(2)孔的流量系数更大；

(3)气流射流角度更大；

(4)摩擦损失更低；

(5)筒壁上孔缝下游的突扩损失更小。

环道内比较关键的位置是火焰筒前端和掺混孔附近。在火焰筒前端，扩压器出口空气有时会存在较厚的边界层，引起依靠静压进气的冷却缝的失效。即便是依靠总压进气的冷却缝，在扩压器和环道的交会处，壁面弯曲导致的气流分离仍然会产生上述问题。气流在沿环道流动的过程中，随着空气通过火焰筒壁孔流入火焰筒，气流的速度剖面也逐渐得到改善，如图 9-8 所示。但是，在环道内掺混孔的下游区域，如果不对气流的流动进行限制的话，扰动就可能以间断和任意的方式产生一些回流。在环管燃烧室特别容易出现这种现象,严重时从筒壁上孔进入火焰筒的气流方向甚至杂乱无序。由此产生的火焰筒内部气流流动分布的紊乱还会随时间呈不规则变化。

为了解决这个问题,可以采用的一种方式是在掺混孔的下游设置一个挡板,它安装在主燃烧室内、外机匣之间,是一个简单的环形板。环形板上的大圆孔与火焰筒相匹配,环形板表面有冷却气流流过以冷却下游的热区。这种类型的挡板对解决环道内较大的和任意的回流是非常有效的。

对于环形火焰筒来说,挡板的形式通常是设置在紧靠掺混孔下游阻挡气流的连续环形板。一般来说,挡板阻挡面积为环道面积的 2/3。另一种控制掺混孔区域气流流动的方法是将火焰筒壁逐渐向机匣倾斜,这样可以防止气流在环道掺混孔处的过度扩散。

如果掺混孔周向间距大于环道高度,在气流通过掺混孔时就会形成涡流。这个涡流会改变掺混空气射流的穿透和混合特性。涡流的强度主要由孔所在的环道面积与孔面积的比值决定,如果这个比值大就会抑制涡流的产生。在单管和环形火焰筒中都会形成涡流,为消除或抑制这种涡流,可以在每个掺混孔上设置纵向的分流板。分流板可以固定在火焰筒上,也可以固定在外机匣上。当这种分流板与挡板结合应用时,对涡流的消除作用特别有效,如图 9-9 所示。

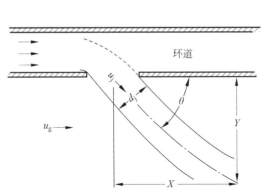

图 9-8 典型火焰筒孔内的流动情况

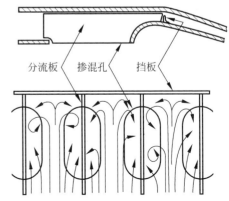

图 9-9 掺混孔流动控制

9.3.2 火焰筒孔内流动

火焰筒上开有大小不一的各型孔,环道气流通过这些孔流入火焰筒,即形成所谓的交叉射流(又称"横向射流")。交叉射流与火焰筒内的主流进行混合。在主燃区,其作用是联合构成并截断回流区,从而强化燃烧过程;在掺混区,其作用是调整主燃烧室的出口温度分布。本节将讨论火焰筒孔内的流动情况,包括射流孔流量系数、初始射流角度、射流轨迹、射流穿透深度、射流混合等。火焰筒孔内的流动不仅取决于孔的尺寸和孔的压降,还取决于孔的几何特征和孔附近的气流条件,这些都会影响孔的有效通流面积。

1. 射流孔流量系数

射流孔内流动的基本方程可以表达为

$$W_h = \mu_h A_h \sqrt{2\rho_3(p_{tr} - p_j)} \tag{9-27}$$

式中，W_h 为射流孔的流量，单位为 kg/s；μ_h 为射流孔流量系数，量纲为 1；A_h 为射流孔的面积，单位为 m^2；ρ_3 为主燃烧室进口密度，单位为 kg/m^3；p_{tr} 为主燃烧室环道空气总压（孔上游总压），单位为 Pa；p_j 为孔下游静压，单位为 Pa。

由图 9-8 可知，在火焰筒上孔的附近，气流会发生一些偏斜。这在一定程度上取决于几何结构、通道速度和火焰筒压降。因此，火焰筒上孔的流量系数实际受以下因素影响。

(1) 孔的类型（如平孔或翻边孔）；

(2) 孔的形状（如圆形或矩形）；

(3) 孔间距与环道高度的比值；

(4) 火焰筒压降；

(5) 火焰筒内孔周围的静压分布；

(6) 上游出现旋流；

(7) 环道内局部流速。

通过对筒壁射流影响因素的详细分析，对于不可压无旋流，平的圆孔、椭圆孔和矩形孔的流量系数可按下式计算：

$$\mu_h = \frac{1.25(K - 1)}{\sqrt{4K^2 - K(2 - \varphi)^2}} \tag{9-28}$$

式中，φ 为射流孔的流量 W_h 与主燃烧室环道气量 W_r 的比值，$\varphi = W_h/W_r$，量纲为 1；K 为射流动压与孔上游的环道动压的比值，$K = \dfrac{p_{tr} - p_j}{p_{tr} - p_r}$，$p_r$ 为环道静压，无量纲为 1。

对于不可压无旋流，翻边孔流量系数可以计算如下：

$$\mu_h = \frac{1.65(K - 1)}{\sqrt{4K^2 - K(2 - \varphi)^2}} \tag{9-29}$$

图 9-10 提供了孔的类型和 K 对流量系数的影响，可以看出，K 越大，μ_h 越大，并且随着 K 的逐渐增大，μ_h 受其变化的影响越来越小。

2. 初始射流角度

从图 9-8 可知，减小初始射流角度必然会导致孔的有效通流面积减小。因而，初始射流角度 θ 与 μ_h 是相关的。试验表明两者有以下关系：

$$\sin^2\theta = \mu_h/\mu_{h\infty} \tag{9-30}$$

式中，$\mu_{h\infty}$ 是当 K 趋于无穷大时 μ_h 的极限值。

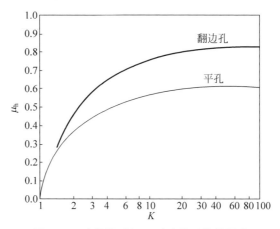

图 9-10　孔的类型和 K 对流量系数的影响

图 9-11 给出了上述关系曲线与试验数据曲线。实际上,如果任何一排孔的 K 都小到难以保证理想的初始射流角度的话,就可以通过在每个孔上增加短管(进气斗)来保证较大的射流角度。进气斗结构在罗尔斯·罗伊斯公司的 Spey 发动机燃烧室上采用过,它改善了主燃区的回流,降低了排气冒烟水平。后来罗尔斯·罗伊斯公司把这种进气斗结构应用到更加先进的 RB211 和遄达发动机燃烧室的主燃孔和中间孔上。应用进气斗带来的不足是增加了成本和质量,并且由于进气斗要插入火焰筒的内部,为了防止它在高温燃气中过烧,通常需要采取一定的冷却措施。

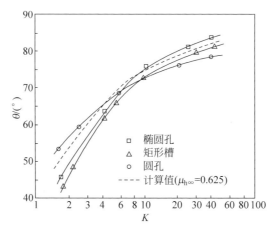

图 9-11　孔形状和 K 与初始射流角度的关系

3. 射流轨迹

试验结果表明,随着射流与燃气主流的结合,射流结构和混合过程都会发生变化。当射流空气射入燃气主流时,会产生阻塞效应,导致射流上游的压力上升,射流下游的压力下降。这个压差会使射流的流动变形,并发展成类似于"腰形"的轮廓,如图 9-12 所示。射流孔下游的流场受涡流系统控制,涡流系统决定射流空气和燃气主流的流动和混合。

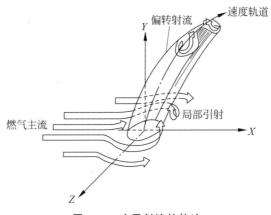

图 9-12　交叉射流的轨迹

针对如图 9-8 所示的单孔交叉射流,若初始射流角度 $\theta = 90°$,列菲弗尔给出的射流轨迹为

$$Y/d_j = 0.82J^{0.5}(X/d_j)^{0.33} \tag{9-31}$$

式中,J 为射流孔射流和燃气主流的动量通量比:

$$J = (\rho_j u_j^2)/(\rho_g u_g^2) \tag{9-32}$$

若初始射流角度 $\theta < 90°$,那么它的轨迹可以通过 $Y/d_j(\theta = 90°)$ 的值乘以 $\sin\theta$ 计算得到。

由式(9-32)可以看出,射流穿透深度随着距下游距离的增加而不断增加。而实际上,在距下游不远的位置,射流的穿透深度就已经达到最大值。因此,式(9-31)只能用于计算射流轨迹的初始部分,不适用于射流与主流渐近的部分。

在工程实际中,最关心的是射流能够达到的最大穿透深度。对于圆形管道上的一个圆孔的射流,诺斯特(Norster)给出了其最大穿透深度 $Y_{\max}$ 的计算式:

$$Y_{\max} = 1.15d_j J^{0.5}\sin\theta \tag{9-33}$$

对于多孔交叉射流,史瑞德哈拉(Sridhara)研究了圆管上的多孔交叉射流,结果显示多孔射流的穿透深度比单孔射流浅,这是射流的阻塞效应增加了主流局部速度的缘故。通过分析史瑞德哈拉的实验数据,诺斯特给出了圆管多孔射流的最大穿透深度的估算公式:

$$Y_{\max} = 1.25d_j J^{0.5}\frac{W_g}{W_g + W_j} \tag{9-34}$$

式中,W_g 和 W_j 分别为燃气主流和射流孔射流的流量,单位为 kg/s。

4. 射流混合

射流混合过程对于达到理想的燃烧性能来说是非常重要的。在主燃区,良好的混合对于提高燃烧效率和降低污染排放非常有利。在中间区,需要射流空气与主燃区高温燃气快速混合,从而加速烟的氧化并转化为正常的燃烧产物。最后,为了达到满意的燃烧室出口温度分布,需要靠在掺混区内将射流空气与燃烧产物充分混合。通常,火焰筒内射流空气与热燃气之间的混合速度主要受以下因素的影响。

(1) 射流孔的尺寸和形状;

(2) 初始射流角度;

(3) 动量通量比;

(4) 其他射流存在的情况,包括相邻的和相对的;

(5) 射流混合轨迹的长度;

(6) 临近的壁面;

(7) 射流和燃气主流的进口速度和温度剖面。

上述参数对火焰筒内混合速度的影响是不同的。其中,影响混合速度的关键参数是动量通量比、混合轨迹长度、射流孔数量、尺寸和初始角度。

第 ⑩ 章

火焰筒冷却

10.1 引言

在现代燃烧室中,燃烧过程产生的燃气最高温度超过 2100℃,远高于主燃烧室火焰筒和涡轮叶片的熔点。因此,必须采取措施充分冷却所有暴露于高温燃气的金属表面,并提高结构的完整性和耐久性。此外,应当最大程度减少冷却空气用量,使之可用于提高温升或控制排放的空气量增大。

相较发动机其他组件,主燃烧室火焰筒承受的机械应力较小。然而,火焰筒要经受威胁其结构完整性的高温和急剧变化的温度梯度。为了保证火焰筒寿命,将温度和温度梯度保持在可接受的水平是很重要的。一般对于采用镍基或钴基高温合金的火焰筒,筒壁的最高工作温度不应超过 1100K。高于此温度,材料的机械强度会迅速降低。因而需要采取措施加强向主燃烧室机匣的辐射换热和与环道空气的对流换热,强化火焰筒壁的散热能力。传统方法是沿着火焰筒内表面形成冷却气膜。

20 世纪 60 年代以来,发展更为高效的火焰筒壁冷却方法变得日益重要。其原因在于

(1) 为了降低耗油率,发动机不断提高增压比。然而,增压比的提高一方面会增大向火焰筒壁的热辐射,另一方面会提高主燃烧室的进口温度,进而削弱环道空气对火焰筒壁的冷却能力。随着增压比的提高,火焰筒壁的冷却问题变得更加严重,目前许多发动机几乎要将超过 1/3 的主燃烧室总空气流量用于火焰筒的气膜冷却。

(2) 随着主燃烧室温升的提高或污染排放控制的日益严苛,更多的空气被分配到主燃烧室头部用于燃烧,使得可用于冷却火焰筒壁的空气量持续降低。

(3) 为了保持下游热端部件的完整性,在涡轮前温度提高时,必须改善主燃烧室

的出口温度分布系数。气膜冷却空气沿着火焰筒壁流动,无助于掺混。因此,降低筒壁冷却需求,释放更多的空气用于掺混区掺混,有助于直接改善出口温度分布系数。

(4) 随着主燃烧室工作温度的提高,对其耐久性的期望亦在增加。早期发动机主燃烧室火焰筒的翻修寿命期望是几百小时,而目前,用户期望火焰筒能够工作数千小时。

由于上述原因,提高现有冷却构型的冷却效率、发展更加高效的冷却方法显得特别重要。本章将讨论火焰筒冷却方法及其计算方法。

10.2 火焰筒冷却方法

10.2.1 常规型气膜冷却

气膜冷却即大量采用环缝,使空气从环缝贴壁喷出,在火焰筒内壁与高温燃气之间形成防护性冷却气膜的冷却方法。该方法随冷却气膜与燃气主流的湍流掺混而逐渐衰减,因而在实际使用中,沿火焰筒长度方向通常 40~80mm 间隔需要重新布置一道气膜。在火焰筒的下游,燃气主流的加速流动趋向于抑制高温燃气湍流,因此冷却气膜作用距离稍长。

气膜冷却的主要优点是可以在高压力和高温热应力下工作几千小时,而且减轻了火焰筒的质量,加强了其机械强度。其主要缺点是无法使壁温均匀,在环缝出口位置的温度最低,在接近下一道气膜时温度最高,同时会造成冷却气体的浪费。

气膜冷却的常见构型有波纹板、叠加环、喷溅环、机械加工环、滚压环、双路环和 Z 形环等,如图 10-1 所示。

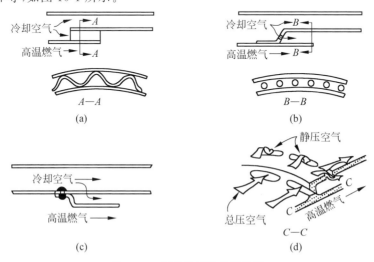

图 10-1 气膜冷却的常见构型

(a) 波纹板;(b) 叠加环;(c) 喷溅环;(d) 机械加工环;(e) 滚压环;(f) 双路环;(g) Z 形环

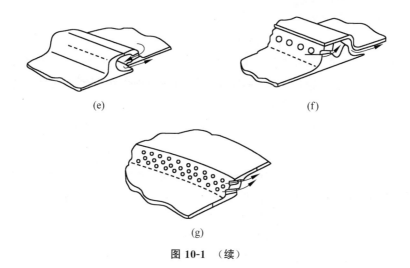

(e)　　　　　　　　　　　　(f)

(g)

图 10-1 （续）

1. 波纹板

在某些燃烧室中,火焰筒的静压降太小,无法提供所要求的气膜冷却空气量。在此情形下,必须求助于利用火焰筒总压降的构型。此种方法的优点在于不论火焰筒的静压降是高还是低,总能提供足够的冷却空气量,其缺点是环道空气流速的变化会导致冷却空气量相应改变。波纹板构型即利用了火焰筒总压降可以提供气膜冷却空气的原理。

波纹板火焰筒采用波浪状隔板将两段之间的交叠部分连接起来,如图 10-1(a)所示。此种构型的机械结构牢固,但冷却气膜的空气动力学性能差,易卷吸高温燃气。测温漆试验验证在冷却环缝下游有长的热条纹存在。波纹板的另一缺点是在看似相同的火焰筒之间,冷却空气量可能存在很大变化,这是由波纹板材料厚度的微小变化造成的。在正常的制造公差范围内,即使金属材料的厚度有小的变化,亦会对冷却空气流量造成明显的影响。但是,通过精心控制焊接质量和通过流量试验检查尺寸精度,波纹板气膜冷却构型已成功应用于美国和英国的航空发动机,如罗尔斯·罗伊斯公司的 Avon、Spey 等发动机。

2. 叠加环

采用总压进气的另一气膜冷却构型是"叠加环",如图 10-1(b)所示。虽然由钻孔或冲孔而导致叠加环构型的火焰筒刚性较波纹板差,但其尺寸精度较高,可使冷却空气流量的变化较小。进气孔的总流通面积通过计算确定,以定量供应所需的冷却空气量。每处环缝相当于集气室,湍流在此耗散,各进气孔射流在此聚合形成单一环状空气膜。在下游端,选定合适的环缝高度以提供所需的冷却空气速度。该构型的优点是无须考虑火焰筒的实际压降,可采用最佳的冷却空气速度以获得最大冷却效率。

3. 喷溅环

喷溅环构型仅利用火焰筒静压降作为喷射冷却空气的驱动力,如图 10-1(c)所示。冷却空气通过壁面上的一排小孔从环道流入火焰筒,通过铆接或焊接在火焰筒壁上的内部"裙板"或"唇边"被导引至火焰筒内表面。裙板的作用是提供空间以使不相连的空气射流能在其中融合,从而在环缝的出口处形成连续空气膜。典型的裙板长度大约是环缝高度的 4 倍,而环缝高度通常在 1.5~3.0mm 量级。

4. 机械加工环

叠加环构型的一个缺点是各环叠加处钎焊接头的质量较差。对于火焰筒壁冷却,通过接头的导热是必然的,钎焊填充材料中的空隙可能导致局部热点。由整块金属加工或由几个环焊接而成的"机械加工环"火焰筒可避免上述问题。机械加工环构型的火焰筒壁上会打出多排孔,通过总压头、静压差或二者的组合使环道空气进入环缝,如图 10-1(d)所示。

机械加工环具有冷却空气量控制精度高且火焰筒机械强度大的优点,对大型环形燃烧室尤为重要。机械加工环已在罗尔斯·罗伊斯公司的 RB211 发动机上累计工作了数百万小时。

5. 滚压环

叠加环与机械加工环火焰筒的一个缺点是从冷却孔至环缝唇边(如图 10-1(d)所示 C—C 壁面)之间的壁面存在急剧变化的温度梯度。至 C—C 壁面处,上一段环缝的冷却空气几乎失去了冷却能力,在高温燃气的卷入下,环缝唇边不可避免地有很高的温度,此时上段环缝的冷却空气不是冷却火焰筒而是在加热火焰筒。另外,冷却孔邻近金属处于主燃烧室进口温度的空气中。因此,C—C 壁面金属与冷却孔邻近金属的大温度梯度将产生高应力,严重时会导致火焰筒变形和出现裂纹。

GE 公司的滚压环构型的火焰筒如图 10-1(e)所示,由一系列滚压成形并焊在一起的环制成。在该设计中,静压进气射流在以冷却气膜形式流出环缝之前,对滚压环进行冲击冷却。类似的设计原理已应用于 P&W 公司的双路环中,如图 10-1(f)所示。

6. Z 形环

如上所述,裙板或唇边的作用是使各冷却空气射流聚合形成连续气膜。减小冷却孔的直径无疑会使所需的唇边长度也相应减小。极端示例是罗尔斯·罗伊斯公司的零唇边长度的 Z 形环,如图 10-1(g)所示。随着激光打孔技术的应用,此种构型的应用成为可能。采用致密的、直径小的、为数众多的孔可确保射流无须裙板即可迅速聚合形成均匀气膜。

与多数的常规冷却环缝相比,除了具有较高的冷却性能外,Z 形环还有一明显优点,即消除了因裙板裂纹而引发的寿命局限问题。Z 形环可采用环轧技术制造,具有良好的材料利用性,且能产生特定轮廓的外形而无须机械加工。

Z形环的一个缺点是需要钻出很多小孔而导致成本提高,改进加工方法可改善此问题。同时,需要控制相邻孔之间的间距和其他关键尺寸,以在不损失冷却性能的条件下确保满意的机械完整性。Z形环构型的火焰筒已应用在罗尔斯·罗伊斯公司的许多军用发动机上。

10.2.2　增强型气膜冷却

1. 增强对流换热的气膜冷却(film cooling with augmented convection)

研究表明,增强火焰筒冷却空气侧的对流换热能显著减小对冷却气膜空气流量的需求。图 10-2 展示了双层壁结构的冷却气膜,通过将双层壁冷却环缝的内表面粗糙化(例如,化学腐蚀)来进一步增强对流换热,提高冷却效率。

提高火焰筒冷却空气侧的对流换热还可以通过采用散热片、基座、肋和其他任何能增加换热有效面积的副表面来实现。副表面通常不可能 100% 有效,因为无论是散热片还是其他形状的散热体,沿着散热方向,必然存在使热量从其底部进行传导的温度梯度。

基座也可用于增强壁面瓦片冷侧的对流换热,已在罗尔斯·罗伊斯公司的RB211 燃烧室头部区域的隔热罩上应用多年,该公司的 Tay 燃烧室也以基座头部为特色。散热片式外表面虽然已在多种工业燃气涡轮发动机上获得成功应用,但直至近年才得以广泛应用。散热片或肋通常沿纵向布置,周向布置的散热片亦有采用,但会造成小部分的压力损失。

2. 冲击气膜冷却(impingement cooling)

加强常规气膜冷却的另一种方法是冲击气膜冷却,如图 10-3 所示。在冲击气膜冷却构型中,双层壁通道的冷却空气侧壁面被打上众多小孔,气流依靠火焰筒内外的静压降冲击高温燃气侧壁面。此方法的优点在于一方面,多重射流可以冲击冷却部分火焰筒壁;另一方面,射流融合形成环状膜,可以通过常规气膜冷却的方式冷却火焰筒壁的下游部分。此外,冲击气膜冷却还可以设置在火焰筒热点处,进行特别冷却。

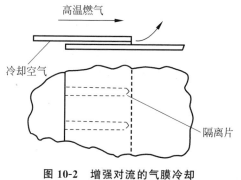

图 10-2　增强对流的气膜冷却

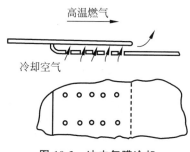

图 10-3　冲击气膜冷却

冲击气膜冷却需要双层壁结构,这会增加成本和质量。另外,两壁温度存在较大差异会导致不均匀膨胀。若局部热点温度过高,则可能导致内壁翘曲。此外,冲击冷却的高换热系数不能完全实现,因为上游的空气射流在内壁上所形成的空气膜趋向于降低下游空气射流冲击冷却的有效性。

3. 发汗气膜冷却(transpiration cooling)

理想的壁面冷却构型应当使整个火焰筒的温度保持为材料的最高温度,因为低温区的存在意味着冷却空气的浪费。与此理想构型最为接近的是发汗气膜冷却,该构型下的火焰筒由多孔材料制成,增大了与空气通流相关的传热面积,如图 10-4 所示。由于孔在壁面上均匀分布,每个孔的细小空气射流迅速融合,因而在火焰筒整个内表面形成保护性的冷却气膜层。此构型可显著降低高温燃气向火焰筒的对流换热,大幅节省冷却气膜空气。

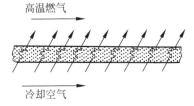

图 10-4　发汗气膜冷却

即使冷却气膜空气能完全成功阻止高温燃气与火焰筒内壁面的接触,但火焰筒仍暴露在火焰的强烈辐射中。排除该热量的唯一方法是在冷却空气流经多孔壁的过程中将热量迁移至冷却空气。这意味着火焰筒除了充作多孔介质,还必须具有良好的传热特性和足够的厚度。由此产生了一个矛盾的问题:为了在筒壁内表面形成稳定的边界层,冷却空气应以尽可能低的速度喷出;但是,为了使筒壁内部的热传递最大,冷却空气应尽可能有高的流速。

4. 发汗气膜冷却的实际应用

虽然发汗冷却是潜在的、最为高效的火焰筒冷却方法,但可用的多孔材料的局限性阻碍了其实际应用。目前开发的多孔材料无法满足耐氧化的要求,常导致窄小通道堵塞,这些通道也易于被空气中的杂质堵塞。

在寻求更为实用的方法的过程中,发展出了多层板,并由此制造出了"准发汗"冷却的筒壁。这种方法的两个最著名的例子是转移板(transply)和层板(lamilloy)。

(1) 转移板(transply)

转移板由罗尔斯·罗伊斯公司于 20 世纪 70 年代开发,是将两层或多层高温合金板钎焊在一起制成的,每层板包含大量相互连接的流道,如图 10-5 所示。这些流道按照壁面与流经其中的空气之间热传递最大的原则

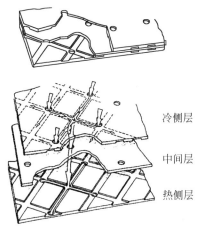

冷侧层

中间层

热侧层

图 10-5　转移板

进行设计。在冷却筒壁后,空气经过高温燃气侧火焰筒壁上均匀分布的孔,以大量细小射流的形式流出。空气射流向下游偏转,逐步在高温燃气与壁面之间形成绝热气膜。因此,火焰筒一部分是被流经筒壁的空气所冷却,另一部分是由离开的空气形成的气膜冷却。

转移板的一项重要要求是所选择的板料合金应具有良好的钎焊特性以确保火焰筒的结构完整性,以及在正常工作温度下的高抗氧化性。薄壁部分的晶粒间氧化会降低结构强度,而内表面生成过多的氧化物会部分堵塞冷却通道,由此导致局部过热。

罗尔斯·罗伊斯公司为 Spey Mk512 发动机开发了一种转移板燃烧室,并在BA1-11 飞机上服役。相较常规的气膜冷却 Spey 燃烧室,其对冷却空气的需求降低了 70%。冷却空气的大量节省允许火焰筒内部的空气流量分配优化,以获得最小的污染排放。

(2) 层板(lamilloy)

20 世纪 70 年代,美国艾利逊公司开发出类似准发汗的、名为"lamilloy"的多层多孔结构。它由两层或多层光刻金属板扩散连接而成,如图 10-6 所示。

一般地,层板具有与转移板相同的高冷却潜力、实际问题和局限性。两者均需进一步发展,以降低制造成本和实现更好的工艺控制;与机械加工环、滚压环等常规冷却方法相比,两者均存在机械强度较低的缺陷,该缺点阻碍了其在大型环形燃烧室上应用。

转移板和层板被认为是各种气膜冷却构型的替代者,但随着新的冷却概念的出现和制造技术的显著发展,技术竞争更加激烈。因此,转移板和层板未来能否得到广泛应用还不得而知。

(3) 发散冷却(effusion cooling)

发散冷却是发汗冷却的另一种实用形式,也许也是最简单的方法。它是在壁面上打出大量的小孔,如图 10-7 所示。在理想情况下,孔应足够大以不会被杂质堵塞,但也不能太大以防止空气射流的过度穿透。只要射流穿透足够小,发散冷却即有可能沿着火焰筒内表面形成相当均匀的冷却气膜。然而,若穿透太大,空气射流则会与高温燃气迅速掺混,在筒壁下游几乎不提供冷却。

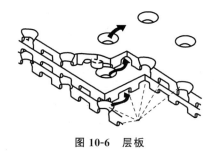

图 10-6　层板

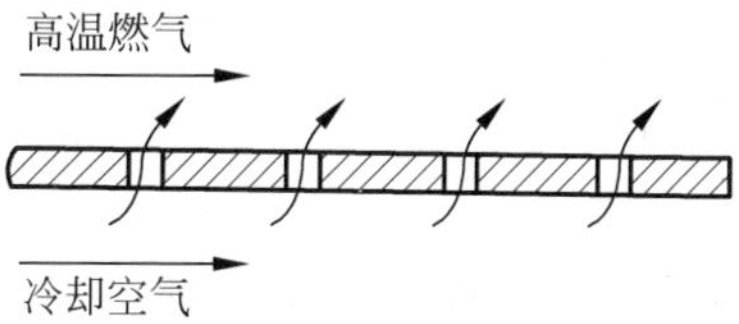

高温燃气

冷却空气

图 10-7　发散冷却

发散冷却可用于火焰筒壁的所有或任意部分,但因为在利用冷却空气方面有些浪费,所以最好用于处理火焰筒壁的局部热点。发散冷却的另一功能是提高常规冷却气膜的效率。当气膜向下游运动时,由于卷吸周围燃气,其温度逐步提高。最终,气膜温度高到开始加热火焰筒壁而非冷却。若在出现此情况之前应用发散冷却,则冷空气喷入气膜可使其在下游较远的距离仍保持冷却效率。典型的布置如图 10-8 所示。

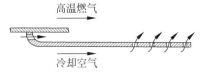

图 10-8　带叠加环的发散冷却

10.2.3　先进冷却方法

上述讨论的火焰筒冷却方法主要集中在气膜冷却。之所以对此进行大篇幅地介绍是因为目前几乎所有服役中的主燃烧室采用的均为某种形式的气膜冷却。研究表明,气膜冷却可以保证出口平均温度在 $1500\sim1700\mathrm{K}$ 的主燃烧室火焰筒温度在寿命所允许的范围内。这个出口温度范围正是推质比为 8 一级的发动机主燃烧室的出口温度,此时气膜冷却空气量大约占火焰筒进气量的 40%。假设将气膜冷却用于推质比为 10 一级的发动机主燃烧室,由于主燃烧室进口气流温度和燃烧室温升的提高,冷却空气量所占比例可能增加到 $60\%\sim70\%$,这与燃烧空气量需求的增加相矛盾,因此必须采取更先进的冷却方法或材料,以减少冷却空气用量,保证燃烧空气用量。在高性能燃气涡轮发动机的主燃烧室设计中,除了可能在火焰筒头部等局部区域外,目前几乎不采用气膜冷却方法。当前着重发展的先进冷却方法主要有复合角发散冷却和瓦片壁冷却,这两种冷却方法有显著降低冷却空气需求的潜力,但同时也缺乏设计和使用经验。

1. 复合角发散冷却(composite angled effusion cooling)

常规发散冷却的孔垂直于火焰筒壁。复合角发散冷却的孔与火焰筒壁在开孔处的轴向、切向和径向成一个角度,如图 10-9 所示。其优点如下:

(1)用于排热的内表面积增加。此面积与孔径的平方和孔角度的正弦值成反比。例如,与火焰筒壁成 $20°$ 打出的孔,其表面积几乎是垂直于壁面打出的孔的 3 倍。

(2)小角度射流的穿透深度小,沿壁面能更好地形成气膜。随着射流孔的尺寸和角度的减小,气膜的冷却效率提高。

从以上描述可知,复合角发散冷却的实际应用在很大程度上取决于精确地、稳定地且经济地加工出大量小直径斜孔的能力。激光打孔技术的发展使其成为可能,目前复合角发

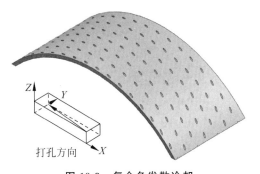

图 10-9　复合角发散冷却

散冷却被认为是可行的且在经济上可接受的冷却技术。当前水平的孔径下限约为 0.4mm,可达到的孔角度的最小值小于 20°。

在为新一代工业用和航空燃气涡轮发动机所积极研发的各种先进燃烧室冷却技术中,复合角发散冷却可能是最有希望的竞争者。它可以局部应用以辅助其他壁面冷却形式,或应用于整个火焰筒的冷却。复合角发散冷却已应用到 GE90 主燃烧室上,把平均冷却空气需求降低了 30%。

复合角发散冷却的缺点是火焰筒的质量可能会增加 20% 左右,这是为了获得所要求的孔长度和抗弯强度而需壁厚较厚的缘故。但随着材料技术的发展,目前可以采用类似常规火焰筒的壁厚,因而质量问题已大为缓解。同时,成本也是一项重要的因素,这与稳定打孔要求和生产环境中的技术规范相关。另外,还需关注复合角发散冷却火焰筒的维修性和耐久性。只有通过大量的运行试验,这些问题才能完全解决。

复合角发散冷却的进一步发展集中在孔结构的优化,需要与孔的加工结合起来考虑。已证明孔的出口部分有如扩压器形状的扩张可提高冷却效率,推测其原因是较低的出口速度减小了空气射流在高温燃气中的穿透。作为此方法的改进,孔出口的侧向扩张(扇形展开)改善了射流的侧向散布,形成对壁面的更好覆盖。不过,目前尚未发展出低成本的型孔加工方法。

2. 瓦片壁冷却(tiled wall cooling)

对于尺寸和质量均不重要的大型工业用发动机而言,瓦片壁冷却的方法已得到充分认可。因此,在燃烧室中铺设耐火砖以减小火焰筒壁的热通量是可行的。耐火砖无疑太重,难以应用到航空发动机和大多数的工业用发动机,但金属瓦片提供了一个有吸引力的方法。普惠公司的 V2500 和 PW4000 发动机的燃烧室上均采用了瓦片壁冷却,如图 10-10 所示。

瓦片燃烧室的构造方法是将大量的瓦片安装在支撑壳体上。壳体由瓦片保护,但瓦片自身暴露于高温燃气中。该方法有效地将壳体承受的机械应力与瓦片承受的热应力分离开来。瓦片热负荷的消除方法有多种,例如,在瓦片背面设置多个促进对流传热的支座,流量恰当匹配的空气流经支座,而后从瓦片末端喷射而出,从而在瓦片正面形成保护气膜。另外,亦可采用热障涂层(thermal barrier coating, TBC)来辅助保护瓦片的正面。

图 10-10　瓦片燃烧室和瓦片

瓦片壁冷却的主要优点:

(1) 瓦片可用耐温能力高出典型燃烧室合金材料很多(>100℃)的合金材料铸造。

（2）火焰筒壳体处在均匀的低温中，可采用价格相对低廉的合金材料。

（3）火焰筒壳体温度低，减小了相对于燃烧室机匣的热膨胀。

（4）瓦片更换较火焰筒维修简单，减少了维修时间和成本。

（5）冷却空气需求显著降低。

瓦片壁冷却的主要缺点：

（1）质量明显增加。

（2）燃烧和掺混的各种进气孔在燃烧室改进过程中难以修改。

（3）应用小型发动机时难以按比例缩小瓦片的连接装置。

10.3 热障涂层技术

获得满意的火焰筒寿命的另一个有吸引力的方法是在火焰筒内侧涂上一薄层耐热材料，即热障涂层。热障涂层可以阻止热量向火焰筒的传递，降低火焰筒温度，延长其使用寿命。

典型的热障涂层由一层金属底层（如 0.1mm 的 NiCrAlY）和一层或两层的陶瓷层（如部分氧化钇稳定的氧化锆）组成。新近热障涂层应变容限的改进降低了金属底层应用的必要性。但为了增加热障涂层的机械稳定性，有时还继续采用金属底层＋陶瓷层的双层结构形式。

通常要求热障涂层：

（1）发射率低、导热系数小。这样可以反射大部分的燃气辐射热，并且在高温燃气和壁面间形成隔热层，降低热障涂层金属底层的温度。

（2）化学性质应不活泼，有良好的机械强度，适应热冲击、耐磨损和耐腐蚀。

（3）热膨胀系数应与金属底层材料相近。

（4）若采用抗氧化金属底层，则可降低火焰筒选材时的氧化限制。

等离子火焰喷涂可以提供持久和可重复利用的涂层，通常用来涂覆陶瓷层和金属底层。涂层的总厚度为 0.4～0.5mm，可使火焰筒温度降低 40～70K，降温幅度取决于通过火焰筒的热通量。此外，需要指出的是，热量必须能够从火焰筒壁的冷侧导出，这样热障涂层的作用才能充分发挥。可以在火焰筒冷却空气侧铺设散热片、肋等来加强对流换热，不过这样会使火焰筒的结构变得复杂。

10.4 火焰筒的材料

10.4.1 材料的基本要求

发动机性能和耗油率的持续改善，强烈依赖新材料的发展。在过去的 30 年里，材料与制造技术的发展，明显提高了耐高温能力并降低了成本。

目前,典型的主燃烧室火焰筒由镍基或钴基合金板材制成。这些常规材料仍有相当大的发展潜力,并将于一段时期内在航空领域中占据主导地位。从长远的角度来看,只要能克服若干固有缺陷,陶瓷和陶瓷复合材料即可做出更重要的贡献。

火焰筒材料的基本要求如下:

(1) 高温强度高;

(2) 抗氧化和腐蚀;

(3) 密度低;

(4) 热膨胀小;

(5) 弹性模量低;

(6) 抗热疲劳;

(7) 成本低;

(8) 加工容易;

(9) 导热性高。

由上述要求可知,火焰筒材料应在高温下具有良好的机械强度和抗氧化能力。目前,常用的合金可以在约1100K的温度下长期工作,但当温度高于1300K后,其氧化速度加快。不过,热障涂层的抗氧化金属底层技术的发展降低了对材料抗氧化性的要求。

对于主燃烧室而言,如同发动机其他部件,低成本要求同样重要(耐高温材料普遍成本较高)。低密度(低质量)对航空燃气涡轮发动机主燃烧室而言显然也十分重要。

火焰筒掺混孔和冷却缝等的周围存在大温度梯度和高热应力,因此,对于长使用寿命的火焰筒,良好的热疲劳强度是火焰筒材料选用的一项重要先决条件。

高导热性是一项理想的材料特性,因为这有助于火焰筒壁局部"热点"的热量耗散。对于层板、转移板和发散冷却等准多孔壁结构而言,高导热性尤其有益,这些结构依靠高导热性实现火焰筒向流经其中的冷却空气的高效热传递。

10.4.2　陶瓷复合材料

虽然金属材料在可预知的未来仍将占据首要地位,但从长远来看,随着材料加工工艺的发展,仅有陶瓷复合材料才具有满足未来发动机要求的能力。

1. 陶瓷复合材料优点

(1) 陶瓷复合材料密度小且耐温性能好

陶瓷复合材料的密度在$2\sim2.5\mathrm{g/cm^3}$,比高温合金减少了50%～70%;可耐温1500～1700K,相较高温合金提高了300～500K。这些优点对设计者来说无疑是极具吸引力的。硅的化合物,如碳化硅和氮化硅,被认为是最具希望且最重要的陶瓷材料。整块氮化硅和碳化硅分别在1680K和1880K的温度下展现出较高的强度和刚度。不过,陶瓷材料在韧性和耐久性方面还不如金属材料,但在某种程度上,此问题可通过加入粒子或纤维以转向和抑制裂纹来缓解。

（2）陶瓷复合材料的失效是逐步渐进的

陶瓷复合材料的失效是以逐步渐进的方式进行的,而非整块材料出现灾难性的破裂,因而几乎不会发生因材料突然失效引发的灾难性事故。目前,已经开始使用连续硅碳纤维加强碳化硅的陶瓷复合材料了。

2. 陶瓷复合材料类型

陶瓷复合材料包括两类:一类是碳化硅纤维增强的碳化硅复合材料（SiC/SiC复合材料）；另一类是氧化物纤维增强的氧化物复合材料（OX/OX复合材料）,主要是氧化铝纤维增强的氧化铝复合材料（Al_2O_3/Al_2O_3复合材料）。两者的特点如下:

（1）SiC/SiC复合材料的密度低,通常为$2.1\sim2.8g/cm^3$,OX/OX复合材料的密度通常在$2.5\sim2.8g/cm^3$。

（2）SiC/SiC复合材料的耐高温能力强,可在$1200\sim1350℃$时长时服役,OX/OX复合材料可在约$1150℃$时长时服役,温度低于前者。

（3）SiC/SiC复合材料的设计极限强度较高,约为200MPa；OX/OX复合材料的设计极限强度略低,约为140MPa。

（4）OX/OX复合材料的抗氧化性,特别是高温抗水蒸气腐蚀性能优于SiC/SiC复合材料。

（5）OX/OX复合材料的热导率（$<2.5W/(m \cdot K)$）低于SiC/SiC复合材料（约为$15W/(m \cdot K)$）。

（6）氧化铝（Al_2O_3）的应变容限高,氧化铝纤维增强的氧化铝复合材料加工和安装连接的公差容限大,制造和使用自由度高。

总体来说,SiC/SiC复合材料因其优异的高温力学性能,应用场景主要在发动机高温热端部件,如燃烧室、高/低压涡轮等；而OX/OX复合材料相较SiC/SiC复合材料的优势之一是成本相对较低,主要应用在发动机的喷管和小型发动机的高温部位。

3. 陶瓷复合材料制备工艺

SiC/SiC复合材料常用的制备工艺包括化学气相渗透法（chemical vapor infiltration,CVI）、熔融渗硅工艺（melt infiltration,MI）、聚合物浸渍裂解工艺（polymer infiltration and pyrolysis,PIP）。相较CVI和PIP,MI制备的复合材料更加致密,力学性能高、成本低、制造周期短。SiC/SiC复合材料火焰筒更多采用MI,这也是目前GE公司陶瓷复合材料火焰筒工程化应用的技术路线。

OX/OX复合材料的主要制备工艺包括浆料浸渍法（slurry infiltration and hot-pressing process,RIHP）和溶胶-凝胶法（sol-gel method）。OX/OX复合材料火焰筒大多采用溶胶-凝胶法,该工艺流程简单、制造成本低、制备温度低、纤维损伤小、基体组分均匀性高。

在高温腐蚀环境中，SiC/SiC 复合材料表面的 SiO_2 保护层（由 SiC 氧化生成）会与环境中的水蒸气和各种熔盐杂质发生反应，生成挥发性气态物质 $Si(OH)_x$，从而丧失保护功能，加速纤维和界面的氧化，导致材料失效，因此其表面需涂覆环境障涂层（environmental barrier coating，EBC），不仅能够起到隔热的作用，还能阻碍高温下水蒸气对硅化物的腐蚀。

OX/OX 复合材料的表面一般也涂覆脆性分级隔热（friable graded insulation，FGI）涂层或热障涂层，FGI 涂层由多孔的铝硅酸盐构成。

4. SiC/SiC 复合材料火焰筒现状

在 SiC/SiC 复合材料方面，GE 公司从 20 世纪 80 年代末就开始了预浸料-熔渗工艺制备 SiC/SiC 复合材料的技术攻关，经历 20 世纪 90 年代的工艺探索阶段、2000—2015 年的大规模验证阶段，目前已进入产业化阶段（2016 年至今）。GE 公司采用的预浸料-熔渗工艺制备 SiC/SiC 复合材料技术，只需不到 30 天即可将 SiC 纤维转化为任何形状的成品。为了将 SiC/SiC 复合材料应用于发动机，GE 公司进行了大量试验，包括力学性能测试、力学结合环境性能测试、实验室极端环境试验、高温高压高流速模拟燃烧室环境试验、演示样机部件试验、装机试验等，所有试验加起来的测试试验时数超过 100 万小时。

目前，F136、F414、M88 等发动机的 SiC/SiC 复合材料火焰筒已开展了全寿命演示验证，并进入工程应用阶段。美国在综合高性能涡轮发动机技术（IHPTET）计划中将带环境障涂层的 SiC/SiC 用于燃烧室火焰筒，使其整体质量降低了 30%，并对其进行了多次地面试车试验，累计考核 15 000h，最高考核温度达到 1200℃。最终该火焰筒通过了全寿命 5000h 和高温 500h 的测试。

美国 GE 公司研制的 SiC/SiC 火焰筒，能够节约 50% 的冷却空气，减轻 50% 的质量，减少 20% 的 NO_x 排放，已应用到 GE9x 发动机，并计划应用到 LEAP-X 等发动机。Solar 公司研发并验证了一种结构非常简单的 SiC/SiC 火焰筒，如图 10-11 所示。该环形薄壁火焰筒位于金属机匣壳体内，并与层板结构的外火焰筒组成先进燃烧室。为降低高温腐蚀环境对 SiC/SiC 的影响，Solar 公司还研发了带环境障涂层，将 SiC/SiC 火焰筒寿命提高了 2～3 倍。

图 10-11　SiC/SiC 复合材料火焰筒燃烧室

5. 陶瓷复合材料火焰筒关键技术

基于材料及其力学特性，陶瓷复合材料火焰筒设计的关键技术主要表现在以下方面：

（1）陶瓷复合材料火焰筒冷却设计。一方面，传统镍基高温合金火焰筒的冷却设计主要是通过在火焰筒壁面以不同的实现形式形成一层贴近火焰筒壁面的冷却气膜将燃气与金属隔开；而在陶瓷复合材料火焰筒的冷却设计中，不仅要形成冷却保护气膜，而且需要考虑开孔策略对机体纤维的损伤程度，需要结合复合材料火焰筒的强度设计来进行冷却气动设计。另一方面，陶瓷复合材料较镍基高温合金存在导热率低且显著的导热各向异性，使得陶瓷复合材料火焰筒局部温度梯度很高且内部温度场呈现非均匀特征，从而影响气膜冷却的传热特性，因此火焰筒的冷却设计需要克服材料导热各向异性与气膜冷却的耦合作用，以及大温度梯度对材料纤维的影响。

（2）陶瓷复合材料燃烧室的燃烧组织设计。由于陶瓷复合材料良好的耐热性和高温下不发生蠕变的特性，可以研制军用的高温升燃烧室以提升涡轮前温度，进而增大发动机推力，同时也可发展民用的低排放长寿命的技术路线，在保持目前的燃烧室温升水平下延长使用寿命。不管是哪种技术路线，陶瓷复合材料火焰筒的空气分配均出现异于传统镍基高温合金火焰筒的空气分配原则，这将导致火焰筒燃烧区的空气分配和燃烧组织设计的变化。这种差异性是陶瓷复合材料火焰筒技术应用所带来的，因此如何瞄准设计目标恰当分配燃烧、冷却和掺混气量，以及组织合理油气场的燃烧是燃烧室气动设计必须解决的问题。

（3）陶瓷复合材料火焰筒构件间的连接设计。陶瓷复合材料和高温合金的热膨胀系数不同，所以在陶瓷复合材料火焰筒在不同材料构件之间的连接设计中必须要考虑不同材料在冷/热状态下的变形、搭接、密封和定位等问题，解决陶瓷复合材料与金属材料的变形不匹配问题。

（4）陶瓷复合材料火焰筒强度正向设计。要想最大限度地发挥复合材料的可设计性，就需要在预制体设计时加入具有构件铺层特征的宏观热力载荷强度分析，同时对火焰筒结构预制体特征区域进行细观识别、统计与建模分析，形成火焰筒结构预制体强度校核分析数据库，从而达到对复合材料构件的强度表现进行正向预测的设计目的。

10.5 火焰筒温度计算

10.5.1 非冷却壁温计算

由 5.7 节可知，对于火焰筒壁，可以建立式(5-7)的热流密度的平衡方程式：

$$\dot{\Phi}_{s,r1} + \dot{\Phi}_{s,c1} = \dot{\Phi}_{s,r2} + \dot{\Phi}_{s,c2} = \dot{\Phi}_s$$

其中：

$$\dot{\Phi}_{s,r1} = 0.5\sigma(1+\varepsilon_w)\varepsilon_g T_g^{1.5}(T_g^{2.5} - T_{w1}^{2.5})$$

$$\dot{\Phi}_{s,r2} = R\sigma(T_{w2}^4 - T_{t3}^4)$$

$$\dot{\Phi}_{s,c1} = C \frac{\lambda_g}{D_L^{0.2}} \left(\frac{W_{gx}}{\mu_g A_L} \right)^{0.8} (T_g - T_{w1})$$

$$\dot{\Phi}_{s,c2} = 0.02 \frac{\lambda_r}{D_{ro}^{0.2}} \left(\frac{W_r}{\mu_r A_r} \right)^{0.8} (T_{w2} - T_{t3})$$

$$\dot{\Phi}_s = \frac{\lambda_w}{\delta} (T_{w1} - T_{w2})$$

为方便计算,令

$$E_4 = -R\sigma \tag{10-1}$$

$$E_2 = -0.5\sigma(1 + \varepsilon_w)\varepsilon_g T_g^{1.5} \tag{10-2}$$

$$E_{1c1} = -C \frac{\lambda_g}{D_L^{0.2}} \left(\frac{W_{gx}}{\mu_g A_L} \right)^{0.8} \tag{10-3}$$

$$E_{1c2} = -0.02 \frac{\lambda_r}{D_{ro}^{0.2}} \left(\frac{W_r}{\mu_r A_r} \right)^{0.8} \tag{10-4}$$

$$E_{04} = R\sigma T_{t3}^4 \tag{10-5}$$

$$E_{02} = 0.5\sigma(1 + \varepsilon_w)\varepsilon_g T_g^4 \tag{10-6}$$

$$E_{01c1} = C \frac{\lambda_g}{D_L^{0.2}} \left(\frac{W_{gx}}{\mu_g A_L} \right)^{0.8} T_g \tag{10-7}$$

$$E_{01c2} = 0.02 \frac{\lambda_r}{D_{ro}^{0.2}} \left(\frac{W_r}{\mu_r A_r} \right)^{0.8} T_{t3} \tag{10-8}$$

于是,火焰筒非冷却壁温的联合求解式为

$$\begin{cases} \dot{\Phi}_{s,r1} = E_2 T_{w1}^{2.5} + E_{02} \\ \dot{\Phi}_{s,r2} = -(E_4 T_{w2}^4 + E_{04}) \\ \dot{\Phi}_{s,c1} = E_{1c1} T_{w1} + E_{01c1} \\ \dot{\Phi}_{s,c2} = -(E_{1c2} T_{w2} + E_{01c2}) \\ \dot{\Phi}_s = \frac{\lambda_w}{\delta} (T_{w1} - T_{w2}) \end{cases} \tag{10-9}$$

即

$$\begin{cases} E_2 T_{w1}^{2.5} + E_{02} + E_{1c1} T_{w1} + E_{01c1} = \frac{\lambda_w}{\delta} (T_{w1} - T_{w2}) \\ -(E_4 T_{w2}^4 + E_{04}) - (E_{1c2} T_{w2} + E_{01c2}) = \frac{\lambda_w}{\delta} (T_{w1} - T_{w2}) \end{cases} \tag{10-10}$$

由式(10-10)即可获得火焰筒内壁温度 T_{w1} 和外壁温度 T_{w2}。

为求解式(10-10),需要已知方程中的各项系数。这些系数主要是以下几类:

(1) 与环道空气相关: T_{t3}、λ_r、W_r、μ_r;

（2）与高温燃气相关：T_g、λ_g、W_{gx}、μ_g、p_g；

（3）与结构尺寸相关：D_{ro}、A_r、D_L、A_L；

（4）与机匣材料相关：$R=0.4$（铝制机匣），$R=0.6$（钢制机匣）；

（5）与火焰筒材料相关：$\varepsilon_w=0.7$（镍铬钛耐热合金），$\varepsilon_w=0.8$（不锈钢）；

（6）与计算位置相关：$C=0.017$（主燃烧区），$C=0.02$（其他区）；f（不同位置值）；

（7）与燃料种类相关：$L \approx 1.7$（煤油），$L=3\left(\dfrac{C}{H}-5.2\right)^{0.75}$（其他）；

（8）与燃烧室类型相关：$l_r \approx 0.6D_L$（单管），$l_r \approx 1.0D_L$（环形内壁），$l_r \approx 1.2D_L$（环形外壁）

另外，还需补充方程 $\varepsilon_g=1-\exp\left[-0.29Lp_g(fl_r)^{0.5}T_g^{-1.5}\right]$。

需要进一步说明的是，火焰筒内壁和外壁的温度差很小，有时为了粗略估算，假设通过火焰筒壁的径向导热忽略不计，即 $\dot{\Phi}_s=0$，$T_{w1}=T_{w2}=T_w$。那么式（10-10）可简化为

$$E_2 T_w^{2.5}+E_{02}+E_{1c1}T_w+E_{01c1}=-(E_4 T_w^4+E_{04})-(E_{1c2}T_w+E_{01c2}) \tag{10-11}$$

$$E_4 T_w^4+E_2 T_w^{2.5}+(E_{1c1}+E_{1c2})T_w+(E_{04}+E_{02}+E_{01c1}+E_{01c2})=0 \tag{10-12}$$

令函数 $f(T_w)$ 为

$$f(T_w)=E_4 T_w^4+E_2 T_w^{2.5}+(E_{1c1}+E_{1c2})T_w+(E_{04}+E_{02}+E_{01c1}+E_{01c2}) \tag{10-13}$$

于是火焰筒壁温 T_w 的求解问题变换为方程式 $f(T_w)=0$ 的求解问题。该方程可采用牛顿迭代法求解：

由物理意义可知，$T_w \in [T_{t3}, T_g]$，在该区间上，$f(T_w)$ 的当前近似解 T_{wi} 可表示为

$$T_{wi}=T_{w(i-1)}-f(T_{w(i-1)})/f'(T_{w(i-1)}) \tag{10-14}$$

式中，$T_{w(i-1)}$ 为上次近似根，$f'(T_{w(i-1)})$ 为 $f(T_w)$ 在 $T_{w(i-1)}$ 处的导数，即

$$f'(T_{w(i-1)})=4E_4 T_{w(i-1)}^3+2.5E_2 T_{w(i-1)}^{1.5}+(E_{1c1}+E_{1c2}) \tag{10-15}$$

在计算迭代时，当前后两次近似根的偏差（偏差值取绝对值）满足如下精度要求时，即认为此时的 T_w 为所需解：

$$\left|\frac{T_w-T_{w(i-1)}}{T_{w(i-1)}}\right|<\varepsilon \tag{10-16}$$

式中，ε 为迭代精度，通常取 $\varepsilon=0.001$K。建议程序中限定最大循环次数以防止进入死循环。另外需要指出的是，每段气膜在轴向的计算截面数量一般视壁温分布情况和需要来确定。

示例 1

某单管主燃烧室，无气膜冷却，其参数见表 10-1。

表 10-1　示例 1 参数情况

参　　　数	符　　　号	数　　　值	单　　位
主燃烧室进口总压	p_{t3}	3 040 000	Pa
主燃烧室进口总温	T_{t3}	880	K
机匣内径	D_{coi}	192	mm
火焰筒外径	D_{Loo}	134.4	mm
火焰筒内径	D_{Loi}	132	mm
火焰筒壁厚	δ	1.2	mm
环道气量	W_r	7.074	kg/s
燃气流量	W_{gr}	2.62	kg/s

已知：铝制机匣，镍铬钛耐热合金火焰筒，煤油燃料，主燃区油气比 $f = 0.0588$。求解火焰筒主燃区内的壁温。

求解：

由铝制机匣、镍铬钛耐热合金火焰筒、煤油燃料和计算域在主燃区的已知条件可以给出

$R = 0.4$，　$\varepsilon_w = 0.7$，　$L \approx 1.7$，　$C = 0.017$，　$\lambda_w = 26(W/(m \cdot K))$

由表格中提供的参数，可以计算 D_{ro}、A_r、D_L、A_L：

$$D_{ro} = D_{coi} - D_{Loo} = 192 - 134.4 = 57.6(mm)$$

$$A_r = \pi(D_{coi}^2 - D_{Loo}^2)/4 = 0.014\ 76(m^2)$$

$$D_L = D_{Loi} = 132(mm)$$

$$A_L = \pi(D_{Loi}^2)/4 = 0.013\ 68(m^2)$$

由于是单管燃烧室，$l_r \approx 0.6D_L = 79.2(mm)$。

由表格可知 T_{t3}，可以采用 TSEcoc 软件算得 $\lambda_r = 0.0553W/(m \cdot K)$，$\mu_r = 3.89 \times 10^{-5} kg/(m \cdot s)$。

计算燃气温度 T_g。假设主燃区的燃烧效率为 85%，主燃区的油气比有效值 $f_{yx} = 0.85 \times 0.0588 = 0.05$，由 $p_{t3} = 3\ 040\ 000Pa$、$T_{t3} = 880K$ 和 $f_{yx} = 0.05$，经 Chemkin 软件算得煤油空气混合物的绝热火焰温度为 2335K。由于蒸发未燃燃料并将其温度提升至周围高温燃气的温度会导致热损失，故必须进行修正，修正值为 55K。于是 $T_g = 2335 - 55 = 2280K$。

已知 T_g，采用 TSEcoc 软件可算得 $\lambda_g = 0.157W/(m \cdot K)$，$\mu_r = 7.05 \times 10^{-5} kg/(m \cdot s)$；由补充方程可算得燃气发射率 $\varepsilon_g = 1 - \exp[-0.29Lp(fl_r)^{0.5}T_g^{-1.5}] = 1 - \exp[-0.29 \times 1.7 \times 3\ 040\ 000 \times (0.0588 \times 0.0792)^{0.5} 2280^{-1.5}] = 0.61$。

因此，由式(10-9)～式(10-13)各系数可算得

$E_2 = -0.0032$，　$E_{02} = 794\ 460$，$E_4 = -2.29 \times 10^{-8}$，　$E_{04} = 13\ 715$，

$E_{1c1} = -562$，　$E_{01c1} = 1\ 280\ 500$，　$E_{1c2} = -921$，　$E_{01c2} = 810\ 480$，

$$\frac{\lambda_w}{\delta} = 21\ 667。$$

于是式(10-9)有

$$
\begin{cases}
\dot{\Phi}_{s,r1} = -0.0032 T_{w1}^{2.5} + 794\,460 \\[4pt]
\dot{\Phi}_{s,r2} = 2.29 \times 10^{-8} T_{w2}^{4} - 13\,715 \\[4pt]
\dot{\Phi}_{s,c1} = -562 T_{w1} + 1\,280\,500 \\[4pt]
\dot{\Phi}_{s,c2} = 921 T_{w2} - 810\,480 \\[4pt]
\dot{\Phi}_{s} = 21\,667(T_{w1} - T_{w2})
\end{cases}
$$

上式可以计算得到

$$
\begin{cases}
T_{w1} = 1640\text{K} \\[4pt]
T_{w2} = 1603\text{K}
\end{cases}
$$

假设忽略火焰筒的径向传热,认为 $T_{w1} = T_{w2} = T_w$,那么由式(10-12)可算得
$$T_w = 1620\text{K}$$

说明若忽略火焰筒的内外壁温差,将造成火焰筒内壁温度出现 -20K 的误差。由此可见,对于现代高增压比发动机,需要考虑火焰筒的径向热传递。

10.5.2　气膜冷却壁温计算

由第 5 章火焰筒冷却机制可知,当火焰筒内壁有冷却气膜流层时,冷却气膜将以对流换热的方式,从火焰筒内壁吸取热流密度 $\dot{\Phi}'_{s,c1}$,$\dot{\Phi}'_{s,c1} = h'_{f1}(T_{aw} - T_{w1})$。此时,相应的热流密度平衡方程式仍然还可以用式(5-7)($\dot{\Phi}_{s,r1} + \dot{\Phi}_{s,c1} = \dot{\Phi}_{s,r2} + \dot{\Phi}_{s,c2} = \dot{\Phi}_{s}$)表示,但是应以 $\dot{\Phi}'_{s,c1}$ 取代 $\dot{\Phi}_{s,c1}$。

从 $\dot{\Phi}'_{s,c1}$ 的计算公式可知,在有气膜冷却流层时,关键要确定换热系数 h'_{f1} 和冷却气膜流层的温度 T_{aw}。这些参数都可以通过实验给出的关系式来确定,在 5.7 节均已列出。分两种情况:

(1) 当 $0.5 < \chi_m \leqslant 1.3$ 时,

$$
\begin{cases}
\eta_{c1} = 1.10 \chi_m^{0.65} \left(\dfrac{\mu_r}{\mu_g}\right)^{0.15} \left(\dfrac{x}{h}\right)^{-0.2} \left(\dfrac{\delta}{h}\right)^{-0.2} \\[8pt]
T_{aw} = T_g - \eta_{c1}(T_g - T_{t3}) \\[8pt]
\dot{\Phi}'_{s,c1} = 0.069 \dfrac{\lambda_r}{x}(Re_x)^{0.7}(T_{aw} - T_{w1})
\end{cases}
\tag{10-17}
$$

(2) 当 $1.3 < \chi_m < 4$ 时,

$$
\begin{cases}
\eta_{c1} = 1.28 \left(\dfrac{\mu_r}{\mu_g}\right)^{0.15} \left(\dfrac{x}{h}\right)^{-0.2} \left(\dfrac{\delta}{h}\right)^{-0.2} \\[8pt]
T_{aw} = T_g - \eta_{c1}(T_g - T_{t3}) \\[8pt]
\dot{\Phi}'_{s,c1} = 0.10 \dfrac{\lambda_r}{x} Re_x^{0.8} \left(\dfrac{x}{h}\right)^{-0.36}(T_{aw} - T_{w1})
\end{cases}
\tag{10-18}
$$

另外，补充方程 $\chi_m=\dfrac{\rho_r c_r}{\rho_g c_g}=\dfrac{W_h A_L}{W_{gx} A_h}$，由式（10-17）或式（10-18）即可算出 $\dot{\Phi}'_{s,cl}$。计算过程涉及的参数除了 10.5.1 节已经列举的，还需要气膜空气流量 W_h，冷却槽缝隙高度 h，冷却槽唇边厚度 δ'，冷却槽下游距离 x。

为方便计算，式（10-17）和式（10-18）可写成统一格式：

$$\dot{\Phi}'_{s,cl}=D(T_{aw}-T_{w1}) \tag{10-19}$$

式中，当 $0.5<\chi_m\leqslant1.3$ 时，$D=0.069\dfrac{\lambda_r}{x}(Re_x)^{0.7}$，$T_{aw}=T_g-\eta_{cl}(T_g-T_{t3})$，$\eta_{cl}=1.10\chi_m^{0.65}\left(\dfrac{\mu_r}{\mu_g}\right)^{0.15}\left(\dfrac{x}{h}\right)^{-0.2}\left(\dfrac{\delta'}{h}\right)^{-0.2}$；当 $1.3<\chi_m<4$ 时，$D=0.10\dfrac{\lambda_r}{x}Re_x^{0.8}\left(\dfrac{x}{h}\right)^{-0.36}$，$T_{aw}=T_g-\eta_{cl}(T_g-T_{t3})$，$\eta_{cl}=1.28\left(\dfrac{\mu_r}{\mu_g}\right)^{0.15}\left(\dfrac{x}{h}\right)^{-0.2}\left(\dfrac{\delta'}{h}\right)^{-0.2}$。

因此，10.5.1 节的非冷却壁温的联合求解式（10-9）可变换为下述气膜冷却壁温的联合求解式：

$$\begin{cases}\dot{\Phi}_{s,r1}=E_2 T_{w1}^{2.5}+E_{02}\\[4pt]\dot{\Phi}_{s,r2}=-(E_4 T_{w2}^4+E_{04})\\[4pt]\dot{\Phi}'_{s,cl}=D(T_{aw}-T_{w1})\\[4pt]\dot{\Phi}_{s,c2}=-(E_{1c2} T_{w2}+E_{01c2})\\[4pt]\dot{\Phi}_s=\dfrac{\lambda_w}{\delta}(T_{w1}-T_{w2})\end{cases} \tag{10-20}$$

下面仍以 10.5.1 节的单管燃烧室为例，计算冷却槽下游的火焰筒壁温。

示例 2

某单管主燃烧室，气膜冷却，其参数见表 10-2。

表 10-2　示例 2 参数情况

参　数	符　号	数　值	单　位
主燃烧室进口总压	p_{t3}	3 040 000	Pa
主燃烧室进口总温	T_{t3}	880	K
机匣内径	D_{coi}	192	mm
火焰筒外径	D_{Loo}	134.4	mm
火焰筒内径	D_{Loi}	132	mm
火焰筒壁厚	δ	1.2	mm
环道气量	W_r	7.074	kg/s
燃气流量	W_{gx}	2.62	kg/s
冷却槽唇边厚度	δ'	0.58	mm
冷却槽缝隙高度	h	1.45	mm
气膜空气流量	W_h	0.289	kg/s

已知：铝制机匣，镍铬钛耐热合金火焰筒，煤油燃料，主燃区油气比 $f=0.0588$。求解火焰筒冷却槽下游距离 $x=26.1\text{mm}$ 处的壁温。

求解：

由本节原理可知，$\dot{\Phi}_{s,r1}$、$\dot{\Phi}_{s,r2}$、$\dot{\Phi}_{s,c2}$ 和 $\dot{\Phi}_s$ 同 10.5.1 节，此时的关键是获得 $\dot{\Phi}'_{s,cl}$。由表格参数可以获得 A_h：

$$A_h = \pi D_L h = 3.14 \times \left(\frac{132}{1000}\right)\left(\frac{1.45}{1000}\right) = 5.95 \times 10^{-4}\ (\text{m}^2)$$

于是

$$Re_x = \frac{\rho_r c_r x}{\mu_r} = \frac{W_h x}{A_h \mu_r} = \frac{0.289 \times (26.1/1000)}{5.95 \times 10^{-4} \times 3.89 \times 10^{-5}} = 3.26 \times 10^5$$

$$\chi_m = \frac{W_h A_L}{W_{gx} A_h} = \frac{0.289 \times 0.013\,68}{2.62 \times 5.95 \times 10^{-4}} = 2.54 > 1.3$$

为此，按照 $\chi_m > 1.3$ 情况计算 η_{cl}、T_{aw} 和 $\dot{\Phi}'_{s,cl}$：

$$\eta_{cl} = 1.28\left(\frac{\mu_r}{\mu_g}\right)^{0.15}\left(\frac{x}{h}\right)^{-0.2}\left(\frac{\delta'}{h}\right)^{-0.2}$$

$$= 1.28\left(\frac{3.89 \times 10^{-5}}{7.05 \times 10^{-5}}\right)^{0.15}\left(\frac{26.1}{1.45}\right)^{0.2}\left(\frac{0.58}{1.45}\right)^{-0.2} = 0.789$$

$$T_{aw} = T_g - \eta_{cl}(T_g - T_{t3}) = 2280 - 0.789 \times (2280 - 880) = 1176(\text{K})$$

$$\dot{\Phi}'_{s,cl} = 0.10\frac{\lambda_r}{x}Re_x^{0.8}\left(\frac{x}{h}\right)^{-0.36}(T_{aw} - T_{w1})$$

$$= 0.10\frac{0.0553}{(26.1/1000)}(3.26 \times 10^5)^{0.8}\left(\frac{26.1/1000}{1.45/1000}\right)^{-0.36}(1176 - T_{w1})$$

$$= -1926T_{w1} + 2\,264\,976$$

因此，气膜冷却壁温联合求解式(10-20)为

$$\begin{cases} \dot{\Phi}_{s,r1} = -0.0032T_{w1}^{2.5} + 794\,460 \\[4pt] \dot{\Phi}_{s,r2} = 2.29 \times 10^{-8} T_{w2}^4 - 137\,15 \\[4pt] \dot{\Phi}'_{s,cl} = -1926T_{w1} + 2\,264\,976 \\[4pt] \dot{\Phi}_{s,c2} = 921T_{w2} - 810\,480 \\[4pt] \dot{\Phi}_s = 21\,667(T_{w1} - T_{w2}) \end{cases}$$

由上式可算得

$$T_{w1} = 1283\text{K}$$

$$T_{w2} = 1265\text{K}$$

由此可见，相较无气膜冷却，本例的气膜冷却可将 T_{w1} 降低 357K，将 T_{w2} 降低 338K。

10.5.3　热障涂层壁温计算

当火焰筒内壁敷设热障涂层时,通过壁面的热传递首先会通过热障涂层,然后才通过火焰筒壁,因此式(5-7)的热流密度平衡方程式可写成

(1) 当无气膜时,

$$\dot{\Phi}_{s,r1} + \dot{\Phi}_{s,c1} = \dot{\Phi}_{s,r2} + \dot{\Phi}_{s,c2} = \dot{\Phi}_s = \dot{\Phi}_{TBC} \tag{10-21}$$

(2) 当有气膜时,

$$\dot{\Phi}_{s,r1} + \dot{\Phi}'_{s,c1} = \dot{\Phi}_{s,r2} + \dot{\Phi}_{s,c2} = \dot{\Phi}_s = \dot{\Phi}_{TBC} \tag{10-22}$$

其中,$\dot{\Phi}_{s,r1}$、$\dot{\Phi}_{s,c1}$、$\dot{\Phi}'_{s,c1}$、$\dot{\Phi}_{s,r2}$ 和 $\dot{\Phi}_{s,c2}$ 的求解方法与 10.5.1 节和 10.5.2 节相同。$\dot{\Phi}_s$ 和 $\dot{\Phi}_{TBC}$ 的求解方法如下:

$$\dot{\Phi}_s = \frac{\lambda_w}{\delta}(T_{wi} - T_{w2}) \tag{10-23}$$

$$\dot{\Phi}_{TBC} = \frac{\lambda_{TBC}}{\delta_{TBC}}(T_{w1} - T_{wi}) \tag{10-24}$$

式中,T_{wi} 为热障涂层与火焰筒内壁接触面处的温度,单位为 K;$\dot{\Phi}_{TBC}$ 为通过热障涂层传递的热流密度;λ_{TBC} 为热障涂层的导热系数,单位为 W/(m·K);δ_{TBC} 为热障涂层的厚度,单位为 mm。

因此,计算热障涂层壁温的联合求解式为

(1) 当无气膜时,

$$\begin{cases} \dot{\Phi}_{s,r1} = E_2 T_{w1}^{2.5} + E_{02} \\ \dot{\Phi}_{s,r2} = -(E_4 T_{w2}^4 + E_{04}) \\ \dot{\Phi}_{s,c1} = E_{1c1} T_{w1} + E_{01c1} \\ \dot{\Phi}_{s,c2} = -(E_{1c2} T_{w2} + E_{01c2}) \\ \dot{\Phi}_s = \frac{\lambda_w}{\delta}(T_{wi} - T_{w2}) \\ \dot{\Phi}_{TBC} = \frac{\lambda_{TBC}}{\delta_{TBC}}(T_{w1} - T_{wi}) \end{cases} \tag{10-25}$$

(2) 当有气膜时,

$$\begin{cases} \dot{\Phi}_{s,r1} = E_2 T_{w1}^{2.5} + E_{02} \\ \dot{\Phi}_{s,r2} = -(E_4 T_{w2}^4 + E_{04}) \\ \dot{\Phi}'_{s,c1} = D(T_{aw} - T_{w1}) \\ \dot{\Phi}_{s,c2} = -(E_{1c2} T_{w2} + E_{01c2}) \\ \dot{\Phi}_s = \frac{\lambda_w}{\delta}(T_{wi} - T_{w2}) \\ \dot{\Phi}_{TBC} = \frac{\lambda_{TBC}}{\delta_{TBC}}(T_{w1} - T_{wi}) \end{cases} \tag{10-26}$$

示例 3

某单管主燃烧室,气膜冷却,火焰筒内壁敷设热障涂层,其参数见表 10-3。

表 10-3　示例 3 参数情况

参　　　数	符　　号	数　　值	单　　位
主燃烧室进口总压	p_{t3}	3 040 000	Pa
主燃烧室进口总温	T_{t3}	880	K
机匣内径	D_{coi}	192	mm
火焰筒外径	D_{Loo}	134.4	mm
火焰筒内径	D_{Loi}	132	mm
火焰筒壁厚	δ	1.2	mm
环道气量	W_r	7.074	kg/s
燃气流量	W_{gx}	2.62	kg/s
冷却槽唇边厚度	δ'	0.58	mm
冷却槽缝隙高度	h	1.45	mm
气膜空气流量	W_h	0.289	kg/s
TBC 厚度	δ_{TBC}	0.5	mm

已知:铝制机匣,镍铬钛耐热合金火焰筒,煤油燃料,主燃区油气比 $f=0.0588$,热障涂层导热系数 $\lambda_{TBC}=2.6\mathrm{W/(m \cdot K)}$。求解火焰筒冷却槽下游距离 $x=26.1\mathrm{mm}$ 处的壁温。

求解:

由本节原理可知,$\dot{\Phi}_{s,r1}$、$\dot{\Phi}'_{s,c1}$、$\dot{\Phi}_{s,r2}$ 和 $\dot{\Phi}_{s,c2}$ 与 10.5.2 节相同,此时的关键是获得 $\dot{\Phi}_s$ 和 $\dot{\Phi}_{TBC}$。由表格参数可以列出:

$$\dot{\Phi}_s = \frac{\lambda_w}{\delta}(T_{wi} - T_{w2}) = \frac{26}{1.2/1000}(T_{wi} - T_{w2})$$

$$\dot{\Phi}_{TBC} = \frac{2.6}{0.5/1000}(T_{w1} - T_{wi})$$

将其代入式(10-26)可得

$$T_{w1} = 1304\mathrm{K}$$

$$T_{wi} = 1236\mathrm{K}$$

$$T_{w2} = 1220\mathrm{K}$$

由此可见,对于气膜冷却壁,在敷设热障涂层后,火焰筒金属内壁的温度由 1283K 降至 1236K,降低了 47K。

第 11 章

燃烧室排放

航空燃气涡轮发动机燃烧室排放包括一氧化碳（CO）、二氧化碳（CO_2）、水蒸气（H_2O）、未燃碳氢化合物（UHC）、冒烟（smoke）、氮氧化物（NO_x）和多余的氧气和氮气。CO_2 和 H_2O 是碳氢燃料完全燃烧的产物，不能被视作为污染物，但它是地球温室效应的主要组分。CO_2 和 H_2O 的排放只能通过减少燃料用量来降低。在燃烧室的排放物中，污染物主要是指 CO、UHC、冒烟和 NO_x。

11.1　排放污染物的危害

在燃烧室排放的污染物中，CO 有毒，会降低红细胞吸收氧的能力，在浓度高时会导致人体窒息甚至死亡；UHC 不仅有毒，而且与 NO_x 结合后会形成光化学烟雾；冒烟增加了飞机的可见性，降低了军用飞机的生存能力，浓度过高时易引发肺部疾病，在高空会形成凝结尾流，造成高空大气污染；NO_x 包括 NO、NO_2、N_2O、N_2O_3、N_2O_4、N_2O_5 和 NO_3 等，主要是 NO 和 NO_2。其中 NO 是无色、无刺激性气味的气体，在阳光照射且存在碳氢化合物时，能迅速被氧化为 NO_2。NO_2 是棕红色、有刺激性气味的气体，在阳光照射下，会分解为 NO 和 O。大气中的 NO_x 自成一个循环系统。NO_x 有很大的危害性，主要表现在：

（1）危害人体健康。NO_2 不仅会直接强烈刺激呼吸道，还参与具有致癌作用的光化学烟雾的形成；N_2O 与烃和臭氧在阳光下反应，会产生能伤害人的眼睛并导致呼吸系统疾病的化合物。

（2）危害森林和作物生长。NO_x 会形成酸雨，对森林和作物产生损害。

（3）影响全球气候。N_2O 不仅会引起温室效应，还会破坏平流层的臭氧，导致大量紫外线直接辐射地球表面。

相较其他来源，航空发动机排放的氮氧化物只占很小一部分。据统计，美国的航空发动机排放的氮氧化物仅占其全国总排放量的 2%。全球航空发动机排放的氮氧化物占全人类产生的氮氧化物排放量的 3% 以下。但值得关注的是,这些污染物会在对流层(距离地面 12km 以下)中产生臭氧(对流层是地面燃气涡轮发动机和亚声速飞机工作的地方),相关的反应机制如下:

$$NO_2 \Longrightarrow NO + O_2 \tag{11-1}$$

$$O + O_2 \Longrightarrow O_3 \tag{11-2}$$

经过长时间的测量,目前在西欧,$1 \sim 3km$ 高度上的臭氧浓度接近 5×10^{-8}。若人类长时间生活在臭氧浓度为 1×10^{-7} 的环境中,就会患上呼吸系统疾病,出现视觉损伤、头痛和过敏症状。地球表面上一些区域的臭氧浓度尤其高,例如,由于地形原因不能将燃烧形成的臭氧及时散除的区域、强烈的太阳光促进光化学反应发生烟雾的区域等。20 世纪 40 年代美国洛杉矶的光化学烟雾事件就是典型的例子。

相似的研究表明,在超声速飞机飞行的高度,氮氧化物排放能够通过如下反应破坏平流层(在对流层的以上,距离地面 $12 \sim 50km$)的臭氧层。

$$NO + O_3 \Longrightarrow NO_2 + O_2 \tag{11-3}$$

$$NO_2 + O \Longrightarrow NO + O_2 \tag{11-4}$$

需要指出的是,经过这些反应释放的 NO 将破坏更多的 O_3,导致太阳光中紫外线的辐射大大加强,从而增加患皮肤癌的可能。

11.2　污染物生成机制

燃气涡轮发动机的污染物排放量与燃烧过程的温度、时间和组分浓度等息息相关。污染物的排放量对于不同的燃烧室是不同的,对于一个特定的燃烧室在不同工况下也是不同的。污染物的排放特性是 CO 和 UHC 的排放量在低工况下生成较多,并随着功率的提高而逐渐减小。相反,NO 和冒烟的排放量在低工况下并不大,而在大功率下达到最大值。其特性趋势曲线如图 11-1 所示。

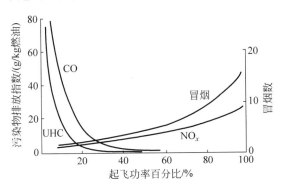

图 11-1　燃气涡轮发动机污染物排放特性

11.2.1 CO 生成机制

CO 是碳氢化合物氧化反应的中间产物,任何碳氢燃料燃烧的中间过程都会产生 CO,排气中的 CO 常常与燃烧不完全相关。对于航空燃气涡轮发动机,导致燃烧室产生 CO 的原因包括:

(1) 在发动机低功率状态下,供油压力低,燃油雾化不良,燃烧室内的空气压力和温度均较低,油气混合差,燃油蒸发掺混与燃烧反应速率变慢,使燃烧不充分,导致 CO 大量产生。

(2) 当燃烧室内出现局部富油时,缺氧会导致 CO 生成 CO_2 的反应中断,产生大量的 CO;当在化学恰当比状态下燃烧时,CO_2 高温裂解也会生成一定量的 CO。此外,如果燃烧区中过早地有大量冷空气过多地掺入,会使燃气温度迅速降低,使生成 CO_2 的反应中断而生成 CO,严重时会产生局部淬熄,使 CO 增多。

(3) 当燃烧室内的火焰末端靠近火焰筒壁时,由于气膜冷却气体的淬熄作用,导致 CO 生成 CO_2 的反应中断,生成 CO。

一般地,在较宽的温度范围内,特别是高温条件下,消除 CO 的反应式主要是

$$CO + OH \Longrightarrow CO_2 + H \tag{11-5}$$

而在较低温度时,消除 CO 主要是下式起作用:

$$CO + H_2O \Longrightarrow CO_2 + H_2 \tag{11-6}$$

影响 CO 生成的因素主要有主燃烧区当量比、燃烧室进口压力、火焰筒壁面冷却空气、燃油雾化质量、油气混合均匀度和燃油种类。

(1) 主燃区当量比的影响

列菲弗尔等开展了轻质柴油燃烧试验,在不同进气压力和主燃烧区当量比下测试了燃烧室的 CO 排放情况,如图 11-2 所示,燃烧室进气温度为 573K,喷雾直径(SMD)为 70μm。可以看出,随着主燃区当量比的提高,CO 的排放量减少,当当量比为 0.8 左右时达到最低值,随后,CO 的排放量随着当量比的提高而呈上升趋势。在低当量比下,由于燃烧温度低,CO 的氧化反应慢,导致 CO 生成多。随着当量比的提高,火焰温度上升,促进了 CO 的氧化反应,因此 CO 的排放量降低。但是,当火焰温度大于 1800K 时,CO_2 在高温下裂解而产生 CO 将起到主要作用。因此,只有在当量比为 0.8 左右的一个狭窄的范围内,CO 的排放水平才相对较低。

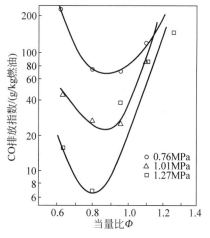

图 11-2 主燃区当量比和进口压力对 CO 排放的影响

（2）燃烧室进口压力的影响

如图 11-2 所示,燃烧室进口压力的提高有利于降低 CO 排放。在某工业燃气涡轮发动机燃烧室的高压试验中,燃烧室的工作压力分别为 $9 \times 10^5 \text{Pa}$ 和 $1.4 \times 10^6 \text{Pa}$,在低当量比工况下,压力增加 50% 将使 CO 排放量降低 1/2;在大当量比工况下,尽管将压力提高相同的比例,但由于 CO_2 的分解受到抑制,基本不会产生 CO。

（3）壁面冷却空气的影响

火焰筒壁面的冷却空气量影响 CO 排放。在主燃区形成的 CO 扩散至火焰筒壁面并被壁面冷却空气带走。这部分空气温度太低以至于所有的化学反应都被冻结了。因此,来自主燃区的气膜冷却空气中含有大量的 CO。除非这些 CO 有足够的时间进入热的核心区完全反应,否则就会出现在排气中。

（4）燃油雾化质量的影响

随着雾化质量的提高,喷雾直径减小,CO 的排放降低。其原因是雾化质量变好,燃油颗粒蒸发的时间减小,相应的反应时间增大,有利于 CO 转化成 CO_2,降低了 CO 的生成量。

（5）油气混合均匀度的影响

油气混合均匀度越高,燃烧越充分,CO 生成率将减小。

（6）燃油种类的影响

碳氢比较小的燃料,CO 的生成率小。

11.2.2　UHC 生成机制

UHC 主要是指在燃烧室出口未完全燃烧的燃油颗粒、燃油蒸气,以及在燃烧过程中裂解的小分子燃油成分。它们一般与燃油雾化质量差、燃烧速率不足、气膜冷却空气淬熄等因素相关。UHC 形成的反应动力学机制比 CO 复杂得多,通常认为它主要受物理因素的控制,大多源自气膜淬熄作用。这是由于气膜冷却射流的温度相对很低,若未反应的燃油颗粒、燃油蒸气和部分反应的燃油蒸气卷入气膜中,反应可能被中止;若其后续不能进入主流热空气再次氧化,将成为燃烧室排放的 UHC。此外,认为部分 UHC 源自燃烧过程。UHC 初始的形成过程与碳烟基本一致,只是未经历最后的脱氢碳化。一般认为脱氢和碳化过程需要在高温下才能完成,这也是燃烧室大工况下冒烟严重,而小工况下 UHC 生成量大的缘故。从这个意义上讲,碳烟肯定是在有 UHC 存在的条件下形成的,但是 UHC 的存在并不一定会导致碳烟形成。影响 UHC 生成的因素与 CO 的影响因素相同,两者的变化趋势也基本相同。

11.2.3　冒烟生成机制

冒烟(smoke)通常是指在火焰富油区域形成的碳烟(soot)。在传统燃烧室,碳烟一般在喷油嘴喷雾附近的区域形成。在这些区域,旋流形成的回流区将高温的燃气带回喷油嘴附近,在这个高温缺氧的富油环境内,可能产生大量的碳烟。碳烟主要由碳(96%)、氢、氧和其他元素的混合物组成。

主燃区产生的大多数碳烟经过下游的高温区化学反应而消除。因此,从碳烟的角度,燃烧室分为两个独立的区域——控制碳烟形成速率的主燃区和控制碳烟消耗速率的中间区(对于现代高温升燃烧室,也指掺混区)。实际上,在排气中得到的碳烟浓度是这两个区域内碳烟形成和碳烟消耗的差值。

碳烟并不是燃烧反应的平衡产物,除非其浓度足够高。因此,不可能通过动力学或热力学的数据预测碳烟形成的速率和最后的浓度。实际上,碳烟形成的速率更多地受到雾化和混合等物理过程的影响,化学动力学因素是其次。影响碳烟生成的主要因素如下:

(1) 主燃区当量比

主燃区当量比低于1.2,碳烟生成率很小,之后碳烟增加。

(2) 燃烧室进口压力

燃烧室进口压力的升高将使碳烟生成率增大。因为高压影响油雾的穿透,使局部油气比过富,同时压力较大会使化学反应速率加快,没有多余时间进行扩散,使碳烟增加。在对10颗正庚烷液滴(单颗质量0.87mg)的燃烧试验中,当压力小于0.8MPa时,碳烟随压力的增大快速生成,而当压力超过该值后,压力再增大,碳烟的生成量增大很小。碳烟的生成量与压力的关系如图11-3所示。

(3) 燃烧区温度

燃烧区的温度对碳烟的影响比较复杂:在低温时,碳烟的生成量和被氧化量都较小,但生成量大于被氧化量,因而随着温度增加,碳烟的生成量增大;在高温时,碳烟的生成量和被氧化量都较大,但碳烟的生成量小于被氧化量,因而随着温度增加,碳烟的生成量减小。所以存在某一温度(约2200K)使冒烟生成量极大,如图11-4所示。

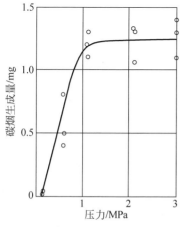

图 11-3　碳烟生成量与压力的关系

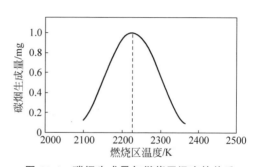

图 11-4　碳烟生成量与燃烧区温度的关系

（4）燃气停留时间

燃气在燃烧区停留时间越长，碳烟被氧化的越多，其生成量就越少。

（5）燃油雾化质量

喷雾直径越小，越接近气相预混燃烧，碳烟生成量减少；同时喷雾直径小的液滴穿透能力较小，会影响局部油气比，使碳烟生成量增大。总的来说，喷雾直径小且尺寸均匀能减少碳烟生成量。

（6）油气混合均匀度

油气混合均匀度越高，碳烟生成量越少。

（7）燃油种类

燃油碳氢比大、支链多、不饱和程度大等都易引发冒烟。

（8）添加剂

在火焰中添加适量的 CO_2 或 N_2 等惰性气体或钙、镍等碱土金属可减少碳烟的生成量。

11.2.4　NO_x 生成机制

大多数 NO 在燃烧中产生，随后被氧化为 NO_2。NO_x 主要包括 NO 和 NO_2。通常 NO 的生成机制有四种：热力型、快速型、氧化型和燃料型。

1. 热力型 NO 生成机制

热力型 NO 是空气中的氮气在高温下与氧气发生反应而生成的，一般发生在高温火焰区和火焰后燃气中。这是个吸热过程且仅在温度大于 1850K 时生成速率较大。热力型 NO 的大多数反应模式采用扩展的泽尔多维奇机制。所以热力型 NO 机制又称作"泽尔多维奇机制"，即

$$O_2 = 2O \tag{11-7}$$

$$N_2 + O = NO + N \tag{11-8}$$

$$N + O_2 = NO + O \tag{11-9}$$

$$N + OH = NO + H \tag{11-10}$$

依据泽尔多维奇机制，通过简化分析，可以获得热力型 NO 的生成速率：

$$\frac{d[NO]}{dt} = 3 \times 10^{14} [N_2][O_2]^{\frac{1}{2}} \exp\left(-\frac{542\,000}{RT}\right) \tag{11-11}$$

式中，$[NO]$、$[N_2]$、$[O_2]$ 分别表示 NO、N_2、O_2 的浓度，单位为 mol/cm^3；T 表示反应温度，单位为 K；t 为时间，单位为 s；$R = 8.3145J/(mol \cdot K)$，为通用气体常数。

由式(11-11)可知，热力型 NO 与火焰温度成指数关系。随着火焰温度的下降，NO 的生成量迅速减少。在高功率状态下，燃烧室大部分的 NO 源于热力型 NO。

影响热力型 NO 生成的主要因素如下：

（1）主燃区当量比

主燃区当量比在不断增大时，热力型 NO 的生成量先增加，在达到极大值后再下降。

对于预混燃烧，热力型 NO 生成量的极值点出现在当量比 $\Phi=1$ 处。当 $\Phi>1$ 时，随着 Φ 的增加，燃料浓度增大，燃烧不完全导致燃烧温度下降，使热力型 NO 生成量减小；当 $\Phi<1$ 时，随着 Φ 的减小，过剩空气增多导致燃烧温度降低，使热力型 NO 生成量减小。所以预混燃烧热力型 NO 生成量的极值点出现在 $\Phi=1$ 处。

对于扩散燃烧，热力型 NO 生成量的极值点出现在 $\Phi<1$ 的某处，且其极大值小于预混燃烧时的极大值。在扩散燃烧时，燃料与空气边混合边燃烧，由于混合不良，所以热力型 NO 生成速率的极大值出现的位置不是在 $\Phi=1$ 处而是在 $\Phi<1$ 的某处，且扩散燃烧时的温度较预混燃烧时低，扩散燃烧时热力型 NO 生成量的极大值要比预混燃烧时的极大值小一些。如图 11-5 所示，a 表示预混良好的火焰，b 表示扩散燃烧火焰；c 表示混合不良的扩散火焰。

（2）燃烧室进口温度

由于热力型 NO 依赖于火焰温度，进口空气温度的升高将导致 NO 生成量大幅增加。

（3）燃气停留时间

燃气停留时间增加，NO 生成量增加，如图 11-6 所示。但是非常贫油（$\Phi\approx0.4$）的情况除外，因为此时的 NO 生成速率很低，对时间不敏感。

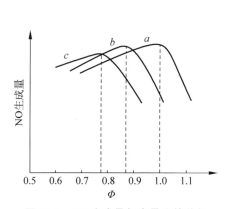

图 11-5　NO 生成量与当量比的关系

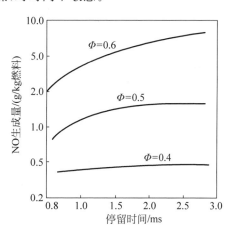

图 11-6　NO 生成量与停留时间的关系

（4）燃油种类

热力型 NO 受燃油种类的影响不大。

2. 快速型 NO 生成机制

快速型 NO 是费尼莫尔(Fenimore)在 1971 年通过实验发现的,其生成机制又称"费尼莫尔机制"。该机制是在较低温度下常见且重要的机制:碳氢燃料燃烧分解生成的 CH、CH_2 等碳氢自由基与空气中的 N_2 进行反应生成胺或氰基化合物(如 NH,HCN),胺或氰基化合物进一步转变形成中间体最终生成 NO。在某些条件下,这种 NO 常出现在火焰的前部区域。影响快速型 NO 生成的因素:

(1) 主燃区当量比

当主燃区当量比很小时,燃料浓度很小,燃料燃烧分解生成的碳氢自由基浓度很小,不利于胺基或氰基化合物的生成,快速型 NO 生成速率很小。当主燃区当量比增大时,燃料燃烧分解生成的碳氢自由基浓度增大,有利于胺基或氰基化合物的生成,快速型 NO 的生成速率增大;但当当量比进一步增大时,氮气浓度下降,不利于胺基或氰基化合物的生成,快速型 NO 的生成速率将下降。因此,随着当量比的增大,快速型 NO 的生成量先增加,在达到极值后再下降。一般地,快速型 NO 生成量的极值点出现在当量比 $\Phi > 1$ 的某处。

(2) 燃烧室进口压力

燃烧室进口压力增大,快速型 NO 的生成量略有增加。

(3) 停留时间

快速型 NO 受停留时间的影响不大。

(4) 燃油种类

一般地,不含碳和氢的燃油不生成快速型 NO;含碳和氢的非烃类燃料,生成快速型 NO 的数量是极少的;也就是说,非烃类燃料不需要考虑快速型 NO 的生成,烃类燃料则需要考虑;同一余气系数下,一般烃类燃料不饱和程度越高,快速型 NO 的生成量越多。

3. 氧化型 NO 生成机制

氧化型 NO 机制最初的反应是

$$N_2 + O \Longrightarrow N_2O \tag{11-12}$$

随后 N_2O 被氧化为 NO,即

$$N_2O + O \Longrightarrow NO + NO \tag{11-13}$$

也可以是

$$N_2O + H \Longrightarrow NO + NH \tag{11-14}$$

$$N_2O + CO \Longrightarrow NO + NCO \tag{11-15}$$

氧化型 NO 机制即通过中间体氧化亚氮 N_2O 的氧化生成 NO。在贫燃料($\Phi < 0.8$)低温燃烧过程中,氧化型 NO 占据一定比例。通常贫油预混燃烧室利用低温来减少污染物排放,当 NO_x 排放量降到个位数时,N_2O 反应生成 NO 的量占主要部分。

4. 燃料型 NO 生成机制

燃料型 NO 是指燃料中的氮化合物在燃烧过程中发生氧化反应而产生的 NO。燃料型 NO 与燃料种类密切相关,若燃料中的氮化合物含量很少或几乎没有,则几乎不产生燃料型 NO;若燃料中氮化合物含量较大,则燃料型 NO 也可能占全部 NO_x 排放中的很大一部分。对于航空煤油,含氮量很少,产生的燃料型 NO 极少。影响燃料型 NO 生成的因素:

(1) 主燃烧区当量比

随着主燃区当量比减小,余气系数增大,燃料氮的转化率不断提高。但在 $\Phi < 1$ 后,燃料氮的转化率只有少量提高。

(2) 燃烧室进口温度

随着燃烧室进口温度的升高,燃料氮的转化率不断提高,但温度超过 900℃ 后燃料氮的转化率只有少量提高。

(3) 燃油种类

燃油种类不同,燃油中氮的存在形式、含氮量、含氧量等都会大幅影响燃料型 NO 的生成。

尼柯尔(Nicol)等采用贫油预混燃烧室以甲烷作为燃料研究了上述生成机制对总的 NO_x 排放的贡献,结果是燃料型 NO 的生成为零;当火焰温度约为 1900K、当量比约为 0.8 时,热力型 NO 占 60%、氧化型 NO 占 10%、快速型 NO 占 30%。随着火焰温度和当量比的降低,氧化型 NO 和快速型 NO 的比例显著上升。当火焰温度约为 1500K、当量比约为 0.6 时,在总的 NO_x 排放量中,热力型 NO 占 5%,氧化型 NO 占 30%,快速型 NO 占 65%。在更低的当量比($\Phi = 0.5 \sim 0.6$)下,NO_x 排放中的大部分为氧化型 NO。这些结果对设计超低 NO_x 的贫油预混燃烧室具有重要的指导作用。

11.3 污染物控制方法

11.2节主要讨论了污染物排放生成的各种机制和过程。本节将应用上述相关知识降低实际燃烧室的污染物排放。控制燃烧室污染物排放的几个主要因素包括:

(1) 主燃区的温度和当量比;

(2) 主燃区燃烧过程的均匀性;

(3) 主燃区中的停留时间;

(4) 火焰筒壁面的淬熄特性;

(5) 燃料的喷雾特性。

由于不同类型污染物会相互影响,污染物控制需要在许多方面折中,不仅要在一种污染物与另一种污染物之间折中,还需要在与许多其他的性能要求(如贫油熄火边界和出口温度分布系数等）之间折中。

11.3.1　CO 和 UHC 控制

在排气中存在 CO 和 UHC 是不完全燃烧的标志。因此，所有降低 CO 和 UHC 排放量的方法都要基于一个公理，即提高燃烧效率。其中最有效的办法就是重新进行流量分配，将主燃区当量比调整到最佳值 0.8 左右。较高的当量比（＞1.05）会提高燃烧反应速率，但是因为缺少 O_2，不能将 CO 和 UHC 氧化为 CO_2 和 HO_2，CO 和 UHC 的排放量并不能降低。

另外，主燃区燃料与空气的均匀混合也可以降低 CO 和 UHC 的排放。即使将主燃区的当量比控制在最优值，如果燃料与空气掺混质量较差的话，也会导致局部区域过贫而燃烧速率不够，或局部区域过富而没有足够的 O_2 把 CO 氧化为 CO_2。

另外一种降低 CO 和 UHC 排放量的有效方法就是减少火焰筒壁面冷却空气，尤其是在主燃区。在大气压力下，罗尔斯·罗伊斯公司的 RB211 工业燃气涡轮发动机低排放燃烧室采用非气膜冷却壁面代替传统的气膜冷却壁面，通过试验，考察了这两种情况对排放的影响作用，如图 11-7 所示，CO 排放量明显降低（在 1850K，由 $1.5×10^{-3}$ 降至 $7×10^{-4}$），不过，贫油熄火温度下降了 110K。目前，大多数现代燃烧室的燃烧效率为 99%，燃料雾化良好，采用原有燃烧室一半的气膜冷却空气，因此，航空燃气涡轮发动机 CO 和 UHC 的排放量非常小（为个位数量级），地面工业燃气涡轮发动机几乎不存在 CO 和 UHC 排放。火焰筒壁面结构的新材料和新方法使得火焰筒能够耐受更高的温度，壁面冷却的新方法只需更少的冷却空气就能达到同样的冷却效果，如发散冷却和发汗冷却，这对降低 CO 和 UHC 排放量起到了重要作用。

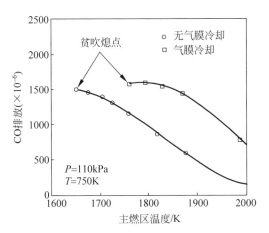

图 11-7　壁面冷却空气对 CO 排放的影响

综上,降低 CO 和 UHC 排放的方法有:

(1) 重新进行流量分配,将主燃区当量比调整到最佳值 0.8 左右;

(2) 增大主燃区的容积和/或延长停留时间;

(3) 减少火焰筒壁面的冷却空气,尤其是主燃区的;

(4) 提高燃油的雾化质量。

在低当量比下,由于燃烧速率主要受化学反应速率而不是蒸发速率的影响, CO 和 UHC 的排放量受到燃油液滴尺寸影响的程度较小。但是,随着当量比的增大,CO 和 UHC 的排放量将随着液滴尺寸的减小而降低,如图 11-8 所示。

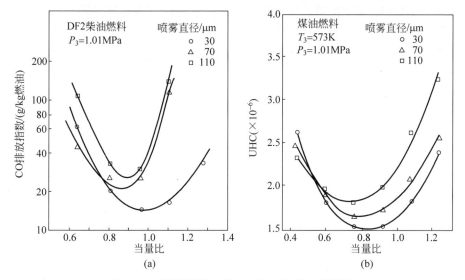

图 11-8　燃油雾化对 CO 和 UHC 排放量的影响

(a) 燃油雾化对 CO 排放量的影响;(b) 燃油雾化对 UHC 排放量的影响

11.3.2　冒烟控制

控制冒烟的主要参数包括燃烧室进口温度、压力和燃油喷雾特性。燃烧室进口温度的影响比较复杂,因为进口温度的升高既促进了碳烟形成,又促进了碳烟燃尽,但总的结果通常是降低冒烟排放。冒烟问题在高压下最严重,通常是随进口压力的升高而增大。对于液体燃料,燃油雾化质量的影响和油气混合的均匀度均影响碳烟的生成。

实际上,消除冒烟的关键就是要避免火焰中富油区的存在。在主燃区喷入更多的空气通常是有效的,尤其是在混合完全的情况下。但是该方法有一定的局限性,因为主燃区空气的增加将影响点火和稳定性边界,并且影响慢车下 CO 和 UHC 的排放。

燃油喷嘴的设计,特别是燃烧前燃料与空气预混的质量对于给定的燃烧室是否能够产生大量冒烟有很大的影响。罗尔斯·罗伊斯公司的一些发动机使用的雾化系统可以实现较低的冒烟排放量,但这并不依赖于燃油的预蒸发,而是依赖于燃油在雾化器中与空气的预混。

如果空气量足够,那么通过燃油与空气的混合来降低碳烟的形成和冒烟的产生是十分有效的方法。如图 11-9 所示,在 P&W 公司的 T9D-70 发动机燃烧室上,在起飞状态下增加燃油喷嘴和旋流器两者的空气流量,冒烟将大幅降低。通过这些组件喷入的空气有效降低了冒烟,这应归功于空气直接进入了碳烟形成区。

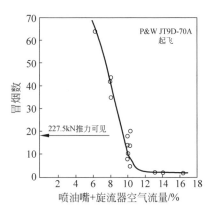

图 11-9　喷油嘴和旋流器空气流量对冒烟的影响

在冒烟方面,空气雾化喷嘴比双油路离心式喷嘴有较大优势。这不仅因为它具有良好的雾化特性,还因为它的雾化过程能够保证燃油液滴与空气在燃烧前能够充分混合。空气雾化喷嘴的另一个重要优点是从慢车到全工况的整个过程都能够保证良好的雾化质量。带副油路的空气雾化喷嘴也是如此,因为副油路和主油路喷雾之间没有物理上的干涉。对于双油路离心式喷嘴而言,主副油路喷雾之间存在物理上的干涉,主油路在工况较大时开启,开启时燃油雾化质量会较差,CO 和 UHC 的排放量必然很高。

11.3.3　NO$_x$ 控制

降低 NO$_x$ 排放最主要的目标就是降低燃烧反应的温度。其次是消除整个反应区的热点,因为如果反应区内存在 NO$_x$ 生成速率很快的局部高温区,那么即便达到较低的燃烧温度也是没有用的。最后,要确保能够形成 NO$_x$ 的时间最短。

在常规燃烧室中,实际降低 NO$_x$ 的方法包括:

(1) 通过增加主燃区的空气量来降低火焰温度;

(2) 提高雾化质量;

(3) 通过提高火焰筒的压降加强混合;

(4) 消除燃烧区的热点;

(5) 缩短燃气停留时间。

但是,降低火焰温度和缩短停留时间会导致 CO 和 UHC 排放量的增加。实际上,为降低 NO$_x$ 排放而改变燃烧室工况或燃烧室的结构都会导致 CO 和 UHC 排放量的增加。

在过去的 20 年间,技术的应用已经使 NO$_x$ 的减排取得了很大进展。例如,飞机的 NO$_x$ 排放量已经下降了 33%,烧液体燃料的工业燃气涡轮发动机的 NO$_x$ 排放量下降了 50%,燃料为天然气的工业燃气涡轮发动机的 NO$_x$ 排放量下降了约 83.33%。

1. 非航空燃气涡轮发动机 NO_x 控制

对于非航空燃气涡轮发动机,已经发展应用的技术主要有喷水/喷蒸汽、选择性催化还原和排气再循环。

(1) 喷水/喷蒸汽

可以通过在燃烧区喷水或喷蒸汽降低火焰温度,从而达到降低 NO_x 的目的。通过喷水/喷蒸汽可以将 NO_x 排放量降至 4×10^{-5}。喷水/喷蒸汽存在以下缺点:①成本较高;②燃料消耗较高;③水处理费用较高;④热端部件易腐蚀;⑤维护费用增加;⑥CO 和 UHC 的排放增加;⑦燃烧压力脉动增加。喷水/喷蒸汽的这些缺点促使人们开发和验证干式低排放燃烧室,即开发和验证不借助于喷水也能够满足排放目标的燃烧室。

(2) 选择性催化还原(selective catalytic reduction,SCR)

该方法即向燃气喷入氨,在催化剂的作用下燃气涡轮发动机排气中的 NO_x 将转化为分子氮和 H_2O。排气首先经过氧化催化剂,然后与氨混合,再经过选择性催化还原催化剂。氧化催化剂将 CO 和 UHC 氧化为 CO_2 和 H_2O。选择性催化还原催化剂(通常是五氧化二钒)可将混合了氨的排气中的 NO_x 转化为 N_2 和 H_2O。其反应原理是

$$6NO + 4NH_3 \longrightarrow 5N_2 + 6H_2O \tag{11-16}$$

$$6NO_2 + 8NH_3 \longrightarrow 7N_2 + 12H_2O \tag{11-17}$$

在喷水/喷蒸汽的基础上,通过选择性催化还原可进一步将 NO_x 的排放量降至 1×10^{-5} 以下。该方法对天然气燃料的效果最好,对含硫的液体燃料效果不好,其工作最佳排气温度范围在 $560 \sim 670K$。该方法最主要的问题是需要控制系统能够输运足够的氨,并需要实时监测系统对不同工况下氨的供应量进行及时反馈。该方法的另一个问题是设备尺寸和质量较大。目前,选择性催化还原法仍然应用广泛。

(3) 排气再循环

该方法通过将冷却的燃烧产物再循环至主燃区来降低火焰温度。研究认为,在基本负荷下的再循环率不大于 20% 时,NO_x 的排放量可降低 50%。该方法的主要影响是进口空气中氧气浓度的下降,另一个影响是由于空气中 H_2O 和 CO_2 的增加提高了热容。

该方法的主要优点是不需要对燃烧室进行较大的改造,或只需进行较小的改进,就可应用于正常生产的燃烧室。主要缺点是需要在排气和进口之间增加一个中间冷却装置,它不适用于简单的燃气涡轮发动机,适合应用于需获得足够低排气温度的联合循环电厂。它的另一个缺点是为避免污垢和污染的产生,只能使用清洁燃料。

2. 航空燃气涡轮发动机的 NO$_x$ 排放控制

对于航空燃气涡轮发动机,由于减重等需求,上述喷水/喷蒸汽、选择性催化还原和排气再循环等控制方法均不适用。因此,当前航空燃气涡轮发动机的 NO$_x$ 排放控制主要是通过控制火焰温度来实现。

常规燃烧室主燃区温度在 1000~2500K,下限值对应低工况,上限值对应高工况,如图 11-10 所示。该图也表明,在温度低于 1670K 时 CO 的排放量较大,在温度大于 1900K 时 NO$_x$ 的排放量较大,仅在 1670~1900K 这样狭窄的温度范围内 CO 和 NO$_x$ 的排放量分别在 2.5×10^{-5} 和 1.5×10^{-5} 以下。因而,航空燃气涡轮发动机燃烧室污染排放控制方法的目标就是在发动机整个工况内将燃烧区的温度都控制在这个低污染排放的温度范围。

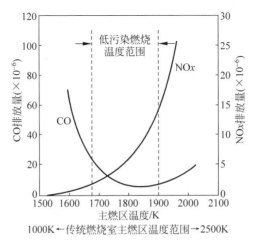

图 11-10 主燃区温度对 CO 和 NO$_x$ 排放量的影响

11.4 低污染燃烧室技术

由 11.3 节可知,航空燃气涡轮发动机燃烧室降低污染排放的核心是控制火焰温度。下面介绍几种基于火焰温度控制方法的低污染燃烧室技术。

11.4.1 可变几何燃烧室

可变几何燃烧室(variable geometry combustor)的实质是主燃区空燃比保持在低排放范围的一种可控燃烧方法。理想的可变几何燃烧室在大功率下可令大量空气进入火焰筒头部以降低主燃区温度,并提供足够的气膜冷却空气;而在小功率下,则可将空气大部分分配到掺混区,从而令主燃区温度仍维持在如图 11-10 所示的低污染排放范围。能够实现这种重新对空气流量进行分配的方法包括采用面积可调的旋流器控制燃烧区空气量;采用通流面积可调方法控制掺混区空气量;

或两种方法的结合使用。

可变几何燃烧室的缺点包括复杂的控制和反馈装置,这将增加成本和质量,降低可靠性;同时也会出现燃烧室出口温度分布调整难度增大的问题,尤其是在火焰筒压降变化大的情况下。人们试图克服这些实际问题,因为可变几何燃烧室能同时降低所有污染物的排放,而不牺牲燃烧性能。它还有一些优点,例如,由于燃烧温度控制在不低于 1670K,化学反应速率相对较高,这样可以使燃烧区变得更小,从而使燃烧室的尺寸减小、质量减轻。对于航空燃气涡轮发动机,可变几何燃烧室也能拓宽稳定边界,提高空中点火性能。在理想情况下,可变几何燃烧室应与预混预蒸发燃油喷射系统结合使用,能够避免在液雾区域上产生局部高温区和高 NO_x 生成区。

可变几何燃烧室虽然已在一些大型工业燃气涡轮发动机上得到应用,但受到尺寸、费用和操作可靠性方面的限制,尚未在航空燃气涡轮发动机上成功应用。

11.4.2　燃油分级燃烧室

对于可变几何燃烧室,随着发动机功率的变化,通过将空气从一个区域调整到另一区域的方式来实现将燃烧温度控制在低排放温度范围。相反地,分级燃烧室(staged combustor)的空气流量分配是固定的。为了将燃烧温度维持在一个相对稳定的数值,分级燃烧室是将燃料从一个区域调整到另一个区域。分级燃烧室一般有三种方法,即周向分级、径向分级和轴向分级。

1. 周向分级

如图 11-11 所示的是周向分级示意图,黑色圆圈代表喷嘴供油,白色圆圈代表喷嘴不供油。该方法控制污染排放的关键是根据不同的发动机工作状态,开启或关闭喷嘴的供油,即在大功率状态时,所有喷嘴都供油(整体偏贫,降低燃烧温度);而在小功率状态时,如慢车工作状态,部分喷嘴供油(局部偏富,保证点火和温度),以控制主燃区油气比在合适的范围,保证主燃区温度在如图 11-10 所示的低污染排放窗口内。周向分级的优点是在降低污染排放物的同时拓宽了贫油熄火边界;缺点是在低功率时,不供油的喷嘴下游的低温区会"冻结"化学反应,降低了燃烧效率,也增大了 CO 和 UHC 的排放量。此外,出口温度分布周向不均匀,也会使涡轮效率下降。

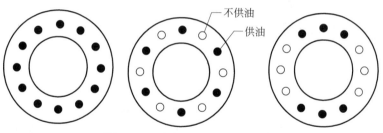

图 11-11　周向分级燃烧室示意图

2. 径向分级

不同于周向分级时燃料的选择性开闭,径向或轴向分级是将一部分燃料喷入传统的一次燃烧区,其余燃料喷入二次燃烧区,该燃烧区的当量比较小,目的是减少 NO_x 和冒烟的排放。一次燃烧区用于发动机起动,并为发动机提供达到慢车转速所需的温升。在高负荷下,燃料喷入二次燃烧区,随着发动机功率提高至最大值,一次燃烧区为快速起动二次燃烧区燃料的燃烧提供能量。

典型的径向分级构型是双环腔燃烧室,如图 11-12 所示,其中一个环腔燃烧室用于控制低负荷运行,为起动、高空点火和发动机慢车状态提供必需的温升。在慢车状态下,燃烧区选择在合适的当量比下工作,保证 CO 和 UHC 的排放量最低;另一个环腔燃烧室用于在大工况下的优化燃烧过程,其尺寸小、热容大、停留时间短,低当量比下 NO_x 和冒烟的排放量较低。

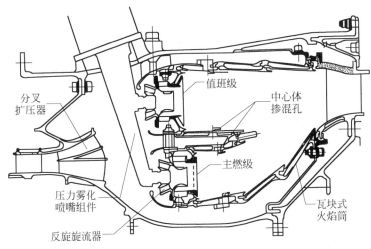

图 11-12   GE 双环腔燃烧室

径向分级燃烧室的主要优点是在大致相当于常规燃烧室的长度,完全能够实现所有燃烧性能的要求,包括低污染排放。从减轻质量和解决转子动力学问题方面来看,这种尺寸短的特点很有吸引力。如果燃烧室头部的内外两级喷嘴布置在同一径向直线上,可将它们安装在同一个喷嘴杆上,如图 11-12 所示。这一布置的优点是可以采用连续的值班级燃料来冷却主燃级燃料喷嘴,如图 11-13 所示。这样可以防止主燃级喷嘴停用时燃料在高温环境中结焦。

径向分级燃烧室也有许多缺点。各燃烧区的空气温度都与压气机出口空气温度相同,这就意味着两个区域内的贫油熄火边界都比较窄。因此,为了降低污染物排放,燃烧室的设计会很复杂,需要的喷嘴数量较多。较大的火焰筒壁面表面积需要额外的冷却空气,会对燃烧室出口温度分布产生不利影响。此外,径向温度分布的尖峰会随燃料的分级燃烧而变换位置,对下游高温部件有潜在的不利影响。径向分级燃烧室的另一个问题就是为实现中等负荷的性能指标,两个燃烧区可能都会在远离最佳设计点的位置运行。

如图 11-13 所示的是 GE 公司的径向分级燃烧室。与常规的单环腔燃烧室相比,其 CO 和 UHC 的排放量降低了 35%,NO_x 的排放量降低了 45%。装有这种双环腔燃烧室的 GE 公司的 CFM56-5B 发动机目前已配装空中客车公司的 A320 和 A321 飞机。GE90 发动机双环腔燃烧室也已获得了飞行许可。

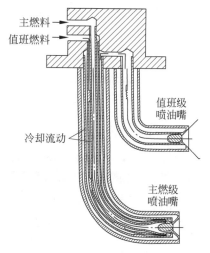

图 11-13　GE 双环腔燃烧室燃料喷嘴

3. 轴向分级

轴向分级比径向分级有一些明显的优势。由于主燃级位于值班级的下游,通过值班级点燃主燃级既迅速又可靠。并且,来自值班级的高温气流进入主燃级保证了主燃级燃烧的高效率,在低当量比下亦是如此。轴向分级燃烧室的出口温度径向分布可以通过调整掺混孔来实现,而且一旦调整好,燃料分级燃烧也不会对此产生很大影响。

轴向分级燃烧室的主要缺点是由于各级在轴向方向上的布置增加了额外的长度,某些机型的改造变得困难。与常规燃烧室相比,火焰筒冷却面积加大。两个燃烧区的喷嘴必须采用分开的喷嘴壳体分别固定在燃烧室机匣的不同安装座上。此外,不能像径向分级那样,在喷嘴杆中采用值班级燃料冷却主燃级燃料。

如图 11-14 所示的是 P&W 公司的轴向分级燃烧室图。发动机中心线在图中底部,主燃级喷嘴倾斜安装,且与值班级喷嘴成一定角度。虽然该燃烧室采用了轴向分级设计,但没有增加燃烧室长度。该设计已应用于 P&W 公司的 V2500-AS 发动机。值班级燃烧区用于拓宽稳定性边界和提高燃烧效率(CO 和 UHC 排放量

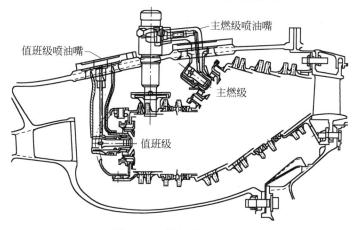

图 11-14　轴向分级燃烧室

较低）。当发动机功率增大到怠速以上，燃油喷入主燃级燃烧，并由值班级引燃和维持。通过控制主燃级和值班级燃料量，可令主燃级在喷油时不对推力产生影响。在大功率状态下，值班级和主燃级同时工作，两者都保持在低当量比状态，从而可确保较低的 NO_x 排放量。

在图 11-14 中，值班级燃烧区的位置是很讲究的。在暴雨条件下，压气机将水分离至两股腔道的外环处，极易引起燃烧室熄火，值班级燃烧区的合理位置布置，可以大大降低燃烧室的熄火风险。将主燃级布置在值班级外环的另一个优点是燃烧室出口温度径向分布的高温点趋向于涡轮流道的外径，可以延长涡轮叶片的使用寿命。

从长远看，将可变几何燃烧室与燃料分级技术相结合的设计是更有效的选择。

11.4.3　贫油预混预蒸发燃烧室

贫油预混预蒸发（lean premix prevaporize，LPP）的概念于 20 世纪 70 年代早期被提出，该概念是指尽量通过燃烧区上游燃料与空气的均匀混合消除局部高温区以实现低污染排放的燃烧室技术。它最基本的原理就是将燃料与空气完全均匀混合后供入燃烧区，然后将燃烧区的当量比控制在非常接近贫油熄火边界的位置。燃烧越接近贫油熄火边界，NO_x 的排放量越低。

典型的贫油预混预蒸发燃烧室（图 11-15）可分为三个区域，第一个区域用于燃料的喷射、蒸发和与空气的混合。它的作用是在燃烧进行之前实现完全的蒸发和混合。通过消除液滴的燃烧并向燃烧区提供低当量比的均匀混合物，燃烧反应在均匀的低温下进行并形成很少的 NO_x。在第二个区域，通过建立一个或者更多的回流区实现稳定燃烧。这一区域内燃烧完全，并将产物带到第三个区域——常规的掺混区。

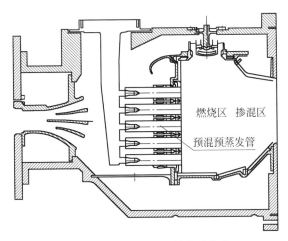

燃烧区　掺混区

预混预蒸发管

图 11-15　贫油预混预蒸发燃烧室

贫油预混预蒸发燃烧室的一个优点是没有碳烟的形成。这不仅可以消除冒烟，还能减少对火焰筒的辐射换热，因此减少了大量火焰筒的冷却空气。这意味着会有更多的空气用于降低燃烧区的温度和改善燃烧室的出口温度分布。

贫油预混预蒸发燃烧室的另一个重要优点是火焰温度不超过1900K,NO_x的排放量不随停留时间的延长而增加。也就是说贫油预混预蒸发燃烧室的停留时间可以设计得较长,以满足CO和UHC的低排放要求,同时也可维持NO_x的低排放。这对工业燃气涡轮发动机非常重要,因为它对尺寸的要求并不像航空发动机那样严格,如应用此方法的某燃烧室的体积约是常规燃烧室的两倍。

贫油预混预蒸发燃烧室的主要问题是燃烧区上游的燃油蒸发和与空气掺混的时间比较长,因此可能出现大工况下由高温高压引起的自燃问题。此外,声学振荡也是个问题,它在燃烧过程中与燃烧室声学特性相结合时发生。总之,贫油预混预蒸发燃烧室是最具潜力的能够实现超低NO_x排放的燃烧方式。

11.4.4 富油燃烧-淬熄-贫油燃烧燃烧室

富油燃烧-淬熄-贫油燃烧(rich-burn,quick-quench,lean-burn,RQL)的概念最早出现在20世纪70年代晚期。富油燃烧-淬熄-贫油燃烧燃烧室的基本原理如图11-16所示。燃烧起始于富油燃烧区,由于受到低温和缺氧的综合影响,NO_x的生成速率很低。随着主燃区空气的增加,主燃区的温度和含氧量逐渐提高,传统燃烧室是沿着图中向上的高NO_x路径反应。然而,如果完成燃烧过程和将燃气温度降至掺混区前水平所需的空气可以与一次空气均匀即时混合,那么燃烧过程将遵循图中所示的低NO_x路径进行。从图中可以看出,快速而有效的淬熄混合过程是富油燃烧-淬熄-贫油燃烧燃烧室设计成功的关键。

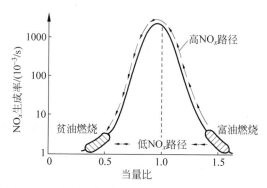

图11-16 富油燃烧-淬熄-贫油燃烧燃烧室工作原理

富油燃烧-淬熄-贫油燃烧燃烧室的示意如图11-17所示,富油燃烧区当量比在1.2~1.6。较大的当量比可有效抑制NO_x产生,但会导致碳烟产生。为确保富油燃烧-淬熄-贫油燃烧的有效进行,燃料必须雾化好并且在整个富油燃烧区均匀分布。一方面,主燃区必须避免局部回流区的产生和停留时间延长,从而避免热力型NO的产生。另一方面,富油燃烧过程也要避免通过燃料氮转化得到的不反应的氮气而导致燃料型NO的产生。富油燃烧的产物从富油燃烧区排出后进入淬熄区,在该区域与喷入的空气迅速混合,使温度快速降至低 NO_x 排放的温度。需要指出的是,从富油燃烧区到贫油燃烧区的转化必须迅速,应避免接近化学恰当比而造成 NO_x 大量生成。贫油燃烧区的当量比选取非常关键,若选取不当造成燃烧温度太高,热力型 NO 就会大量产生;若选择的当量比造成燃烧温度太低,就无法燃尽上游残留的 CO、UHC 和避免冒烟。合适的当量比应确保所有排放都能满足指标。一般地,选择贫油燃烧区的当量比在 0.5~0.7。在燃烧和火焰筒冷却气都满足要求后,剩余的空气作为掺混空气用于调整燃烧室的出口温度分布,延长涡轮使用寿命。

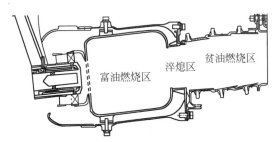

图 11-17　富油燃烧-淬熄-贫油燃烧燃烧室示意图

已有研究表明,富油燃烧-淬熄-贫油燃烧燃烧室在超低 NO_x 燃烧方面具有很大潜力。与常规燃烧室相比,富油燃烧-淬熄-贫油燃烧燃烧室具有更好的点火和贫油熄火性能。与分级燃烧室相比,它有一个重要的优点就是需要的燃料喷嘴数量少。但是,为了完全挖掘它的潜力,必须要对淬熄混合器的设计进行优化。在采用液体燃料时,还会产生其他问题,例如,在富油燃烧区形成大量碳烟,增加了火焰辐射和冒烟。

11.4.5　贫油直接喷射燃烧室

贫油直接喷射(lean direct injection,LDI)燃烧室出现于 20 世纪 80 年代早期,其基本原理如图 11-18 所示,以贫油状态将燃油发散式直接喷射到燃烧区,实现燃油的迅速蒸发和与空气的快速混合,使得在燃烧前形成贫当量比状态的接近均匀混合的油气混合物,从而达到消除局部热点和降低燃烧温度以减少 NO_x 生成的目标。

某贫油直接喷射燃烧室的示意图如图 11-19 所示。相较传统燃烧室,贫油直接喷射燃烧室在结构上呈现以下特点:

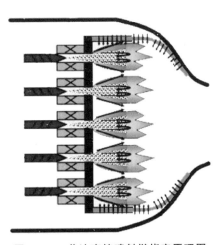

图 11-18　贫油直接喷射燃烧室原理图

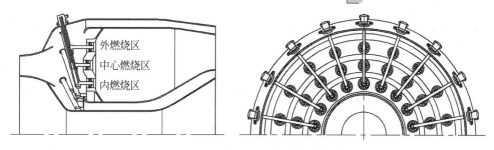

图 11-19　某贫油直接喷射燃烧室示意图

（1）火焰筒头部的空气通流面积增大，燃油和空气发散分布，应用同心圆分区概念，在燃烧空间中形成类似外燃烧区、内燃烧区、中心燃烧区的多燃烧区。

（2）火焰筒头部圆顶安装多个燃烧模，燃烧模包括喷油嘴和旋流器，每个燃烧模的结构尺寸小、混合能力强，形成微混合低 NO_x 燃烧。

（3）燃烧室长度明显缩短，高度有所增大。

此外，由于燃烧空气大部分从火焰筒头部流入，火焰筒必然取消主燃孔和补燃孔，甚至可能取消掺混孔。燃烧模的高效油气混合和多燃烧模之间的强烈相互作用，使燃料的分布更均匀，强化了燃油的蒸发和与空气的混合，从而在更大程度上消除了反应区中的热斑，避免了高温热点的出现。另外，燃烧模产生了小回流区，使火焰长度缩短，也使燃气停留时间缩短，有效减少了 NO_x 生成。

11.4.6　催化燃烧室

催化燃烧（catalytic combustion）采用催化剂加速在流动的预混气中发生的化学反应，这种条件可以比均匀的气相燃烧更贫，使得燃烧室在低于正常的贫油可燃边界的当量比下也能稳定燃烧。因此，其燃烧温度极低，能极大地降低热力型 NO 的生成。

催化燃烧室的原理如图 11-20 所示。燃料从反应器的上游喷入，蒸发并与进口空气混合。混合气流入催化床或反应器，反应器可能有几级，每级的催化剂不同。在第一级中采用一种在低温下活跃的催化剂，下面几级则要选择氧化效率高

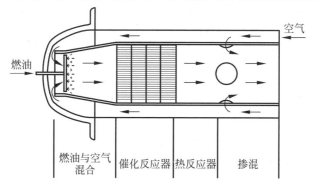

图 11-20　催化燃烧室示意图

的催化剂。在催化床的下游是热反应区,可将燃气温度提高到涡轮进口温度并且能够将 CO 和 UHC 的浓度降到可接受的范围。一般认为,催化燃烧可有效降低各种排气污染物。

早在 1975 年,人们就意识到催化燃烧室在低污染排放上具有很大的潜力,但是燃气涡轮发动机燃烧室内恶劣的环境和宽广的工作条件对催化燃烧室的应用提出了严峻的挑战,很难设计出能够在低负荷工作条件和低压气机出口温度下将燃料与空气混合物点燃的催化剂。此外,燃烧室出口温度通常在 1450~1770K,这一温度已经超出了大多数催化剂的稳定极限。即使是耐高温的陶瓷材料,在发动机过渡态也易受到热腐蚀。催化剂的耐久性、在数千小时以上能保证高的催化活性的要求成为燃气涡轮发动机催化燃烧室发展的障碍。

目前关于燃气涡轮发动机催化燃烧的研究主要停留在小尺寸的实验室试验和燃烧室的部件试验。研究人员研究了许多不同概念的燃烧室。一些经过试验的设计方案相对复杂,需要使用燃料分级或可变几何燃烧室作为预燃室达到理想的工作范围。但是,各种研究结果证明,催化燃烧在超低 NO_x 排放(体积分数$<5\times 10^{-6}$)方面具有潜力,同时也提出了解决催化反应器的耐久性和工作温度范围等问题的发展方向。

催化燃烧室的设计者所面临的问题主要集中在温度,需要解决发动机所需的宽广的温度范围与催化反应器为解决高催化活性和机械完整性所需的相对窄的温度范围之间的矛盾。任何一个催化燃烧室都有能够实现稳定燃烧和低排放量的特定工作范围。这一工作范围通常叫作“操作窗口”,主要取决于以下三个重要的温度。

(1)催化反应器进口油气混合物的温度必须高到能激活催化剂。若进口油气混合物的温度低于最小熄火温度,它在反应器壁面发生的放热氧化反应就较慢,不能产生足够的热量维持反应。一般来说,为激活催化剂,温度必须超过 700K。例如,贵金属铂和钯的激活温度是 617~783K,而含有活性元素的金属氧化物催化剂(如镍和钴)需要的温度是 866~1367K。

(2)离开催化剂的燃气温度必须足够高,能够使催化引发的反应在可用的停留时间内完成;如果额外的燃料喷到催化剂下游区域,就能够促进该燃料的快速反应,从而降低 CO 和 UHC 的排放。

(3)催化反应器的壁面温度必须低到能够满足耐久性的需求,保证反应器长期稳定地工作。

目前关于燃气涡轮发动机催化燃烧的大部分研究工作,主要针对地面燃气涡轮发动机,目标是满足燃气涡轮发动机宽广的工作范围。当前催化燃烧技术的研究工作仍在继续,主要是降低反应器所需的进口温度,拓宽“操作窗口”。为了充分验证这项技术,需要进行长期的发动机试验。目前还没有将催化燃烧技术应用于航空燃气涡轮发动机的相关报道。

第 12 章

加力燃烧室

早在 1939 年就有关于加力燃烧室用于增加发动机推力的研究报告,但直到 20 世纪 40 年代末期才开始实际采用,至今已有 70 余年的发展历程。加力燃烧室的应用可使涡喷发动机的推力增大 40%～50%,使涡扇发动机的推力增大 60% 甚至更多,而加力燃烧室的质量却只占发动机总质量的 20% 左右,因此采用加力燃烧室能大幅提高发动机的单位迎面推力和推质比。如果不带加力燃烧室的发动机的推质比为 4～6,装上加力燃烧室后的发动机的推质比可达 7～9。

采用加力燃烧室可使飞机的推质比提高,从而全面地改善飞机的机动性并扩大飞行包线(可将升限提高到 22～23km,将最大飞行马赫数提高到 2.5～3.0)。而飞行包线的扩大可以改善战斗机的制空能力、攻击能力和阻止敌机入侵的能力。所以加力燃烧室在军用飞机上获得了广泛应用并在军用飞机的发展中占有重要地位。加力燃烧室的发展很快,从 1944 年德国首次用 JUMO-004E 发动机试验的加力燃烧室开始,到涡喷发动机加力燃烧室的发展时期,加力燃烧室获得了广泛的应用。20 世纪 60 年代中期,随着涡扇发动机加力燃烧室的投入使用,涡扇发动机加力燃烧室进入发展时期,至今已有三代涡扇发动机加力燃烧室出现。可以说加力燃烧室的发展过程是一个不断提高加力温度、提高燃烧效率和燃烧稳定性、减小流体损失、减轻质量、提高可靠性和响应能力的过程。从 20 世纪 60 年代至今,加力燃烧室的燃烧效率从 0.75 提高至 0.9,加力温度从 1430～1600K 提高至 2000～2150K,总余气系数从 1.8～2.0 降至 1.1 左右。

12.1 加力燃烧室的功用

对于战斗机而言,要求发动机在短时间内提供最大推力,以满足起飞、爬升、加速、追击等工作要求,增强飞行机动性,因此提出了"加力"的概念。发动机加力的方法有很多种,目前广泛应用的是复燃加力燃烧室(afterburner,如图 12-1 所示)。

在这种概念中,加力燃烧室位于涡轮和尾喷管之间,由于空气经主燃烧室燃烧后还有剩余氧气,高低压涡轮也需要一定的冷却空气(这些均未被利用,对于涡轮风扇发动机来说,还有外涵流过来的纯新鲜空气),于是可以在涡轮后再喷油燃烧释放热量,显著提高燃气的温度和排气速度,从而提高发动机的单位推力和总推力。

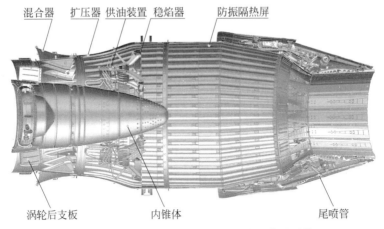

图 12-1 俄罗斯 AL-31F 的复燃加力燃烧室结构

对于大部分涡喷发动机,起动加力燃烧室后,总推力较原有最大状态推力可增加约 50%,在高速或超声速飞行时增加更多,可达 100%以上;对于涡扇发动机可增加推力达 70%以上,超声速飞行时可达 150%以上。例如,美国 F-15 战斗机上使用的 F-100 发动机,其加力燃烧室内的温度可达 2000K,起动后推力提高了 70%。

然而,加力型发动机的经济性并不好,这是由于涡轮后的气流条件使得加力燃烧室中的燃烧效率降低,仅为 90%左右。此外,加力燃烧室的进口总压 p_{t5} 较主燃烧室的进口总压 p_{t3} 小很多,排气温度也较非加力型发动机提高许多,因此它的热效率也低得多。所以当加力燃烧室工作时,整台发动机的热循环效率就降低了,从而使发动机的单位推力耗油率显著上升(增加至 2~3 倍),经济性变差。因此,一般来说,加力燃烧室只在军机上用于起飞、爬升和战斗中的急剧加速等短时间工作状态;不过,有些超声速飞机也在巡航状态下长时间使用加力。

12.2 加力燃烧室的特点

12.2.1 区别于主燃烧室的特点

与主燃烧室不同,加力燃烧室位于涡轮出口下游,因此二者的工作条件存在很大差别。表 12-1 给出了地面台架上某涡喷加力燃烧室与主燃烧室的工作参数比较。从该表可以看出,加力燃烧室具有以下工作特点:

(1) 加力燃烧室的进口总压较低(特别是高空低速飞行时),高空左边界点会低至 0.04MPa 左右,这将导致着火条件变坏,难以稳定火焰,燃烧效率显著下降。

(2) 加力燃烧室进口气流速度高,内涵进口马赫数在 0.35~0.5,有的甚至高达 0.6,如何在低损失的前提下稳定火焰是一个重要问题。

(3) 进入加力燃烧室的气流是已燃烧过的燃气流,含氧量较低,比纯空气减少 1/3~1/4(具体数值取决于主燃烧室的油气比、涵道比和高低压涡轮冷却气量),且惰性成分增加,这对点火、火焰稳定和燃烧效率都是非常不利的。

(4) 加力燃烧室进口的气流温度很高,达到 1000~1200K,这对点火和燃烧是有利的。但喷入燃料燃烧后,燃气温度进一步提高,远高于加力燃烧室材料所能承受的温度,因此加力燃烧室需要精心冷却。

(5) 加力燃烧室后只有可调喷口,没有其他转动部件(如涡轮叶片),温度无须过多限制,因此它的余气系数在 1.2 或更小。在当前材料和冷却技术不断提高的背景下,加力燃烧室的出口总温 p_{t7} 可达 2100K 以上。

表 12-1 涡喷加力燃烧室与主燃烧室工作参数比较

工 作 参 数	主 燃 烧 室	加力燃烧室
进口总压/MPa	0.8~3.0	0.1~0.4
进口总温/K	500~800	1000~1200
扩压器进口流速/(m/s)	120~180	350~450
燃烧段流速/(m/s)	30~60	120~180
含氧量/%	21	12~17
油气比范围	0.002~0.03	0.002~0.067

12.2.2 涡喷加力与涡扇加力比较

涡喷和涡扇发动机都可以加装加力燃烧室,分别称为"涡喷加力燃烧室"和"涡扇加力燃烧室"。在涡轮之后,单流路的涡喷加力与双流路的涡扇加力是不同的。对于涡喷发动机,加力燃烧是在燃烧过的高温燃气中组织燃烧的。然而,双流路的涡扇加力按进气方式的不同可以分为四种:外涵加力、核心流加力、分流加力和混合流加力,这四种涡扇加力燃烧室的形式见表 12-2。

表 12-2 涡扇加力燃烧室的形式

形 式		发动机名称/厂家/使用飞机
外涵加力	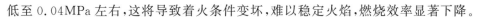	JTF-17/P&W/-飞马/RR/鹞式

续表

形　式	发动机名称/厂家/使用飞机
核心流加力	PW1120/P&W/-
分流加力	EJ200/英德意西/EF2000 M88/斯奈克玛/阵风
混合流加力	TF30/P&W/F-111F 阿杜尔/RR、透博梅卡/美洲豹虎 F100/P&W/F-15、F-16 F401/P&W/F-14B M53/斯奈克玛/幻影 F1 F404/GE/F-18 RM8B/沃尔伏/雷式 JA-37 TFE1042/加雷特·活尔伏/- F110/GE/F-14、F-16 PW1128/P&W/F-14s、F-15s、F-16s

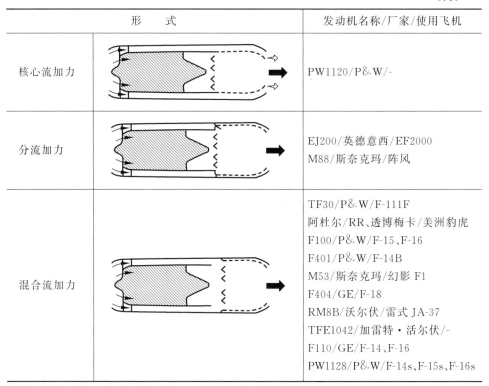

　　其中,外涵加力相当于主燃烧室,核心流加力相当于涡喷加力,分流加力又称"平行加力",是前述两者的叠加,这三种加力应用较少。目前普遍采用的是混合流加力(又称"强迫混合加力"),通常所说的涡扇加力指的就是这种混合流加力形式,该形式是在外涵新鲜空气和流过涡轮的已燃气的混合气中组织燃烧的。表 12-3 给出了涡喷和涡扇加力台架状态进口参数和工作条件的比较。

表 12-3　涡喷和涡扇加力台架状态进口参数和工作条件比较

参　数	类　型	
	涡喷加力	涡扇加力
扩压器进口马赫数	0.5～0.6	0.35～0.45
最大截面处速度系数	0.21～0.34	0.16～0.23
进口总温/℃	600～850	600～800(60～200)
加力比	1.5	1.5～1.75
总油气比范围	0.002～0.067	0.002～0.067
加温比	<2.3	<3.2
含氧量/%	14	17
进气流道	单涵	双涵
进口条件	有节流	无节流

涡扇加力是双涵进气,会带来以下问题:一是外涵无节流,没有临界截面,因此点火和起动不同于涡喷加力,压力扰动问题需要专门解决;二是外涵气流温度低,因此在低温环境中组织燃烧需要重点解决;三是低频振荡燃烧尤为突出。涡喷加力和涡扇加力在结构上的主要区别是进气部分不同,前者采用的是单流路的扩压器,后者采用的是双流路的混合/扩压器,其他部件基本相同。

12.2.3 加力的硬点火与软点火

当涡喷发动机加力点火时,涡轮通常处于临界状态,故点火对涡轮及其前面的零件没有影响,即使在加力燃烧室里放炮,其压力脉动也无法超过涡轮导向器,所以涡喷发动机的加力点火强度没有"软""硬"的说法。然而,涡扇发动机存在外涵通道,其外涵在发动机全部工作状态下始终处于亚声速流动,所以当涡扇发动机加力燃烧室接通、切断加力,或改变加力比时所产生的任何压力脉动都可能从外涵道逆流向前传到风扇,并影响压气机,较大的压力脉动会激起风扇和压气机的失速、喘振,甚至造成全机振动,危及发动机安全。

对于涡扇加力燃烧室,点火时引发的压力脉动存在临界压力脉动,该值之下是发动机能够承受的,此时的点火称为"软点火";该值之上是发动机无法承受的,此时的点火称为"硬点火"。在设计涡扇发动机加力燃烧室时,都会要求在很小的点火油气比下点燃加力燃烧室以使产生的压力突升小于该临界压力脉动。此外,当加力供油分区转换和切断加力时亦应确保不产生大的压力脉动。

为了实现涡扇发动机加力燃烧室的软点火,通常需要高性能的稳焰器(又称"火焰稳定器"),仅用涡喷加力上常用的普通 V 形槽稳焰器来实现加力型涡扇发动机的软点火是十分困难的。所以,往往需要设计各种类型的值班火焰稳定器,如英国的 Spey 发动机采用蒸发式值班稳焰器。这些值班稳焰器具有宽广的点火范围和稳定的燃烧范围,特别是较宽的贫油点火极限,从而具有可靠的软点火性能。

12.3 加力燃烧室的参数

涡喷发动机的加力燃烧室不存在混合器,涡轮出口气流直接进入加力燃烧室的扩压器,此时,加力燃烧室的主要参数包括加力燃烧室进/出口总压、加力燃烧室进/出口总温、加力燃烧室进/出口气量、加力燃烧室燃油流量、涡轮出口内径、涡轮出口外径等,如表 12-4 所示。

涡扇发动机加力燃烧室的主要参数如表 12-5 所示,包括混合器进口外涵总压、混合器进口外涵总温、混合器进口外涵气量、混合器进口内涵总压、混合器进口内涵总温、混合器进口内涵气量等气动参数,以及混合器进口外涵外径、混合器进口外涵内径、涡轮出口内涵外径、涡轮出口内涵内径等几何参数。

表 12-4　涡喷加力燃烧室的主要参数

参　数	符　号	单　位
加力燃烧室进口总压	p_{t5}	Pa
加力燃烧室进口总温	T_{t5}	K
加力燃烧室进口气量	W_{a5}	kg/s
加力燃烧室燃油流量	$W_{AB,f}$	kg/s
涡轮出口内径	D_{5I}	mm
涡轮出口外径	D_{5O}	mm
加力燃烧室出口总压	p_{t7}	Pa
加力燃烧室出口总温	T_{t7}	K
加力燃烧室出口气量	W_7	kg/s

表 12-5　涡扇加力燃烧室的主要参数

参　数	符　号	单　位
混合器进口外涵总压	p_{t15}	Pa
混合器进口外涵总温	T_{t15}	K
混合器进口外涵气量	W_{a15}	kg/s
混合器进口内涵总压	p_{t5}	Pa
混合器进口内涵总温	T_{t5}	K
混合器进口内涵气量	W_{a5}	kg/s
加力燃烧室燃油流量	$W_{AB,f}$	kg/s
涡轮出口内涵外径	D_{5O}	mm
涡轮出口内涵内径	D_{5I}	mm
混合器进口外涵外径	D_{15O}	mm
混合器进口外涵内径	D_{15I}	mm
加力燃烧室出口总压	p_{t7}	Pa
加力燃烧室出口总温	T_{t7}	K
加力燃烧室出口气量	W_7	kg/s

在设计加力燃烧室时,首先需要确定上述参数在设计状态的数值,这就涉及加力燃烧室设计状态的选取。

加力燃烧室性能的设计状态不一定与发动机总体的设计状态一致。但对设计结果的要求却是一致的,即最大限度地满足飞机的战术技术要求。加力燃烧室性能设计状态选择的目标应该是在该设计状态使飞机对加力要求的关键参数接近或达到最佳值。例如,当飞机对加力燃烧室要求的关键参数是加力耗油量时,就应选择飞行任务中加力耗油量最大的飞行状态作为加力性能的设计状态。

如果飞机对加力燃烧室的要求中没有提出对关键参数的要求,那么一般将稳焰器的设计状态或地面台架状态作为加力燃烧室性能的设计状态。

1) 稳焰器设计状态

稳焰器设计状态通常选取在加力飞行包线内加力燃烧室进口气流压力最低的

状态,用于稳焰器设计和吹熄边界的计算。

2) 混合器设计状态

混合器设计状态通常选取在飞行包线内涵道比最大的状态,用于混合器设计,确定混合器的几何尺寸,计算混合器的混合损失和混合效率。

12.4 加力燃烧室性能要求

12.4.1 加力燃烧室性能指标

1. 加温比和加力比

加温比 θ 是加力燃烧室出口总温 T_{t7} 与进口总温 T_{t5} 之比:

$$\theta = \frac{T_{t7}}{T_{t5}} \tag{12-1}$$

加力比 φ 是当主机状态相同(涡轮前温度相同)时,全加力发动机推力 F_{ab} 与中间状态的推力 F 之比,是加力燃烧的重要性能指标:

$$\varphi = \frac{F_{ab}}{F} \tag{12-2}$$

如果不考虑加力时的压力损失,根据推力公式,并取喷口状态为临界,则可以导出加力比:

$$\varphi = \frac{F_{ab}}{F} = \frac{W_{a5} C_8'}{W_{a5} C_8} = \frac{C_8'}{C_8} = \frac{Ma_8'\sqrt{kR_g T_{t7}}}{Ma_8 \sqrt{kR_g T_{t5}}} = \sqrt{\theta} \tag{12-3}$$

式中,W_{a5} 为加力燃烧室进口气量,单位为 kg/s;C_8' 为加力后尾喷管出口流速,单位为 m/s;C_8 为加力前尾喷管出口流速,单位为 m/s;Ma_8' 为加力后尾喷管出口马赫数,$Ma_8'=1$;Ma_8 为加力前尾喷管出口马赫数,单位为 $Ma_8=1$。可以看出,加力比等于加力前后尾喷管出口两个排气速度的比值,并近似与加温比的平方根成正比。

由此可知,当发动机转速一定时,其推力完全取决于排气温度,加力温度越高,推力越大。因此,发动机设计中要追求高的推质比,首先追求的就是加力温度。随着发动机技术水平的提高,加力温度已经从 20 世纪 50 年代的 $1430\sim1600$K 显著提高,现役及在研发动机的最高加力温度在 $2050\sim2100$K,英国罗尔斯·罗伊斯公司在发动机机匣允许条件下的试验中曾达到 2150K。

为了保持发动机的主要工作参数(n、T_{t4}、p_{t4} 等)不变,在开动加力时,必须同时扩大尾喷口面积,即尾喷口面积要适应发动机加力状态的变化。通常,将在不同加力状态下对应的尾喷口面积的比值定义为加力面积比 χ。在不考虑加力时的压力损失的情况下,根据流量公式,可以推出加力与未加力时的尾喷口的面积比:

$$\chi = \frac{A_{ab}}{A} = \frac{F_{ab}}{F} = \sqrt{\theta} \qquad (12\text{-}4)$$

式(12-4)表明,加力面积比与加温比的平方根成正比。加力面积比由自动调节系统控制,尾喷口通常使用鱼鳞片式结构。

对于某定型的加力型发动机,加力比还与进口流动的马赫数密切相关,如图 12-2 所示。对于加力比很大的涡扇加力,应选用较低的流动马赫数,否则即使喷入了油量,推力也未必会增加或增加甚微。这是因为热阻增大了,这一点可以从热阻与加温比的关系看出。选用较低的流动马赫数,应体现在扩压器或混合/扩压器的设计中,这也是设计的制约因素之一。

此外,加力比还与飞行马赫数(Ma)直接相关。当 Ma 增加时,加力比迅速增大,尤其是在超声速飞行时,如图 12-3 所示。例如,在 $H \geqslant 11\text{km}$ 的同温层中,某加力式发动机在台架状态的加力比为 1.5,当 Ma 为 2.5 时,加力比约为 2.5,即增大0.67 倍。这是因为加力式发动机具有冲压发动机高速飞行时的飞行特性。为了进一步利用和扩大这种效应,有的发动机在超声速飞行时专门采取了放大喷口的调节措施。

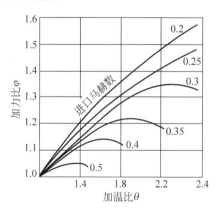

图 12-2　加力比与加温比和进口马赫数的关系

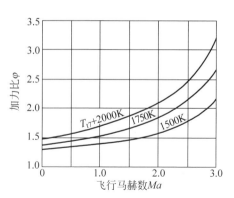

图 12-3　加力比与飞行马赫数和出口总温的关系

2. 总压损失

加力燃烧室的总压损失包括流阻损失和热阻损失两部分。其中特别要注意的是流阻损失,因为飞机在大多数情况下并不会起动加力,此时的阻力损失对发动机性能有很大影响,因而必须努力降低。流阻损失包括扩压损失、混合损失、稳焰器和燃油喷射装置引起的压力损失,以及摩擦损失等。这些损失都与加力燃烧室的流动马赫数有直接关系。

早期的燃气涡轮发动机因涡轮后的排气总压较低,为了扩压减速只能加大燃烧室的直径,而加大直径又受到发动机最大迎风面积的限制;这样,流动马赫数的选取只能首先满足燃烧稳定性的要求,难以顾及流动马赫数对冷态总压损失的影响。因此,冷态总压损失难以下降。第 3 代发动机涡轮后的地面台架点排气总压已达到了 0.3～0.35MPa,新一代发动机则更高,可达 0.4MPa 量级。这时发动机的最大迎风面已移到了风扇进口段,因此设计加力燃烧室的流动马赫数时可以把低总压损失系数作为主要选择依据。目前,冷态总压损失系数有可能达到 0.05 甚至更低。

3. 燃烧效率

加力燃烧效率是指在加力燃烧室中,用于加热工质的实际热量与燃料完全燃烧的理论放热量之比。其中用于加热工质的实际热量为加力燃烧室进、出口截面工质热焓的增加。因此,加力燃烧室的燃烧效率可表示为

$$\eta_{AB} = \frac{H_{t6} - H_{t5}}{W_{AB,f} Q_{DW}} \tag{12-5}$$

式中,H_{t5} 为加力燃烧室进口截面的总热焓;H_{t6} 为加力燃烧室出口截面的总热焓;$W_{AB,f}$ 为加力燃烧室供油量,单位为 kJ/kg;Q_{DW} 为燃油低位热值,单位为 kJ/kg。

早期的加力燃烧室因为流速较高、压力较低,复燃燃烧技术水平低,故燃烧效率也较低,大多为 0.85 左右,现在的加力燃烧效率随着燃烧室内的压力和燃烧技术的提高而提高,一般在 0.9 以上。通常,加力燃烧效率与稳焰器的设计、喷油系统的设计、燃烧段的长度,以及进口参数和冷却气量的需求等相关,其中燃烧段长度的影响最大,当稳焰器前的流动马赫数小于 0.2 时,燃烧段长度取 1.2m,加力燃烧效率可达 0.9;燃烧段取 1.5m 时可达 0.95 的量级。一般地,加力燃烧效率的增大与燃烧段长度的平方根存在正向关系。可见,燃烧段长度增加到一定程度后,燃烧效率的增加会趋缓,通常燃烧段的长度超过 1.5m 后,燃烧效率的增加很小。

12.4.2 加力燃烧室使用性能要求

对加力燃烧室的性能要求与对主燃烧室的要求类似,但由于其工作条件上的特点,亦有以下特殊要求。

(1) 压力损失尽可能小。由于加力燃烧室流速大,且巡航时供油、点火和稳焰器不工作,会产生无效阻力损失。因此,在保证稳定燃烧的前提下,应降低加力燃烧室各部件的流阻系数。

(2) 燃烧效率尽可能高。加力燃烧室的气流速度高,燃气停留时间短,压力低,因此燃烧效率低,提高燃烧效率和降低耗油率非常重要。

(3) 防止振荡燃烧。由于加力燃烧室内的气动条件是低压、高速,且它是长圆筒形,不像主燃烧室那样有火焰筒(特别是火焰筒壁面开有许多气孔,可起到减振作用),所以,加力燃烧室比较容易发生振荡燃烧。而剧烈的振荡燃烧会给整个发动机带来灾难,采取适当的措施,减少或消除振荡燃烧,也是加力燃烧室研究的主要课题之一。

（4）出口温度场尽可能均匀，以减少推力损失。

（5）点火和燃烧稳定性尽可能好。要求点火迅速、可靠，拓宽加力点火边界，并提高火焰稳定性。

12.5　加力燃烧室的构成

加力燃烧室由混合器、扩压器、稳焰器、供油装置、点火装置、防振隔热屏等构成。

12.5.1　混合器

混合器是加力涡扇发动机加力燃烧室的必要组件。它是把内外涵两股压力、温度、速度不同的气流加以混合的机构。在结构上，加力燃烧室混合器主要有四种形式：环形混合器、漏斗混合器、指形混合器和波瓣混合器。波瓣混合器，如图 12-4 所示，又称作"菊花形混合器"或"花瓣形混合器"，在 20 世纪 90 年代后得到普遍应用，如发动机 F110、AL-31F 等均采用了此构型。

图 12-4　加力燃烧室波瓣混合器

混合器的主要功能是实现外内涵气流的掺混，其他功能有：

（1）与扩压器组成混合/扩压器一体化结构，由此缩短发动机长度，减轻质量，为组织燃烧创造良好条件；

（2）提高推进效率，相较于分开排气可以提高 1%～2%（对涵道比较低的军用歼击机发动机而言），从而降低发动机的耗油率；

（3）减小气流的红外波段的辐射强度，可以降低 40%～90%，从而降低红外波段的可探测性；

（4）降低噪声强度，可使噪声降低若干分贝。

混合器的缺点是冷热两股气流在混合器中进行混合必然会带来总压损失，因此会抵消一部分推进效率提高带来的好处。同时，混合器的长度会带来结构质量的增加。所以混合器的长度与直径之比的选取极为重要。早期的混合器的长径比在 0.6～1.0，例如，Spey M202 发动机为 1.0。新一代发动机的长径比均小于 0.5，目的是尽可能减轻质量。

12.5.2　扩压器

扩压器分为涡扇加力扩压器和涡喷加力扩压器。涡扇加力扩压器通常与混合器一体化设计,混合与扩压是同时进行的。

加力燃烧室的扩压器由发动机中心的内锥体和外壳构成,其扩压比一般在 2 左右,其目的是将高速气流减速,并使静压有所提高,这将有利于组织燃烧并降低流动损失。加力燃烧室的扩压器一般要求大扩张比和小扩张角,有利于减小压力损失,但也要受直径、长度和质量的限制。为了减小可能产生的气流分离,扩张角一般不宜太大,为了简化加工工艺,中心内锥体或外壳常做成直线截锥形,也有做成特型曲面的。

加力扩压器设计的一般要求有:

(1) 出口速度要降到所要求的数值,即满足稳焰器性能和燃烧效率的要求;

(2) 总压损失要小,否则对最大状态和中间的状态推力都有影响;

(3) 出口流场分布较均匀,速度分布对火焰稳定性能和燃烧效率都有影响;

(4) 气流稳定,不产生分离;

(5) 长度适当,质量较轻,不变形。

某发动机加力燃烧室扩压器如图 12-5 所示。

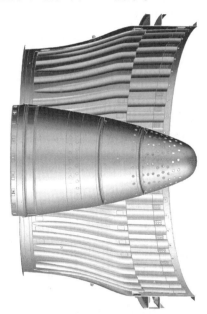

图 12-5　加力燃烧室扩压器

12.5.3　稳焰器

稳焰器又称"火焰稳定器"。加力燃烧室经扩压器扩压后的气流速度减至 $120\sim180\text{m/s}$(对应马赫数约为 0.2),在如此高速的气流条件下仍能实现稳定燃烧是一个十分关键的问题。因此,必须采用专门的稳焰器以满足火焰稳定和流动阻力小的要求。

稳焰器是加力燃烧室的重要部件之一，其基本要求：

（1）在规定的飞行包线内能保证加力燃烧室稳定燃烧；

（2）流阻小，总压损失低。

稳焰器的重要特性参数是阻塞比，它是指稳焰器的迎风面积与加力燃烧室的横截面积的比值，是衡量稳焰器的流动阻塞特性的常用参数。回流区的大小与堵塞比有直接关系：当堵塞比较小时，回流区过小，火焰不易稳定，当堵塞比逐渐增大时，回流区也增大，稳定火焰的作用明显加强。但若堵塞比过大，则流通截面积减小，流过稳定器边缘的气流速度加大。这不仅增大了阻力损失，而且容易把火焰吹走，对稳定火焰不利。因此，堵塞比存在最佳范围，在设计时应该综合火焰稳定效果、燃烧效率和总压损失三个方面的要求。目前，国内外各机种加力燃烧室稳焰器的阻塞比大多在 0.30～0.45。

加力燃烧室最常用的稳焰器是 V 形槽稳焰器，除此之外还有蒸发式稳焰器、沙丘稳焰器等。稳焰器的布局方案有三种：环形布局、径向布局、环形与径向组合布局。

1. V 形槽稳焰器

V 形槽是一种 V 形钝体结构，但是，当其头部结构采用的小圆角半径和张角为 25°～30°时，其流体阻力接近于流线型，故获得了普遍应用。有的发动机的 V 形槽稳焰器的后缘还设计成带有波纹的裙边，这种结构既增加了火焰锋面，也解决了稳焰器后缘的热膨胀问题。常规 V 形槽稳焰器的阻力系数并不高，但是当它在流动马赫数较高的扩压器中工作时，总压损失就会变得很大。即使是设计良好的 V 形槽稳焰器，总压损失仍可达 1.5%～2%。V 形槽稳焰器的另一个缺点是稳定工作范围较窄，值班稳焰器的稳定工作范围扩大了很多，但其总压损失依然与常规 V 形槽稳焰器相当。加力燃烧室中 V 形槽稳焰器附近的流动结构如图 12-6 所示。

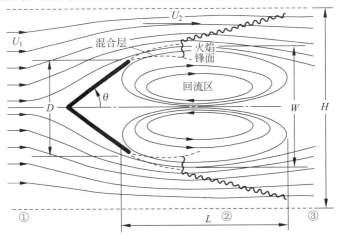

图 12-6　加力燃烧室 V 形槽稳焰器

①为稳焰器前来流区域；②为回流区区域；③为回流区结束后流动恢复区；U_1 为稳焰器前来流速度；U_2 为气流流经稳焰器后外侧主流速度；D 为稳焰器宽度；θ 为稳焰器半角；L 为回流区长度；W 为回流区宽度；H 为通道高度

2. 蒸发式稳焰器

图 12-7 为 Spey 发动机加力燃烧室中的蒸发式稳焰器。燃油流经位于燃气之中的蛇形管预热之后喷向溅油板(这部分燃油称为"附加燃油"),与进入蒸发管的小股空气掺混形成富油混气,从环形稳焰器底部喷出。同时,从稳焰器顶部均匀分布的长方形小孔进入稳焰器内部的少量空气与蒸发管喷出的富油空气掺混,在稳焰器内形成内回流区。由于这个回流区受到 V 形槽稳焰器的保护,基本上不受外部主流流动的干扰,并可单独控制附加燃油。无论附加燃油在贫油范围内如何变化,都能保证稳焰器内的点火和燃烧,并能保证点燃稳焰器外的回流区。因此,这种稳焰器起着值班火焰的作用,极大地扩展了加力燃烧室的点火和稳定燃烧的范围,特别是在来流温度低、流速高时,其优越性十分突出。蒸发式稳焰器贫油点火油气比可低至 0.003,而常规 V 形槽稳焰器则要大于 0.025,扩大了贫油点火范围近十倍。此外,蒸发式稳焰器还可以在很小的加力比下实现软点火,例如,Spey 发动机的加力比可在 1.06～1.68 进行无级调节。F100、RB199、EJ200、M88、AL-31F 等涡扇发动机也都采用了蒸发式稳焰器。

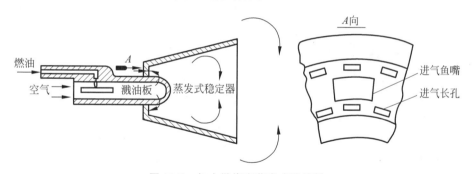

图 12-7 加力燃烧室蒸发式稳焰器

3. 沙丘稳焰器

沙丘稳焰器是北京航空航天大学的高歌教授于 20 世纪 80 年代初的研究成果。它采用了自然界中的沙丘在大风吹袭下呈现的奇特形状,外形大致如新月且很稳定,沙丘的外形实际上遵循了能量消耗最小的自然规律,如图 12-8 所示。

理论和试验研究表明,新月形沙丘稳焰器具有顽强的抗干扰性能。与堵塞比相同的 V 形槽稳焰器相比,它的阻力下降了 75%～80%,贫油稳定性得到大幅扩展,点火性能也得到改善,可点燃风速比 V 形槽稳焰器高出 40% 左右,而且燃烧效率也得到提高,在低温和低压下仍能保持其原有的性能。

沙丘稳焰器的自然气流结构既保证了良好的热量和质量交换,也减弱了 V 形槽稳焰器尾缘旋涡的周期性脱落,增强了稳定火焰的能力,延长了可燃微团的停留时间,并在一定程度上防止了由于旋涡周期性脱落带来的振荡燃烧的激振因素。

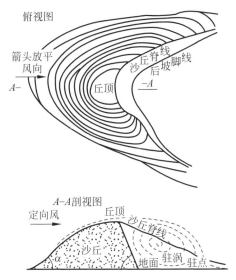

图 12-8　加力燃烧室沙丘稳焰器示意图

沙丘稳焰器已在我国的涡喷 6 和涡喷 7 等发动机上得到应用,使这些发动机的加力和非加力性能有了较大改进。

4. 气动稳焰器

气动稳焰器采用较高压力的气体射入主气流形成回流区。图 12-9 示出了侧喷和逆喷的两种形式。当采用侧喷时,喷射角可以不同,喷口形状有扁平和侧面多孔等形式,气动稳焰器的优点在于:

(1) 它是一种可调火焰稳定方式。改变射流气量或压力可调节回流区大小和强弱,改变喷射气体成分(如添加燃料或氧气),可达到改善回流区功能的目的。

(2) 在非加力工作状态时,可减小阻力损失。

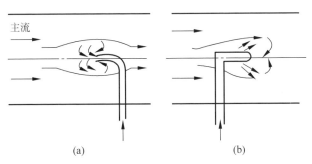

图 12-9　加力燃烧室气动稳焰器示意图
(a) 逆喷;(b) 侧喷

这种稳定方式的最大缺点是供气和调节系统复杂,而且喷射气体来自压气机,将影响核心机的性能,这也是它至今尚未广泛应用的原因。

5. 值班稳焰器

对一台工作空燃比变化范围高达10倍的涡扇加力燃烧室来说,为了在宽广的范围内工作,通常都采用分区供油技术,一般需要分成三区、五区或六区,甚至更多。即使如此,有时其最小工作油气比也难以满足软点火所要求的油气比。以常规的V形槽稳焰器为例,其工作油气比范围很窄,在高空低压情况下,最大、最小空燃比之比仅为2,特别是其贫油稳定工作特性更差。因此要扩大其贫油工作边界,使其能在加力油气比很小的条件下成功点燃,最好的办法就是采用值班稳焰器。

所谓值班稳焰器实际上可粗略地看作尺寸很小的环形燃烧室,与常规V形槽稳焰器相比,其头部引进了空气,并在V形槽背后的回流区中进行局部供油。它的特点是贫油工作边界很宽,在常压条件下,空燃比约等于150,低压条件下的空燃比为120~135,可以在很小的加力油气比($f=0.002\sim0.003$)下点燃,并且一旦点火成功即长明不熄,故又称"长明灯"。图12-10给出了几种国外研制的值班稳焰器,这些值班稳焰器都可以用作软点火。

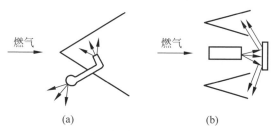

图 12-10 加力燃烧室值班稳焰器示意图
(a) Flygmotor;(b) SNECMA

12.5.4 供油装置

燃油喷嘴的作用是向加力燃烧室中喷射雾化燃油,并与气流形成有利于组织燃烧的浓度场。为了便于在整个加力燃烧室中实现燃油的均匀分配,大多数加力燃烧室使用了直射式喷嘴,即在喷油环和喷油杆上钻许多小孔(直径一般在0.4~1.0mm),其数量可达上百个,这样可以保证燃油分布均匀。相对于来流方向,直射式喷嘴可分为顺喷、逆喷和侧喷等多种方式,如图12-11所示。直射式喷嘴结构简单、燃油穿透深、加工方便,易于实现供油与稳焰器的匹配和分区供油,因此使用最多。此外,有的加力燃烧室也采用了离心式喷嘴,其优点是雾化粒度小,燃油易于蒸发,但由于离心喷嘴头部较大,在加力燃烧室不工作时迎风阻力过大,而且燃油分布也不均匀,因此较少采用。

加力喷嘴多置于湍流度大的扩压器通道中,有利于燃油蒸发和掺混。掺混段(喷嘴至稳焰器距离)通常较长,为150~400mm,基本上可使加力燃烧室浓度分布达到合适的程度。但涡扇发动机加力燃烧室的进口温度过低,对燃油雾化蒸发不利,因此,一些燃油会喷在稳定器壁面上形成油膜,靠燃烧后稳焰器上的热量把油

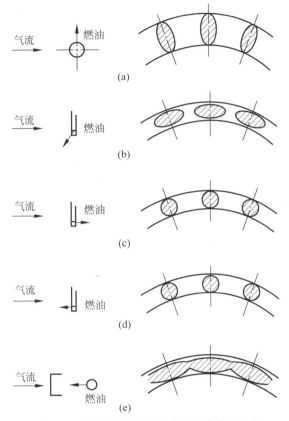

图 12-11　加力燃烧室直射式喷油嘴布置方式

（a）喷油环径向侧喷；（b）喷油杆周向侧喷；（c）喷油杆顺喷；（d）喷油杆逆喷；（e）喷油环挡板

膜蒸发，在稳焰器后形成接近化学恰当比的混气进行燃烧。这实际上是一种两相燃烧，其火焰稳定边界要比均匀混合气更宽一些。

通常，加力燃烧室从小加力状态到全加力状态（发动机最大推力状态），供油量的变化高达 8～10 倍。如果单纯采用油压控制的方法，相应的供油压力变化则高达 64～100 倍，这对于航空发动机供油系统来说是很难实现的。因此，为了实现加力比的调节，燃油流量除了采用油压控制方法外，有些加力燃烧室中也采用了分区供油的方法，这种方法在涡扇发动机加力燃烧室中较多采用。

12.5.5　点火装置

加力燃烧室的点火过程与主燃烧室相似，也是利用外加点火源先将局部混合气点燃，然后火焰再传播扩展到整个燃烧室空间。加力燃烧室点火，有利的方面是气流温度高；但是气流速度大、压力低、含氧量小，这些因素也将造成点火困难。除了在起飞和爬升时起动加力外，在高空战斗等紧急状况下起动加力更为重要，因此要求加力点火应迅速、可靠，点火范围较宽。

加力燃烧室点火方式主要有：预燃室点火、热射流点火、催化点火和高能电嘴点火四种。

1. 预燃室点火

如图 12-12 所示，预燃室本身就是一个小型燃烧室，一般涡轮喷气发动机将其置于中心内锥体的中心部位（图 12-12(a)），涡扇发动机则将其置于旁路（图 12-12(b)）。其工作原理是从预燃室头部引入一股预先掺混好的混合气，然后采用电火花将其点燃，从预燃室喷出一股热量较大的火舌，再点燃加力燃烧室。预燃室中的混合气速度较低，尽量使这股混合气处于最有利的点火和稳定燃烧范围内，必要时可进行补氧。预燃室虽然点火可靠，但需要增加一套系统，结构复杂，体积和质量大。

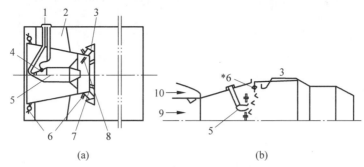

图 12-12　加力燃烧室预燃室示意图

（a）涡喷发动机的中心预燃室；（b）一种涡扇发动机的旁路预燃室

1：油气混合气；2：整流支板；3：稳焰器；4：点火电嘴；5：预燃室；6：工作喷嘴；7：传焰槽；
8：扩大火炬的喷嘴；9：涡轮后燃气流；10：外涵空气流

2. 热射流点火

如图 12-13 所示，在加力供油的同时，在主燃室中部适当位置定量喷入一股燃油。这股燃油被高温热燃气点燃成为一股强有力的两相燃烧的火舌。这股火舌穿过涡轮，在涡轮后再喷一股燃油接力，于是这股强大的瞬时火焰就能把加力燃烧室点燃。这种点火方式结构简单、工作可靠，能获得良好的高空点火性能，而且由于瞬时穿过涡轮，亦不致将涡轮叶片烧坏，因此已得到一定程度的推广应用，例如 AL-31F 发动机加力燃烧室就采用的是这种方式。

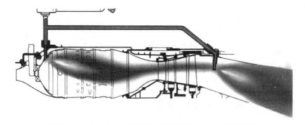

图 12-13　加力燃烧室热射流点火示意图

3. 催化点火

加力燃烧室的催化点火示意图如图 12-14 所示，在 400～500℃ 的涡轮后，高温燃气流过一个文氏管,并在文氏管喉部喷注燃油,经扩张段掺混后穿过由铂-铑丝编织的网(有 2～3 层),由于铂-铑丝表面在吸附燃油后产生电离,使铂-铑丝产生催化作用,可燃气体自发点火形成火舌,从点火器喷出,将加力燃烧室点燃。这种点火方法简单,效果也好,只是在使用较久后,铂-铑丝表面被油垢污染覆盖,混合气被阻隔,影响可靠性。该方法目前仅在英国 Spey 军用涡扇发动机的加力燃烧室中应用。

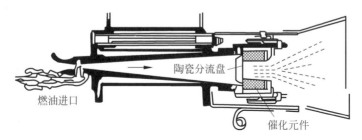

图 12-14   加力燃烧室催化点火示意图

4. 高能电嘴点火

高能电嘴点火与主燃烧室的点火原理相同,由于加力燃烧室点火更为困难,需要更大的火花放电能量,有时对称放两只电嘴,以提高可靠性。电嘴本身需要冷却空气保护,目前已应用于一些航空发动机,未来可能会获得更为广泛的应用。

在上述几种加力点火方法中,高能电火花点火器和热射流点火器是应用最广的两种。其他还有供研究用的等离子体点火器和光化学点火器。

12.5.6   防振隔热屏

加力燃烧室的温度接近 2200K,早已超过了金属材料的耐热极限,且容易发生振荡燃烧,因此防振和防止加力燃烧室的筒体过热是关键的技术问题,解决这一问题的常见方法是采用所谓的防振隔热屏。所以,防振隔热屏有两方面作用:

(1) 在其前段起到防振作用,通过形状和结构设计起到抑制振荡燃烧作用,防止加力燃烧室因振荡燃烧而无法正常工作;

(2) 在其后段起到隔热作用,隔离燃烧室高温气流与燃烧室筒体间的热传递。

防振隔热屏有两种基本结构形式:一种是沿周向呈波纹状而沿轴向直径不变,其断面呈波形,又可分为全波和半波两种;另一种是沿轴向呈波纹状而沿周向直径不变。前段的防振按声学消音设计要求开设各种不同孔径的圆孔,后段的冷却衬套有多种冷却方式,有的冷却衬套还喷涂了热障涂层。

12.5.7   结构一体化

加力燃烧室虽然可以极大地提升发动机的性能,但也带来不少问题:新一代发动机加力燃烧室入口处的气流温度超过了 1300K,燃烧室内稳焰器与喷油杆等部件的使用寿命和可靠性都受到很大挑战，且燃油在高温下自燃的问题也有待解决；由于加力燃烧室大多用于军机，对隐身性能要求很高，而传统加力燃烧室的稳焰器与喷油杆并无专门的冷却装置，使得军机的隐身性大打折扣；传统加力燃烧室的稳焰器增加了发动机的质量，且因为安装于高温气流中会导致气流阻塞，产生一定的总压损失。为此，应发展加力燃烧室结构一体化设计思想，通过融合各组件功能、减少零件数量、减轻质量、减小流动损失，以使加力燃烧室更加稳定和高效地工作。

目前已有的加力燃烧室一体化设计方案大致有以下几种：①扩压器＋稳焰器一体化设计；②喷油杆＋稳焰器一体化设计；③混合器＋扩压器＋稳焰器一体化设计；④涡轮后框架＋加力燃烧室一体化设计。

其中，涡轮后框架＋加力燃烧室一体化设计是目前较为主流的方案。该方案最早出现在美国国防部综合高性能涡轮发动机（IHPTET）计划中，其特点是取消了扩压器和稳焰器，在涡轮后框架上设置多功能整流支板，提高了发动机的结构紧凑性，缩短了发动机的长度。20世纪90年代，克莱门兹（Clements）提出了涡轮后框架＋加力燃烧室一体化的具体设计，如图12-15所示，该方案将整流支板置于涡轮后框架中，支板外表面呈流线型，内部分布喷油杆道，支板后方安装壁式稳焰器。流线型支板/稳焰器能够降低冷态压力损失并通过形成回流以稳定火焰；喷油杆在支板内部向外喷油使气流燃烧；壁式稳焰器辅助燃烧稳定。此设计开创了涡轮后框架＋加力燃烧室一体设计的先河，显著减少了零件数量，第三代、第四代发动机加力燃烧室大多采用此方案进行改进。

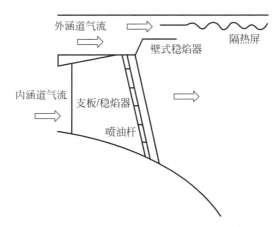

图12-15　克莱门兹一体化加力燃烧室示意图

12.6　振荡燃烧

12.6.1　振荡燃烧的类型和特点

振荡燃烧是加力燃烧室筒体内燃烧时气柱的脉动现象，其频率范围相当宽，从音频到亚音频都有,如图 12-16 所示,常用压力示波图来表示振荡频率和强度。

图 12-16(a)为正常平稳燃烧的示波图,其特点是高频和小振幅,频率为 3000Hz 以上,压力脉动幅度 $\Delta p/p_0 < 10\%$,这种脉动不仅对燃烧无害,而且会使火焰的传播速度加快,燃烧效率提高。

图 12-16(b)为振荡燃烧的示波图,频率从数十赫兹到数千赫兹,可分为三种:频率在 $200\sim3000$Hz 为高频振荡燃烧,因伴随尖叫啸声,又称"啸声燃烧",其压力脉动幅度为 $10\% < \Delta p/p_0 < 20\%$。高频振荡一般不会引起熄火,但会引起薄壁零件的颤振和筒体过热,而且尖锐的噪声会引起人体不适。频率在 $20\sim30$Hz 的振荡燃烧为低频振荡燃烧,燃烧时会发出低沉的嗡鸣声,犹如滚雷,又称"嗡鸣燃烧"。频率介于低频和高频振荡之间的为中频振荡燃烧,低频和中频振荡燃烧的波形有明显的周期性,压力脉动幅度较大,$\Delta p/p_0 > 20\%$ 或更大,表现为不稳定的粗暴燃烧,可引起发动机转速摆动,加力燃烧室筒体过热,加力比下降,薄壁零件颤振、开裂,连接件振松、脱落,甚至熄火。

图 12-16(c)为间歇振荡燃烧的示波图,表现为无节拍地间歇"放炮",每秒几次至十几次。波形周期长短不同,在波峰上重叠有高频振幅的小波动。压力波动幅度很大,一般 $\Delta p/p_0 \geqslant (50\%\sim100\%)$,也可更大;间歇振荡燃烧非常粗暴,噪声十分强烈,有时在几"炮"后会导致熄火,振荡时破坏性很大,不仅能将发动机振坏,而且严重时会发生共振,经常将试车台、房屋、门窗玻璃等振坏,应设法避免。

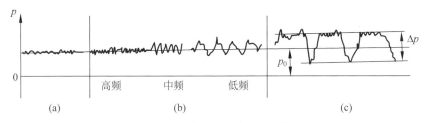

图 12-16　振荡燃烧压力脉动示波图

(a)正常平稳燃烧;(b)振荡燃烧;(c)间歇振荡燃烧

按照气体质点的振动方向,振荡燃烧又可分三种基本类型,如图 12-17 所示。

1)纵向振荡

如图 12-17(a)所示,脉动气体质点沿管道轴线运动。图中竖线代表瞬时等压面(压力波面),纵向振荡的特征是压力波沿水平方向进行周期性交替变换。

2)横向振荡

如图 12-17(b)所示,右图为质点运动方向,左图为等压面(压力波面)。因加力燃烧室为圆筒形,横截面内的等压面一般不是平面而是曲面(通过直径的等压面为平面),气体在横截面内左右脉动。对于纯横向振荡,压力在壁面达到最大值,而在中心线处为零。在管道的另一侧,奇数阶振荡的压力波是反相的,偶数阶振荡则是同相的。

3) 径向振荡

如图 12-17 所示,径向振荡也发生在燃烧室的横截面内,气体质点的脉动是沿半径方向(右图)。即在圆心和圆周之间来回脉动,而等压面则呈同心圆筒状。管道中心处的压力在奇数阶振荡时与壁面处的压力相位差 $180°$,在偶数阶振荡时两者相位相同。

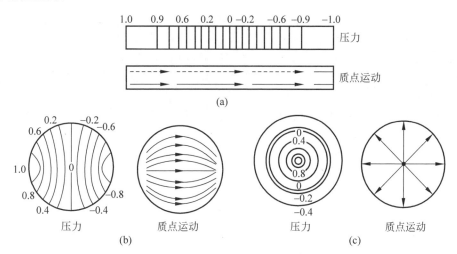

图 12-17 加力筒体内质点振荡的基本类型

(a) 纵向振荡($m=n=0,L=1$);(b) 横向振荡($n=L=0,m=1$);
(c) 径向振荡($m=L=0,n=1$)

上述振荡都是最简单的一阶振荡,实际上的振荡要复杂得多。很可能有二阶或高阶成分,而且是上述三种基本形式的各种复合形式。

12.6.2 加力燃烧室振荡燃烧的原因

当某种频率的扰动波加到燃烧系统后,系统不能使其振幅逐渐变小,反而使其迅速增大,以致形成振荡燃烧。加力燃烧室振荡燃烧的原因和发展过程可简述如下:

(1) 存在激发振荡的脉动源,如涡轮叶片旋转尾迹引起的流动和压力脉动;气流流过加力燃烧室内的障碍物(如整流支板、供油环及喷嘴、稳定器等)旋涡周期性脱落引起的压力脉动。

(2) 当驱动源的压力脉动频率和加力燃烧室固有频率耦合时,产生共振,压力脉动增加。

(3) 压力脉动引起加力燃烧室内物理过程(包括供油、雾化、蒸发和掺混)的脉动和化学反应过程的脉动,从而激发燃烧放热的脉动。

(4) 当放热脉动和压力脉动耦合时,气流脉动获得能量,压力脉动幅值增加。而压力脉动增加,又使放热脉动进一步增加。

(5) 随着压力脉动幅值的增加,压力脉动机械能的损失也增大,直到激发振荡的能量与各种耗散的能量相等时,压力脉动的幅值不再增加,达到饱和状态(振荡燃烧)。

12.6.3 加力燃烧室振荡燃烧的抑制

由于振荡燃烧会使燃烧性能恶化,直接影响发动机性能,甚至导致发动机熄火或重要零部件损害,在设计和调试加力燃烧室时,应尽量做到防止、消除或减轻它的危害程度。减轻振荡燃烧的具体措施如下。

1. 减轻横向振荡燃烧

横向振荡燃烧实际上包括切向和径向振荡燃烧,其减轻方法主要为

(1) 减小压力脉动驱动能

该方法采用的主要措施是减小最大压力的脉动幅值和最大放热脉动幅值,破坏压力脉动和放热脉动在空间和时间(相位)耦合。由于一阶切向振荡燃烧的最大压力脉动幅值出现在相对应的加力燃烧室壁面上,一阶径向振荡燃烧的最大压力脉动幅值出现在加力燃烧室的中心轴线处,为了排除振荡燃烧,应防止在该处出现最大放热脉动。通过减小该处的油气比,避免该处存在脉动源,可以起到抑制振荡燃烧的作用。

最佳的方法是通过控制放热和压力脉动的相位差来排除振荡燃烧,但由于振荡燃烧反馈机制具体的细节尚不清楚,暂时无法控制。

(2) 增加加力燃烧室脉动机械能的损失

该方法主要采用防振屏来吸收切向压力和径向压力振荡的能量或用防振锥吸收横向压力振荡的能量。利用亥母霍兹共振器原理制成的带孔的防振屏对于频率低于 2000Hz 的各型横向声振都有很高的消振作用。

2. 减轻纵向振荡燃烧

由于纵向振荡燃烧的频率低,利用防振屏来抑制在结构上无法实现,只能通过调试来抑制。纵向振荡燃烧取决于燃烧过程组织的具体条件。由于声能振荡源和消散源分布于整个燃烧室空间,同时反馈过程的内在规律也尚不清楚,因此完全消除纵向振荡燃烧的方法是不存在的,采取某一措施在一台加力燃烧室上能减轻振荡燃烧而在另一台加力燃烧室上也可能强化振荡燃烧。因此,在设计加力燃烧室时,应首先分析可能出现的最危险的振荡燃烧类型及其反馈机制,以便有针对性地采取措施。下面介绍排除纵向振荡燃烧的措施和方法。

1) 减小压力脉动的幅值

(1) 利用外涵通道阻尼加力燃烧室的压力脉动

外涵通道对内涵压力脉动起阻尼作用,为了提高外涵的阻尼效果,在设计加力燃烧室时应防止混合器外涵出口速度过高,并尽可能地增加外涵出口面积。

（2）利用整流锥阻尼压力脉动

为了阻尼加力燃烧室的压力脉动，也可以在加力燃烧室整流锥的壁面上开设一定面积。小孔有一定厚度，相当于管道，其与整流锥封闭空间构成一个亥姆霍兹共振器。

（3）改变加力燃烧室的冷段长度（稳焰器和涡轮导向器临界截面之间的长度）和加力燃烧室全长，改变最大放热脉动区的轴向位置，使它处于接近压力脉动幅值的最小处，减小放热脉动反馈对压力脉动的影响。

（4）改变压力和放热脉动的相位差

压力和放热脉动的相位不同，则放热脉动输送给压力脉动的机械能也不同。Φ 为压力和放热脉动的相位差。当 $-90° < \Phi < 90°$ 时，燃烧过程驱动压力脉动。当 $90° < \Phi < 270°$ 时，燃烧过程将阻尼压力脉动。由于反馈机制细节的复杂性，目前尚无法预估和控制压力与放热脉动的相位差。

2）减小放热脉动幅值

（1）减小加力燃烧室的放热率

由于放热脉动和平均放热率成正比，减小加力燃烧室的平均放热率可以减小放热脉动，通过减小加力燃烧室燃烧区的气流速度和总油气比，可以减小放热脉动幅值。

采用发动机自动数字控制系统可以防止出现危险的振荡燃烧状态，即通过安装在加力燃烧室上的动态压力传感器，在检测到危险的压力振荡信号后，控制系统快速减小加力燃烧室的供油量，能够很快消除出现的振荡燃烧。

在现代发动机上，采用发动机自动数字控制系统可以使燃油流量和分布随飞行条件和燃烧过程稳定性的变化而变化，其在 F100W-220 发动机上已得到应用。

（2）改变燃油在加力燃烧室横截面的分布

改变燃油分布，尤其是改变最大放热脉动区的局部油气比，对减小放热脉动有重大意义，可以通过改变喷嘴形式、喷嘴的布局和喷射方向来达到减小放热脉动幅值的目的。

（3）改变沿加力燃烧室长度的放热规律

放热规律沿加力燃烧室长度变化，引起最大放热脉动梯度轴向位置变化，从而使压力和放热脉动耦合关系变化，理想的沿加力燃烧室长度的放热规律应使放热梯度最大处远离压力脉动幅值最大处。

（4）减小放热脉动对压力脉动的影响

从化学动力反馈可知，压力脉动主要通过物理过程反馈影响放热脉动，凡是改善混合气形成的措施都可以减小压力脉动对放热脉动的影响。例如，提高加力燃烧室进口压力和温度，改善喷嘴雾化质量，增加掺混段长度，采用局部预混的预燃火焰稳定器等。相反，采用低蒸发度的燃油，由于压力脉动对燃油蒸发度的影响较小，也可以减小压力脉动对放热脉动的影响。

(5) 改变多排火焰稳定器排列,减小当量放热脉动

多排火焰稳定器的最大放热脉动区在各排稳焰器回流区末端和火焰相互交汇处。改变多排火焰稳定器的排列,可以改变各最大放热脉动区的放热脉动相位,使其相互错开,相互抵消,减小其当量放热脉动的幅值。

(6) 防止稳焰器后缘旋涡脱落

从纵向振荡燃烧机制可知,当稳焰器边缘脉动速度大于一定值时,旋涡在脉动速度的作用下才能脱落。在设计加力燃烧室时,尽量将稳焰器截面处于压力波波腹附近,该区速度脉动小,不易造成旋涡脱落。可以增加稳焰器槽宽,提高旋涡的稳定性。利用主流输入回流区能够提高抵制旋涡脱落的能力。例如,在稳焰器壁面适当位置上打孔,让小部分能量大的气流进入回流区的顺流区,提高回流区能量。通过裙边稳焰器的裙边产生的流向涡,将能量大的主流气流卷入顺流区,提高回流区的能量和稳定性,从而防止大旋涡脱落引起的纵向振荡燃烧。

(7) 减小由稳焰器表面油膜不稳定蒸发引起的放热脉动

稳焰器表面的积油和油膜不稳定蒸发的燃油会周期性地卷入稳焰器后缘的回流区,引起大幅值放热脉动。如果放热脉动和压力脉动耦合则也会引发纵向振荡燃烧。可以通过改变喷嘴布局、喷射方向和掺混段长度来控制火焰稳定器表面积油,从而控制放热脉动幅值。

第 ⑬ 章

燃烧室试验

燃烧室工作环境恶劣、燃烧化学反应机制十分复杂,目前还没有一个完整的数学模型能够描述燃料(航空煤油)燃烧反应全过程的细节信息,因此,相较于发动机的其他研究方向而言,燃烧学算是一门实验科学,更需要通过开展工程规模的试验来验证燃烧系统的设计合理性。

燃烧室试验是通过地面的试验器(业内一般叫法,也叫"试验设备""试验装置"等),给被试燃烧室营造一个与发动机真实工作状态下相同或相似的工作环境,测取燃烧室模拟工作时内部的空气、燃料、燃气和结构件本身在各代表截面和位置的参数,如温度、压力、应力应变、工质成分、火焰结构等,直接或间接地获取燃烧室各项性能,考察结构的可靠性和工作寿命。在研制发动机燃烧室过程中,试验的主要作用有:

(1)为改进燃烧室的设计提供技术支撑,是项目产品研制中不可或缺的重要研制流程;

(2)形成试验数据库,在归纳总结的基础上发展或优化与燃烧室相关的设计方法与准则,完善设计体系;

(3)验证和确认研制过程中采用的新方法、新材料和新加工工艺,提前发现问题,避免将风险带入产品研制下游引起更大损失。

尽管现有的关于燃烧室的基础理论、设计方法、研究工具和加工制造工艺在不断地发展,但燃烧室的工作过程涉及气体的高速湍流流动、燃料雾化与蒸发、气液两相掺混、剧烈燃烧、热声自激振荡等复杂问题,是一个流、固、热、声等物理化学过程高度耦合的部件。现有能力无法仅通过一次尝试就成功地设计出完全符合技术要求的新型燃烧室。在相当长的时间内,先进的燃烧室试验方法和技术对高性能发动机暨燃烧室的发展具有极其重要的意义。

本章所定义的燃烧室试验特指燃烧室性能试验。燃烧室及其构件的可靠性和寿命试验,因为专业领域有较大差别,不在本章的描述范围。另外,工程规模的试验与高校开展的科学研究性试验有较大区别,在实现目标的方法、解决问题的思路,以及相关标准规范的约束等方面均有较大差异,本章将试图阐述清楚两者的差别。因此,本章的内容将始终带有工程思维的烙印。

13.1　试验的相关概念

13.1.1　燃烧室试验定义

工程规模的燃烧室试验是一项复杂的系统工作,包含需求论证、方案设计、被试件设计加工、试验器适应性改造、装配与安装、模拟运行/测试数据、性能分析等环节,涉及气动、燃烧、结构、强度、工艺、电气等专业,集合设计、加工、装配、测试、控制、保障等从业人员团队。要让一个初学者建立起燃烧室试验的系统概念,任何单一维度的文字描述都略显苍白、犹如管中窥豹;反之,如果事无巨细地逐一阐述,又会令人无章可循。

长久以来,国内的从业者对于燃烧室试验定义的理解和认识也是仁者见仁、智者见智。较少开展思想的碰撞和统一,随着"两机专项"的实施,航空发动机研发体系建设的迫切需求逐渐倒逼从业者开始进行理论总结并将工作经验显性化。经过逐步的收敛统一,目前倾向于将燃烧室试验定义为包含四个维度的集合,这四个维度分别为燃烧室试验器、试验方法、试验测试和试验数据处理。

(1)试验器:也叫作"试验装置""试验台""试验设备"等,是完成燃烧室地面模拟试验必不可少的硬件平台,为被试燃烧室提供一个模拟的工作环境,一般包括空气、加温、燃油、冷却水、测控、电气等子系统。

(2)试验方法:在大多数条件下,试验器并不能给被试燃烧室提供一个与真实条件完全相同的工作环境,需要基于相似理论采用模化的试验方法,并思考、研究如何模拟燃烧室进出口流场边界条件、选择何种测试手段、测点如何布局等一些最终能够保证燃烧室性能参数准确获取的理论与方法。

(3)试验测试:燃烧室试验中运用的主要测试技术的测试原理、工程方法、应用技术等。包括通用的如温度、压力、流量测试技术,也包括如燃气分析、高温高压内流场光学诊断等一些具有专业特点的特种测试技术。

(4)试验数据处理:包括数据的真实性、有效性判定,数据的规律性提取、图表等可视化表达,不确定度的评定等环节。

13.1.2　试验科目和工况

1. 主要试验科目

衡量一个燃烧室设计优劣的性能指标主要有以下几点。

燃烧效率：工程上常用燃烧完全系数代替，目前一般用燃气分析的方法测量燃气中未完全燃烧的组分浓度（可燃物的不完全燃烧度）从而得到燃烧效率。

出口温度分布品质：衡量燃烧室出口截面上温度分布的均匀性，该均匀性指标通常会根据涡轮部件的要求确定，一般用出口温度分布系数、周向温度分布系数、径向温度分布系数来表征。

污染排放：衡量燃烧室出口燃气中气态污染物和碳烟颗粒的含量，一般用排放指数、冒烟数、组分浓度等表征。

总压损失：衡量燃烧室进出口截面之间的气流压力损失大小，一般用总压损失系数、流阻系数等表征。

火焰筒壁温：衡量火焰筒结构可靠性和工作寿命，一般用温度绝对值、不同位置之间的温差表征。

点熄火特性：衡量燃烧室起动和稳定工作的边界范围。点火边界对应发动机不同工况下燃烧室能成功起动的最小供油量，熄火边界对应发动机不同工况下燃烧室能稳定燃烧（注意这个稳定燃烧和燃烧稳定性的稳定燃烧是有区别的）的最小、最大供油量。一般用点火余气系数、熄火余气系数等表征。

燃烧稳定性：衡量因气流脉动、供油量脉动等引起燃烧振荡的程度。一般用压力脉动大小、温度/流量波动大小、火焰传递函数等表征。

燃烧室流量分配：气流在燃烧室内各流路的流量比例，严格来说燃烧室流量分配是一个设计参数而不是一个性能指标，但因为加工、装配等环节的非设计影响因素，需要通过试验来检验流量分配的实际大小。一般用各流路空气流量占燃烧室总空气流量的百分比表征。

考虑所需试验器和试验流程的异同点，上述试验科目的试验可以分为以下四类：

1）气动性能试验

在燃烧室不点火的情况下，测试气流在燃烧室内部的气动性能，包括典型截面、典型位置的压力分布、关键区域的流场特征、不同流路的气量分配等信息。这些信息在细节上给燃烧室的气动设计提供了支持，宏观层面获取被试燃烧室的总压损失系数和流阻系数等性能指标。典型的试验科目有燃烧室冷态流阻试验和燃烧室流量分配试验。

2）燃烧性能试验

在燃烧室正常工作的情况下，测试燃烧室不同工况下的各项燃烧性能指标。典型的试验科目有燃烧效率试验、燃烧室温度场试验、火焰筒壁温试验、燃烧室污染排放试验等，由于这些试验的试验器、试验方法、测试手段大同小异，通常这些科目的试验都一并进行，统称为"燃烧性能试验"。

3）边界特性试验

在不同工况下，测试燃烧室的稳定工作边界，包括燃烧室起动的点熄火边界、不同工况下受油气比变化影响的可稳定燃烧边界,以及受气流脉动、燃油脉动等激励因素导致振荡等不稳定燃烧的边界。典型的试验科目有燃烧室点熄火特性试验、燃烧室油气匹配特性试验、燃烧室热声振荡特性试验。

4)支撑辅助类试验

支撑辅助类试验指为了完成燃烧室各类型试验需要开展的一些零部件的前置和支撑性试验,如燃油总管特性试验、喷嘴雾化特性试验、涡流器流量特性试验、专用设备调试试验、燃烧室充压检漏试验等,这些试验门类庞杂、牵扯面广、代表性相对较弱,不作为本章的重点。

2. 试验工况

燃烧室试验的状态参数一般参照发动机工作包线上典型工况的工作参数确定。

航空燃气涡轮发动机工作包线是指发动机能够可靠、安全、稳定工作并实现其规定功能、性能的空中范围,如图 13-1 所示。军用航空燃气涡轮发动机的典型工作状态在第 4 章做过简单说明,包括

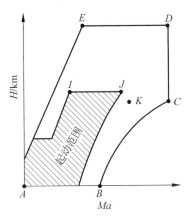

图 13-1　航空燃气涡轮发动机
工作包线

地面工作状态 A:包括地面慢车和地面起飞,地面起飞通常是军用发动机设计点;

最大气动负荷 B:低空大马赫,对应燃烧室进口压力最高、流量最大;

最大热负荷Ⅰ C:中空高速,对应燃烧室进口温度很高;

最大热负荷Ⅱ D:高空高速,对应燃烧室进口温度最高;

最小气动负荷 E:高空小表速,对应燃烧室进口压力最小。

试验时不仅需要获得典型工作状态对应工况的燃烧室性能,还需要开展其他相关状态对应工况的性能试验。

高空点火左边界 I:在点火包线范围内,对应燃烧室进口压力最小、温度最低;

高空点火右边界 J:在点火包线范围内,对应燃烧室进口压力最大;

巡航工作点 K:通常为民用发动机设计点。

燃烧室典型的试验工况对应发动机的典型工况下燃烧室进口的温度、压力、流量等指标。对于不同的工况,设计者所关注的重点和试验研究的内容也不一样。

13.1.3　燃烧室的试验件

典型的燃烧室试验件如图 13-2 所示,通常将除试验器固定设备以外,为开展试验所配套的全部功能段的集合体定义为试验件,一般包括前/后测量段、前/后转

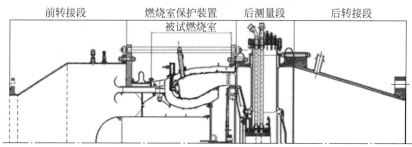

图 13-2　典型的燃烧室试验件

接段、被试燃烧室、被试燃烧室保护装置等部分。

前/后转接段：主要用于和试验器管网的转接，在尽量平缓的流场变化要求下完成试验件与试验器的物理连接。

前/后测量段：主要用于安装测量燃烧室进出口参数所需的受感部，较为复杂的还需要带动受感部做不同自由度的位移，有些时候也分别与前/后转接段合并进行一体化设计。

被试燃烧室：试验测试的目标对象可以是真实的发动机燃烧室，也可以是模型件。

燃烧室保护装置：防止被试燃烧室在试验器上可能产生的结构破坏而采取的保护措施。

组成试验件的各部分的核心是被试燃烧室，因为试验研究目的和项目研制阶段的不同，被试燃烧室可以有多种形式。对某些形式的被试燃烧室来讲，试验件保护装置尤为关键，笔者在从业生涯中也经历过因这方面认识不足而导致的燃烧室损坏，对试验失败的惨痛教训记忆犹新。

1. 被试燃烧室

随着技术的进步，为了追求更高的能量密度，航空发动机燃烧室一般设计为全环形结构,在环形的一周布置若干个相同的燃烧单元,这个燃烧单元被业内称为"燃烧头部",简称"头部"。为了避免大的技术反复,降低研制风险,燃烧室试验验证通常采用单头部、扇形、环形的阶梯式逐级验证的技术路线。相应的被试燃烧室可分为以下几类(图 13-3)。

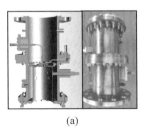   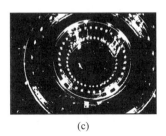

(a)   (b)   (c)

图 13-3　被试燃烧室的典型对象

(a) 单头部燃烧室;(b) 扇形燃烧室;(c) 环形燃烧室

单头部燃烧室:包含一个燃烧单元的模型燃烧室,主要用于燃烧室设计初期阶段,对拟采用的各种新型燃烧组织方式进行对比试验,从原理、机制层面进行考察,并初步筛选合适的结构方案。

扇形燃烧室:包含多个燃烧单元的(一般为 3～5 个)模型燃烧室,习惯上根据实际头部数量命名,如三头部燃烧室(含 3 个燃烧单元)或五头部燃烧室(含 5 个燃烧单元)等。对单头部阶段筛选出的具有潜力的头部方案进行燃烧性能、构型等物理层面的集成验证。

环形燃烧室:具有全方位的验证设计技术,与发动机燃烧室的真实尺寸相同,可以直接利用发动机燃烧室部件,也可以按真实尺寸设计加工专用于试验的环形燃烧室。专用于试验的燃烧室可在结构强度裕度、接口适应性、测试安装孔座等方面充分照顾试验环节的需求,直接采用发动机燃烧室部件开展台架试验则需要采取保护措施。

2. 燃烧室保护装置

利用发动机燃烧室部件直接在试验器上开展试验,会因为燃烧室在试验器上受到与在发动机上不一样的气动力导致结构破坏,需要相应的保护装置。

图 13-4 是在试验器上开展燃烧室试验的局部流程原理,为满足试验器管网的承力要求,通常需要在试验件进口的管网上设置一固定支撑,图中设置在加温装置处。同样,后部管网也设置了固定支撑。两个固定支撑之间安装被试件、喷水降温装置、调压阀、排气段等设备,排气段与后部管网采用套筒结构相连,一方面保证了设备热胀冷缩能自由释放;另一方面,通过调节排气段插入套筒的深度可以在较大范围内适应被试件的长度变化。

在试验器上开展试验时,调压阀前为燃烧室状态压力,调压阀后为排气压力(接近大气压)。调压阀前后压差所产生的气动力(盲板力)会通过设备管网传给被

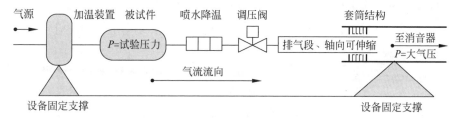

图 13-4 被试燃烧室受气动力原理

试件。被试件某个截面最终会承受一个与燃烧室状态压力及该截面面积正相关的轴向拉力。燃烧室状态压力越高、截面面积越大,被试件在该截面所受的轴向拉力就越大,这个力(可轻易达到数十吨的量级)足以将发动机燃烧室部件(为追求质量指标,燃烧室部件承力结构一般为薄壁件)损坏。

燃烧室部件在发动机上工作时也承受高压,为何不会因为高压差产生的气动力损坏呢?图 13-5 是简化的两种受力原理模型的对比。左边为燃烧室部件在试验器上试验的受力模型,右边为燃烧室部件在发动机上工作的受力模型。可以看出,在真实的发动机上,大部分气动力通过传动轴传递,在压气机和涡轮部件上相互抵消,并不会作用在燃烧室壁面上。图 13-2 的拉杆结构实际就起到了与传动轴同样的传力作用,将调压阀处的气动力传递给被试件前端的固定支撑抵消,起到保护被试燃烧室的作用,同时在拉杆保护的范围内需设置波纹结构以解决燃烧室的热膨胀释放问题。

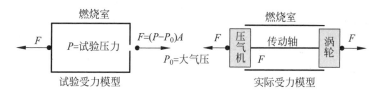

图 13-5 燃烧室在真实发动机和试验台架上受力的比较

13.2 燃烧室的试验器

燃烧室试验器是一套给被试燃烧室营造与发动机相同或相似的工作环境的地面装置。完整的试验器概念由气源、燃料、电力、冷却水等供应系统,空气管网、加温装置、调节阀门、冷却装置等工艺设备,以及厂房、照明、消防等土建条件组成。因水电油气等供应系统一般为公用设施(多试验器共用),土建条件仅作为保障条件存在。业内一般意义上讲燃烧室试验器特指由本体工艺设备组成的相对独立系统。

从 20 世纪 70 年代开始,国内以发动机研究所和航空院校为主,逐步建立起了数十台(套)规模大小不一、门类较为齐全的燃烧室试验器,为我国航空发动机产品研制及燃烧相关技术的发展奠定了良好的基础。特别是近年来,随着"两机专项"的实施,国内各高校、研究院所加大投入,促使燃烧室试验器的能力、规模、功能等有了长足的进步。

国际上,发动机技术先进的国家(如美、英、俄、德、法、日)从 20 世纪 50 年代起,就陆续建设了多台(套)燃烧室试验器,表 13-1 列举了一些典型代表。根据有限的公开资料,不难看出,这些国家在试验器建设上有几个特点。

表 13-1　国外典型燃烧室试验器

设备名称	空气流量/ (kg/s)	空气 温度/K	空气 压力/kPa	投运时间	单　位	国　别
ASCR Leg 2 单头部 燃烧室	4.5	922	6200	不详	NASA	美国
ECRL-1 全尺寸燃烧 室试验器	129	922	800	20 世纪 60 年代	NASA	美国
ASCR 亚声速燃烧 室试验器	23	975	6000	1995	NASA	美国
扇形燃烧室试验器	23	866	3800	21 世纪 10 年代	GE	美国
伊文代尔燃烧室试 验台	80	1113	8300	2015	GE	美国
X903 高压扇形燃烧 室试验器	11	921	4310	20 世纪 80 年代	P & W	美国
全环燃烧室试验器	113	900	2460	20 世纪 70 年代	R·R	英国
扇形燃烧室试验器	18	923	2200	不详	R·R	英国
ц5 燃烧室试验器	60	1100	2000	20 世纪 50 年代	CIAM	俄罗斯
ц-16 燃烧室试验器	10	1000	5000	20 世纪 60 年代	CIAM	俄罗斯
HBK-2 高压燃烧实 验台	30	850	4000	不详	DLR	德国
HBK-3 高压燃烧实 验台	10	970	4000	1995	DLR	德国
高温高压燃烧室试 验设备	6	923	633	1983	SNECMA	法国
K11 高温高压燃烧 室试验器	100	1073	6000	不详	DGA	法国
AP-6 环形燃烧室试 验器	20.5	753	2000	2007	JAXA	日本

(1) 前瞻性强:在试验器建设上考虑长远,试验器未来应用的需求捕获和响应较为系统和充分,即便是 20 世纪 50—60 年代投运的试验器目前仍然能够承担试验研究任务,试验器的生命周期较长,值得我们借鉴学习。

(2) 起点高、投入大：试验器的建设起点高且持续升级，20 世纪最初建设的一批燃烧室试验器的能力指标都相对较高。2015 年，GE 公司在俄亥俄州伊文代尔耗资约 1 亿美元建成投运的某燃烧室试验器，堪称目前世界上综合能力最强的燃烧室试验器。即便在今天，投资规模、建设难度仍然会让我们望而生畏。

(3) 配套功能完善：房子建得好，装饰、装修工程也需要跟上，才能更加舒适、便利。相对而言，发达国家的燃烧室试验器配备的各种测试手段较为齐全，试验测试技术更为先进。同时，在试验器的适用性、便利性等方面考虑得比较完善、系统，能够最大限度地发挥试验器的潜能，提高试验器使用的灵活性。

(4) 技术牵引作用明显：更高性能试验器的投运提高了试验研究和物理验证能力，能极大地促进了发动机燃烧室研制技术的发展。各国技术实力的排名与其拥有的试验器能力规模也基本对应。

燃烧室试验器用来给被试燃烧室提供一个与发动机相同或相似的工作环境，衡量这个工作环境的重要指标就是燃烧室的进口温度、进口压力、进口流量，这三个指标也代表了一个试验器的能力，决定了试验器能够给先进被试燃烧室提供工况的相似度。经过数十年的积累和近几年的加速发展，单从这些衡量试验器硬件能力的性能指标看，国内燃烧室试验器的综合能力已接近国际先进水平，现有燃烧室试验器的进气压力可达 4.5MPa 以上，进气温度可达 1000K 以上，进气流量超过 120kg/s，硬件能力取得了长足的进步。但在其他方面，如对试验模化机制的认识，试验方法的应用，测试环节精准度和不确定分析、数据的深度挖掘和利用等软实力还有较大进步空间。

高校和企业作为燃烧室试验器建设的主力军，因其目标使命不同，试验器建设的思想理念和关注点也存在较为明显的差异。相对而言，高校的试验器应用侧重揭示和发现一些规律性的内容，科学性更强。发动机研制企业的试验器应用侧重验证和检验产品的性能，工程性更强。尽管燃烧室试验器的原理和流程都大同小异，但工程规模的试验器相对于高校研究性质的试验器来说具有规模大、投资高、建设周期长、运行成本高、规范性强、灵活性不足等特点，二者形似神差，拥有各自特色的建设和运维的理念内涵。本节主要以工程规模的试验器为目标进行阐述。

13.2.1 试验器的原理

图 13-6 和图 13-7 分别为典型的燃烧室燃烧性能试验器和燃烧室高空点火试验器的原理图，可以看出，两类试验器的原理和流程差别不大。业内定义的试验器一般指小框内的部分。为尽量提高其利用率，试验器所需要的水、电、气、油等供应源（供应系统）一般作为某个试验基地或多个试验器集群的共用设施，不归入单个

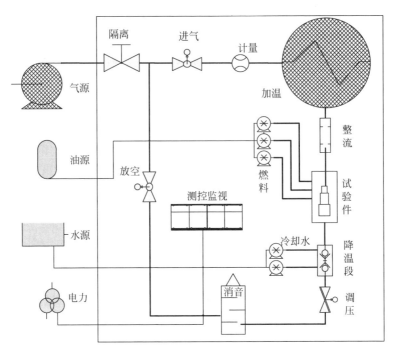

图 13-6　典型燃烧室综合性能试验器原理图

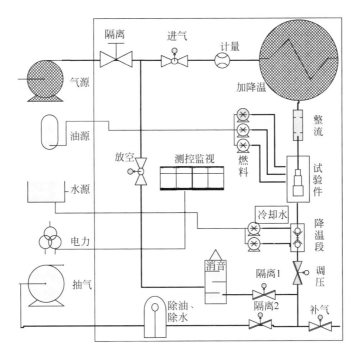

图 13-7　典型燃烧室高空点火试验器原理图

试验器的工艺设备。但单个试验器专用的油、水二次增压、空气二次加降温、电力二次调压整流等设施会归入试验器内部工艺设备。

典型燃烧室燃烧性能试验器的工作原理：气源系统提供压缩空气（通过压缩机组从大气吸气压缩后由高压管道输运到试验器入口），打开代表试验器内外分界面的隔离阀，压缩空气进入试验器内部，试验所需的空气经进气阀后计量准确流量，之后进入加温装置加温到燃烧室进口所需温度，多余空气经放空阀排入消音器放空，试验件供油燃烧，在特定工况下测取相关参数，燃烧室排出的高温燃气经喷水降温后排入消音器。

高空点火试验器与燃烧性能试验器的工作原理主要存在两方面差别：一是试验件进口需要空气降温装置，因为发动机燃烧室在地面、高原、高空点火时，燃烧室进口温度会低于试验器当地的大气温度，试验件进口需要对接近当地大气温度的压缩空气降温；二是试验件出口需要有抽负压的装置，因为如果在高空、高原起动，燃烧室进口压力会低于试验器当地大气压力，需要采用抽气机组或引射器将负压气流排入大气。除此以外，其他的流程原理基本相同，以燃烧性能试验器为例分解典型的试验流程如下：

试验前检查：对试验器各系统、各工艺设备做技术状态检查，确认其技术状况和初始状态符合本次试验要求。如电加温装置对地绝缘值、油泵水泵盘车、阀门开关位置、数据采集通道配置、测试信号零点漂移、试验件安装状况等，总检查项目约有几十项，根据检查记录表逐一检查、签字认可。

供气：在确认试验器具备开车条件后，主试验员统一指挥协调，水电油气各外围供应系统按试验需求起动动力设备，将水电油气按需供入试验器。一般水、油为恒压力源供应方式，电力为恒电压源供应方式，进入试验器内部后采用截止、限流等方式调节；空气为恒流量源供应方式，进入试验器内部后采用分流、放空等方式调节。以空气为例，在刚供入试验器时，试验器处于全放空状态，一方面等待气源压力的稳定，吹扫沿程管线；另一方面，等待调节的控制权限由气源供应系统为主转为以试验器控制为主的交接。

检漏：在压缩空气全部进入试验器放空，待吹扫一定时间（视情，一般 10～30min）、压力平稳后，开启进气阀，关闭放空阀，逐步将压缩空气导入试验件，用调压阀调节试验件压力（油、水系统配合跟进），进行试验件及试验器各设备的泄漏检查工作。出于安全考虑，一般的经验做法是在压力不超过 0.5MPa 时，人员才能进入现场检漏；在压力高于 0.5MPa 时，一般调节到该压力下稳定保持一段时间（10～20min），之后下调压力至 0.5MPa 以内，人员再进入复查。检漏重点关注影响试验安全的因素，如压力测试接管漏气、油管接头松动渗油、承压件焊缝裂纹渗漏等情况。在检漏的同时，检查测试系统工作是否正常、各通道采集值是否合理。

升温：检漏环节完成后，加温系统投入使用，提高试验件进口空气温度，升温速率以 10K/min 左右为宜（以目前的加温技术来看,升温速率可以远大于 10K/min,这个经验数据更多地考虑了试验器高温管网对温度变化的长期耐受度、试验件升温过程中需要在热平衡后暴露问题等因素）,在升温过程中,需要油水系统匹配,择机将燃烧室点火,更充分地暴露试验件可能的问题,进一步检验油、水、测控等系统的工作情况。

调节状态录取数据：在温度接近试验工况点时,预调节燃烧室进口的空气压力、空气流量和供油量,所有工况参数到位后,按要求记录试验数据,完成后调节下一工况,顺序完成该次试验所有工况的试验内容。对一个有责任心的参试者来说,这个阶段的心情是最忐忑的,无论是试验件还是试验器各系统,都会进入本次试验的最大工作状态,此阶段出现问题的概率最大且难以有效处理,多发生影响试验进程甚至导致试验失败的情况。

降温熄火：完成所有试验工况的数据录取后,降低燃烧室工作状态(工作压力和供油量),加温系统减小输出功率,空气按 15K/min 左右的速率降温。降温过程中,燃烧室择机熄火,燃油系统关闭退出。加温功率降为零后系统关闭退出,待空气温度低于 480K 后,停止直喷水供应。

气源退出：直喷水停供以后,继续保持几分钟的通气状态,确保排气管道内无液态水存留,之后逐渐打开放空阀,关闭进气阀,将压缩空气逐渐转入全放空状态,这个过程可能需要水系统配合(间接冷却水可能承担平衡气压的作用),之后水系统关闭退出。主试验员协调气源退出,关闭进气隔离阀,宣布试验结束。

试验后检查：试验结束后,对试验器各系统、各工艺设备进行检查,确认其技术状况是否正常；相关的阀门位置、电源通断、压力释放等是否符合要求。根据检查记录表逐一检查、签字认可,整个试验流程结束。

13.2.2　试验器的构成

为了建立对燃烧室试验器更深一层的概念,可以把视角从试验器层面向下延伸到工艺系统层面,一台典型燃烧室试验器主要由空气系统、加温系统、燃油系统、冷却水系统、测试系统、电气控制系统、附属系统等组成。

空气系统一般指试验器中与压缩空气发生关联作用的系统,是输运、调节、计量压缩空气的工艺设备集合,如图 13-8 所示。实际的工程模型如图 13-9 所示。空气系统主要的工艺设备包括空气管网、流量计量装置、整流器、喷水冷却装置、各类阀门等,是燃烧试验器最重要的系统,其工作原理在试验器工作原理层面已有充分体现,其设计技术难度很大程度上决定了试验器的建设难度,系统建设成本在整个试验器中占比约 1/3。

加温系统特指试验器上为空气加热,以模拟燃烧室进口(发动机压气机出口)温度的系统,为保证进入燃烧室的空气组分与真实发动机工作时一致,对加温系统的基本要求就是不能污染空气。目前,应用较为广泛的为电加温方式,其系统工作

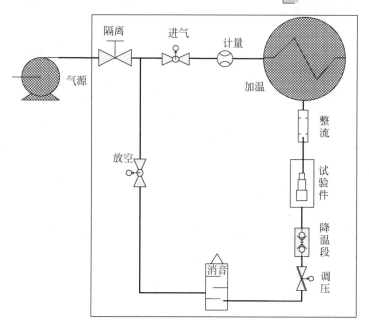

图 13-8　试验器的空气系统原理图

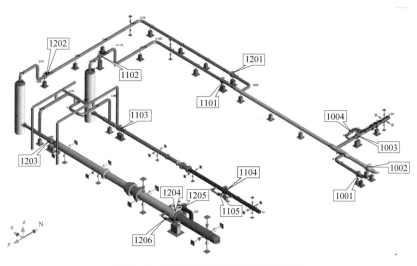

图 13-9　试验器的空气系统工程模型

原理图如图 13-10 所示。空气进入电加温炉,与炉内电热管壁面进行对流换热,升温后供入试验器下游管网,电加热管的发热功率(气流加温所需能量)由调功系统控制,调功系统根据中控系统下达的目标指令改变加载在加热管上的电压完成控制。系统还应具有加热管超温报警、空气断流停机报警、漏电保护等功能。

燃油系统用于将外部输运到试验器的带有一定压头的燃料(航空煤油或其他新型燃料)进行二次增压,满足试验的供油压力需求。除了增压的基本功能外,燃

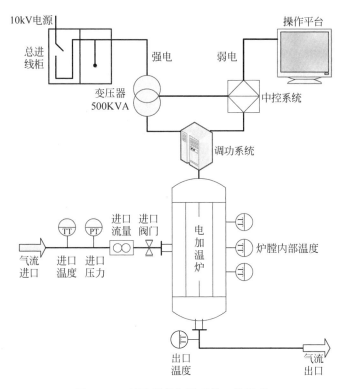

图 13-10　试验器的加温系统工作原理

油系统还应具备过滤、稳压、流量调节、流量计量、防止空气反串、应急切断、积油吹除、防爆等功能。系统原理如图 13-11 所示。燃油经代表内外分界的截止阀进入试验器管路后，经过滤稳压等预处理后，由油泵二次增压，增压后的燃油一部分经流量计量后供入用油点，另一部分回到增压装置入口继续循环。

冷却水系统用于将外部输运到试验器的带有一定压头的部分冷却水进行二次增压，并将不同压头的冷却水分配到试验器各用水点（放空气流降温喷水、加温炉壳体冷却水、试验转接段冷却水、排气直喷冷却水、受感部冷却水等）。除了分配、增压的基本功能外，冷却水系统还应具备过滤、稳压、流量调节、防气蚀、防水锤等功能。系统原理如图 13-12 所示，水源由供水总管经截止阀进入试验器内部，多采用离心水泵进行二次增压后，供入不同的用水点，未消耗的水经回水阀到回水总管，经散热后参与循环。

测试系统用于测量试验过程中的各种数据，大致可分为用于试验器运行状态监控的参数和反应试验件性能的参数两部分，其工作原理如图 13-13 所示。采集器层主要包括各类受感部和传感器，以电信号的形式感知并收集数据；数据采集层将电信号数据转换成物理量，并按需进行汇总和分发，供各操作岗位研判使用；数据性能层对数据进行初步整理分析，为试验的进程决策提供依据，并纳入统一管理和远程传输。

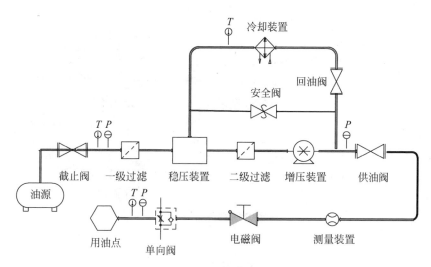

图 13-11　试验器的燃油系统工作原理

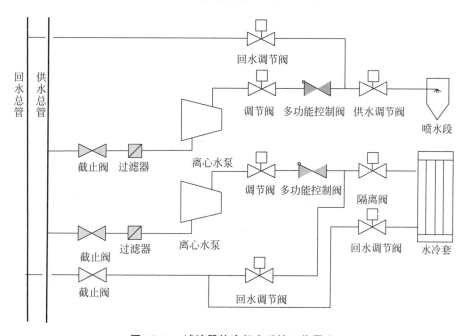

图 13-12　试验器的冷却水系统工作原理

　　电气控制系统主要用于试验器各系统、各工艺设备的供配电和运行控制,如图 13-14 所示,外部高压电输送到试验器高压总进线柜,之后按不同功率、不同电压等级分配为多个电气回路,实现试验器内各设备的独立配电,同时主控 PLC 根据下发的控制指令,结合系统采集的设备当前的运行状态参数,控制各用电回路的通断和电流、电压以实现对设备的操作控制。

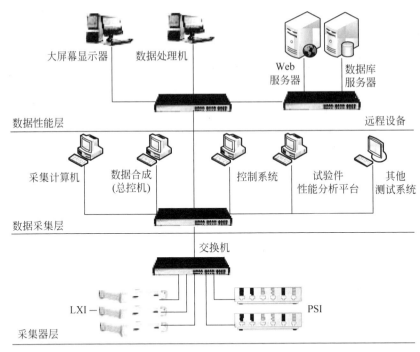

图 13-13 试验器的测试系统工作原理

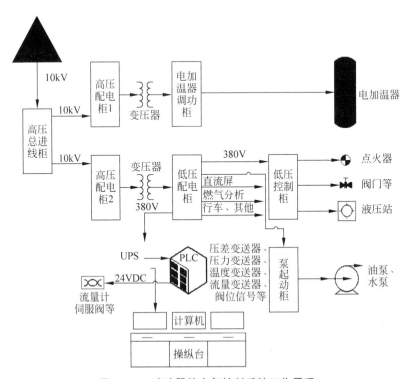

图 13-14 试验器的电气控制系统工作原理

附属系统主要指试验器其他重要程度相对不高的功能模块,如声讯监控、消防、消音等。

13.2.3 关键工艺设备

燃烧室试验器中一些研制难度较大、价值较高的设备定义为关键工艺设备。主要有高温高压空气管道、加温装置、整流器、高温高压阀门、喷水降温装置、水冷却器、除沫塔等。

1. 高温高压空气管道

图 13-15 中,加温器出口至试验件进口的管路是典型的高温高压管道,承受着试验器最高设计指标所代表的高温高压环境条件。现在试验器的设计寿命一般在30 年以上,按国家标准的设计强度,设计许用应力的取值原则,强度储备约为发动机燃烧室强度设计的 4 倍。按目前的高水平管道要求,其设计强度要求相当于一个耐压近 20MPa、耐温超 1000K 的燃烧室机匣。

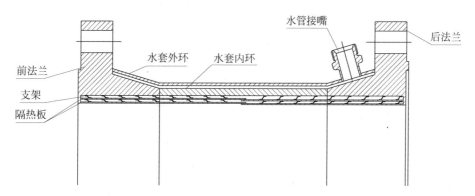

图 13-15 水冷管道工作原理

高温高压管网理论上可以有几种方案,水冷管道、内衬隔热管道、高温合金管道、耐热不锈钢管道。得益于材料技术的不断进步。目前,燃烧室试验器普遍采用的还是耐热不锈钢管道,还没有被迫应用其他的方案(很显然这些方案在工程上都有负面的问题),随着一些新型燃烧室试验器对进口温度要求的提高,必须发展新型管网的工程解决方案。

2. 电加温炉

加温装置用于加热试验件进口空气,达到模拟燃烧室进口气流温度的目的。根据目前的技术水平,对加温装置的一般要求是不污染空气(空气成分不变)、控制精度高(±3K)、一定的升温速率(20K/min)、工作安全可靠、操作简便快捷。

到目前为止,燃烧室加温装置已历经了几种主要形式,从最早的改装老式发动机燃烧室用作直接加温装置(污染空气目前已基本淘汰),到采用燃气换热原理的无污染加温装置(天然气燃烧换热加温、发动机尾气换热加温、试验台排气换热加温),再到目前广泛采用的电加温装置(图 13-16)。电加温装置具有保证空气质量、换热效率高、加温速率快、温控精度高和操作简便等绝对综合优势。

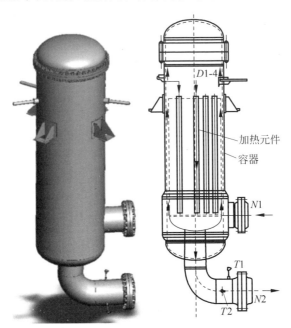

图 13-16 电加温装置的典型原理

3. 喷水冷却装置

喷水冷却装置用于冷却燃烧室排出的高温燃气,将燃气温度控制在一定范围(一般为 200℃以内),以保护下游设备并顺利排空。根据冷却负荷、冷却后温度均匀性、冷却装置压力损失、工作寿命等不同要求,喷水冷却装置有多种形式,如壁面直接开孔喷水、喷水杆伸入流道喷水、离心雾化喷嘴喷水等。

典型的喷水冷却装置如图 13-17 所示。喷水装置沿气流方向设置多级喷水环,每道喷水环单独控制喷水量,冷却水经环上布置的若干个离心喷嘴雾化后正对气流喷出。多级喷水环的设置可根据冷却负荷大小、灵活选择开启某一环或几环,每环多个雾化喷嘴设置可有效提高冷却效率且冷却后的温度均匀性较好。

喷水冷却装置处于一个温度剧烈变化的工作环境,其壁面,特别是燃气来流方向的内壁面,由表面温度变化导致的材料疲劳、由壁面厚度方向上温度变化导致的温差应力、由气流冲刷产生的强烈振动引起的材料疲劳是影响使用寿命的三大因素。即使是按照静强度无限寿命的设计在实际使用中也仅有数百小时的工作寿命。这种热机动态变化对寿命的影响目前还没有好的技术手段进行量化评估,更多的是根据经验、试错法不断优化迭代。好在其价值相对不高,定期维修更换也是当前多采用的一种折中办法。

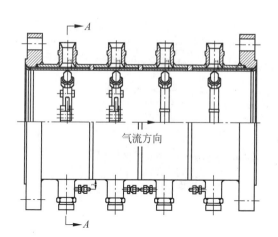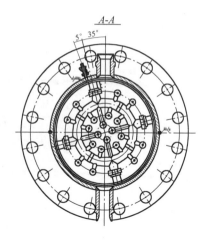

气流方向

图 13-17 燃气喷水冷却装置

4. 整流器

为了尽量控制高温高压管网的长度,降低设计难度和建设成本,在加温器出口至试验件进口的管路上通常会设置整流器,期望在最短的流动距离内达到试验件进口对空气流场均匀性的要求。目前,对燃烧室试验而言,这个均匀性要求还没有明确的规范,在实际工作中,可以用综合畸变指数不大于 0.4% 作为指导。如图 13-18 所示的空气整流装置是一种典型的整流器结构,通过多级整流结构,在付出一定压力损失的代价下,可以尽量将因上游阀门截流、流路弯折、两股不同温度气流掺混等原因造成的压力、流速、温度的不均匀在最短的距离内调整到位。

5. 高温高压阀门

阀门是试验调节控制的主要执行机构,其性能和可靠性直接决定了试验器的操控性能。在高温(600℃以上)、高压(试验领域一般定义为 2.5MPa 以上,与阀门生产制造企业所定义的高压不一样)且工况不断交变的复杂环境下,阀门易发生结构破坏、运动元件卡滞、密封失效等问题。可靠性良好的阀门对设计能力、制造工艺的要求很高,国内大多数厂家因为市场小、技术难度大、无政策支持等原因难以深耕,很长一段时间,高品质的高温高压阀门多依赖进口。近年来,越来越多的国内厂商开始关注这一领域,加上工业部门的积极配合,高品质的高温高压阀门生产量已经有了明显的提升。

阀门的结构形式有很多种,用于燃烧室试验器中的一般有三类,第一类起气路的通断作用,多采用闸阀、截止阀;第二类可调节流量,多采用流通面积等线性变化的调节阀、蝶阀;第三类可调节压力,多采用流通面积等百分比变化的调节阀、蝶阀。其具体规格根据密封等级、压力损失、振动噪音、调节精度等综合选择。实际工程中也经常出现一些因应用场景不同而带来的系统耦合问题,没有类似工程经验的话在设计过程中很难主动规避。在一个真实案例中,某试验器的一个排气

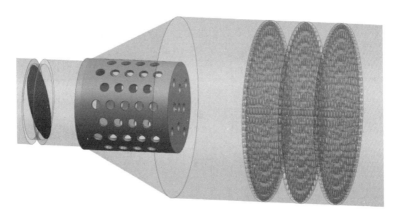

图 13-18　空气整流装置

调压阀门在安装完成后的通气调试过程中未发现问题。但在开展燃烧室试验时，系统调压的稳定性较差，燃烧室压力波动较大，几经分析查找原因，最终发现问题出在调压阀内部的阀座结构。在阀座下方相对的通道内表面有凸起结构，燃烧室后部未完全汽化的冷却水无法顺畅排出（需要翻一个台阶，造成水流不连续），导致气流的压力波动，之后将其旋转 90°安装，问题得以解决（图 13-19）。

图 13-19　旋转 90°安装的调压阀门

13.2.4　试验器的设计

　　燃烧室试验器设计也是一项系统工程，设计一台高水平燃烧室试验器的工作量和技术难度并不亚于设计一台先进燃烧室，但其技术难度并不主要体现在某单一设备上。一台燃烧室试验器从需求提出到投入使用的全过程设计工作，可以被划分为不同层级。

1. 需求分析与管理技术

　　在建立燃烧室试验器的论证初期，主要的设计工作是在明确核心需求的前提下，准确把握专业发展方向、行业发展趋势，以及国内外的政治经济形势，结合各方因素提出试验器的建设指标与功能。这个阶段的难点在于各方需求的捕获分析、内外信息的收集和准确研判，且这个工作没有标准可循。比如，在面临同样的核心需求下,试验器设计指标的确定就有不同的理念流派,姑且用技术流和工程派予以区分。技术流的理念是试验器指标可以偏小、采用模化实验获得试验结果,与真实条件下的差距可以通过数学方法修正得到,极大地降低了建设和试验成本。工程派的理念则比较简单干脆,设备能力指标尽量涵盖试验需求,在真实状态下开展试验,得到的试验结果更加真实有效,建设和运营成本作为其次考虑。上述两种理念没有对错之分,也没有明显的标准和界限,需要设计者结合各方信息综合权衡。这个阶段的设计工作并不考验设计者具体的能力水平(如进行性能计算和结构设计),更多的是需要其把握专业领域的发展方向和对各方需求的深层次理解,更需要设计者有专业技术领军人物的全局视野和技术自信。

2. 总体设计技术

在确定一台燃烧室试验器的核心功能、性能指标后,试验器设计进入总体方案设计阶段,这一阶段通常被认为是实质性的设计技术工作(事实上,需求分析和管理也是设计工作的一部分)。在工程实际中,围绕一台燃烧室试验器建设的需求和约束是多维度的,涉及结构、强度、传热、电气、控制、土建、安全、环保、职业健康、高效、智慧等方方面面,远远超出狭义设计技术需求的范围,若按条目梳理可轻松达到上百条,且部分需求与约束之间本身就是矛盾的。协调好各方需求通常是没有也不可能有标准的,如何把握平衡,系统方案采用何种技术途径、关键设备选择何种结构形式、限制约束条件对总体方案的影响大小等都将考验总体设计人员的智慧,需要设计人员掌握各方面的实质要求和相关背景技术,对设计人员的知识广度要求较高,更需要设计者有技术专家的知识储备和多学科技术的集成能力。

3. 高温高压非标设备设计技术

总体技术方案确定后,设计工作的主要视角逐渐转移到具体的工艺系统和设备上,尽管在实践中两个层面的工作通常是并行开展的,但逻辑上可以这样看待其顺序关系。燃烧室试验器涉及的设计难度较大的非标设备或系统主要有空气管网系统、高温高压管道、加温系统、高温阀、高温整流器、喷水冷却装置等,主要的设计难点在于以下几方面:

一是基本没有设计标准和准则可遵循,比如在计算空气管道的直径时,因为试验器涵盖的空气体积流量变化范围很宽(试验器本身的空气压力、流量范围就很宽,加之不同试验对象的压力流量特性差异较大),若参考国标或其他行业标准规定的气流流速取值范围,保证在最大空气体积流量条件下不超标,则在大多数工况下设计的冗余度会偏高,造成无法接受的体积庞大、建设经费高、性价比低等问题。往往需要结合实际情况,在没有规范遵循的情况下,根据工程经验进行非标设计;有些情况下还需要发展、制定相关的设计标准与准则。

二是对设计方法的准确性要求越来越高,在高温高压的恶劣工作环境下,材料或结构的温度、应力负荷经常接近或超出其耐受极限,给予设计的修改余地很小,这就要求设计者在结构设计、性能计算上应把握细节,深入细致地研判、优化。例如,在燃烧室出口水冷转接段设计中,内层壳体(一侧为高温燃气、另一侧为冷却水)要承担燃气和冷却水的压差,需要结构具有较高的刚度,倾向于增加内层壳体壁厚;但壁厚又直接与两侧温差正相关,为降低温差应力,又会倾向于减小内层壳体壁厚,所以必须精确评估,计算最佳取值。而且,就该设计为例,按目前常用的三维仿真计算方法及判据,在燃气温度较高、流速较大(换热剧烈)的典型场景下,理论计算结果基本得不到一个既满足刚度要求、又满足温差应力不超标的结果,通常会存在局部应力超出材料强度极限的情况。但实践证明,计算结果与实际情况还是存在较大差异,后经分析认定,是计算中把壳体视为完全刚性结构,使温差带来的变形不能释放导致应力超标;而实际在应力达到一定程度后,结构会产生微小形变,使应力得到释放。该结果说明计算方法存在较大偏差,需要考虑实际情况,将变形影响纳入设计边界,进一步提高计算准确度和设计计算能力,才能更好地指导实际工作。这就要求技术人员有熟练的设计计算工具的应用能力,以及对自己完成的具体工作在总体的位置和作用有良好的理解。

三是存在多学科知识集成的需求,如在一台电加温炉的设计中,涉及结构、强度、气动、换热、控制、电气等多方面技术的设计工作,同时部分场景还存在如热固、热固流、流固等多种耦合关系,这就对设计者提出了较高的要求,一方面要求设计者的技术较为全面,各方面需求都能驾驭(实际中这种可能性较小);另一方面要求设计者具备宏观视野,能够将这种集成技术拆分为一个个相对独立的子技术,并具备把各子技术成果合成应用的能力。

万法归宗,无论多么复杂的系统技术、经过层层分解,最后都会落脚在一个个相对单一、明确的底层技术问题上,解决这些底层技术问题所需的设计技术实际就是一些分析计算(如气动、换热、强度、寿命等)方法。需要注意的是,这些分析计算方法只是一种验证、校核手段,其本身不具备原始创新的能力。在很多实际场景中,一个优秀设计方案的核心往往是脑海里灵光一闪所迸发出来的新奇想法或实物结构,若在此基础上能够利用科学的计算分析方法予以验证,优化完善,那么这种基于丰富工作经验的创新灵感就是最具价值的。但大多数人在实际工作中并没有意识到这些灵感,或者说这些灵感不能被量化、显性化。能够被量化的还是计算仿真、绘制图纸的具体技术活动。

4. 调试和应用技术

一台试验器在实物形象上完成建设,也仅仅是有了躯体,还需要较长时间的磨合、调试、应用和优化迭代工作,才能充分发挥潜能,具有"灵魂"。试验从业人员长期在试验器上"摸爬滚打"、与其朝夕相处,最终能否达到"天人合一",是检验从业者是否用心、优秀的重要指标。

为降低磨合周期,应在试验器研制的全过程贯彻精益思想,广泛听取各方意见、系统布局,吸取历史经验教训是较为有效的手段和必要的工作。为了工作逻辑的延续、设计细节的关注,在条件允许的情况下,设计者和使用者最好为同一群体。

13.3 燃烧室试验方法

燃烧室试验方法主要指燃烧室试验工作中所遵循的相似准则,以及基于相似准则的模化实验方法,也包括不同科目试验的试验件设计、性能参数获取的技术途径、所采用的测试手段和测点布局等。

13.3.1 模化实验方法

理论上讲,试验器最好能提供一个与发动机完全相同的工作环境,这个环境主要包括以下方面。

工作状态:燃烧室的典型工作点,匹配发动机的不同工作点,表征燃烧室的工作负荷,以燃烧室进口空气的平均温度(T_3)、压力(P_3)、流量(W_3)三个参数衡量。

进口流场:燃烧室进口速度、压力、温度的空间分布和时间分布,因压气机出口的气流余旋、流动附面层、发动机吸水沿程蒸发、气流脉动等影响,在发动机工作的条件下,燃烧室进口流场并不完全均匀,压力一般用综合畸变指数衡量,温度与速度用不均匀度衡量。

燃料匹配:燃料的物理化学特性及空间分布,包括燃料的组分、温度、压力、流量、喷雾粒径、喷雾锥角、相对穿透深度等。

容腔效应:发动机燃烧室工作在一个前有风扇压气机、后有涡轮喷管等部件包围的空间,这个空间的尺寸特征和封闭结构方式直接影响燃烧反应和气流流动的效果,特别是对于燃烧稳定性(振荡燃烧)。台架试验时也需要营造一种当量等效的容腔效应。

过渡态效应:当发动机工作时,燃烧室部分的典型工作点(如起动点火)是一个动态变化过程,状态参数在变化过程中的性能与稳定工况的性能也存在差异,需要在试验器上模拟燃烧室工况的过渡态变化。

几何尺寸:燃烧室的结构尺寸直接影响气流的流动状况和燃烧性能,在试验时模拟真实的结构尺寸是有利的,无论缩尺还是截取部分都是有偏差的,即便是完全对称的结构,也存在气动分界面上的相互作用和影响。

可以说,要想在地面试验器上,特别是工程规模的试验器上营造一个与发动机完全相同的燃烧室工作环境是不可能的,也是得不偿失的,模拟的真实度到一定程度后就失去了工程价值而仅存在科学意义。现实中采用的方法是抓主要矛盾。在工程上,不同类型的燃烧室试验一般能顾及的因素可总结为如表 13-2 所示。

表 13-2 典型燃烧室试验的模拟条件

	气动性能试验	燃烧性能试验	边界特性试验	支撑辅助类试验
工作状态	★☆	★☆	★☆	★☆
进口流场	※○	※○	☆○	—

续表

	气动性能试验	燃烧性能试验	边界特性试验	支撑辅助类试验
燃料匹配	—	★☆	★☆	—
容腔效应	○	☆○	☆○	○
动态效应	○	○	☆	○
几何尺寸	★☆	★☆	★☆	★

★表示与真实条件一致；

☆表示按一定相似准则模拟；

※表示可改变技术评判基准予以规避；

○表示难以满足或必要性不大，忽略该因素影响；

—表示不涉及。

表 13-2 中所展现的是在行业当前硬件条件和技术水平条件下的大致情况，不完全精准。概括来说，燃烧室试验需要先尽量满足几何尺寸、工作状态相同或相似，再视情况考虑其他条件的模拟，这也是工程规模试验中如试验器能力、项目经费、科研进度、技术难度、人力资源投入、技术利用价值等众多约束条件相互制约、统一权衡的结果。有些没有被完全模拟的条件或多或少都会对试验结果产生影响。即便如此，仅仅保证几何尺寸和工作状态也不是那么容易的。

随着技术水平的进步，发动机的循环参数不断提高，燃烧室的工作状态参数也不断拓宽。目前，先进航空发动机主燃烧室进口空气的最大温度已超过 900K、最高压力超过 4MPa、最大流量超过 100kg/s，这些指标仍保持着不断提高的趋势。按目前成熟的工艺方法，一台燃烧室试验器要将 100kg/s 的空气通过从大气吸气增压到 4.0MPa，再把温度提升到 900K，投入的电力功率约 14 万 kW；达到燃烧室进口状态后，再消耗约 10t/h 的航空煤油模拟燃烧室燃烧，尾气还需要约 500t/h 的冷却水的蒸发降温。试验运行的直接能耗成本就能达到数 10 万元/h，这还没有计入人力资源、试验器适应性改造、设备折旧、管理维护等成本。

要满足上述要求较高的燃烧室工作状态，试验器的建造成本也相当高昂，抛开设计的技术难度和投入的智力资源，也不计调试运行投入的成本，按当前的物价，仅仅按图纸生产制造安装的费用，一台高指标的燃烧室试验器（包含气源、厂房等）保守估计也在两亿元人民币以上。

相对于试验器的建设成本和长期运行的成本，要保证试验模拟的几何尺寸条件，一套中大型发动机燃烧室全尺寸试验件数百万的加工成本显得并不高，其设计技术难度和制造周期才是最大的问题。为了加快技术方案的更新和项目研制进度，很多时候也不会一味地追求真实几何尺寸所带来的技术收益。

模化实验是指不保证衡量燃烧室工作环境的物理参数的绝对量一致，而是通过保证某些物理参数之间的相对比值一致，从而由这些无量纲比值表征的流动、传热传质、燃烧等物理化学现象获得相似的试验环境的模拟方法。

目前开展的大中型航空发动机燃烧室试验,较大比例属于模化实验,按模化的内容主要分为几何尺寸模化和试验参数模化两类。

燃烧室几何尺寸的模化方法有两种:一种是按实际结构等比例缩小,但有研究表明该方法对航空发动机燃烧室试验适用性较差,现在已较少采用;另一种是在现有燃烧室周向对称的环形结构基础上,采用"切块"的方式截取实际燃烧室周向的一部分,即前文所说的单头部或扇形燃烧室。此时,试验件内结构组件的尺寸或特征与实际燃烧室是一致的(如单头部燃烧室的涡流器、扇形燃烧室的扩压器扩张比和扩张角、火焰筒结构等)。采用模化实验件开展试验时,通常无需降低试验件进口的温度和压力,只需按试验件进口面积与实际燃烧室进口面积的比例降低试验件进口流量。

试验参数模化是指保持被试件尺寸与真实燃烧室一致,根据模化准则降低燃烧室真实工况参数得到试验工况,通常的做法是保持燃烧室进口温度相同(温度对燃烧化学反应和气流流动都是显著的影响因素,保证温度相对性价比较高),同比例降低燃烧室进口压力与流量(燃烧室进口气流马赫数与速度相同)。降压的幅度越大,理论上试验结果与真实结果的偏差也越大。有经验表明,降压后的压力应尽量高于 1.0MPa,此时压力对燃烧的影响处于一个相对不那么敏感的区间。

13.3.2 主要相似准则

燃烧室以多组分反应两相流为主要特征,涉及的相似准则主要有流动相似、传热传质相似、燃烧反应相似三类。具体的准则数有十几个,它们的具体概念在前文都有描述。

由前文所述,工程规模的试验能够满足个别主要的相似准则已属不易,无论是参数模化还是尺寸模化,最基本保证的还是气流流动相似,通常用于衡量气流流动相似的主要准则是雷诺数(Re)和马赫数(Ma)。这两个相似准则的概念相对简单,但对从业者来说,更重要的是对其物理意义的理解和工程上的灵活应用。

雷诺数是度量惯性力和黏性力的相互关系的准则数,其数值决定了气流流动失去稳定状态的能力,可以简单地理解为"失稳力"。当 Re 较大时,哪怕是很小的扰动,也会使层流转变为湍流;相反,如果 Re 较小,则需要较大的扰动才能形成气流的转捩现象。在模化实验时,通常认为流动的 Re 与实际一致且大于临界 $Re(2 \times 10^6)$,那么流动进入的模区,在模化条件下气流由惯性力和黏性力主导的流动特征是相似的,也可以理解为在这种相似条件下,流动的湍流特征、附面层结构、气流发生分离、产生回流等信息的宏观表象是相似的。

工程中遵循雷诺数模化需要注意两点:①在参数模化时,降低压力和流量实际上是降低了雷诺数,要注意降压的幅度,过大可能导致雷诺数超出自模区的范围,通常在条件允许的前提下,降压的幅度应尽量小;②通常采用燃烧室典型截面(一般采用燃烧室进口截面)的平均参数来计算气流的雷诺数。实际上,燃烧室内部的气流分配较为复杂,流路较多,每个流路的雷诺数并不完全一样,在典型截面的表征与局部不一样。

马赫数是气流运动速度与当地声速的比值,表示惯性力和弹性力之比。可以把气流看作弹簧,弹簧的弹性力就代表声速。马赫数大,表示惯性力相对强,弹性力相对小,气流容易被压缩;而马赫数小,表示惯性力相对弱,弹簧力大,气流不容易被压缩,此时气流可以被近似为不可压流。这个不可压流的说法仅仅表明当气流的速度较低时,因速度变化导致的气流静密度与总密度的差值不大,与通常理解的改变气流压力导致气流密度变化的气体压缩性概念不完全相同。

在模化实验中,保证马赫数相同就具备了保证气流惯性力和弹性力主导的流动特征相似的条件,再加上保证了介质成分和气流温度相同,则燃烧室内部气流的速度梯度、密度梯度、压力梯度、温度效应等特征相似。

应该说,当前从业者对各种相似准则机制的理解和工程上的灵活应用还停留在一个较为粗浅的层面,所谓相似也更多的是一种定性的概念,很多时候也不能灵活运用以满足试验结果更精准的要求。相关的研究在高校、研究院所开展的都不多,因为见效慢、难度大、不够前沿、不够热点,很难有组织地开展系统研究。这也是我们常讲基础研究不足的一个重要体现。

工程试验受众多的条件限制,加上各种因素对试验最终结果的影响难以解耦和量化,在问题的视角细化到一定程度后就很难用科学的理论来解释,需要依靠一些工程经验。以下给出的燃烧室试验方法,很多都是多年来在一些大的原则条件下,依靠工程思维的指引形成的一些典型解方法。

13.3.3 冷态流阻试验方法

燃烧室冷态流阻试验的主要目的是获取典型工况下燃烧室的总压损失系数和流阻系数两个性能指标,衡量燃烧室的压力损失,验证是否达到设计要求;有时也附带开展一些燃烧室局部流场细节信息测试,总结设计者关心的气动规律。

1. 总体方案

燃烧室压力损失包括气流边界层与固体壁面的摩擦损失,因气流尾迹、气流分离、二次流动等引起的掺混损失,燃烧加热损失三部分。其中,加热损失占比较小(有研究表明,燃烧室加热损失占总损失不超过 10%),故在工程上,燃烧室流阻试验一般在冷态条件(燃烧室不点火)下进行。

冷态流阻试验就是要获取燃烧室不同工况下(以马赫数表征)的总压损失系数和流阻系数。由于它们与马赫数的平方近似成正比,一般按等距原则选取几个马赫数,涵盖燃烧室工作马赫数范围(一般在 0.1~0.35),试验测得它们与进口马赫数平方的关系曲线,然后根据这个关系曲线用插值法得到燃烧室不同工作状态(马赫数)所对应的总压损失系数和流阻系数,具体见 13.5.2 节的数据处理方法。其中,马赫数依靠测量燃烧室进口的温度压力流量和进口截面面积计算得到,总压损失系数通过测量进口总压、出口总压计算得到。

2. 测试方案

冷态流阻试验需要测量的参数主要有燃烧室进口总压、总温、流量、流道面积，燃烧室出口总压。

空气流量一般不在燃烧室进口处测量，而是在试验器加温炉之前的管路上（低温段，为降低流量测量难度）测量。在保证沿程不漏气的情况下，根据质量流量守恒原理测量燃烧室进口空气流量，多采用流量孔板等节流装置。

燃烧室进口截面积不便于在试验现场测量，冷态试验可直接根据设计图纸计算或在加工后根据检验数据得到（热态需考虑温度变化的影响）。

进口总压和进口总温通常采用复合受感部测量。复合受感部的形式如图13-20所示，同一测点位置既是温度偶丝节点，也是压力管的引压点。根据腔道高度的不同，一般在复合受感部径向上设置1~3点。因为流场相对均匀，对进口温度压力测点的密度要求并不太高，在燃烧室进口环面周向一般布置2~4支，如图13-21所示。试验中取全部测点的算数平均值，尽量减少流场不均匀带来的代表性误差，同时也具有单支受感部意外损坏的备份作用。

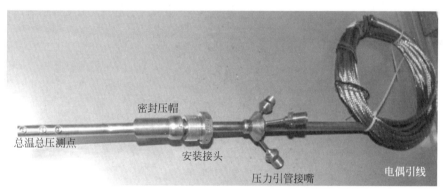

图 13-20 总温总压复合受感部

进口静压采用壁面开孔取压的形式测量，尽量不影响流线偏移、保证取压精度，以及灰尘、凝结水易堵塞等综合因素，静压孔应尽量垂直于壁面、孔口光洁无毛刺、直径一般控制在1mm左右，外壁面以焊接形式连接引压管至传感器测量。

出口总压一般用多点测量耙测量，图13-22是其中一种利用位移机构测量出口总压的方式，这种测量方式与热态试验充分结合，可以有效减少试验准备的工作量、提高工作效率。根据燃烧室出口环形流道压力分布的特点：径向存在较大的速度梯度，总压存在明显差别；周向结构完全对称，总压变化不大。结合不同燃烧室出口环形流道的高度尺寸，总压耙在流道高度方向上（径向）一般会偏密布置5~8点，周向由位移机构带动旋转的角度可以偏疏15°~30°/步。

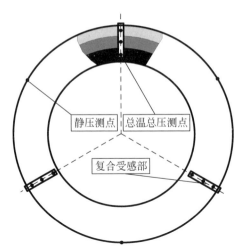

图 13-21　环形燃烧室的进口测点布置

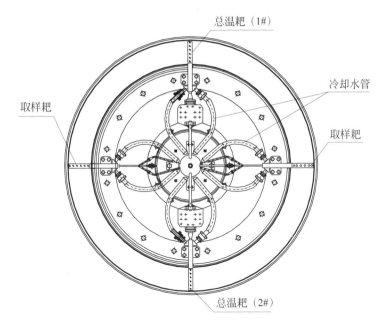

图 13-22　出口总压耙安装示意图

3. 其他问题

总压损失系数是用进口总压与出口总压的差值占进口总压的比例来评估的，通常这个差值仅占总压绝对值的 5％ 左右，两个相近的数相减，差值的误差会较大，在要求较高的场合可以考虑用直接测量进出口典型位置压差的方式规避。

加热损失可根据冷态流阻试验结果的 1.1 倍保守估计，具备条件的话，也可在燃烧性能科目试验进行专门测量。但因为受感部转动到某一位置后的压力稳定时间远大于温度稳定时间,对控制试验时间有一些影响。

若出口流场较为均匀,则周向测量点数可视情况决定。如果对一新型结构燃烧室完全不了解,工程上的一般做法是选取部分工况点,增加测点密度,评估不同测点密度对结果的影响,再确定其余工况及后续该型燃烧室试验所需的测点密度。

13.3.4 流量分配试验方法

流量分配试验的主要目的是获取燃烧室内各气路的分配比例,主要有旋流器、主燃孔、掺混孔、火焰筒壁面冷却、涡轮冷却内外环引气等气路,试验件如图 13-23 所示。

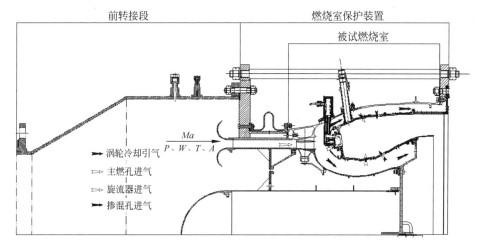

图 13-23 流量分配试验件

1. 总体方案

流量分配试验一般在常温常压状态下开展,主要采用堵孔法。

堵孔法的原理就是将燃烧室内不同空气流路以堵孔的形式分割,达到分别测量燃烧室各流路流量特性的目的,堵孔法又可以分为"测谁堵谁"和"测谁堵其他"两种。理论上讲,"测谁堵其他"更科学一点,可以直接得到目标流路的流量特性。但在工程上,会存在堵孔工作量大、不同流路流量的范围相对变化较大、不易保证全范围流量测量精度等问题,故一般多采用"测谁堵谁"的方法。

以测量旋流器进气比例为例,将旋流器用物理方法封堵(一般采用点焊不锈钢铁皮、缠绕胶带、塞橡皮块等方式),测量得到燃烧室流量与气流状态参数的关系曲线。之后,去除封堵物,测量得到另一条燃烧室流量与气流状态参数的关系曲线。通过两条关系曲线相减、插值等简单数学运算即可得到旋流器的流量分配比例。图 13-24 是旋流器采用不锈钢铁皮堵孔的示意图。

2. 测试方案

燃烧室流量分配试验测试方案相对简单，试验在常压状态下进行，燃烧室出口直通大气，出口（视作燃烧室各流路出口）静压由大气压代替，燃烧室进口（视作各流路进口）温度、流量、压力测量方法同冷态流阻试验一致。流经截流孔的空气流量取决于孔前后的气流静压差、气流密度（由气流静压、静温决定）和孔的有效流通面积。其中，静压差由燃烧室进出口静压相减得到，静温一般由总温代替（也可由总温、流速换算）。

图 13-24　旋流器堵孔示意图

3. 其他问题

采用"测谁堵谁"的堵孔方法，在进行堵孔前后两条关系曲线相减的计算过程中，同样会存在两个大数相减，差值的误差会被放大的问题，需要根据具体情况评估。如果误差达到工程上不能接受的程度，就要调整试验工况，或者考虑采用"测谁堵其他"的方法。

孔的前后静压差（由进口静压减去出口静压）也存在同样的技术问题，也要注意试验工况的选择，保证静压差达到足够的绝对值以减少进出口静压的测量误差传递，或者采取直接测量压差的方法规避。另外，用燃烧室进口静压代替各节流孔孔前静压的做法也存在影响，影响大小也取决于燃烧室结构和试验工况，需要根据具体情况分析评估。如果影响较大，可以专门在燃烧室二股流道内布置静压测点，减小因位置替代产生的影响。

13.3.5　点/熄火特性试验方法

燃烧室点火试验主要为了获取发动机在地面（不同海拔高度）起动和高空重新起动（风车、惯性）时燃烧室的着火边界；燃烧室熄火试验主要为了获取发动机起动和慢车（地面、高空）状态下燃烧室的贫油熄火边界。

1. 总体方案

对应发动机的地面和高空起动，燃烧室进口的状态一般较低，对设备能力的要求相对较低，一般在全参数全尺寸条件下开展点/熄火试验研究，即完全模拟发动机起动过程中燃烧室进口的温度压力流量指标。试验件的原理图如图 13-25 所示。

试验器提供的高/低温（根据燃烧室点/熄火工况确定）空气经前转接段进入燃烧室，在燃烧室进口或转接段处测量总温、总压、静压等参数，燃烧室加减燃油模拟不同的点/熄火工况，通过测量燃烧室出口燃气总温、配合视频观察窗的可见光摄像观测，综合判断燃烧室在不同工况（不同的空气及供油状态）下的着/熄火情况，从而得到燃烧室的点/熄火特性。

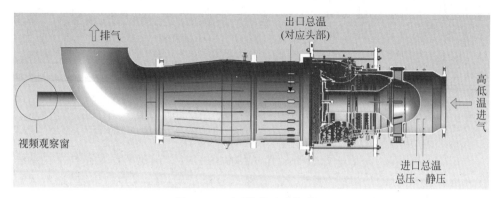

图 13-25 点/熄火试验件原理

在燃烧室点/熄火特性试验中,比较关键的是燃烧室点/熄火的判断方法和燃油量加减的调节方法。

1) 点/熄火判断方法

在描述燃烧室点火、熄火的判断方法之前,需要澄清一个概念:燃烧室点火成功与燃烧室着火的含义是不同的,是不同层面的结果。燃烧室着火主要指燃烧室当次被点燃,强调的是燃烧室单次点火的具体技术结果;燃烧室点火成功是指燃烧室在某个边界点能够连续三次被点燃,尽量消除了偶发性因素对试验结果的影响,强调的是燃烧室工作的综合工程结果。

判别燃烧室点/熄火最直观的方式是肉眼或摄像系统直接观察火焰,以产生明显可见光为判据。但肉眼及可见光摄像的观测难以与试验器数据采集系统做到同步关联,且一些新型的燃烧组织模式的火焰可见光较弱,存在人为误判的可能。目前,一般采用燃烧室出口温度测量、燃烧区火焰探测、燃烧室压力流量特性变化等手段综合判断。对于不同的试验对象,在不同的试验场景下应以某种最适合的判断方法为主,辅以其他手段确认,而不是硬按照某种方法机械地执行。

相对来讲,测量燃烧室出口温度的变化情况是目前工程上应用场景最多的点/熄火判断方法。点火时,燃烧室出口温度出现明显的突升即可判定为着火;熄火时,燃烧室出口温度出现明显的突降且降至与进口温度一致即可判定为熄火。在某些点/熄火试验场景下,燃烧室的出口温度可能没有这种突升、突降的明显特征,则可约定按燃烧室温升达到某个目标值作为判据。目前,这个目标值根据经验一般约定为80K,即点火时,出口温度高于进口温度80K即认定为着火;熄火减油时燃烧室出口温度与进口温度的差值小于80K即认定为熄火。

火焰探测器通过测量燃烧室燃烧区产生的非可见光(红外或紫外)来判断是否有燃烧反应存在,在一些燃烧火焰可见光较弱、不易安装电偶测量的场景下应用较多,但存在监控区域有限、测量稳定性相对较差等问题。

在部分场景下,也可以通过燃烧室压力流量特性的突然变化来判断点/熄火情况,如燃烧室突然着火时,燃烧室压力陡升,伴随空气流量降低(因着火升温后,燃烧室的空气质量流通能力降低,一部分会转移到试验器放空管路);熄火时则相反,压力陡降,伴随空气流量的增加。

以上方法都是用于评判燃烧室着火和熄火的方法,如前文提到的,燃烧室点火成功还需要附加额外的条件,即燃烧室需要在同一点上连续成功着火三次。对于熄火来讲,则不需要这么严格,但某些时候也可能需要重复验证,避免偶然因素的影响。

2) 燃油量调节方法

在点火试验时,为了降低供油调节过程的稳定时间,避免不稳定条件下燃油系统测量流量与实际供入燃烧室流量因管路前后流量不连续而存在偏差,通常采用图 13-26 的方式来进行燃油调节。

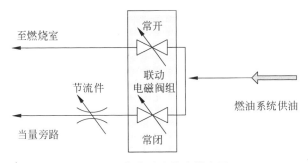

图 13-26　点火试验燃油供应原理

在燃烧室供气状态调节到位后,联动电磁阀组通电,至燃烧室流路电磁阀关闭,至当量旁路流路电磁阀开启。当量旁路的流通面积事先通过节流件调节到位(尽量模拟燃烧室流路的流通面积,保证两路的压力流量特性相同)。调节燃油系统的供油量,至流量达到该次点火的目标值并稳定,此时燃油经系统回收而不进入燃烧室。一切就绪后,开启点火开关,同时联动电磁阀组断电,至燃烧室流路电磁阀开启,至当量旁路流路电磁阀关闭,燃油快速进入燃烧室并稳定。因两路压力的流量特性相同,供入燃烧室的流量也与之前调节的目标值一致(如因节流件调节精度等问题存在偏差,也可以通过预先超调燃油流量目标值解决)。

点火试验在找寻边界时,事先并不知道着火边界的具体位置(不知道供多少燃油量合适),可以根据设计预估结果确定一个初始值,在初始供油流量下观察燃烧室的着火情况,根据是否着火、着火时间、火焰颜色形状、压力波动等信息综合研判燃油流量调节的方向和幅度,之后根据经验参考二分法原则逐次逼近,直至找到着火边界。

熄火试验包括贫油熄火试验和富油熄火试验。在贫油熄火试验时,保持燃烧室空气参数不动,缓慢减油(减油过程中空气压力流量会随之变化,需主动干预保持其稳定),直至燃烧室熄火。减油的方式有持续减油和梯次减油两种,持续减油又有速度不同的差别,梯次减油也有阶梯大小的差别。不同的减油方式对试验的熄火边界理论上都是有影响的,但从工程角度来说,到一定颗粒度后影响就可以忽略。从目前的经验看,采用梯次减油模式,梯度保持在余气系数变化不大于 0.2 足以满足工程精度的要求。

富油熄火方法与贫油熄火相同,无非是燃油调节从减油变为加油,从工程角度来说,富油熄火因为安全风险较高、设计验证需求相对不高等原因而较少使用。

2. 测试方案

如图 13-26 所示,点/熄火试验需要测量的主要参数有燃烧室进口空气总温、总静压、流量,燃油流量、压力、温度,燃烧室出口燃气总温,火焰光谱(可见与不可见)等。

燃烧室进口空气参数与燃油参数相对简单,属于均匀流常规参数测量,没有什么特殊要求。空气参数测量方法与前面讲的其他试验科目相同。燃油流量多采用质量流量计测量,燃油压力采用压力传感器测量,温度一般用铂电阻测量。

点/熄火试验中的燃烧室出口总温一般不高,采用常规热电偶测量。一般会在测量段的周向布置若干热电偶,用于判别燃烧室点火时各头部的联焰情况,以及熄火时火焰沿燃烧室周向的割裂和熄灭情况。燃烧室全部头部联焰成功才代表燃烧室点火成功;反之,只要燃烧室部分头部熄火就代表燃烧室熄火。需要指出的是,从科学层面看,燃烧室某个区域着火或熄火,与火焰在整个周向上的联焰或割裂是两个不同的技术问题,应该区别看待与研究。但从工程上看,着火与联焰就是一个设计活动的不同环节,试验得到的是一个整体表征结果,并不追求厘清两者对整体结果的贡献度,以及二者之间的内在联系和耦合机制。

火焰光谱测量可分为可见光与不可见光两种,可见光即通过肉眼(早期由试验人员通过试验件上的玻璃窗直接观察,现因为存在安全风险已不再采用)或摄像机(普通摄像或高速相机)观察,观察窗通常在燃烧室机匣上或下游设备管道上;不可见光通过火焰探测器感知,通常需要在机匣上开孔,将探测器探头伸入流道中能够被不可见光线直射的位置。

3. 其他问题

在发动机起动阶段,燃烧室进口空气参数随发动机转速的提高不断增加。在燃烧室着火过程中,发动机的转速持续上升,燃烧室压力流量特性持续变化,这种变化会对着火的进程产生影响。同时,这种变化的幅度又取决于发动机结构构成的对气体的截流容腔效应。燃烧室在试验器上开展点火试验时,试验件和试验器管网系统构成的截流容腔比真实情况大很多(气动刚性变差),导致试验结果存在偏差。在对试验结果精度要求较高的场景下,可通过尽量减少试验器截流容腔(燃烧室出口下游调压阀前移或直接在燃烧室出口加截流板)来提高试验结果精度。

在点/熄火试验过程中,未燃油不可避免地会存积在试验件、下游试验器管网的低洼处或凹槽内,导致在燃烧室熄火后余油持续燃烧,对设备产生损伤并降低试验效率。对此,可在合适的位置开孔,采用分段控制的方法形成简易的压力平衡系统,如图 13-27 所示。开阀 1 关阀 2,管路内积油通过重力进入储油罐;关阀 1 开阀 2,储油罐油通过重力排出,保证在燃烧室正负压条件下均能正常排出余油。

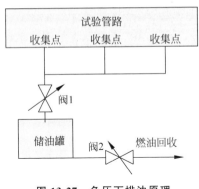

图 13-27　负压下排油原理

13.3.6　燃烧性能的试验方法

燃烧性能试验主要测试燃烧室在不同工况、稳定燃烧情况下的综合性能参数和结构可靠性,包括燃烧出口温度分布品质、燃烧效率、污染物排放、热态总压损失系数、火焰筒壁温、燃烧稳定性、结构振动等。由于获取各性能参数的试验方法与流程基本一致,通过优化试验的测试方案,通常可以在试验中同步获取各性能参数的结果。

1. 总体方案

燃烧性能试验需要获取在发动机整个包线范围内燃烧室典型工作点的综合性能,其试验工况相对其他试验科目来讲是最好的,对试验器能力的要求也是最高的,组织试验的风险和技术难度也是最大的。典型的燃烧室性能试验件如图 13-28 所示,其进口转接段、测量段与其他科目试验一样,但耐温耐压的要求更高。出口测量段需要采用位移机构,在燃烧室出口环面进行燃气参数的多点测量,以保证获取的燃烧性能具有足够的精度。

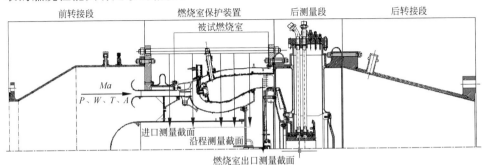

图 13-28　燃烧性能的试验件

燃烧室出口温度场品质：在对应燃烧室工况下（真实状态或模化状态），直接测量燃烧室出口截面（轴向位置一般选取发动机涡轮导叶前缘）不同位置上的温度。根据整个截面上的温度分布评判温度场的品质，也就是满足涡轮叶片在等强度设计原则下对燃烧室出口温度场要求的程度。

燃烧效率：在实时得到燃烧室出口燃气的主要成分含量的基础上，根据 UHC 和 CO 的含量计算燃料没有完全释放热量的比例，进而计算燃烧效率（燃烧完全系数）。

污染物排放：在对应燃烧室工况下（真实状态或模化状态），在燃烧室出口截面上的相应位置将燃气采用导管的形式引出，供给燃气分析和冒烟测量系统进行在线测量，实时得到燃烧室出口燃气的主要成分含量，包括 UHC、CO、NO_x 等气态污染物的含量和碳烟颗粒等固态污染物的含量。

热态总压恢复系数：在热态下采用总压把测量燃烧室进出口总压的方式得到燃烧室总压恢复系数。如前文所述，一般不单独开展燃烧室热态总压恢复系数的试验，多在顺带的情况下进行测量。

火焰筒壁温：通过在火焰筒壁面埋设壁温电偶的方式，在不同试验工况下实时得到火焰筒不同位置的壁温，或通过涂抹示温漆的方式在试验后判读不同位置处的壁温。

燃烧稳定性：通过测量燃烧室沿程气流（或燃气）的压力脉动考察燃烧室的燃烧稳定性。

结构振动：通过振动传感器测量、试验后焊缝裂纹检测、检查紧固件松脱情况等方式初步考察流固耦合产生的结构振动情况。

2. 测试方案

燃烧性能试验需要测量的主要参数有燃烧室进口空气总温、总静压、流量，燃油流量、压力、温度，燃烧室出口燃气总温、总压，燃气成分和冒烟含量等。进口参数布局如图 13-21 所示，出口参数布局如图 13-29 所示。

进口空气参数和燃油参数没有什么特别，和其他试验科目的测量要求和方式基本一致，在测量范围和具体的传感器选型上可能会有些不同。

燃烧室出口参数测量是燃烧综合性能试验的重点，包括燃气的温度、压力和取样。

燃气的温度测量尤为重要：一方面，能直接得到燃烧室最重要的性能指标——温度分布品质；另一方面，能在试验过程中监测燃烧室是否正常工作、过程有无异常，并能与其他测量手段（如燃气分析）的结果相互印证，提高测试的可靠性和可信度。

目前的燃烧室出口温度的热点基本都高于 1800℃，即超出了常规的双铂铑热电偶材料的熔点，需要应用新型的高温测量技术（13.4 节）。同时，为了保证燃烧室出口温度分布有足够的测试精度，对燃烧室出口温度测量的密度有较高要求。

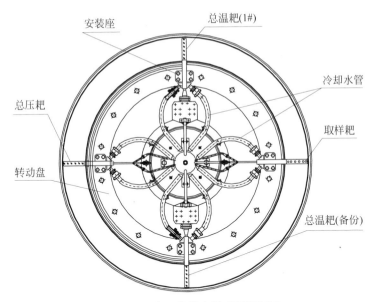

图 13-29　出口参数布局（后测量段）

为了更好地提高温度的试验测试密度、增强工程适用性,通常将多点热电偶集成设计为受感部形式,因其外形像一支钉耙,被称为"温度耙",如图 13-30 所示。该结构有效提高了燃烧室出口环面径向上的测量密度,同时配合高温位移机构的应用,带动温度耙在燃烧室出口环面周向上旋转,最终实现在整个环面上的高密度测量。

在实际工作中,一般在位移机构上安装两支温度耙:一方面,两者互为备份,可以相互校核印证;另一方面,在某些特殊情况下(如部分测点损坏),可以组合两支温度耙得到更为完整的数据。测点的数量一般根据燃烧室出口腔道尺寸、温度耙结构尺寸、位移机构控制精度、试验时间限制等综合因素确定。一般径向为 5~10 点,周向旋转角度多在 3°~9°/步。

出口燃气取样通过取样耙实现。取样耙在燃烧室出口腔道高度方向(径向)相应的位置开孔,样气在燃烧室与测量仪器端的压差作用下流出,经过滤、保温、流量调节等处理后进入相应仪器进行成分测量,燃气分析和冒烟测量系统的测量原理见 13.4 节。在取样测量时,保证测点密度的方法和形式与温度测量是一致的,但在测取效率时,考虑燃烧效率在出口截面不同位置的差别并不大,对测点密度的要求比温度测量低许多,径向上的取样可以多点合一、周向上的旋转角度保持在 30°~90°/步即可。在测量温度分布时,对密度的要求可以参考温度测量的要求。典型的取样结构如图 13-31 所示。

出口燃气压力通过压力耙测量。压力耙通过金属导管将测点处的气流压力传导至导管末端,由连接在末端的传感器测量。基于和冷态试验同样的原因——燃气径向存在较大的速度梯度,总压存在明显差别。总压耙在径向上一般偏密布置 5~8 点;周向结构完全对称,总压变化不大,周向由位移机构带动旋转测量的角度

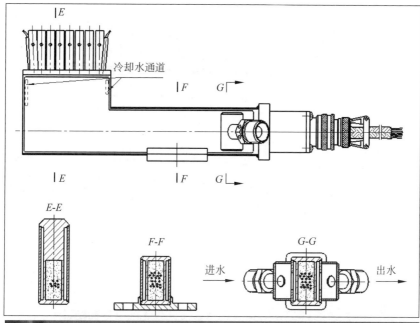

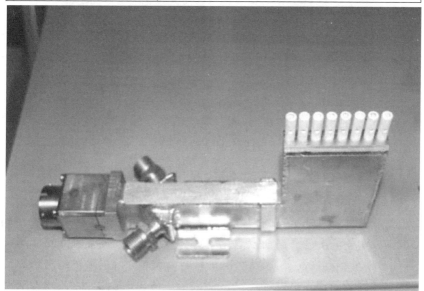

图 13-30 典型温度耙结构

较大,一般在 $15°\sim30°$/步。

测量壁温常用的方式有热电偶测量和示温漆测量两种,各有优缺点和适用场景。

热电偶测量一般选择直径为 0.5mm 或 1mm 的 K 型铠装热电偶开槽埋设在火焰筒壁面外侧,再将偶丝穿出机匣接入数据采集系统,如图 13-32 所示。该方法

图 13-31　典型取样结构

的优点是可以实时地检测火焰筒的壁温变化,及时发现试验中出现的超温现象,降低试验的安全风险;缺点是单个测点所表征的区域有限,难以在整个火焰筒上埋设过多电偶,存在漏测高温区的风险。

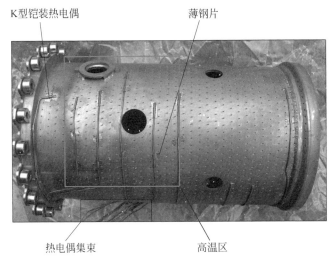

图 13-32　热电偶测量火焰筒壁温

　　示温漆是一种不可逆示温的功能性涂料,将其涂覆在被测件表面,如图 13-33 所示。其随被测件温度的升高而发生化学或物理变化,即涂层颜色发生不可逆的变化(冷却后颜色不能恢复)。因此示温漆只能记录同一位置处曾经达到过的最高温度。示温漆测量的优点是可以反映整个火焰筒壁温的温度分布趋势,缺点是试验过程中不能实时显示壁面温度的变化,需要试验后进行人工或软件判读,数据测量的时效性和精度都较差。

　　工程上一般将上述两种方式相结合来进行火焰筒壁温的测试,先利用示温漆得到火焰筒的壁温分布情况,再在合适的位置埋设热电偶得到不同工况下的壁温变化。

　　气流压力脉动通过动态压力传感器测量。通过在试验件适当位置开孔,安装测压管和压阻式动态压力传感器,可以测量燃烧室内压力的脉动量和可能存在的特征频率。

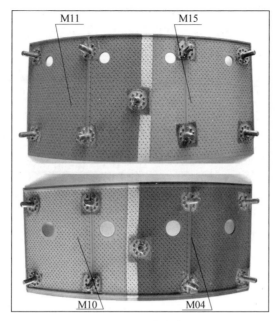

图 13-33　示温漆喷涂效果

　　燃烧室结构振动通过振动传感器测量,因燃烧室安装在试验台架与发动机上,两个系统的气动和结构的声学模态均不一样,部件试验表现出的结构振动与发动机的真实情况难以建立量化的联系,故结构振动一般在整机试验中考核,在部件上较少系统地开展,多为试验安全监控用。

3. 其他问题

　　燃烧性能试验因其高温高压工况,且试验件多为研制过程中的非成熟产品,试验的安全风险较高,对于工程规模的燃烧室试验,安全问题是头等重要的大事。在制定测试方案时,除了获取性能参数而布置的测点以外,还需要从预防高温部件烧蚀、监控燃烧不稳定和结构振动情况、针对燃气泄漏和燃油失火的快速应急等方面增加检测和控制手段。同时,在试验现场的管控方面,也慢慢形成了一些经验规则,如当试验压力大于 0.5MPa 时,严禁人员进入带压设备 3m 以内。随着远程监控、操作手段的进一步成熟,要逐步实现试验过程中试验现场无人员进入的目标,开展现场代替人员进行监控、预警及简单处理的远程技术研究与应用。

13.4　燃烧室测试技术

　　若把试验器比作人的躯干,测试就是人的五官和神经网络等组成的感知系统,其重要性不言而喻。

　　燃烧室试验需要直接测试的参数有温度、压力、流量、速度、浓度、振幅、频率、声压、光强、应力应变等,燃烧室各项性能指标多是根据这些直接测量参数计算得到的。严格地讲,本章所述应为测试应用技术,因为这些参数的测试手段种类繁多,仅温度测量就有铂电阻、热电偶(K 型、E 型、S 型、B 型等)、示温漆、热敏晶体、光学诊断等多种手段,试验从业者不可能花费太多精力在各种测试手段本身的技术研究上,更多的是着眼某种测试手段在试验环境下如何应用得更好。

不同测试手段在燃烧室试验的工程环境中应用的技术难度不同,大多数相对简单,与在其他环境下应用无较大差别,如常规的温度、压力、流量测量等通用测试技术。也有一些属于燃烧室试验领域所特有的,或者说应用技术难度较大的,这种带有燃烧室试验领域特殊印记的测试手段被视作专用测试(应用)技术,在某些场合下也叫"燃烧室试验特种测试技术",主要有高温测试、燃气分析、光学诊断三类。

13.4.1　高温测试技术

高温测试是燃烧室试验专业永恒的话题,也是专业领域的关键瓶颈技术,根据目前的温度测试技术水平,一般把区域内最高温度超过 2073K(1800℃)的温度测量定义为高温测试。随着航空发动机技术的发展,在可预见的将来,对燃烧室试验高温测试的需求会达到 2600K,同时测试误差应至少小于 1%。

燃烧室高温测试的难度除了在温度范围和测试精度外,还有测试密度和速度的要求。在燃烧室出口温度分布的测试中,要保证捕获足够有代表性的高温点,测试密度应至少不低于 0.4 点/cm^2;对燃烧室燃烧区域的温度分布测试,因其温度梯度更大,需要更高的测试密度。在测试速度方面,考虑燃烧室温度场的还原真实度、硬件工作可靠性、测试人员精力、试验运行成本等多种因素的综合影响,温度测试的扫描速度应至少达到 0.3 点/s。

高温测试的技术手段目前发展的也比较多,本节后续将介绍的燃气分析、光学诊断等技术也被发展用于高温测试。这些测量方式各有优缺点和适用场景,在工程应用时也需要匹配不同的软硬件条件。总的来说,高温测试技术在持续取得一些进展,但还远没有达到可以闲庭信步的阶段。

1. 基于热电偶原理的高温测试手段

热电偶测温是一种工程上应用广泛、技术成熟的测温手段,长期以来,K 型(镍铬-镍硅)、E 型(镍铬-铜镍)、S 型(铂铑 10-铂)、B 型(铂铑 30-铂铑 6)等不同偶丝材料的热电偶测温范围从常温到 1800℃(测温范围最高的 B 型热电偶偶丝熔点约1820℃)的测量精度均小于 1%,在燃烧室试验领域发挥了重要作用。在面临大于1800℃的测温需求时,目前主要有以下几种测量手段。

1) B 型热电偶修正法

热电偶测量燃气温度需要偶丝节点与燃气进行热量交换并达到热平衡状态,这个过程中存在燃气流动不能完全滞止所导致的速度误差;与此同时,热电偶节点又不可避免地会与外界进行热量交换(如向燃烧室冷壁辐射热量、向偶丝支撑结构传导热量)而导致辐射误差和导热误差。最终,偶丝节点感受的温度与实际温度会因为这三方面的影响存在一个负偏差。通常设计受感部时会尽量减小这个偏差以提高测试精度,如给偶丝节点增加屏蔽罩、加长偶丝节点与支撑壳体距离等措施。当测点温度超过偶丝融化温度时,一个逆向思路就是在设计受感部时采取措施增大这个负偏差,保证偶丝节点能够存活,再利用数学方法对这个偏差进行修正,达到间接提高测量温度范围的目的。两种热电偶感温结构的对比如图 13-34 所示(图中,L 为长度,ϕ 为直径)。

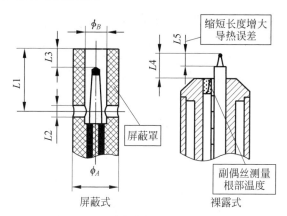

图 13-34　两种热电偶感温结构对比

B 型裸露式热电偶能在一定程度上提高测温范围,最高能达到 2250K 左右,但因为存在修正的环节,测温误差评估约 1.5%,相对较大。实际使用中的稳定性也有欠缺,可作为一个备用方案。

2) 铂铑 40-铂铑 20 热电偶

2018 年,《铂铑 40-铂铑 20 热电偶丝及分度表(GB/T 36010—2018)》发布实施,此类型热电偶的最高使用温度可达 2150K(铂铑 20 材料的熔点为 2173K),相较 B 型(铂铑 30-铂铑 6)热电偶有一定提升。采用裸露式结构设计同样可以测量到 2250K 的温度,但测温精度有所提升,能达到 1%的水平。以测温 2200K 为例,B 型裸露式热电偶的修正幅度约为 150K,铂铑 40-铂铑 20 热电偶的修正幅度约为 50K,修正的绝对量减小,修正误差对测温值的相对影响也降低了。

3) 双铱铑(IrRh40-IrRh10)热电偶

要采用热电偶进一步提高测温范围,提高偶丝材料的熔点是关键条件。根据已有的研究成果,铱 40 铑-铱(Ir40Rh-Ir)和铱 60 铑-铱(Ir60Rh-Ir)等铱铑系列非标准分度热电偶的测量温度上限可达 2400K,但负极纯铱在高温氧化环境下脆性大、容易断裂。近年来,通过对负极材料的增韧设计,用 IrRh10 代替纯铱以改善机械性能,形成了非标准的双铱铑合金热电偶(IrRh40-IrRh10)。研究表明,该增韧型高温铱铑热电偶热点特性线有良好的线性,灵敏度为 $3\mu V/℃$,并已初步验证了工程环境下测温(2400K 以下)的适用性。但其距离成为一种成熟的工程测温手段还有距离。

2. 热电偶高温测量工程应用技术

无论是采用裸露式结构还是发展新型偶丝材料,都仅是在一定程度上拓展了热电偶的测温上限,要满足燃烧室试验温度测量所需的测点密度、测量速度、工作可靠性、操作便利性等其他要求,除了关注热电偶本身以外,还需要发展高温测量的其他应用技术,其中具有燃烧室试验特点的主要是位移机构和温度耙的组合应用。

如图 13-35 所示,在燃烧室出口高温测量时,需要在燃烧室整个出口环面上采集数百个到上千个温度点。为了满足测点密度要求,同时控制流道堵塞比、降低制造成本,一般采用位移机构带动温度耙在燃烧室出口沿周向旋转、以采集-步进-采集-步进的巡检采集模式,最终"拼凑"出整个出口截面的温度数据用于评定燃烧室出口温度分布品质。

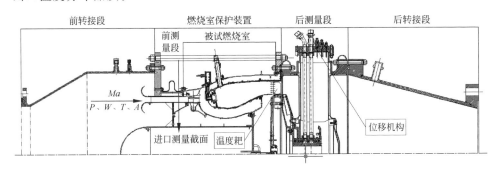

图 13-35　位移机构安装温度耙测量燃烧室出口温度

位移机构是燃烧室出口温度测量的关键装置,主要作用是带动温度耙按要求进行移位,根据适用的不同试验件可分为扇形、矩形、环形等结构形式,同一结构形式可通过转接段适应一定范围的试验件接口尺寸变化。

位移机构安装在燃烧室出口,其工作环境十分恶劣,大部分部件都直接与高温高压的燃气接触,其传动、密封、冷却、结构、强度、寿命、可靠性等综合设计难度很大,是燃烧试验专业领域的核心关键技术之一。其主要的结构组成如图 13-36 所示。

外壳体:整个结构的受力支撑,构成位移机构的外形轮廓,与前后设备连接形成燃气流道的外廓,并承载着各类测试管线、冷却水路、冷却气路等与外部连接的中转接口,通常为水冷的双层结构。

中心体:传动系统的承力框架,形成燃气流道的内廓,保护传动系统、测试管线等内部结构不被高温高压燃气烧蚀和破坏,通常也为双层水冷结构。

支撑柱:中心体的受力支撑,将中心体与外壳体联为一体,在传力、支撑的同时作为各类测试管线、冷却水路、冷却气路等路由的保护。承受燃烧室出口核心高温燃气的直接冲刷,工作环境最为恶劣,为双层水冷结构。

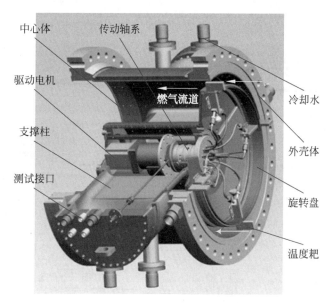

图 13-36 典型环形位移机构

旋转盘：与传动系统相连，由驱动电机控制其旋转角度和速度，温度耙安装在旋转盘上，与旋转盘一起旋转。旋转盘与中心体之间采用气封结构，避免高温高压燃气浸入破坏内部结构。旋转盘采用水冷与气冷相结合的冷却方式。

驱动电机：旋转盘与温度耙转动的动力源，按照外部的控制指令动作。根据不同的实际条件，驱动电机可放在中心体内（内置式），也可安装在外壳体上（外置式），各有优缺点。

温度耙：为更好地满足测试密度要求、提高工程适用性，将多点热电偶集成设计的一种受感部形式，其典型结构如图 13-37 所示。

3. 其他问题

测量是否有代表性是高温测量较为突出的问题，尽管满足了测点密度的宏观要求，但在燃烧室出口截面上，各处的温度分布梯度不一，如火焰筒壁面附近、热斑区域等温度梯度较大的位置，因为结构的限制，测点密度难以达到理想的要求，对衡量整个温度场的品质和测取平均温度存在较大的影响。

对于高温测量精度问题，工程上的高温测量环节可以展开为一个较长的链条：燃气温度-电信号-线路传输-系统采集-信号调理放大-模数信号转换-计算机采集-工程值转换，每一个环节都会引入不确定度分量（见 13.5 节），难以用数学解析的方法评定每个环节的不确定度。通常采用现场标定、参考相关说明书和上级检定证书等方式评定。但高温热电偶偶丝本身引入的不确定度分量难以在工程环境下进行校准标定，给高温测量的精准度评估留下一个悬而未决的、广阔的研究空间。

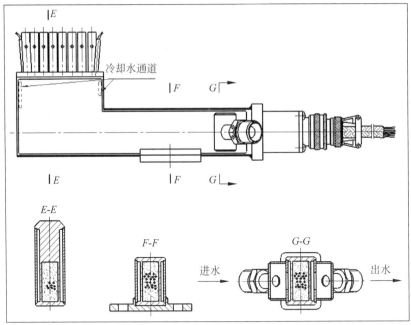

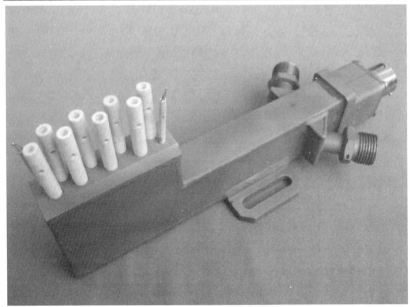

图 13-37　典型温度耙结构形式

13.4.2　燃气分析技术

　　燃气分析技术是在已知燃烧反应前的工质与燃料组分、初温等条件下,通过测量反应后生成物的组分含量,利用物质质量守恒、能量守恒原理,推演燃烧反应进程的技术。该技术从最早用于测量燃烧室的污染排放物,逐步发展成测试燃烧室的燃烧效率、温度分布品质等燃烧性能的一种综合手段,是航空发动机燃烧室试验研究中一项重要的特种测试技术。

燃气分析技术经历了几代的技术发展,从早期的离线色谱法,到基于关键成分浓度在线测量的补燃法,再到目前广泛应用的基于主要成分浓度在线测量的全成分法,以及在此基础上发展的考虑高温下燃气组分的热离解,求解非线性质量守恒方程组时不同数学方法的精度影响等理论及工程处理方法。色谱法和补燃法已被淘汰多年,如今在发动机燃烧室试验领域所说的燃气分析技术都是指全成分法。

燃气分析技术的早期发展基本以气态物的组分测量为主,随着后期需求的变化和技术拓展,出现了冒烟测量,冒烟测量系统主要测量燃气中固体碳烟颗粒的含量。冒烟测量与以气态燃气组分测量的部分前端设备可共用,一般情况下也将冒烟测量在物理层面看作燃气分析系统的一部分。因为碳烟颗粒的绝对含量相对较少,对燃烧性能影响不大,故目前在计算燃烧室性能参数时,仍以气态组分为主,未考虑碳烟颗粒的影响(随着测试的精准度要求进一步提高,可以考虑修正)。故在此将以气态物测量为主的燃气分析全成分法测量和冒烟测量两个部分介绍。

1. 燃气分析全成分法测量原理与方法

(1) 技术原理

航空发动机燃烧室的燃烧过程中,燃料与空气的燃烧反应方程式可以描述为

$$C_m H_n O_l N_k + P_0 (A N_2 + B O_2 + C CO_2 + D Ar + h H_2 O) \longrightarrow$$
$$P_1 CO_2 + P_2 CO + P_3 H_2 O + P_4 N_2 + P_5 O_2 + P_6 C_x H_y +$$
$$P_7 NO + P_8 NO_2 + P_9 Ar \tag{13-1}$$

该方程反映了燃料未完全燃烧且不考虑高温离解(考虑离解时方程右端会增加新的组分,也会加入新的约束条件,计算更为复杂,但技术原理是一样的)的平衡状态。要清楚地了解燃烧反应后燃气的组成,除了已知反应前的空气、燃料成分,还需要求解 $P_0 \sim P_9$ 10 个未知数。

根据物质守恒原理,燃料和空气中的全部 5 种元素(C、H、O、N、Ar)在反应前后的摩尔数不变,可以得到围绕 10 个未知数的 5 个关系式;

根据实测的主要组分浓度,即 UHC($C_x H_y$ 的总和)、CO、CO_2、NO、NO_2、H_2O、O_2 等在燃气总量中的占比,在把测量值视为真值的基础上又可以得到围绕 10 个未知数的至少 5 个关系式(实际根据测量组分的数量可以建立 5 个以上的关系式,一般选择占比大、测量精度高的 5 个使用)。

根据已知的 10 个关系式,可以求解方程组的所有 10 个未知数,得到所有燃气组分的含量,即可根据燃烧反应前后所有组分浓度来进行燃烧相关性能参数的计算。

利用燃气分析全成分法主要测量的参数和燃烧室性能有气态污染物排放、余气系数、燃烧效率、燃气温度。

　　气态污染物组分主要指 UHC、CO、NO$_x$ 三种，可以用每种组分直接测量的浓度来表征污染物的排放量，也可以用排放指数来表征。

　　由 4.6.1 节，排放指数 EI 的定义为 1kg 燃油燃烧后所排放的污染物质量，单位为 g/kg。具体到式(13-1)：

$$EI_i = \frac{1000M_i P_i}{M_F} \tag{13-2}$$

式中，i 表示某种气态污染物组分；M_i 表示其摩尔质量；P_i 是 1mol 燃油燃烧得到的该污染物的摩尔数，对应方程(13-1)中各污染物配比的未知数 P_i；M_F 代表燃油的摩尔质量。则有

$$EI_{CO} = \frac{1000M_{CO} P_2}{M_F} \tag{13-3}$$

$$EI_{UHC} = \frac{1000M_{UHC} P_6}{M_F} \tag{13-4}$$

$$EI_{NO} = \frac{1000M_{NO}(P_7 + P_8)}{M_F} \tag{13-5}$$

　　由 2.1.2 节，余气系数定义为实际空气量与理论空气量的比值。理论上干空气中的氧气量是一定的，该空气量也可以用氧气量代替，即按空气量或氧气量计算得到的结果是一致的。但在工程试验研究时，空气中往往含有微量水分且含量不固定，导致在用氧气和含水量不同的空气分别计算时会有微小差异。工程上的这种差异很小，可忽略不计，但在科学意义上是很不一样的。为了避免含水量的影响，在实际工作中宜统一用氧气量来计算余气系数。故根据式(13-1)，燃气分析计算的余气系数为

$$\alpha = \frac{P_0 B}{m + 0.25n + 0.5k - 0.5l} \tag{13-6}$$

式中，B 为氧气在空气中的含量；m、n、k、l 分别为燃料的分子中碳、氢、氮、氧的原子数，均为已知。

　　由 4.6.1 节，利用燃气分析法计算 CO 不完全燃烧度、UHC 不完全燃烧度和燃烧效率。

　　CO 的不完全燃烧度为

$$\varphi_{CO} = \frac{Q_{DW.CO} EI_{CO}}{1000Q_{DW}} \tag{13-7}$$

　　UHC 的不完全燃烧度为

$$\varphi_{UHC} = \frac{Q_{DW.UHC} EI_{UHC}}{1000Q_{DW}} \tag{13-8}$$

　　将燃烧效率用燃烧完全系数代替：

$$\eta_B \approx \xi_B = 1 - \varphi_{CO} - \varphi_{UHC} \tag{13-9}$$

式中，$Q_{DW,CO}$、$Q_{DW,UHC}$ 和 Q_{DW} 分别表示 CO、UHC 和燃料的低位热值。

燃气温度计算的技术原理为，对于燃料与空气的反应体系（式(13-1)），根据能量守恒定律，燃烧反应前后全部物质的绝对焓是相等的。而燃气各种组分的焓值为温度的单值函数，在已知方程式(13-1)左边所有物质的绝对焓的前提下，可以假设一个燃气初温，以迭代的方法计算方程式两边绝对焓相等（在一定精度范围）时对应的燃气温度。

其中，空气与燃气各组分的绝对焓与温度的关系如附录 B 所示。燃料的摩尔绝对焓按式(13-10)计算：

$$H_F = [H_D + Q_{DW} + c_p(T_F - 298)] \times M_F \tag{13-10}$$

式中，H_D 表示燃料的等温燃烧焓差；Q_{DW} 表示燃料低热值；c_p 表示燃料的定压比热容；M_F 表示燃料的摩尔质量；T_F 表示燃料温度。

（2）系统工作原理

燃气分析系统的原理图如图 13-38 所示，包含气态物分析和冒烟测量两部分，本节围绕气态物分析阐述其工作原理。

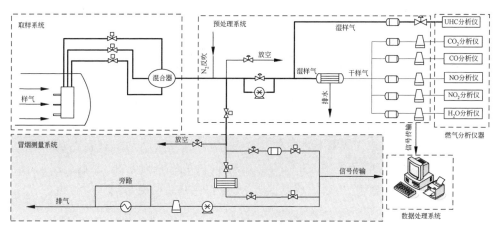

图 13-38　燃气分析系统原理

燃烧室出口燃气在自身压力下，通过取样装置（取样耙）进入取样管路，在取样耙各测点位置上取出的燃气就成为后续用于成分分析的样气。在各测点取得的样气可通过阀门通断逐一进行单点分析；也可同时取样，样气在混合器内混合，分析结果为代表多点位置的平均结果。由于燃烧室工作压力变化范围很大，同样的取样孔直径样气流量变化范围也很大，要保证进入分析仪器的样气流量恒定，需要通过样气放空、限流、抽吸等手段调节流量。合适流量的样气分多路经杂质过滤、流量计量、干燥等处理后进入相应的成分分析仪器，最终得到样气的主要成分分析结果，经采集系统收集后按前文所述理论方法进行燃烧室各项参数的计算。

为尽量保证样气从取样口到进入仪器之间的管路间不变质(不继续产生化学反应、不发生部分成分冷凝/析出等物理变化),需按照国际民航组织规范的要求,将样气保温在(160±15)℃进行输运。在进入不同的成分分析仪器前,根据不同成分仪器的测量原理,在未燃碳氢化合物(UHC)组分测量时需要保温在(160±15)℃;在氮氧化物(NO_x)组分测量时需要保温在(65±15)℃;在 CO、CO_2 等组分测量时先使用冷凝器将样气快速冷却至 4℃左右,析出绝大部分水蒸气,随后在该段取样管路内自然升温,再进入分析仪器。

分析仪器多采用进口品牌,国产的燃气分析仪器也有少部分投入应用,但在使用可靠性、测试精度、工作稳定性方面与国外还有明显差距。

2. 冒烟测量原理与方法

冒烟是指燃烧生成的以炭为主体的微小颗粒(直径为 $0.01\sim0.06\mu m$),这些颗粒会减少光的透射。冒烟是一个重要的环境污染源,同时,热炭粒子是强红外信号,使军用发动机更容易暴露。因此,对航空发动机燃烧室来说,冒烟是一个重要的设计控制指标。

滤纸法是较为常用的一种冒烟测量方法,其基本原理是将特殊的滤纸(透气不透烟)安装在样气管路上,控制在滤纸上通过定量的样气,样气中的碳颗粒沉积在滤纸上形成烟痕,测量滤纸通过样气前后的光反射率 R_w 和 R_s,由式(4-44)计算得到冒烟数 SN。

滤纸法取样测量过程的步骤较多,难以实现实时在线测量,试验测试时间较长。随着技术的进步,光学法逐步取得较大的应用进展。

光学法通过透光衰减率来测定烟气浓度,用不透光度 N 表示,在充满样气并有一定长度的光通路(测量室)的一侧设置光源(发光二极管),另一侧接受透光信号,透光信号由光电转换器转换成电信号,光电转换器的输出与烟气所造成的光强度衰减成正比。

1) 滤纸法系统工作原理

滤纸法所使用的滤纸和反射率计如图 13-39 所示。试验的取样环节与气体成分分析一致,在实际使用场景中也是共用一套系统,样气先经旁路进行放空,调节流量,稳定压力,将干净滤纸(事先已测量过光反射率)放入烟气收集器。待一切准备就绪、状态稳定后,将旁路样气切换到烟气收集器。待滤纸通过一定量的样气($16.2kg/m^2$)后,将样气切换到旁路,取出滤纸,用反射率仪器测量滤纸的光反射率。重复三次,要求每次计算的 SN 偏差在±3 以内,取三次结果的算术平均值为最终测量的冒烟数。

2) 光学法系统工作原理

光学法系统的工作原理如图 13-40 所示。不透光烟度计测量单元的测量室是一根分为左右两部分的圆管,被测烟气从中间的进气口进入,分别穿过左右圆管,然后从左右出口排出,左右两侧各装有一个凸透镜,左端装有发光二极管,右端装

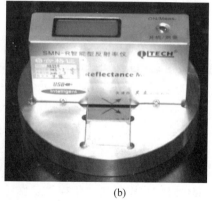

(a)   (b)

图 13-39　滤纸和反射率计

（a）滤纸；（b）反射率计

有光电转换器,发光二极管至左透镜和光电转换器至右透镜的光程等于透镜的焦距。因此,发光二极管发出的光通过左透镜后就成为一束平行光,再通过右透镜汇聚于光电转换器,并转换成电信号。样气中的烟度越高,平行光穿过测量室时的光能衰减越大,经光电转换器转换成的电信号就越弱,且具有一定的线性关系。为了防止烟气中碳烟颗粒对透镜镜面的影响,在左右两侧的排气通道安装了排气风扇,排气风扇可以将外界的干净空气吹入左右透镜与测量室之间的通道,使其形成风帘,起到气膜保护的作用。

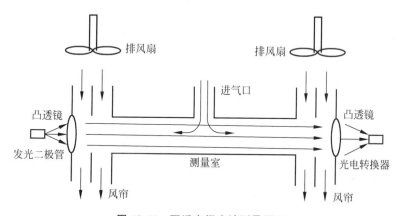

图 13-40　不透光烟度计测量原理

3. 其他问题

通过燃气分析测量燃气成分间接计算燃气温度是基于传热传质同步的假设,如果存在较为明显的热量传递与物质传递不同步的情况,则计算得出的温度将与实际情况产生较大偏离。对于发动机燃烧室试验测试来说,燃烧反应主要发生在主燃区,成分分析取样在燃烧室出口,这个距离被认为足够短,燃气在这个距离上流动时因为散热等存在导致的传热传质不同步可忽略不计。但在某些场景下,如果存在燃烧室试验件燃烧区与测试位置距离过大、采用水冷试验件导致换热剧烈(热量损失大)等情况,则燃气分析测温原理已无法适用,需要对燃气分析计算的温度进行修正或采用其他方式测温。

同样因为散热的问题,燃烧完全度与燃烧热效率的关系也面临不同的处理方法。在散热较小时,燃烧完全度与燃烧热效率可认为是一回事。事实上,这两个概念也往往被混淆。但在散热量较大时,以燃气成分法测量的燃烧完全度和以热电偶测量的燃烧热效率就会存在较大差异。由于试验方案、试验件结构,以及试验中的热量损失都不尽相同,一般用燃烧完全系数来表征燃烧室燃烧性能的优劣,若考虑燃烧效率则另测热量损失来修正。

冒烟也是未完全燃烧的产物,但在全成分分析中没有考虑,其对效率和温度还是有一些影响的。随着测试精度要求的提高,可将其计入化学方程式,进一步提高精度。

13.4.3　光学诊断技术

光学诊断技术是在燃烧室试验中逐渐应用的一类新型非接触式测量技术,其基本原理是激光与燃烧室流场介质相互作用后会产生一定的变化,如被吸收、散射,产生荧光、磷光等,这些变化特征携带了燃烧场介质的速度、温度、密度、组分浓度等信息,只要标定激光光谱物理特性与介质信息相互作用的量化关联关系,就可以通过实际测量的光谱特征反演流场介质的相关信息。

光学诊断技术是以激光器件、光谱物理特性、光电探测、数据图像处理等技术为基础的,激光光谱特征与燃烧室流场介质的相互作用有多重关联,每种(或每类)关联都衍生出一种特定的光学测量技术,如图 13-41 所示。通常所说的光学诊断技术是用于燃烧室试验中各种激光测量技术的一个统称。目前,能够达到工程应用水平或者说短期有望能达到这一水平的技术并不多,开展应用研究较多的主要有表 13-3 所列几种方法。工程燃烧室常用的光学诊断技术见附录 C。

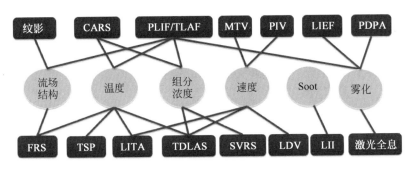

图 13-41　典型的光学诊断技术

表 13-3 光学诊断技术及其特点

序号	测量物理量	方 法	特 点
1	速度	LDV	需撒播粒子,点测量,真实反映测量点速度
2	速度	PIV	需撒播粒子,二维测量,局部空间速度平均值
3	温度	CARS	点测量,高时空分辨,高精度,适合复杂环境应用
4	温度	RS/FRS	二维,适用清洁火焰,管路简单,易与其他技术组合
5	温度	双色 PLIF	二维,发动机燃烧室测量
6	主要成分	SRS	逐点或线分布测量,定量数据
7	自由基	PLIF（CH/CH$_2$O/OH/NO 等）	二维可视化
8	运行状态	TDLAS	光学传感器,多参数,高测量频率

13.5　试验数据的处理

试验数据是指通过试验得到的反映被试燃烧室性能和试验过程的所有信息的统称,除了通常意义上的数字类信息以外,图像、视频、音频也是广义的试验数据。试验数据是试验研究工作的直接产品。

第一手的试验数据往往是一些离散信息的集合,给人的感觉是生涩、枯燥和不友好的,试验数据处理主要指对这些信息进行处理,使其能更好地揭示试验研究所探寻的设计规律、丰富数据的应用价值、提高数据的可视化程度和可阅读性。

燃烧室试验数据处理主要可归纳为三方面工作,一是对得到的第一手数据进行识别,判断真伪,保证数据的真实性、有效性;二是对数据进行数字运算、音像处理、关联关系分析、插值外推等,以表格、曲线、图片、音视频等形式展示;三是对处理得到的最终结果根据计算链进行不确定度分析,明确最终结果的精准度范围。

13.5.1　试验数据判识

保证数据的真实性是对试验研究人员的基本要求,也是一项较为复杂的技术活动。在实际的试验工作中,受多方面因素的影响,直接得到的试验数据可能包含较多的干扰信息,如果不能及时准确地甄别,则会导致数据不准确甚至错误,使试验研究达不到原本的目的甚至起反作用。

根据造成试验数据失真的原因类型、失真幅度大小、采取的处理方法等,可以将数据判识工作大致分为以下几种层级。

1. 粗大误差

粗大误差一般指因为人为工作失误、硬件可靠性差而导致的数据错误,从数值上看,这些数据大多表现出明显的异常,甚至已超出理论可能的范围,稍有专业常识的从业人员即可轻易分辨、判别,如燃烧室出口温度测量中某个测点示值为5000K、燃烧室进口压力测量中某个测点示值为-200kPa。这种粗大误差一般是传感器损坏、信号传输过程被干扰、电信号与数字信号转换关系错误等原因所致,相对而言,这个层级的数据判识较为容易,处理也简单,直接剔点即可。

2. 疑似异常

此类数据异常指在某些场景下,数据的数值都在理论的合理范围内,但从其他角度看又存在异常的地方。如在燃烧室进口温度测量中,燃烧室进口环腔周向布置了四个温度测点,左、右及上方三个测点的温度相互偏差在 0.5K 内,下方的测点温度偏差在 2K 左右,如图 13-42 所示。这种相互偏差也在测量值的精度要求范围内(注意这里讲的测点之间的偏差与精度要求的范围是两个概念,不能认为这个偏差小于精度要求的范围就认为一定满足测试要求),但下方的温度测量值相较其他三个位置来讲明显不合理,应作为一个疑点重点甄别。

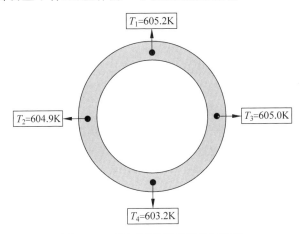

$T_1=605.2$K

$T_2=604.9$K

$T_3=605.0$K

$T_4=603.2$K

图 13-42 进口温度测量偏差示意图

这种类型的数据异常迷惑性较强,没有也不可能有统一、具体的原则来指导判识,需要技术人员在丰富的工程经验基础上感知,第一印象显得突兀、明显违背自然界和谐的数据往往是有问题的,如前文所述的燃烧室进口下方的测点数据,这种情况下就需要重点关注,进一步分析研判,明确该数据是代表燃烧室进口温度场分布不均匀的真实测量结果,还是因为测量环节有问题带来的额外测试偏差。在多数情况下,要把这类数据异常甄别清楚较为困难也需要时间。如果该点的数据对整体结果影响不大,如图 13-43 所示,在确定燃烧室进口平均温度的测试结果时,下方的测点不影响大局,燃烧室进口平均温度都在工程试验可接受的误差范围内,则勇敢地做剔点处理即可。如果该点的数据对整体结果影响较为明显,例如在确定燃烧室进口流场均匀性时,下方的测点数据尤为重要,在暂时不清楚问题来源的情况下,先按将试验结果偏保守方向确定的原则处理,再采取进一步的方法排除,必要时应重新验证。

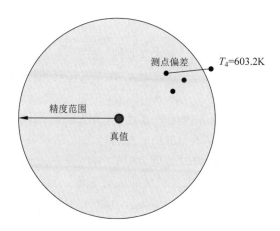

图 13-43　测量精度与测点间偏差的区别

3. 隐性偏差

在某些场景下,即便具备足够丰富的工程经验,试验数据存在的问题也不一定能被发现,需要借助一定的数据处理方法将问题放大后才具有足够的辨识度,此类问题的辨识不仅需要丰富的经验,还需要技术人员具备敏锐的专业嗅觉,即经验、悟性缺一不可,犹如洞察人心需要情智双全。

某燃烧室的流量分配试验采用堵孔法测取燃烧室内外环引气比例,试验件结构如图 13-44 所示,试验直接测取的参数如燃烧室进口温度、压力、流量,二股通道静压(代表内外环引气孔孔前静压)等都未表现出异常。但在根据测量参数进行数据处理、计算内外环引气比例时,发现计算得到的引气比例偏大,达到设计计算值的两倍。这种幅度的偏差预示着一定有哪个环节出了问题。

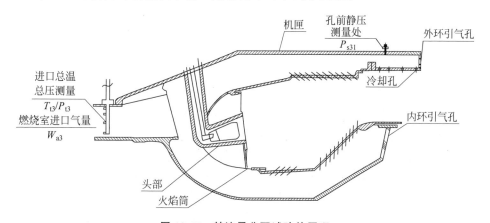

图 13-44　某流量分配试验件原理

为查明原因,对设计计算、结构加工、试验测试方案、参数测量精准度、数据处理等环节开展了全面复查,均没有发现足以引起如此大偏差的影响因素,工作一度陷入僵局。在百思不得其解的情况下,技术人员偶然将注意力放在了二股通道静压 P_{s31} 测点位置附近的火焰筒连接法兰的凸起结构上。在该次试验中,火焰筒与导流段采用了新的法兰连接形式,导致二股通道中气流流线的收缩-扩张,可能引起下游 P_{s31} 静压测量的代表性偏差,而 P_{s31} 在引气比例的计算中正是敏感度最大的变量。

为了验证猜想,开展了局部流场仿真计算,有无凸起结构对 P_{s31} 测量值的影响偏差约为 1kPa(测量绝对值在 120kPa 左右),凸起结构导致气流加速,流线偏移,静压测量值相较无凸起结构时偏低,如图 13-45 所示。通过数值推演,这不到 1% 的静压测量偏差也足以引起引气比例的成倍变化。为进一步验证,在凸起结构上、下游的远端新增了静压测点(图 13-46),重新开展了流量分配试验,结果显示:新增的、在流场未受到干扰区域的几个静压测量值所关联的引气比例均能够很好地吻合设计计算值。至此,该静压值的隐性测量偏差问题才被锁定并解决。

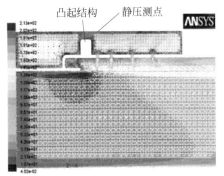

图 13-45　静压测点位置的流场仿真结果　　图 13-46　不同静压测点位置对比

上述事例是一起较为典型的测量值隐性偏差问题,相对而言,此类问题的发现更需要试验从业人员心思缜密,还必须有一定的悟性、灵性,有些问题由不同的专业人员处理可能会得出不同的结果。

4. 数据处理方法的差异

除了试验获取的直接数据可能存在偏差,在数据处理过程中,运用数学处理方法得到的间接数据也可能会因为方法的不同而导致偏差。这种由方法导致的差异更具有迷惑性,对此在很多情况下会有不同的观点。

在燃烧室压力损失试验时,根据压力损失与燃烧室进口马赫数平方近似成正比的理论基础,在燃烧室工作范围内选取几个马赫数测取压力损失,将有限的试验点做线性拟合,根据拟合的关系式即可得到对应燃烧室任意进口马赫数下的压力损失。

在将试验数据做线性拟合时,会有两种方法,第一种是只对试验测取的数据,如图 13-47(a) 中的 6 个点进行线性拟合,拟合得到的关系式自然会有截距。这种拟合方法得到的关系线与试验点重复性好。第二种是过零点拟合,如图 13-47(b)所示,这种方法将零点认为真值点。虽然在试验点的基础上增加一个真值点有利于减小试验点的误差,但这样拟合得到的关系线与试验点的重复性往往较差。

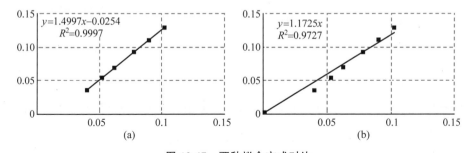

图 13-47　两种拟合方式对比

(a) 不过零线性拟合;(b) 过零线性拟合

上述两种方法各有千秋,得到的结果也相差不大(为了增强对比的效果,图中数据做了夸大处理),故鲜有人对其差别过度关注,很多场合下看个人喜好选择使用,在工程上没有实质影响。

之所以对这个问题进行剖析,是想阐述工程与科学的关系。上述两种方法中的第一种方法更倾向工程思维,没有考虑真值点(0.0),但它处理得到的数据更贴合工程试验结果。第二种更倾向科学思维,考虑了真值点(0.0),但它处理得到的数据反而与工程试验结果的吻合度差。

那么上述两种方法哪一种更接近自然界的真实规律呢?可能绝大多数人忽略了一点:"燃烧室压力损失与进口马赫数平方近似成正比"中的"近似"说明,在颗粒度细到一定程度时,将不能用正比的关系来衡量进口马赫数平方与燃烧室压力损失的关系,那么二者真正的关系是什么呢?目前的认知还不能给出精确的答案。

这里不妨大胆一点,假如两者的真实关系如图 13-48 所示。结合图 13-47,哪一种处理方法接近真相的可能性更大呢?结果显而易见。这也表明,在科学不能完全表达的领域,工程的方法有可能更加直观。在对试验结果有足够信心的前提下,这种工程数据的拟合一般没有必要过零点。

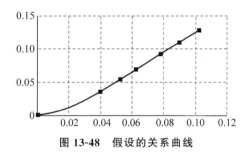

图 13-48　假设的关系曲线

13.5.2　试验数据的处理方法

1. 燃烧室流阻特性

表征燃烧室流阻特性的参数有总压损失系数和流阻系数。根据燃烧室流阻特性与进口马赫数平方的近似线性关系,可以直观地判断试验数据在多大程度上符合理论规律,是否存在明显异常。同时,依据有限的试验点数据得到燃烧室在整个工况范围内的流阻特性规律,一般将试验得到的数据绘制成典型的主燃烧室流阻特性曲线,如图 13-49 和图 13-50 所示。其中,横坐标一般用燃烧室进口马赫数的平方来表征。

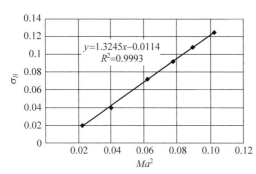
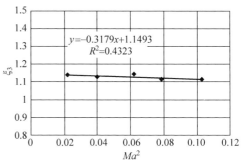

图 13-49　总压损失系数与马赫数平方关系曲线　　**图 13-50　流阻系数与马赫数平方关系曲线**

众多的试验数据表明,在燃烧室工作马赫数范围内,总压损失系数与燃烧室进口马赫数平方的近似线性规律吻合得相当好,但要再继续扩大马赫数范围则可能降低这种吻合度,这从前文的过零拟合会导致额外的偏差也能看出端倪。对于流阻系数而言,理论上也给出了在不同马赫数下基本保持不变的近似关系,但实测结果出现了差异,在绝大多数情况下,流阻系数会随着马赫数的增加呈现略微下降的趋势。这也说明理论上的近似关系的适用范围是有限的,在对试验有信心的基础上,工程结果或许更能反映真实规律。

2. 燃烧室流量分配

燃烧室流量分配就是指燃烧室内各流路的通流能力占燃烧室总通流能力的比例,一般包括内外环涡轮引气比例、头部进气比例、主燃孔进气比例、掺混孔进气比例等。

在燃烧室内,各流路可近似看作节流孔,流经节流孔的空气流量由下式决定:

$$W_a = \mathrm{AC_d}\sqrt{2\rho\Delta p} \tag{13-11}$$

式中,Δp 为节流孔进出口截面总静压差;ρ 为节流孔出口的气流密度;$\mathrm{AC_d}$ 为节流孔的有效流通面积。

考虑实际工程试验的测试可行性,在忽略以下几个因素后,Δp 一般用各流路的进出口静压差代替,密度的计算一般用各流路的进口静压计算。在某些场景下,当能够测取合适位置的合适参数时,应尽量减少忽略因素。

(1)气流流经节流孔进出口的压力损失为零,即节流孔出口总压等于进口总压;

(2)节流孔的进口速度较低,总静压相等,即节流孔的进口总压等于进口静压;

(3)忽略进出口静压变化对密度的影响,即节流孔的进出口截面密度相等。

当处理流量分配数据时,首先根据堵孔法得到的试验数据线性插值,得到各流路的流量特性曲线,如图13-51所示。每条流量特性曲线的斜率即该流路的有效通流面积。最终整理成如表13-4所示的流量分配试验结果。

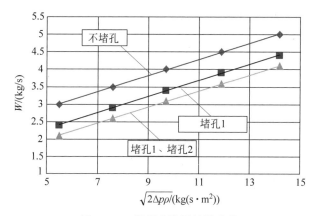

图13-51 燃烧室流量特性曲线

表13-4 典型燃烧室流量分配试验结果

项　　目	试验值/ mm^2	设计值/ mm^2	试验 比例/%	设计 比例/%	试验比例与设计 比例偏差/%
火焰筒 AC_d	33 207	33 600	82.7	82.65	0.05
内、外环引气孔 AC_d	6928	7056	17.3	17.35	−0.05
内环引气孔 AC_d	2481	2730	6.2	6.71	−0.51
外环引气孔 AC_d	4447	4326	11.1	10.64	0.46
燃烧室总 AC_d	40 135	40 656	—	—	—

3. 燃烧室点/熄火特性

燃烧室点/熄火性能主要受燃烧室进口的气流速度影响,而燃烧室进口的气流速度又与发动机起动/再起动高度、当地大气温度、发动机工作转速等相关。

一般情况下,将点/熄火数据整理成如图13-52所示的关系曲线,横坐标为燃烧室进口气流速度,纵坐标为余气系数,点/熄火点余气系数的连线即点/熄火边界。

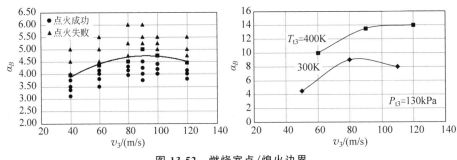

图 13-52　燃烧室点/熄火边界

由于影响点/熄火余气系数的因素很多,为了探究在其他条件不变时,某个单一因素对点熄火性能的影响规律也可以采用不同的坐标,体现点熄火范围与环境温度、海拔高度、发动机相对转速(PNC)、点火速度范围与发动机飞行马赫数、海拔高度等的相互关系,如图 13-53 所示。

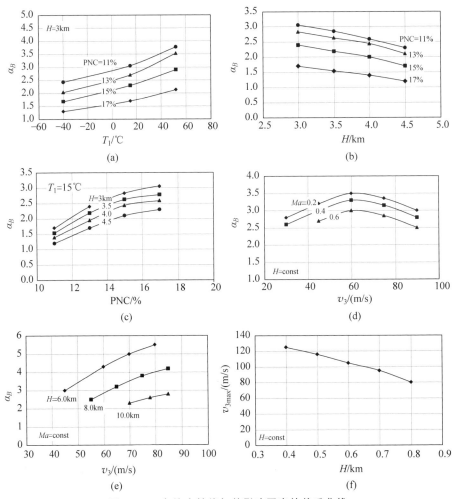

图 13-53　点熄火性能与其影响因素的关系曲线

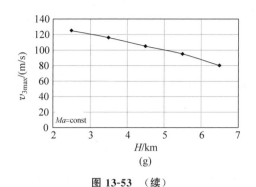

图 13-53　（续）

4. 燃烧室出口温度场

燃烧室出口温度场的品质通常用温度分布系数、温度分布云图、径向温度分布曲线三种形式来表征。

温度分布云图是直观展示燃烧室出口温度分布趋势的常用形式,采用不同数值大小的等温线将燃烧室出口截面划分为以不同颜色表示的温度区域,便于对温度场有一个直观的全面认识,如图 13-54 所示。云图可采用 Origin、Tecplot 等软件绘制。

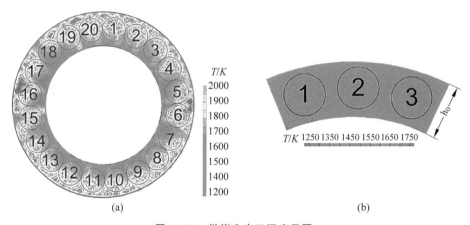

图 13-54　燃烧室出口温度云图

（a）环形燃烧室；（b）扇形燃烧室

径向温度分布曲线是以曲线的形式给出燃烧室出口腔道高度方向上平均温度的变化情况,更能表征涡轮动叶沿叶高方向上各处所感受的气流温度情况。如图 13-55 所示,图中的温度 T_{t4r} 为燃烧室出口腔道径向某一高度位置的周向平均值。

5. 污染物排放量

一般将测得的污染物指数或冒烟数处理成与进口状态参数 p_{t3}、T_{t3} 和 Ma_3 (或余气系数 α)的关系曲线,如图 13-56 所示。图中曲线是指污染排放分别与进口

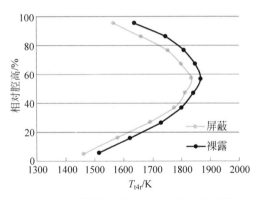

图 13-55　燃烧室出口径向温度分布曲线

某个参数变量的关系,也可以把纵坐标取为进口温度、压力、流速等几个参数组合的复合变量。

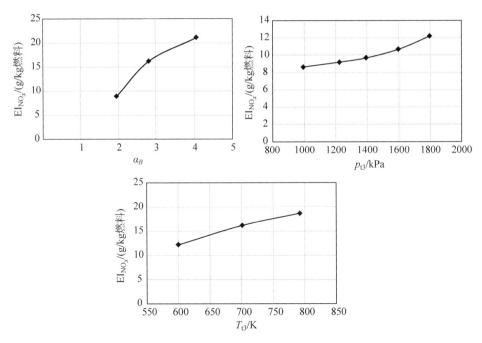

图 13-56　污染物 NO_x 排放指数变化曲线

6. 壁面温度

用热电偶测量的火焰筒壁温数据 $T_{w,i}$ 通常整理成沿相对轴向长度 L/L_0 的分布曲线。其中,i 为热电偶编号,L_0 为火焰筒长度。曲线还可整理成随进口状态参数 p_{t3}、T_{t3} 和 Ma_3(或余气系数 α)变化的曲线族,如图 13-57 所示,除横坐标参数之外的其他三个参数均保持不变。

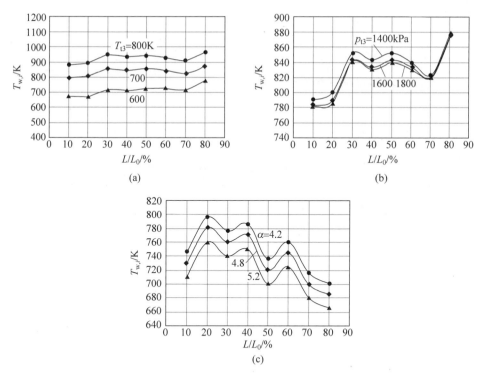

图 13-57 火焰筒壁温的轴向分布曲线

用示温漆测量的火焰筒壁温,则通过色片直接对比实物表面上的颜色深浅变化,判读出不同区域的温度分布范围,并做出温度和等温区边界线标记,如图 13-58 所示。

图 13-58 示温漆判读的壁温数据

13.5.3 不确定度分析

试验数据的不确定度(uncertainty)是评判数据质量的度量。数据质量指数据的准确性、可信度和有效性,也代表了试验测量能力的优劣。顾名思义,不确定度可解释为测量结果的可信性,其标准定义为赋予被测量值分散性的非负参数。测量不确定度说明的是被测量值的分散性,所以对应的是被测量值可能的分布区间。因此,完整的测量结果应该包含对被测量值的估计结果和分散性参数(不确定度)两部分。测量结果必须给出不确定度的说明才算是完整且有意义的数据。

1. 不确定度的评定方法

需要开展不确定分析的燃烧室试验数据可分为直接测量数据和间接测量数据。

1) 直接测量数据的不确定度评定

工程上,直接测量参数的不确定度一般通过计量校准按照不确定度的评定方法得到,为了便于理解,以热电偶测量某一点温度值为例来阐述直接测量参数不确定度评定的方法。

首先,建立热电偶测量通道组成和校准模型,如图 13-59 所示。

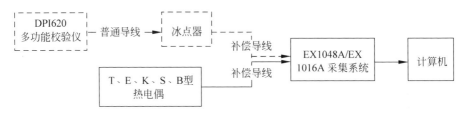

图 13-59　热电偶测量通道组成和校准模型

校准模型可以分为两部分:热电偶本身和其后端的采集通道。

热电偶本身按照国家标准检定方法实施检定,根据检定结果可以得到热电偶本身的不确定度。如 T 型热电偶按照《工作用铜-铜镍热电偶检定规程(JJG 368—2000)》,E 型、K 型热电偶按照《工作用廉金属热电偶检定规程(JJG 351—1996)》,S 型、B 型热电偶按照《工作用贵金属热电偶检定规程(JJG 141—2013)》实施检定。

后端采集通道的校准方法:按温度测量范围选取数个(一般为 7~8 个)加载点,采用多功能校验仪输出标准分度电压信号(标准分度电压分别对应 B 型热电偶不同温度值),经冰点器后进入采集系统,再经采集系统采集和计算机转换成等效的工程单位(温度值)输出。在加标准分度电压信号时录取五遍正、反行程特性,以获得校准时每个校准点的示值误差和测量重复性误差。

在热电偶测量通道组成和校准模型建立后,根据中华人民共和国国家计量技术规范《测量不确定度评定与表示(JJF 1059.1—2012)》的要求,结合系统模型和校准过程的实际情况,以 B 型热电偶测量某一点的温度值为例,梳理所有不确定度分量的来源,主要包括校准工作中所采用的标准计量器具,如由多功能校验仪等引入的不确定度分量 u_{Bb};由 B 型热电偶本身允许误差引入的不确定度分量 u_{Bc};由采集系统测量通道现场校准示值误差引入的不确定度分量 u_{Bs};由采集系统测量通道现场校准重复性误差引入的不确定度分量 u_A;由采集系统随环境温度变化引入的不确定度分量 u_{BT}。

在上述五个分量中,由测量通道重复性误差引入的不确定分量 u_A 为 A 类标准不确定度,其余的四个分量均为 B 类标准不确定度。热电偶测温不确定度分量如表 13-5 所示。

表 13-5 热电偶测温不确定度分量一览表

不确定度分量	不确定度分量来源	分类	分布	k	标准不确定度
u_{Bb}	由计量标准引入的不确定度分量	B	均匀	1.65	$\dfrac{\lvert \Delta_b \rvert}{1.65}$
u_{Bc}	由测量通道前端传感器允许误差引入的不确定度分量	B	均匀	1.65	$\dfrac{\lvert \Delta_c \rvert}{1.65}$
u_{Bs}	由测量通道示值误差引入的不确定度分量	B	正态	1.96	$\dfrac{\lvert \Delta_s \rvert}{1.96}$
u_A	由测量通道重复性误差引入的不确定度分量	A	—	—	$\sqrt{\dfrac{\sum\limits_{i=1}^{n}(x_i-\bar{x})^2}{N(N-1)}}$
u_{BT}	由采集系统环境温度变化引入的不确定度分量	B	均匀	1.65	$\dfrac{\lvert \Delta_T \rvert}{1.65}$

(1) u_A 的评定

A 类标准不确定度是指用对观测数据进行统计分析的方法得到的标准不确定度。

假设在校准过程中,对被测量进行 N 次($N\geqslant 6$)独立重复观测,测量值为 $x_i(i=1,2,\cdots,N)$,选取 K 个校准点中的重复性最大值作为该通道的重复性,重复性误差按式(13-12)计算:

$$s(x)_{\max} = \sqrt{\dfrac{\sum\limits_{i=1}^{n}(x_i-\bar{x})^2}{(N-1)}} \tag{13-12}$$

由重复性误差引入的不确定度分量按式(13-13)计算:

$$u_A = \dfrac{s(x)_{\max}}{\sqrt{N}} \tag{13-13}$$

(2) u_{Bb} 的评定

标准计量器具允许误差引入的 B 类不确定度分量的数据源于计量器具相关说明书、上级检定证书,最大允许误差为 $\pm\Delta_b$,其概率分布估计为均匀分布,包含概

率取 $p = 95\%$，包含因子取 $k = 1.65$。则标准计量器具引入的不确定度分量为

$$u_{Bb} = \frac{|\Delta_b|}{1.65} \tag{13-14}$$

（3） u_{Bc} 的评定

B 型热电偶允许误差引入的 B 类不确定度分量的数据源于传感器相关说明书、检定/校准证书，最大允许误差为 $\pm\Delta_c$，其概率分布估计为均匀分布，包含概率取 $p = 95\%$，包含因子 $k = 1.65$。则热电偶本身引入的不确定分量为

$$u_{Bc} = \frac{|\Delta_c|}{1.65} \tag{13-15}$$

（4） u_{Bs} 的评定

采集系统现场校准示值误差为重复条件下多次测量的算术平均值与标准值之差，其概率分布估计为正态分布，包含概率取 $p = 95\%$，包含因子取 $k = 1.96$，选取 K 个校准点中的误差最大值 $\pm\Delta_s$ 作为该通道的示值误差。则：

$$u_{Bs} = \frac{|\Delta_s|}{1.96} \tag{13-16}$$

（5） u_{BT} 的评定

校准时环境温度与实际工作时的温度差带来的测量误差为 Δ_T，其概率分布为均匀分布，取 $p = 95\%$，$k = 1.65$，由其引入的不确定度分量为

$$u_{BT} = \frac{|\Delta_T|}{1.65} \tag{13-17}$$

在评定出五个不确定度分量后，由于各不确定度分量之间相互独立，B 型热电偶测量温度的标准不确定度可采用平方和根公式合成为

$$u_c = \sqrt{\sum_{i=1}^{n} (u_i)_{max}^2} \tag{13-18}$$

根据最终提供的不确定度置信概率，扩展不确定度 U 由合成标准不确定度 u_c 乘以包含因子 k 得到。若置信概率取 $p = 95\%$，其概率分布估计为正态分布，包含因子取 $k = 2$，则：

$$U = k \times u_c = 2u_c \tag{13-19}$$

前文中的 k 一般根据以下方法确定：已知扩展不确定度是合成标准不确定度的若干倍时，该倍数就是包含因子 k。假设为正态分布时，根据要求的概率查表 13-6 得到 k。

表 13-6　正态分布下概率 p 与置信因子 k 的关系

p	0.50	0.68	0.90	0.95	0.9545	0.99	0.9973
k	0.675	1	1.645	1.960	2	2.576	3

当假设为非正态分布时，可根据概率分布查表 13-7 得到 k。

表 13-7　非正态分布的置信因子 k（置信概率 100%）

分 布 类 别	p	k
三角	1	$\sqrt{6}$
梯形（$\beta=0.71$）	1	2
矩形（均匀）	1	$\sqrt{3}$
反正弦	1	$\sqrt{2}$
两点	1	1

其他直接测量参数的不确定评定方法与热电偶测温的原理相同。

2）间接测量数据的不确定度评定

当被测量 Y 由 N 个其他量 $X_1, X_2, \cdots, X_N$ 通过测量函数 f 确定时，被测量的估计值 y 为

$$y = f(x_1, x_2, \cdots, x_N) \tag{13-20}$$

被测量的估计值 y 的合成标准不确定度 $u_c(y)$ 按式（13-20）计算（不确定度传播律）：

$$u_c(y) = \sqrt{\sum_{i=1}^{N} \left[\frac{\partial f}{\partial x_i}\right]^2 u^2(x_i) + 2\sum_{i=1}^{N-1}\sum_{j=i+1}^{N} \frac{\partial f}{\partial x_i}\frac{\partial f}{\partial x_j} r(x_i, x_j) u(x_i) u(x_j)}$$

$$\tag{13-21}$$

式中，y 为被测量 Y 的估计值，又称"输出量的估计值"；x_i 为输入量 X_i 的估计值，又称"第 i 个输入量的估计值"；$\dfrac{\partial f}{\partial x_i}$ 为被测量 Y 与有关输入量 X_i 之间的函数对于输入量 x_i 的偏导数，也称"灵敏系数"。

灵敏系数通常是对测量函数 f 在 $X_i = x_i$ 处取偏导数得到的，也可用 c_i 表示。灵敏系数是一个有符号和单位的量，它表明了输入量 x_i 的不确定度 $u(x_i)$ 影响被测量估计值的不确定度 $u_c(y)$ 的灵敏程度。在某些情况下，灵敏系数难以通过 f 计算得到，可以用实验确定，即采用变化一个特定的 X_i，测量由此引起的 Y 的变化：

$$r(x_i, x_j) u(x_i) u(x_j) = u(x_i, x_j)$$

式中，$u(x_i)$ 为输入量 x_i 的标准不确定度；$r(x_i, x_j)$ 为输入量 x_i 与 x_j 的相关系数；$u(x_i, x_j)$ 为输入量 x_i 与 x_j 的协方差。该式是计算合成标准不确定度的通用公式，当输入量间相关时，需要考虑它们的协方差。

当各输入量间均不相关时，相关系数为零。被测量的估计值 y 的合成标准不确定度 $u_c(y)$ 按下式计算：

$$u_c(y) = \sqrt{\sum_{i=1}^{N} \left[\frac{\partial f}{\partial x_i}\right]^2 u^2(x_i)} \tag{13-22}$$

2. 燃烧室性能参数不确定度

根据不确定度的评定方法，计算得到燃烧室试验中常用工况和性能参数的不

确定度。

（1）空气流量的不确定度

空气流量一般采用孔板流量计测量，流量的计算公式为

$$W_a = C\varepsilon \frac{\pi}{4} d^2 \sqrt{\frac{2\Delta p\rho_1}{1-\beta^4}} \tag{13-23}$$

流量 W_a 的相对不确定度：

$$\frac{u_c(W_a)}{W_a} = \sqrt{\left[\frac{u_c(C)}{C}\right]^2 + \left[\frac{u_c(\varepsilon)}{\varepsilon}\right]^2 + \left(\frac{2\beta^4}{1-\beta^4}\right)^2 \left[\frac{u_c(D)}{D}\right]^2 + \left(\frac{2}{1-\beta^4}\right)^2 \left[\frac{u_c(d)}{d}\right]^2 + \frac{1}{4}\left[\frac{u_c(\Delta P)}{\Delta P}\right]^2 + \frac{1}{4}\left[\frac{u_c(\rho_1)}{\rho_1}\right]^2} \tag{13-24}$$

式中，D 为孔板流量计安装处上游管道的直径。

（2）燃油流量的不确定度

燃油流量一般采用涡轮流量计测量，流量计算公式为

$$W_f = af + b \tag{13-25}$$

燃油流量的不确定度为

$$u_c(W_f) = \sqrt{u_A^2(W_f) + a^2 u_B^2(f) + u_B^2(s)} \tag{13-26}$$

（3）余气系数的不确定度

余气系数计算公式为

$$\alpha = \frac{W_a}{L_0 W_f} \tag{13-27}$$

余气系数 α 的不确定度为

$$u_c(\alpha) = \sqrt{\left(\frac{1}{L_0 W_f}\right)^2 u_c^2(W_a) + \left(\frac{W_a}{L_0 W_f^2}\right)^2 u_c^2(W_f)} \tag{13-28}$$

（4）总压损失系数的不确定度

总压损失系数 σ_B 的不确定度为

$$u_c(\sigma_B) = \sqrt{\left(\frac{1}{p_{t3}}\right)^2 u_c^2(p_{t4}) + \left(\frac{p_{t4}}{p_{t3}^2}\right)^2 u_c^2(p_{t3})} \tag{13-29}$$

（5）温升法燃烧效率的不确定度

温升法燃烧效率的计算公式见式(4-9)，其不确定度为

$$u_c(\eta_B) = \sqrt{\left[\frac{T_{t4} - T_{t4,th}}{(T_{t4,th} - T_{t3})^2}\right]^2 u_c^2(T_{t3}) + \left(\frac{1}{T_{t4,th} - T_{t3}}\right)^2 u_c^2(T_{t4}) + \left[\frac{T_{t3} - T_{t4}}{(T_{t4,th} - T_{t3})^2}\right]^2 u_c^2(T_{t4,th})} \tag{13-30}$$

（6）出口温度分布系数的不确定度

出口温度分布系数（OTDF）的计算公式见式(4-39)，其不确定度为

$$u_c(\text{OTDF}) = \sqrt{\begin{array}{l}\left(\dfrac{1}{T_{t4} - T_{t3}}\right)^2 u_c^2(T_{t4,\max}) + \left[\dfrac{T_{t3} - T_{t4,\max}}{(T_{t4} - T_{t3})^2}\right]^2 u_c^2(T_{t4}) + \\[4mm] \left[\dfrac{T_{t4,\max} - T_{t4}}{(T_{t4} - T_{t3})^2}\right]^2 u_c^2(T_{t3})\end{array}}$$

(13-31)

（7）出口径向温度分布系数的不确定度

出口径向温度分布系数（RTDF）的计算公式见式(4-40)，其不确定度为

$$u_c(\text{RTDF}) = \sqrt{\begin{array}{l}\left(\dfrac{1}{T_{t4} - T_{t3}}\right)^2 u_c^2(T_{t4r,\max}) + \left[\dfrac{T_{t3} - T_{t4r,\max}}{(T_{t4} - T_{t3})^2}\right]^2 u_c^2(T_{t4}) + \\[4mm] \left[\dfrac{T_{t4r,\max} - T_{t4}}{(T_{t4} - T_{t3})^2}\right]^2 u_c^2(T_{t3})\end{array}}$$

(13-32)

　　以上所列燃烧室工况和性能参数的不确定度均为合成不确定度，各分量的不确定度包含因子必须统一，要么各分量的不确定度全部为标准不确定度，合成不确定度也为标准不确定度；要么各分量的不确定度全部为包含因子相同（置信概率相同）的扩展不确定度，合成不确定度也为同样置信概率的扩展不确定度。

　　在提供燃烧室试验结果时，应至少包括参数名称、测量值、不确定度、置信概率等要素。

第 14 章

燃烧室故障分析

　　燃烧室的工作环境十分恶劣,它是航空燃气涡轮发动机中温度最高的部件,其故障或由其故障引发的相关故障相较其他部件多很多。例如,某型涡扇发动机试车完成后,下台分解检查发现高压 2 级涡轮导向器叶片烧蚀,虽然烧蚀的是涡轮叶片,但问题的根源在燃烧室,经检查分析是燃烧室 5 号喷油嘴严重堵塞,致使实际流量比设计流量减少 25%,造成起动时不能顺利点火,引起点火滞后,同时停车时也因为其喷油量过小引起提前熄火。这些问题使得部分燃油没有在火焰筒中燃尽,在气流吹动下流向火焰筒下游的涡轮,在遇到高温热源时继续燃烧。这是高压 2 级涡轮导向器叶片烧蚀的直接原因,即典型的"挂油燃烧"。

　　本章将阐述主燃烧室和加力燃烧室的主要故障类型和常见处理方法,帮助读者从更深层次理解燃烧室的理论和设计。

14.1　主燃烧室故障

　　主燃烧室持续工作在高温、高压下,不仅承受着温度载荷、气动载荷、机动载荷和振动应力等动载荷,还承受热腐蚀作用。由于其零部件大多是薄壁件,工作一定时间后经常出现裂纹、变形、烧蚀、掉块等耗损性故障。

14.1.1　主要故障类型

1. 裂纹

　　裂纹常产生在火焰筒头部、进气孔边缘、焊缝及其热影响区、气膜舌片及气膜分段处等薄弱环节和温度梯度比较大的部位。受交变机械载荷较大的燃烧室机匣也不时产生裂纹。材料在交变加热和冷却时,不仅会因产生的热应力而被破坏,强度极限也会受到影响。热疲劳裂纹一旦出现,裂纹根部应力的重新集中就会导致裂纹的进一步发展。因此,即使是微小的初始裂纹对零件也具有很大的危害性。裂纹故障产生的原因主要有以下几点。

(1) 冷热冲击引起的热疲劳

反复起动、停车和改变工况会引起冷热冲击,形成热疲劳。热疲劳就是材料在多次加热和冷却(热冲击)时,在交变热应力的作用下逐渐形成裂纹的现象。当主燃烧室起动点火后,火焰筒内迅速达到了预定的燃烧温度(2000~2400K),燃气向内壁面进行辐射和对流换热,使内壁面温度迅速升高,而外壁面被两股气流冷却,虽然壁体也有热传导,但镍基高温合金的导热性较差,在主燃烧室工况改变及起动加速、停车的过程中,火焰筒壁内外会产生较大的温差,随着冷热交变冲击,就会产生交变的温差应力。当热应力值超过屈服极限时,就会出现残余变形(也称"永久变形")。这种残余变形虽然极轻微,但在加热和冷却的多次循环下,会使零件的表面逐渐形成微小的裂纹,在载荷或振动的作用下,这些细微的裂纹会渐渐加深,发展为肉眼可见的裂纹。这种裂纹一般是沿着晶粒边界产生的,因为在晶粒边界分布着各种易熔的杂质,是材料在高温状态时的薄弱区域。

除了因温度梯度引起的热应力之外,在温度交变过程中还会产生内应力(也称"热组织应力")。引发热组织应力的原因:合金内部各部分的成分不均匀,不同晶粒在线膨胀系数和弹性模数上的差异,晶粒沿长轴方向的线膨胀系数和弹性模数不同于沿晶粒短轴方向(该现象称为"晶粒的有向性")。热组织应力不仅能使晶界破裂,还能使晶粒内部破裂。

(2) 交变载荷引起的机械疲劳

主燃烧室在工作时承受着较大的交变机械振动载荷和气动载荷,进而引起机械疲劳。交变载荷的应力是大小、方向或两者同时随时间做周期性改变的应力,这种改变可以是也可以不是规律性的。

对于航空燃气涡轮发动机来说,不仅有机械的振动,还有气体和液体的振动。燃油系统中可能发生燃油脉动、管路振动和喷嘴堵塞等现象。由此造成的燃烧不正常或流场不均匀往往会引起零件振动。机械力引起的振动与转速有关,转速增大,振幅增大。因此,可以从振幅是否随转速改变来判断是否是机械力引起的振动。这些由气流、液体脉动产生的力都可能引起燃烧室和火焰筒的振动。

(3) 焊缝和热影响区的裂纹

焊接裂纹通常分成两类:在金属结晶过程中或略低于固相线温度下产生的裂纹,由于是在高温下形成的,称为"热裂纹";在固态下由相变而产生的裂纹,其形成时温度较低,称为"冷裂纹"。

焊接接头中的热裂纹可能产生在焊缝上和起弧、断弧的部位,也可能产生在热影响区,其分布的方向可能是纵向或是横向。热裂纹显露在焊接接头的表面或潜藏在内部,它的大小可能是宏观的,用肉眼或放大镜观察即可发现;也可能是微观的,必须用金相显微镜或探伤手段才能发现。

　　热裂纹产生机制：在焊接熔池结晶和高温冷却的过程中,由于收缩受到阻碍,焊缝和近缝区金属产生了一定的拉伸变形,如果这种变形超过金属材料当时的塑性,就会发生断裂,形成热裂纹。起弧和收弧时最容易因操作不当而产生裂纹。在接触焊时,无论是点焊还是滚焊,金属之间都会存在气泡,这也是产生裂纹的一个因素。

　　焊缝附近(热影响区)产生的裂纹主要是由于焊接工艺不完善,热影响区过大,使焊缝附近产生预应力。这种预应力在交变振动载荷的作用下可能减小也可能增大,在交变应力的作用下就会发展成疲劳裂纹。在钣金焊接火焰筒时,裂纹故障相当突出。

2. 变形

　　变形是钣金焊接加工火焰筒的常见故障之一,多发生在气膜舌片、刚性较差的筒壁或周围温差应力较大的部位。筒身变形会破坏原来的流场与结构,影响出口温度分布和壁面温度分布。气膜舌片的变形会改变气膜舌片局部缝隙的高度,破坏气膜冷却的保护效果。

　　变形产生的直接原因是火焰筒壁不同部位存在较大的温差应力。例如,沿轴向由于分段冷却气膜的作用形成的锯齿形温度分布;沿周向由于有限个头部和大孔引起近似正弦规律的温度分布;各种小孔边缘周围形成的自孔边缘向周围扩展的近似抛物线型的温升规律(舌片长度自冷流冲击点至出口的轴向壁温急骤升高等会使火焰筒壁各点存在较大的温差应力)。当这些部位由于某些诱因引起局部过热时,材料的抗变形能力下降,出现局部翘曲变形。翘曲变形一旦发生又会进一步恶化流场和温度分布,使变形进一步发展并导致火焰筒局部烧蚀。

3. 烧蚀和掉块

　　烧蚀主要是由火焰直接在筒壁上燃烧,火焰偏斜,壁面受到持久性的加热而引起的。燃烧区燃气温度高达 2000℃,而镍基高温合金熔点仅为 1300℃左右,因此上述故障一旦出现,就会在火焰筒的局部出现烧蚀。这将危及外机匣、涡轮和整机的安全。掉块是在小孔贯通裂纹的基础上再遭遇过烧而引起局部固体碎片脱落的现象,掉块随气流流向下游与高速旋转的涡轮叶片相撞,造成灾难性的后果。因此,烧蚀与掉块被视为最严重的燃烧室故障。

　　烧蚀和掉块产生的原因主要有以下几点。

　　(1) 燃油喷嘴、旋流器和头部积炭破坏了原有的经优化的气动流场和燃油浓度场,使燃油产生局部贴壁燃烧。

　　(2) 燃油浓度场和气动流场匹配不佳,进气不对称,产生火焰偏斜,使局部筒身受到持久性过烧。

　　(3) 主燃区不良的大孔射流混合,在射流柱后贴壁处形成了局部稳定的火焰驻留,使壁面局部过烧。

　　(4) 在主燃孔风斗和传焰管背部凸台处会形成有害性火焰稳定驻留,造成火焰筒局部烧蚀。

（5）裂纹，特别是较大的贯通性裂纹，是引起烧蚀掉块的前提。

14.1.2　常见故障处理

本节列出了燃烧室机匣（表 14-1）、火焰筒（表 14-2、图 14-1～图 14-4）、燃油喷嘴（表 14-3、图 14-5 和图 14-6）和燃油总管的常见故障和处理方法。

表 14-1　燃烧室机匣的常见故障和处理方法

序号	常 见 故 障	处 理 方 法
1	机匣壳体和安装边裂纹、机匣上环形焊缝裂纹、焊缝过热区裂纹、安装座焊缝和焊缝过热区裂纹	焊接修复
2	机匣上安装座裂纹	焊接或更换安装座
3	机匣壳体翘曲、变形或压陷	校正修复，超出规定值时应更换
4	机匣壳体、安装边、安装座接合面凹坑、磕碰、划伤、硬皮、压痕、毛刺	锉修，除去凸起金属，圆滑转接
5	安装边上的销子孔磨损	更换加大组别的销子
6	安装座接合面密接度超出技术文件规定	研磨，保证着色贴合度不小于 80%，沿圆周无间断
7	安装座螺纹损伤	用名义丝锥攻丝修复
8	蜂窝件脱焊、蜂窝磨损、蜂窝损伤、蜂窝腐蚀、蜂窝晶格堵塞超出技术文件规定	窝件脱焊：更换蜂窝；蜂窝磨损/损伤/腐蚀：未超过规定数值允许使用，超过规定时更换蜂窝件；蜂窝晶格堵塞：采取超声波清洗或采取电火花疏通，无法去除时更换蜂窝
9	机匣内、外表面锈蚀、积炭	用砂布或不织布清除干净
10	安装边磨损、机匣配合尺寸超出技术文件规定	喷涂修复，再对喷涂处的安装边或止口尺寸机械加工

表 14-2　火焰筒的常见故障和处理方法

序号	常 见 故 障	处 理 方 法
1	火焰筒壁面烧蚀（图 14-1）、烧穿、掉块（图 14-2）	换段或补片修复
2	火焰筒零组件烧蚀	打磨烧蚀部位并圆滑转接，超出规定值应更换烧蚀的零部件
3	火焰筒主体裂纹或火焰筒焊缝裂纹（图 14-3、图 14-4）	裂纹长度未超出规定值时允许存在，裂纹长度超出规定值时焊接修复
4	火焰筒气膜间隙变形	校正修复，恢复其间隙值
5	火焰筒孔边加强圈松动	重新铆接修复，铆接处应无裂纹
6	火焰筒冷气孔堵塞	清除堵塞物，不允许损伤基体
7	火焰筒积炭	焖火除积炭

续表

序号	常 见 故 障	处 理 方 法
8	火焰筒壁凹坑、翘曲、变形	未超过规定值时允许存在，超过规定值时校正修复；将故障壁面放置到对应的校形专用工装型面上，将故障壁面校正至与工装型面贴合
9	火焰筒零组件磨损	未超过规定值时允许存在，超过规定值时堆焊修复并打磨排除；无法排除时更换磨损件
10	火焰筒浮动件卡滞，活动性差	校正修复，无法排除时应更换
11	火焰筒表面涂层损坏、脱落	表面涂层损坏、脱落面积未超过规定值时允许存在；超过规定值时，吹砂去除旧涂层，重新喷涂涂层

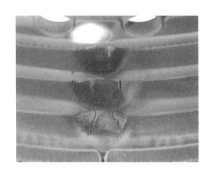

图 14-1　火焰筒烧蚀

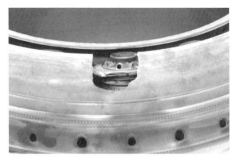

图 14-2　火焰筒掉块

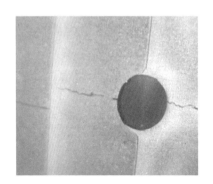

图 14-3　火焰筒主体裂纹

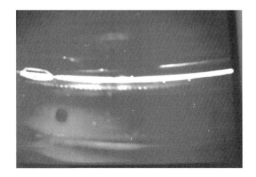

图 14-4　火焰筒焊缝裂纹（荧光显示）

表 14-3　燃油喷嘴的常见故障和处理方法

序号	常 见 故 障	处 理 方 法
1	进油口球面密封面划伤、磕碰	抛光修复，并按规定锥度进行着色检查，密接线圆周不间断
2	进油口处螺纹损伤	修理后85%的螺纹被保留或损伤的总长少于1/2扣螺纹时，允许存在；超出1/2扣螺纹时，更换燃油喷嘴

续表

序号	常 见 故 障	处 理 方 法
3	头部外表面磕碰、划伤、磨损及头部内表面磕碰、划伤、烧蚀	外表面磕碰、划伤、磨损及头部内表面磕碰、划伤、烧蚀未超过规定时允许存在；外表面损伤或内表面磕碰、划伤、烧蚀超过规定时,应更换喷嘴头部
4	油滤堵塞、断丝、烧蚀	清除堵塞物,若出现断丝、烧蚀等故障时应更换油滤
5	油滤变形	超过规定时更换油滤
6	壳体、焊缝、螺母、分油衬套、安装座裂纹	更换喷嘴
7	壳体划伤、磕碰	除去凸起金属,圆滑转接
8	分油衬套端面划伤	研磨排除
9	燃油喷嘴积炭(图 14-5)	清除积炭
10	密封面磕碰、划伤、毛刺	重新进行防护处理
11	螺母外表面磨损	超出规定时,更换燃油喷嘴

图 14-5 燃油喷嘴积炭

表 14-4 燃油总管的常见故障和处理方法

序号	常 见 故 障	处 理 方 法
1	管壁磕碰、划伤、磨损	除去凸起金属,圆滑转接；超出规定值时更换燃油总管
2	管壁裂纹	更换燃油总管
3	管壁变形	校正修复,校正后无损探伤检查校正部位和附近的焊缝,不允许存在裂纹,无法校正修复的更换燃油总管
4	管接嘴密封面磕碰、划伤	抛光修复,抛光后按规定锥度进行着色检查,密接度沿圆周不间断
5	焊缝裂纹	打磨或补焊裂纹,打磨深度不大于允许值,且无损探伤检查无裂纹
6	螺母、管接嘴螺纹损伤	修理后 85% 的螺纹被保留或损伤的总长少于 1/2 扣螺纹时,允许存在

14.2　加力燃烧室故障

　　加力燃烧室的故障可分为性能故障和结构故障两大类。一般的性能故障有点不着火、熄火、振荡燃烧、耗油率超标、加力状态下振动超过规定值、加力推力脉动等。这些故障除了与加力燃烧室的结构有关外,通常还与发动机的调节系统、控制系统、电气系统有关,有时还与飞机的飞行状态、操纵使用过程有关,涉及面较广,故本节对性能故障不做详细介绍,只对结构故障进行说明。结构故障从形式上主要有裂纹、变形、过热、烧蚀、磨损、断裂、涂层掉块或剥落等。

14.2.1　主要故障类型

1. 裂纹

　　在加力燃烧室零部件中出现裂纹的故障率最高。加力扩压器外壁、稳焰器、喷油系统、内锥体、整流支板、拉杆系统、点火器、混合器、加力燃烧室筒体、防振屏、隔热屏、通风隔热罩等部件上都比较容易出现裂纹。

2. 变形

　　加力燃烧室的变形故障常表现为以下形式:

　　(1)加力扩压器外壁和燃烧段筒体变形,不圆度增大,前后安装边的不平面度超过规定值,薄壁筒体局部鼓包。

　　(2)稳焰器变形,槽宽变宽或变窄,不圆度增大,发生翘曲。

　　(3)喷油环的不圆度发生明显变化,油管或喷油杆发生弯曲变形。

　　(4)混合器变形,后缘出现不应有的翘曲,花瓣槽宽有的地方变宽,而另一些地方又变窄。

　　(5)防振屏、隔热屏局部发生翘曲、鼓包,各段搭接处的缝隙有的地方变大,有的地方又变小。

　　(6)通风隔热罩变形,它与燃烧段筒体之间的间隙局部变大或变小,外表面局部发生翘曲。

3. 过热和烧蚀

　　加力燃烧室部件的过热和烧蚀故障常发生在下列部位:

　　(1)稳焰器后缘烧蚀,蒸发槽烧蚀。

　　(2)传焰槽烧蚀。

　　(3)点火器出口烧蚀。

　　(4)隔热屏和固定隔热屏的螺钉头烧蚀。

　　(5)加力筒体局部烧蚀。

　　(6)燃油总管、拉杆和稳焰器烧蚀。

4. 磨损

加力燃烧室部件的磨损故障常发生在下列部位：

（1）扩压器后安装边、筒体安装边与快卸环之间。

（2）拉杆、固定耳片与销子之间。

（3）防振屏、隔热屏与固定销、螺钉或支撑架之间。

（4）外罩与固定螺钉或支撑架之间。

5. 断裂、涂层掉块或剥落

加力燃烧室部件的断裂、掉块和剥落故障常发生在下列部位：

（1）稳焰器、喷油系统的固定座耳片断裂。

（2）燃油总管、喷油杆断裂。

（3）径向稳定器、传焰槽根部断裂。

（4）整流支板固定销断裂。

（5）稳焰器、隔热屏上涂层掉块或剥落。

14.2.2　常见故障处理

本节列出了混合器（表14-5）、扩压器（表14-6）、稳焰器（表14-7）、加力燃烧室壳体（表14-8）和燃油总管（表14-9）的常见故障和处理方法。

表 14-5　混合器的常见故障和处理方法

序号	常 见 故 障	处 理 方 法
1	主体裂纹	未超出技术文件规定时允许存在；超出规定时则焊修，先在裂纹末端打止裂孔后氩弧焊焊接
2	主体磨损	未超出技术文件规定时允许存在；超出规定时氩弧焊局部补焊，然后打磨或对外形机械加工
3	碰伤和压坑	未超出技术文件规定时允许存在；超出规定时进行局部打磨、锉修和校型，不能排除时允许局部补焊后修理
4	前、后安装边椭圆变形	椭圆变形未超过规定值时允许存在；超出规定值时用非金属榔头校正

表 14-6　扩压器的常见故障和处理方法

序号	常 见 故 障	处 理 方 法
1	内、外壁主体或焊缝的裂纹、烧穿	内、外壁主体或焊缝裂纹时焊修，主体烧穿补片或报废
2	外壁前、后安装边椭圆变形	未超出技术文件规定时允许存在；超出规定时用胶木榔头进行安装椭圆校正
3	安装边孔边裂纹	氩弧焊焊接修复，然后机械加工安装孔至规定尺寸
4	安装边磨损	磨损未超出技术文件规定时允许存在；超过规定时氩弧焊接修复，然后机械加工安装边尺寸

续表

序号	常 见 故 障	处 理 方 法
5	安装座上的安装孔磨损	未超出技术文件规定时允许存在；超出规定时加大组别钻孔，然后更换大组别螺栓
6	整流支板焊缝及主体裂纹、烧穿	对于整流支板焊缝和主体裂纹，在裂纹两端打止裂孔，然后进行氩弧焊焊接后打磨修型。整流支板烧穿时补片或报废
7	整流支板型面变形	未超出术文件规定时允许存在；超出规定时用胶木榔头校正

表 14-7　稳焰器的常见故障和处理方法

序号	常 见 故 障	处 理 方 法
1	主体或焊缝裂纹、烧伤	稳焰器主体或焊缝裂纹未超出技术文件规定时在裂纹两端打止裂孔后使用；超出规定时氩弧焊焊修。烧伤部位未超出规定时进行打磨；超出规定时补片焊修
2	壳体变形	超出规定时应修理
3	表面耐热涂层烧伤、起皱或脱落	耐热涂层烧伤、起皱或脱落未超过技术文件规定时允许存在；超过技术文件规定时，先吹砂或者用化学方法去除旧涂层，然后重新喷涂耐热涂层
4	供油管损伤或磨损	供油管损伤或磨损未超出技术文件规定时允许存在；超出规定时，对供油管进行校型。损伤部位氩弧焊焊接修复

表 14-8　加力燃烧室壳体的常见故障和处理方法

序号	常 见 故 障	处 理 方 法
1	主体和焊缝裂纹	主体磨损、碰伤和压坑，超出技术文件规定时应修理
2	前、后安装边椭圆变形、主体凸凹变形、各支架变形	未超出技术文件规定时允许存在；超出规定时用胶木榔头校正
3	安装边配合面磨损量	未超出技术文件规定时允许存在；超出规定时局部补焊后打磨或在装配时加大高温密封胶涂胶量来保证密封性
4	支架主体裂纹、焊缝裂纹、支架松动或脱焊	氩弧焊焊接修理
5	隔热层和防振屏的裂纹	未超出技术文件规定时在裂纹两端打止裂孔后继续使用；超出规定时在裂纹两端打止裂孔后焊接并补打气膜孔
6	隔热层翘曲变形	未超出技术文件规定时允许存在；超出规定时用胶木榔头校正
7	耐热涂层烧伤、起皱或脱落	耐热涂层烧伤、起皱或脱落面积未超出技术文件规定时允许存在；超出规定时重新喷涂耐热涂层（用吹砂或者化学方法去除旧涂层）

表 14-9　燃油总管的常见故障和处理方法

序号	常 见 故 障	处 理 方 法
1	主体磨损、碰伤、压坑和裂纹	主体磨损、碰伤和压坑未超出技术文件规定时允许存在;超出规定时需对碰伤和压坑进行校型,对磨损超出规定的部位进行局部焊修后打磨。对主体焊缝裂纹进行氩弧焊焊修
2	总管翘曲变形	超出技术文件规定时应修理
3	总管定位支架孔或定位支架孔的衬套磨损	未超出修理技术文件规定时允许存在;超出规定时更换新品衬套
4	进油管接头螺纹和工作面损伤、磨损或变形和裂纹	进油管接头螺纹和工作面损伤、磨损或变形,超出修理技术文件规定时应修理
5	进油管组件定位面磨损	磨损量超出技术文件规定时应修理
6	喷油管弯曲、扭曲和断裂	喷油管弯曲、扭曲未超出技术文件规定时允许存在;超出技术文件规定时,对弯曲处进行校正。对断裂的喷油管进行更换
7	安装边、销孔和起动喷嘴垫片磨损	安装边、销孔和起动喷嘴垫片磨损未超出技术文件规定时允许存在;超出规定时对磨损的垫片进行更换,有涂层的地方重新喷涂涂层

14.2.3　复杂系统性问题引起的故障

这类故障的机制十分复杂,排除难度极大。例如"加力接不通"故障,现有研究认为它既与发动机流路的气动热变化有关,也与稳焰器等结构未做适应性改进而达不到要求有关。实际上,导致该故障的原因是复杂的,在故障分析和处理实践中通常需要全面系统地挖掘故障原因,建立详细的故障树,攻关诱发该故障的相关诊断排除的关键技术。根据已有研究,加力的线路异常、信号器异常、热射流装置异常、燃油喷嘴异常、火焰探测器电流值异常,以及某些异常的耦合等均会导致此类故障。

在实际故障排除的过程中,曾遇到一种典型案例:发动机在出现"加力接不通"故障后,经返厂台架试车检测,发现普遍存在在小加力起动过程中右侧火焰探测器(I右位)电流值偏小这一独特现象。经进一步检查,发现火焰探测器在电流值过小时,综合调节器会出现"小加力未接通"的误判结果。实际此时小加力已接通,从发动机后向前看,预燃室处有蓝色火焰。一旦误判"小加力未接通",控制系统也就无法继续解除加力电磁活门的限制,全加力输油圈不供油,喷口一直保持在"小加力"状态。一段时间后控制系统就会自动"掐断"小加力状态供油,导致发动机全加力状态无法接通,飞机座舱报"加力未接通"故障。

通过故障树分析,判定故障原因是此型发动机较原批次的进气总量有所增大,从而流经加力燃烧室稳焰器处的燃气流速增大,影响火焰大小、形状等特性。而稳焰器的尺寸、结构等并未做出适应性优化改进,以确保火焰相对火焰探测器仍保持原有特性;火焰探测器的安装位置也未做适应性优化调整,其受感部的位置可能与加力火焰焰峰位置不重叠,因而探测器无法感受到强烈的火焰信号,造成火焰离子的电流值偏小。

针对上述故障原因,运用径向稳焰器原位校型技术,即对火焰探测器正对着的上下两侧径向稳焰器进行校型,收缩稳焰器开口,以扩大探测器受感部的识别范围,从而增大火焰离子电流值,排除"加力接不通"故障。

附录 A 常见燃料与静止空气恰当混合在 1atm/25℃ 下燃烧性能参数

燃料名称	分子式	低位热值/(kJ/kg)	无离解时绝热火焰温度/℃	层流火焰传播速度/(m/s)	着火温度/℃	蒸发潜热/(kJ/kg)	熄火距离/mm	贫可燃边界	富可燃边界
氢气	H_2	120 994	2525	2.648	530~590	—	0.6	0.14	2.54
一氧化碳	CO	10 114	2660	0.39	644~658	—	—	0.42	2.51
甲烷	CH_4	50 179	2325	0.338	658~750	509	1.9	0.53	1.58
甲醇	CH_3OH	19 915	1975	0.48	385~574	1099	1.8	0.55	2.9
乙烷	C_2H_6	47 626	2380	0.401	520~630	488	2.3	0.51	2.3
乙烯	C_2H_4	47 267	2565	0.683	542~547	—	1.3	0.41	5.52
乙炔	C_2H_2	48 325	2910	1.41	406~480	—	2.3	0.32	10.36
乙醇	C_2H_6O	26 803	2155	—	365~558	836	—	0.5	2.9
丙烷	C_3H_8	46 486	2390	0.39	450~504	425	2.1	0.5	2.36
丙烯	C_3H_6	45 898	2505	0.512		437	—	0.45	2.64
丙酮	C_3H_6O						—	0.52	2.6
正丁烷	C_4H_{10}	45 725		0.448	405~430	386	—	0.58	2.7
异辛烷	C_8H_{18}	44 651	2355	0.35	218~458	300	2.0	0.58	—
氨	NH_3				651		—	0.69	1.3
苯	C_6H_6	40 145		0.476	560~740	393	—	0.48	2.9
汽油	$C_{8.26}H_{15.5}$	43 500			336~685	339			—
煤油	$C_{10.1}H_{20.4}$	43 530			250~609	291			—
JP-4	—								6.3
柴油	$C_{10.8}H_{18.7}$	45 000	2305		225~233	249		0.9	—
重油	—	40 000			336				—

附录 B 空气与燃气各组分绝对焓与温度的关系

系数	N_2	CO_2	Ar	H_2O	O_2	CO	CH_4	NO	NO_2
A_0	-8766.3919	$-402\,400.85$	-6197.2701	$-251\,798.88$	-8717.7436	$-119\,300.6$	$-84\,712.533$	$+80\,916.22$	$+35.641\,23$
A_1	$+30\,406.073$	$+21\,098.976$	$+20\,785.746$	$+33\,930.851$	$+30\,016.147$	$+30\,585.726$	$+32\,609.368$	$+34\,635.248$	$-49.728\,363$
A_2	-5691.7529	$+33\,526.894$	0	-4363.0281	-7440.1940	-7149.918	$-12\,900.131$	$-18\,090.592$	$+315.853\,43$
A_3	$+8869.0838$	$-14\,994.685$	0	$+10\,594.936$	$+20\,698.855$	$+12\,942.867$	$+56\,045.7482$	$+30\,581.507$	$-607.765\,34$
A_4	-3271.2282	$+1118.4872$	0	-5495.2291	$-18\,287.018$	-7643.5784	$-35\,061.666$	$-22\,713.965$	$+641.750\,42$
A_5	$-942.758\,80$	$+2959.5750$	0	$+1494.9330$	$+7650.0639$	$+1507.3372$	$+5159.0055$	$+8218.7104$	-417.8304
A_6	$+1241.3666$	-1930.8771	0	$-227.722\,55$	$-924.582\,40$	$+494.052\,97$	$+3841.4062$	$-600.147\,95$	$+172.1237$
A_7	$-457.584\,67$	$+604.195\,64$	0	$+17.874\,978$	$-486.812\,37$	$-354.163\,88$	-2094.9857	$-656.507\,33$	$-43.759\,142$
A_8	$+80.837\,813$	$-105.272\,34$	0	$-0.532\,360\,46$	$+228.756\,62$	$+83.707\,563$	$+408.777\,99$	$+262.738\,46$	$+6.270\,161\,7$
A_9	$-6.429\,935\,3$	$+9.618\,945\,7$	0	0	$-38.490\,629$	$-9.028\,852\,2$	$-29.332\,111$	$-41.582\,078$	$-0.387\,468\,54$
A_{10}	$+0.136\,711\,17$	$-0.349\,202\,0$	0	0	$+2.414\,237\,2$	$+0.358\,996\,94$	0	$+2.509\,190\,2$	0

$$H = A_0 + A_1 \times (T/1000) + A_2 \times (T/1000)^2 + \cdots + A_{10} \times (T/1000)^{10}$$

附录 C　工程燃烧室常用的光学诊断技术

1. 粒子图像测速技术

粒子图像测速(particle image velocimetry,PIV)是在传统流动显示技术的基础上发展起来的一种新的流动测量技术。其主要原理是利用照相技术拍摄在流场中跟随流体运动的微小颗粒,通过图像处理得到全场颗粒的瞬时运动速度,进而间接得到流体的速度分布甚至湍流信息的光学测量方法。粒子图像测速技术具有较高的空间分辨率和精度,综合了单点测量技术和显示测量技术的优点,既具备了单点测量技术的精度和分辨率,又能获得平面流场显示测量技术的整体结构和瞬态图像。分辨率能达到毫米级,清晰度较高,速度测量范围也较宽。目前,该技术在燃烧室冷态流场测量的应用较多,属于较为成熟的一种光学诊断技术。

粒子图像测速技术系统包括光源系统、成像系统、示踪粒子系统、图像处理系统等,其原理图如图 C-1 所示。

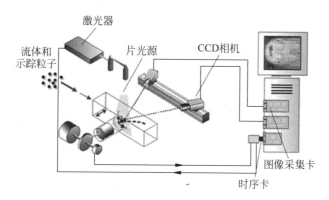

图 C-1　PIV 测量系统原理图

(1) 光源系统

系统由脉冲激光器、导光臂、光学部件等组成。脉冲激光器提供高功率光脉冲,导光臂将激光传输至需要的位置,再经光学部件扩展成厚度小于 1mm 的片光,通过软件控制周期性地扫过并照亮流场中的粒子。

(2) 成像系统

系统由电荷耦合器件(charge coupled device,CCD)相机、时间同步器、帧接收器组成。相机的性能参数包括分辨率、最大采集频率、最小跨帧时间。时间同步器可以保证相机、脉冲激光器和帧接收器同步,并实现内外同步信号的控制。

（3）示踪粒子系统

系统由示踪粒子、粒子撒播器组成。示踪粒子要求具有良好的流体跟随性和散光性。粒子的散光性越好，其影像越明亮，有利于获得信噪比高的图像。散光强度取决于粒子尺寸、材料和形状。粒子材料决定表面光洁度和反光性，形状以球形为最佳。常用的示踪粒子有艾草烟雾、氧化镁粉、癸二酸酯（$C_{25}H_{50}O_4$）、二氧化钛颗粒（Ti_2O_3）等。

（4）图像处理系统

图像处理系统主要是指用于控制和处理的软件系统，软件系统集成了硬件控制、实时数字图像显示处理、实时数据采集分析等功能。典型算法包括互相关理论、亚像素拟合、错误向量修正、图像偏置、迭代算法、变形窗口算法等。

采用粒子图像测速技术测试燃烧室冷态流场的典型试验步骤如下：

（1）根据现场条件确定光源与电荷耦合器件相机布局、根据测试环境确定示踪粒子种类，采用标定板完成标定，调试确定曝光时间。

（2）供气、调节试验件状态；加入示踪粒子，等待稳定，打光、拍摄，初步确认数据。

（3）图像处理、速度云图处理。

2. 相位多普勒粒子分析仪技术

相位多普勒粒子分析仪（phase doppler particle analyzer，PDPA）技术可以测量球形粒子（典型的如喷射液滴、气泡和固态球形微粒）的大小和速度。该技术主要利用运动微粒的散射光与照射光之间的频差来获得速度信息，通过分析穿越激光测量体的球形粒子反射或折射的散射光产生的相位移动来确定粒径的大小。该技术具有较高的空间分辨率和测量精度，无须校准，可以实时在线测量。目前，该技术在燃烧室燃油喷射特性、两相流测量等方面得到了应用。

相位多普勒粒子分析仪技术的系统包括激光器、光学发射头、光学收集器、信号处理系统等，其原理图如图 C-2 所示。

（1）激光器

激光器产生用于测量的干涉条纹，主要包括三个部分：腔体、工作物质和能源，为相位多普勒粒子分析仪提供光源。激光器的选择主要根据测量需求，从能量和稳定性能方面考虑。

（2）光学发射头

光学发射头的主要功能为分光和聚焦，由光束分离器和聚焦透镜组成。光束分离器可按要求把一束激光分成强度相等或不等的两束激光，可在光路中设置中性滤光片或分光膜调节分光强度。聚焦透镜使入射光束聚焦于测量点处，以提高激光强度和测量的空间分辨率。

（3）光学收集器

光学收集器的作用是接收运动微粒散射光并送到光检测器，通常由透镜和光阑组成。由于运动微粒的散射光强度很弱，并且存在大量非信号光，如环境光、杂

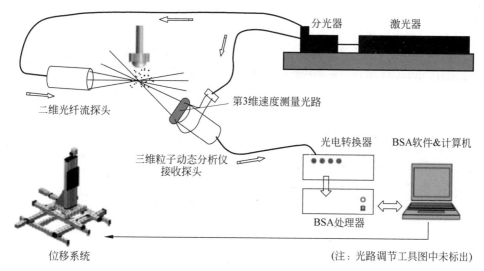

图 C-2 相位多普勒粒子分析仪测量技术原理图

散光等,多普勒信号的信噪比被降低。在设计光学收集头时,应采用空间滤波和光谱滤波等手段尽量抑制非信号光,并采用可调孔径光阑以获得不同试验状态下的最佳收集口径。

(4)信号处理系统

信号处理系统包括信号处理器和计算机软件处理系统。信号处理器接收光电探测系统的模拟信号,将其转换成数字信息传送给计算机软件系统处理。在数字快速傅里叶变换和波群相关检测技术的基础上,结合基于信噪比的触发检测、动态优化采样率、信号自动对中、瞬态穿越信号处理、数字信号处理技术、信号传输等技术,可以实现精确的速度和颗粒粒径测量。

采用相位多普勒粒子分析仪技术测量燃烧室喷嘴雾化油滴的速度场,典型的试验步骤如下:

(1)根据试验现场条件确定激光器、光学发射头和光学收集器的布局,确定测点位置和测量过程所采用的坐标系。

(2)打开信号处理器、光电探测器和计算机;供油并调节喷嘴试验状态;测量喷嘴喷雾场参数,并对测量数据进行确认。

(3)处理数据,获得速度分布图。

3. 平面激光诱导荧光技术

平面激光诱导荧光(plane laser induced fluorescence,PLIF)技术是 20 世纪 80 年代初发展起来的一种激光光谱诊断技术。激光诱导荧光是物质分子吸收激光能量,并以荧光发射的形式释放能量的过程。荧光的产生与分子的种类与激光的波长相关,具有严格的选择性特征,因此利用该方法可以识别混合组分中的某类特定分子。根据需要探测的组分,选择合适的激光激励线,采用片状激励激光入射火焰区,探测组分被激发产生的荧光,由增强电荷耦合器件(intensified charge coupled device,ICCD)相机接收,由测量的荧光强度可以计算探测组分的摩尔浓度及其分布。平面激光诱导荧光技术主要用于检测燃烧过程中一些重要的微量成分(例如,OH、CH、NO、CO 等)的摩尔浓度的二维分布。随着激光技术、探测技术及其实验方法的不断发展,在与燃烧相关的领域中,该技术的应用越来越广泛,已成为燃烧场的重要诊断手段之一。

平面激光诱导荧光技术的系统主要包括激光器系统、光学系统、相机系统、时序控制系统等,其原理图如图 C-3 所示。

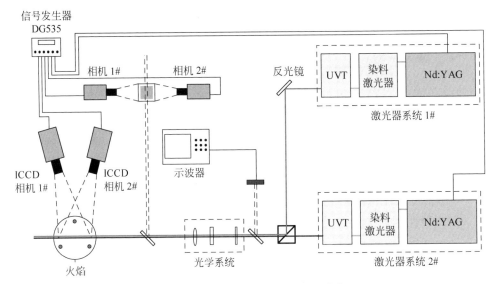

图 C-3　燃烧流场多组分 PLIF 同步测量技术原理图

(1) 激光器系统

平面激光诱导荧光技术的激光器系统主要由三部分组成,钇铝石榴石晶(Y3AL5O12,YAG)激光器、染料激光器(dye laser)和倍频模块(ultra-violet transmitting,UVT)。其具体工作原理如下:YAG 激光器作为染料激光器的泵浦光源(通常以 532nm 绿光为泵浦光),使染料激光器中的染料池受激发后输出波长范围可调的激光,最后经倍频模块倍频后输出紫外光。由于染料池的输出光会受到温度、压力等外界环境变化的影响,随着工作时间的持续会发生红移/蓝移现象,必须利用波长计实时监测染料池的波长变化,通过调谐染料激光器的光栅调度以修正输出波长。

(2) 光学系统

从激光器系统输出的紫外圆形光斑需经光阑、扩束镜、压缩镜等多组透镜以整形为长度可调、厚度不超过 0.5mm 的紫外片光。如果是多组分同步测量,从多台激光器输出的多束激光还需进行空间合束。若要对平面激光诱导荧光技术的测量结果进行定量标定,整形后的片光需引出一小部分用于实时监测能量分布情况。

（3）相机系统

平面激光诱导荧光技术的相机系统通常是由能够响应紫外波段的 ICCD/SCMOS 相机、紫外镜头和滤光片组成。利用特定波长激发目标分子产生的荧光信号一般都在一定的波段内,可以选取与之适配的滤光片"筛选"荧光信号,经相机采集后将光信号转换为电信号,由此获得待测平面上各像素点位置的强度信息。

（4）时序控制系统

分子的荧光寿命通常在几十纳秒的量级,由于平面激光诱导荧光技术所使用的激光器系统和相机系统都有一定的帧频（平面激光诱导荧光技术的帧频是由两者的下限决定的）,需要同步控制激光器和相机的触发时刻（精度控制在纳秒量级）,并且合理设置相机的快门时间以保证在荧光寿命时间内捕捉到信号。

利用平面激光诱导荧光技术测量具有代表性的燃烧中间产物 OH 的浓度分布,典型的试验步骤如下:

（1）根据试验现场条件确定激光器系统、光学系统、相机系统和时序控制系统的空间布局,根据目标分子的光谱特性调配合适的染料,完成相机的标定和全系统的联调。

（2）利用时序控制系统触发激光器系统、相机系统提前进入工作状态,试验对象点火,熄火,关闭平面激光诱导荧光技术测量系统。

（3）为削弱背景噪声对荧光信号的干扰影响,对于获取的荧光图像通常需要进行滤波、增强、边界提取等一系列优化算法。

4. 自发拉曼散射测量技术

自发拉曼散射（spontaneous vibration raman scattering,SVRS）测量技术主要应用于流场的组分测量,与其他光谱诊断技术相比,自发拉曼散射单次测量即可获得流场中多种组分的浓度信息,且不受碰撞淬灭和激光能量抖动的影响,因此在燃烧流场中得到广泛应用。自发拉曼散射测量技术的基本原理是,当分子以固有频率 ω_1 振动时,极化率也以 ω_1 为频率做周期性变化,在频率为 ω_0 的入射光作用下,ω_0 和 ω_1 两种频率会通过耦合产生 ω_0、$\omega_0 \pm \omega_1$ 三种频率的光波。其中,前者为瑞利散射光,后两者为拉曼散射谱线;波长较长的谱线为斯托克斯线,波长较短的谱线为反斯托克斯线。拉曼散射属于非弹性散射,散射光相对于入射光发生频移,频率与物质的内部结构有关,每种物质都有自己特定的拉曼谱线,而且任何物质都会发生拉曼散射。光的频移对应分子的振动和转动能级,散射光强与分子数密度成正比,所以拉曼光谱可以反映被测物质粒子数的分布情况和其他局部变化。

由于拉曼散射的光信号非常微弱,信号强度远远小于瑞利散射,所以测量时需要能量强度较高的激光器和高灵敏度的探测器。近年来,各种光学元件、激光器、光谱仪的迅速发展大幅提高了自发拉曼散射测量技术的实用性。自发拉曼散射测量技术的系统主要包括光源系统、信号收集系统、信号处理系统,其原理图如图 C-4 所示。

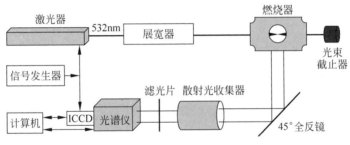

图 C-4　SVRS 测量技术原理图

（1）光源系统

光源系统由 YAG 激光器、数字延迟发生器、展宽器、光束截止器等组成。YAG 激光器的输出波长为 532nm 的高能窄脉宽激光，经过激光扩束器后整形为平行光，再经过展宽器光学变换为宽脉宽激光。激光器的延迟时间由数字延迟发生器的输出信号控制。

（2）信号收集系统

脉冲光源的激光从待测腔体石英玻璃窗口进入，经聚焦后激发样品池内的气体，随后从入口对面的石英玻璃窗口射出，并由激光截止器吸收。从腔体下方的石英玻璃窗口输出拉曼散射光。光束经 45° 角放置的全波段反射镜反射后，由散射光收集器接收，再由散射光收集器将拉曼散射光成比例缩小后成像到光谱仪狭缝中，光谱仪入口处放置一个 532nm 的陷波滤光片。

（3）信号处理系统

光谱仪将拉曼散射复合光按空间位置色散，输出到与光谱仪连接的 ICCD 相机上。ICCD 相机和测控计算机完成光谱成像、数据采集和记录，进而得到气体的自发拉曼散射光谱。

利用自发拉曼散射测量技术测量燃烧流场的组分浓度分布，典型的试验步骤如下：

（1）根据现场条件确定光源系统和信号收集系统的布局。调整入射激光，使其垂直经过两侧的光学窗；调整散射光收集器的位置，使拉曼散射光刚好通过光谱仪的狭缝处；检查光路，并尽可能地阻止所有可能进入光谱仪和 ICCD 相机的杂散光；设置数字延迟发生器延迟时间，将 YAG 激光器调到最优的能量输出。

（2）设置光谱仪、ICCD 相机和信号发生器参数。将激光器能量开到最大，进行自发拉曼散射测量试验。

（3）通过滤波、平滑等图像处理去掉杂散光、背景噪声等干扰信号，再扣除基线，对信号峰进行拟合处理后，获得相关参数。利用标准气体的自发拉曼散射数据库，即可解算出测试区域的组分浓度。

5. 可调谐激光二极管吸收光谱测量技术

近年来，随着半导体激光器、高速光电二极管和数字采集技术的发展，可调谐激光二极管吸收光谱(tunable diode laser absorption spectroscopy,TDLAS)测量技术逐渐成为研究热点,已成功应用于气体检测、环境监测和燃气分析等领域。该测量技术的基本原理：利用可调谐激光二极管的窄线宽和波长可调谐特性,测量特定气体分子在特定光谱范围内的一条振转吸收线的光谱特征曲线,根据比尔-朗伯定律,该吸收谱线在频域的积分正比于吸收系数。当已知气体吸收光程、压强和气体分子吸收线线强时,即可反演气体温度和浓度参数。当前,可调谐激光二极管吸收光谱测量技术因测量灵敏度高、响应速度快等优点,在燃烧试验领域的应用研究备受关注。

可调谐激光二极管吸收光谱测量技术的系统主要包括光源系统、信号发生器、气体吸收池、检测接收系统等,其原理图如图 C-5 所示。

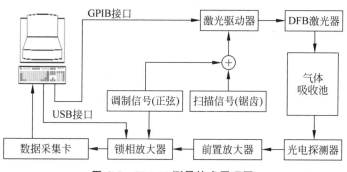

图 C-5　TDLAS 测量技术原理图

(1) 光源系统

光源系统一般包括二极管激光器和激光驱动器：二极管激光器是系统中产生光源的器件,应具有良好的稳定性,能够输出窄线宽的单纵模激光；激光驱动器用来驱动二极管激光器正常工作并检测其工作状态,可设定极限工作参数,以保护二极管激光器不受损害。

(2) 信号发生器

信号发生器用于产生驱动激光器波长变化的低频扫描信号和高频调制信号,使激光器产生可调制的激光。

(3) 气体吸收池

气体吸收池内含有未知浓度的某一目标气体,激光经准直器后,从气体吸收池一端射入,另一端射出,再经过角立方反射镜反射回去,实现光程加倍和多次反射吸收。

(4) 检测接收系统

检测接收系统包括光电检测器、前置放大器和锁相放大器。光电探测器分别接收参考池和多光程吸收池输出的携带有待测气体信息的激光,将该光信号转换为电信号,由前置放大器进行初级放大后,再由锁相放大器分别进行谐波检测。其中,锁相放大器的参考信号由信号发生器产生。

利用可调谐激光二极管吸收光谱测量技术测量燃烧流场的组分浓度分布,典型的试验步骤如下:

(1)根据现场条件确定光源系统和检测接收系统的布局,反复调试激光的发射端和接收端情况。

(2)利用时序控制系统触发光源系统、检测接收系统提前进入工作状态,燃烧室点火,熄火,关闭可调谐激光二极管吸收光谱技术测量系统。

(3)根据比尔-朗伯定律和反演算法,即可实时获取气体的浓度参数。

6. 其他问题

当前,光学诊断技术因其不干扰流场、测量范围宽广等优势,在燃烧试验领域的应用发展备受关注,相关的研究开展得也较多,但也存在较多的应用技术问题,主要表现在两方面:测量精度和光路布置。

测量精度问题:光学测量的基本原理就是根据激光与燃烧室流场介质的相互作用后产生的单值变化来反演流场介质的各种物理参数,这个对应关系是在实验室环境单一、均匀的介质条件下得到的。在工程试验环境下,被测介质是与其他成分的混合状态,同时在空间上存在较大的温度、压力、速度、浓度梯度,还会有试验环境中必然的振动、噪声、背景光等影响。理想的介质-光变关系将受到极大影响,且难以解耦,造成事实结果上的光学测量精度较差。以可调谐激光二极管吸收光谱技术测温为例,有工程环境下的对比研究显示,高温环境下的可调谐激光二极管吸收光谱技术测量结果与热电偶测量结果相差 200℃ 以上,如果不能开展系统研究,拓展基础关系数据库,将复杂工程环境的影响解耦,目前这个精度在工程上是无法接受和使用的。

光路布置问题:在工程规模的试验中,被试件往往承担着除了科学研究以外的其他使命,试验件的尺寸、结构完整性、使用材料都有严格的限制,为匹配光学测量所需的光路设计会受到极大的技术障碍,这也是限制光学测量技术在燃烧试验领域应用的另一个主要问题。

附录 D 主要符号表

A_B	主燃烧室机匣间的断面面积	m^2
A_{ref}	主燃烧室机匣间最大断面面积	m^2
A_L	火焰筒断面面积，$A_L = \pi(D_{Loi}^2 - D_{Lio}^2)/4$	m^2
A_r	主燃烧室环道断面面积，$A_r = \pi(D_{coi}^2 - D_{Loo}^2)/4$	m^2
A_{ro}	主燃烧室外环道断面面积	m^2
A_{ri}	主燃烧室内环道断面面积	m^2
A_{cowl}	整流罩进口面积	m^2
A_3	主燃烧室进口面积	m^2
A_4	主燃烧室出口面积	m^2
A_F	本生火焰内锥面表面积	m^2
A_L	火焰筒断面面积	m^2
c_p	定压质量热容	$J/(kg \cdot K)$
c_V	定容质量热容	$J/(kg \cdot K)$
c_{eq}	混合气体的质量热容	$J/(kg \cdot K)$
$c_{m,eq}$	混合气体的摩尔热容	$J/(mol \cdot K)$
c'_{eq}	混合气体的体积热容	$J/(Nm^3 \cdot K)$
c_3	主燃烧室进口流速	m/s
c_{ro}	主燃烧室外环道空气流速	m/s
c_{ri}	主燃烧室内环道空气流速	m/s
c_r	主燃烧室环道空气平均流速	m/s
c	主燃烧室进口处声速，按理想气体，$c = \sqrt{kR_g T_3}$	m/s
c_{ref}	主燃烧室机匣最大断面的气流平均流速	m/s
c_{p3}	主燃烧室进口空气定压质量热容	$J/(kg \cdot K)$
c_m	声速	m/s
D_T	热扩散系数（热扩散率）	m^2/s
D_m	某流体对混合物的其他流体的扩散系数，$D_{m,AB}$ 表示流体 A 在 B 中的扩散系数	m^2/s
D_{CI}	主燃烧室进口内径	mm
D_{CO}	主燃烧室进口外径	mm
D_{TI}	主燃烧室出口内径	mm
D_{TO}	主燃烧室出口外径	mm
D_{coi}	外机匣内径（环形燃烧室）；机匣内径（单管燃烧室）	mm
D_{cio}	内机匣外径（环形燃烧室）	mm
D_{ro}	主燃烧室外环道当量直径，$D_{ro} = D_{coi} - D_{Loo} = 2H_{ro}$	mm
D_{ri}	主燃烧室内环道当量直径，$D_{ri} = D_{Lii} - D_{cio} = 2H_{ri}$	mm
D_{Loo}	外火焰筒外径（环形燃烧室）；火焰筒外径（单管燃烧室）	mm

D_{Loi}	外火焰筒内径(环形燃烧室);火焰筒内径(单管燃烧室)	mm
D_{Lio}	内火焰筒外径(环形燃烧室);对单管燃烧室 $D_{Lio}=0$	mm
D_{Lii}	内火焰筒内径(环形燃烧室);对单管燃烧室 $D_{Lii}=0$	mm
D_L	火焰筒当量直径,$D_L=D_{Loi}-D_{Lio}=2H_L$(环形燃烧室);火焰筒直径,$D_L=D_{Loi}$(单管燃烧室)	mm
d_m	掺混孔直径	mm
d_0	油滴初始直径	mm
d_1	油滴瞬时直径	mm
d_n	喷油嘴喷口直径	mm
E	反应的活化能	J/mol
EI	污染物排放指数,即 1kg 燃油燃烧后所排放的污染物质量	g/kg
EI_i	污染物 i 的排放指数,即 1kg 燃油燃烧后所排放的污染物 i 的质量	g/kg
EN	污染物的 LTO 排放数	g/kN
EN_i	污染物 i 的 LTO 排放数	g/kN
f_0	化学当量油气比(化学当量燃空比)	—
f	实际油气比(实际燃空比)	—
F	发动机推力	N
F_∞	发动机海平面起飞推力	N
$\widetilde{F}$	发动机比推力	$(N \cdot s)/kg$
F_m	发动机推质比	N/kg
F_a	发动机单位迎面推力	N/m^2
F_j	涡桨发动机喷气推力	N
f_B	主燃烧室总油气比	—
f_L	火焰筒油气比	—
$f_{L.des}$	主燃烧室设计点火焰筒油气比	—
$f_{L.LBO,Id}$	主燃烧室慢车熄火火焰筒油气比	—
g	吉布斯函数	kJ/mol
H_{ri}	主燃烧室内机匣与内火焰筒间宽度(简称主燃烧室内环道宽度),$H_{ri}=\dfrac{D_{Li}-D_{csi}}{2}$	mm
H_{ro}	主燃烧室外机匣与外火焰筒间宽度(简称主燃烧室外环道宽度),$H_{ro}=\dfrac{D_{cso}-D_{Lo}}{2}$	mm
H_L	外火焰筒与内火焰筒间宽度(简称火焰筒宽度),$H_L=\dfrac{D_{Lo}-D_{Li}}{2}$	mm
H_{Lj}	掺混孔射流平面上火焰筒宽度	mm
H_3	主燃烧室前置扩压器进口高度	mm
h_{t3}	主燃烧室进口总焓	kJ/kg
h_3	主燃烧室进口焓	kJ/kg

h_f	主燃烧室燃油热焓	kJ/kg
h_{t4}	主燃烧室出口总焓	kJ/kg
h_4	主燃烧室出口焓	kJ/kg
H_m	掺混孔空气射流深度	mm
J_A	单位时间单位面积上流体 A 扩散造成的扩散通量	kg/(m^2·s)
K_c	化学反应平衡常数	—
k_{rb}	反应的速度常数	—
k_r	正向反应速度常数	—
k_b	逆向反应速度常数	—
k	定熵指数,对于完全气体,$k=c_p/c_V$	—
k_0	阿伦尼乌斯公式频率因子或指前因子	—
k_v	油滴蒸发常数	mm^2/s
k_c	油滴燃烧常数	mm^2/s
l_h	层流预混火焰预热区厚度	mm
l_c	层流预混火焰反应区厚度	mm
l	层流预混火焰厚度,湍流尺度	mm
L_L	火焰筒长度	mm
L_0	理论空气量	kg(空气)/ kg(燃料)
L	实际空气量	kg(空气)/ kg(燃料)
l_T	湍流预混火焰反应区厚度	mm
L_B	主燃烧室长度	mm
l_m	掺混孔中心线至火焰筒出口面之间的轴向距离	mm
m_f	燃料质量流量	kg/s
m_a	实际空气质量流量	kg/s
m_{a0}	燃料燃烧理论空气质量流量	kg/s
M	摩尔质量	kg/mol
M_F	燃料摩尔质量	kg/mol
M_A	空气摩尔质量,$M_A=0.028\,97$kg/mol	kg/mol
Ma	马赫数	—
M_{eq}	混合气体折合摩尔质量(或平均摩尔质量)	kg/mol
Ma_3	主燃烧室进口马赫数	—
n	化学反应级数	—
n_a	空气摩尔数	—
n_f	燃料摩尔数	—
n_m	掺混孔数量	—
n_o	氧气摩尔数	—
P	功率	W
$\widetilde{P}$	单位工质热流量,又称单位功率、比功率	(W·s)/kg
$\widetilde{P}_C$	压气机压缩单位工质的耗功功率	(W·s)/kg

$\widetilde{P}_\text{T}$	涡轮膨胀单位工质的做功功率	$(\text{W} \cdot \text{s})/\text{kg}$
P_s	涡轴发动机功率,即轴功率	W
$\widetilde{P}_\text{s}$	涡轴发动机的涡轮输至旋翼的单位轴功率,即比轴功率	$(\text{W} \cdot \text{s})/\text{kg}$ 或 $(\text{kW} \cdot \text{s})/\text{kg}$
P_e	涡桨发动机当量功率	W
$\widetilde{P}_e$	涡桨发动机的单位当量功率,即比当量功率	$(\text{W} \cdot \text{s})/\text{kg}$ 或 $(\text{kW} \cdot \text{s})/\text{kg}$
P_j	螺旋桨轴功率	W
P_m	涡轴或涡桨发动机的功质比	W/kg
$P_{m,s}$	涡轴发动机的功质比	W/kg
$P_{m,e}$	涡桨发动机的功质比	W/kg
p_tr	主燃烧室环道空气总压	Pa
p_t3	主燃烧室进口总压	Pa
p_3	主燃烧室进口静压	Pa
p_t4	主燃烧室出口总压	Pa
p_4	主燃烧室出口静压	Pa
$p_\text{t3.1}$	火焰筒进气总压	Pa
Q_DW	燃料低位热值	kJ/kg
Q_GW	燃料高位热值	kJ/kg
Q	热量	J
Q_V	定容热效应,体积流量	m^3/s
Q_p	定压热效应	—
R	通用气体常数,$R = 8.3145\text{J}/(\text{mol} \cdot \text{K})$	$\text{J}/(\text{mol} \cdot \text{K})$
R_g	气体常数,$R_\text{g} = \dfrac{R}{M}$,对于空气,$R_\text{g} = 287\text{J}/(\text{kg} \cdot \text{K})$	$\text{J}/(\text{kg} \cdot \text{K})$
$R_{\text{g,eq}}$	混合气体折合气体常数(或平均气体常数)	$\text{J}/(\text{kg} \cdot \text{K})$
R_td	主燃烧室稳定工作调节比,$R_\text{td} = \dfrac{f_\text{L,des}}{f_\text{L,LBO,ld}}$	—
S_L	层流预混火焰传播速度	m/s
S_b	已燃气球形面传播速度	m/s
S_T	湍流预混火焰传播速度	m/s
S_N	旋流强度,又称旋流数	—
sfc	发动机耗油率	$\text{kg}/(\text{N} \cdot \text{s})$ 或 $\text{kg}/(\text{daN} \cdot \text{h})$
SN	冒烟数	—
T_f	绝热火焰温度	K
t_c	层流预混火焰平均化学反应时间,$t_c = l_c/S_\text{L}$	s
t_T	湍流预混火焰平均化学反应时间,$t_\text{T} = l_\text{T}/S_\text{T}$	s
t_v	油滴蒸发寿命	s
T_t3	主燃烧室进口总温	K

T_3	主燃烧室进口静温	K
T_{t4}	主燃烧室出口总温	K
$T_{t4,max}$	主燃烧室出口温度最大值	K
$T_{t4r,des}$	主燃烧室理想出口径向温度分布曲线在某径向位置的温度	K
$T_{t4r,max}$	主燃烧室沿周向平均的出口径向温度的最大值	K
$T_{t4,act}$	实际出口径向温度分布曲线在某径向位置的温度	K
$T_{t4r,act}$	沿周向平均的实际出口径向温度分布曲线在某径向位置的温度	K
T_4	主燃烧室出口静温	K
$T_{t3.1}$	火焰筒进气总温	K
$T_{wL,max}$	火焰筒壁温最大值	K
V_L	主燃烧室火焰筒容积	m^3
W_u	有用功	J
w_i	物质 i 的反应速度	$mol/(cm^3 \cdot s)$ 或 $kg/(m^3 \cdot s)$
W	功	J
W_r	主燃烧室环道气量	kg/s
W_{a3}	主燃烧室进口气量	kg/s
W_{aT}	主燃烧室向涡轮引气量	kg/s
$W_{aT,o}$	主燃烧室通过外环道向涡轮引气量	kg/s
$W_{aT,i}$	主燃烧室通过内环道向涡轮引气量	kg/s
W_f	主燃烧室燃油流量	kg/s
W_4	主燃烧室出口气量	kg/s
$W_{a3.1}$	火焰筒进气量	kg/s
$W_{a3.1-1}$	一次空气流量	kg/s
$W_{a3.1-1x}$	旋流器进气量	kg/s
$W_{a3.1-1c}$	头部圆顶冷却气量	kg/s
$W_{a3.1-2}$	二次空气流量	kg/s
x_i	混合气体某组成气体 i 的摩尔成分	—
Y_i	混合气体某组成气体 i 的质量成分	—
Δg^0_{298}	标准生成吉布斯函数	kJ/mol
$\Delta G^0_{R,298}$	标准反应吉布斯函数	kJ
ΔH_R	反应热	kJ
$\Delta H^0_{R,298}$	标准反应热	kJ
Δh_C	燃烧热	kJ/mol
$\Delta h^0_{C,298}$	标准燃烧热	kJ/mol
Δh_f	生成热	kJ/mol
$\Delta h^0_{f,298}$	标准生成热	kJ/mol
Δp_d	扩压器总压损失	Pa
Δp_L	火焰筒总压损失	Pa

Δp_{34}	主燃烧室总压损失	Pa
α	过量空气系数	—
α_B	主燃烧室总余气系数	—
α_L	火焰筒余气系数	—
Φ	当量比,热流量	—,W
$\tilde{\Phi}$	单位工质热流量	$(W \cdot s)/kg$
$\dot{\Phi}_s$	面积热强度	W/m^2
$\dot{\Phi}_V$	容积热强度	W/m^3
$\dot{\Phi}_{V_p}$	比容积热强度	$W/(m^3 \cdot Pa)$
$\dot{\Phi}'_{sp}$	比面积热强度	$W/(m^3 \cdot Pa)$
Φ_B	主燃烧室总当量比	—
Φ_L	火焰筒当量比	—
γ	反应速度的温度系数	—
φ_i	混合气体某组成气体 i 的体积成分	—
μ	动力黏性系数(动力黏度)	$Pa \cdot s$
ν	运动黏性系数(运动黏度)	m^2/s
λ	导热系数	$W/(m \cdot K)$
Γ	湍流扩散系数(涡黏性系数)	m^2/s
η_j	涡桨发动机折合效率	—
η_t	热力循环热效率	—
η_B	主燃烧室的燃烧效率	—
π	热力循环的增压比(压比)	—
π_∞	发动机海平面起飞压比	—
τ	热力循环增温比或者温比	—
χ_{aT}	主燃烧室向涡轮引气中外/内环道的比例,$\chi_{aT}=\dfrac{W_{aT,o}}{W_{aT,i}}$	—
ρ_3	主燃烧室进口密度	kg/m^3
ρ_4	主燃烧室出口密度	kg/m^3
σ_d	扩压器总压损失系数	—
σ_L	火焰筒总压损失系数	—
σ_B	主燃烧室总压损失系数	—
ξ_3	主燃烧室进口流阻系数	—
ξ_{ref}	主燃烧室参考截面流阻系数	—
ξ_B	燃烧完全系数	—
δ	火焰筒壁厚	mm
δ'	火焰筒冷却槽唇边厚度	mm
δ_{TBC}	热障涂层厚度	mm

参 考 文 献

[1] 甘晓华,薛洪涛,雷友峰.航空发动机工程通论[M].北京:北京理工大学出版社,2021.

[2] 严传俊,范玮.燃烧学[M].西安:西北工业大学出版社,2010.

[3] SPALDING D B. Some fundamentals of combustion[M]. London: Butterworths Scientific Publication,1955.

[4] PENNER S S. Chemistry problems in jet propulsion[M]. Paris: Pergamon Press,1957.

[5] GLASSMAN I. Combustion[M]. New York: Academic Press,1977.

[6] LEWIS B, VON ELBE G. Combustion, flame and explosion of gases[M]. 2nd ed. New York: Academic Press,1961.

[7] BEER J M, CHIGIER N A. Combustion aerodynamics[M]. London: Applied Science Publishers,1972.

[8] KANURY A M. Introduction to combustion phenomena[M]. Langhorne: Gordon and Breach Science Publishers,1977.

[9] WILLIAMS F A. Combustion theory[M]. Massachusetts: Addison-Wesley Publishing Company,1965.

[10] KUO K K. Principles of combustion[M]. New York: John Wiley & Sons,1986.

[11] 周力行.燃烧理论和化学流体力学[M].北京:科学出版社,1986.

[12] 傅维标,卫景彬.燃烧物理学基础[M].北京:机械工业出版社,1984.

[13] 张斌全.燃烧理论基础[M].北京:北京航空航天大学出版社,1990.

[14] 许晋源,徐通模.燃烧学[M].北京:机械工业出版社,1980.

[15] 万俊华,都冶,夏允庆.燃烧理论基础学[M].哈尔滨:哈尔滨船舶工程学院出版社,1992.

[16] 徐旭常,吕俊复,张海.燃烧理论与燃烧设备[M].北京:机械工业出版社,1980.

[17] 顾恒祥.燃料与燃烧[M].西安:西北工业大学出版社,1993.

[18] 宁晃,高歌.燃烧室空气动力学[M].北京:科学出版社,1980.

[19] 金如山.航空燃气轮机燃烧室[M].北京:宇航出版社,1988.

[20] 金如山,索建秦.先进燃气轮机燃烧室[M].航空工业出版社,2016.

[21] 杜声同,严传俊.航空燃气轮机燃烧与燃烧室[M].西安:西北工业大学出版社,1995.

[22] 侯晓春,季鹤鸣,刘庆国,等.高性能航空燃气轮机燃烧技术[M].北京:国防工业出版社,2002.

[23] STEPHEN R T. An introduction to combustion concepts and applications[M].姚强,李水清,王宇,译.北京:清华大学出版社,2009.

[24] 刘联胜,王恩宇,吴晋湘.燃烧理论与基础[M].北京:化学工业出版社,2008.

[25] 陈长坤.燃烧学[M].北京:机械工业出版社,2013.

[26] 岑可法,姚强,骆仲泱,等.燃烧理论与污染控制[M].北京:机械工业出版社,2004.

[27] 黄勇主编.燃烧与燃烧室[M].北京:北京航空航天大学出版社,2009.

[28] LEFEBVRE A H, BALLAL D R. Gas turbine combustion: Alternative fuels and emissions[M]. 3rd ed. Boca Raton: CRC Press,2010.

[29] 张群,黄西桥.航空发动机燃烧学[M].北京:国防工业出版社,2015.

[30] 本书编委会.航空发动机设计手册(第9册):主燃烧室[M].北京:航空工业出版社,2000.

[31] 焦树建.燃气轮机燃烧室(修订本)[M].北京:机械工业出版社,1988.

[32] 傅维镳,张永廉,王清安.燃烧学[M].北京:高等教育出版社,1989.

[33] 廉筱纯,吴虎.航空发动机原理[M].西安:西北工业大学出版社,2005.

[34] 甘晓华.航空燃气轮机燃油喷嘴技术[M].北京:国防工业出版社,2006.

[35] 库列巴金 B C.飞机的电点火、加热和照明系统[M].北京:国防工业出版社,1965.

[36] 菅井秀郎.等离子体电子工程学[M].张海波,张丹,译.北京:科学出版社,2002.

[37] 武占成,张希军,胡有志.气体放电[M].北京:国防工业出版社,2012.

[38] 勒菲沃 A H,鲍拉尔 D R.燃气涡轮发动机燃烧[M].3版.刘永泉,译.北京:航空工业出版社,2016.

[39] 何立明,于锦禄,曾昊,等.等离子体点火与助燃技术[M].北京:航空工业出版社,2019.

[40] 吴云,李应红.等离子体流动控制与点火助燃研究进展[J].高电压技术,2014,40(7):2024-2038.

[41] ZHENG D,ZHONG B J,XIONG P F. Experimental study on laminar flame speeds and chemical kinetic model of 2,4,4-trimethyl-1-pentene[J]. Fuel,2018,229:95-104.

[42] ZHENG D, ZHONG B J, YAO T. Methodology for formulating aviation kerosene surrogate fuels and the surrogate fuel model for HEF kerosene[J]. Acta Physico-Chimica Sinica,2017,33(12):2438-2445.

[43] ZHENG D,YU W M,ZHONG B J. RP-3 aviation kerosene surrogate fuel and the chemical reaction kinetic model[J]. Acta Physico-Chimica Sinica,2015,31(4):636-642.

[44] 曾青华.贫直喷燃烧室理论与实验研究[D].北京:中国科学院大学,2013.

[45] 李长林.环形扩压器造型计算方法[J].航空动力学报,1989,4(1):61-62,92.

[46] 本书编委会.航空发动机设计手册(第11册):加力燃烧室[M].北京:航空工业出版社,2000.

[47] 林爽,吴溶,郑睿书.加力燃烧室一体化设计[J].航空动力,2020,6:31-34.

[48] 彭泽琰,刘刚.航空燃气轮机原理[M].北京:国防工业出版社,2008.

[49] 徐旭常,周力行.燃烧技术手册[M].北京:化学工业出版社 2008.

[50] ROLLS-ROYCE PLC. The jet engine[M]. Derby:Technical Publications Department,Rolls-Royce Public Limited Company,1986.

[51] MATTINGLY J D,HEISER W H,PRATT D T. Aircraft engine design[M]. 2nd. ed. Reston:American Institute of Aeronautics and Astronautics,2002.

[52] ZENG Q H,CHEN X W. Combustor technology of high temperature rise for aero engine [J]. Progress in Aerospace Sciences,2023,140(1):100927.